U0645473

哈尔滨工程大学
人文社科文库

HARBIN ENGINEERING UNIVERSITY LIBRARY OF
HUMANITIES AND SOCIAL SCIENCES

哈尔滨工程大学出版社
Harbin Engineering University Press

国家社会科学基金项目"东欧新马克思主义伦理思想及其现实启示研究"[项目编号:21BZX109]

哈尔滨工程大学
人文社科文库
HARBIN ENGINEERING UNIVERSITY LIBRARY OF
HUMANITIES AND SOCIAL SCIENCES

特邀总策划　衣俊卿

主　　编　郑　莉　张笑夷

东欧新马克思主义伦理思想研究丛书

东欧新马克思主义伦理思想文选

衣俊卿

马建青

编译

哈尔滨工程大学出版社
Harbin Engineering University Press

图书在版编目(CIP)数据

东欧新马克思主义伦理思想文选／衣俊卿，马建青
编译. — 哈尔滨：哈尔滨工程大学出版社，2022.12
（东欧新马克思主义伦理思想研究丛书）
ISBN 978-7-5661-3027-3

Ⅰ. ①东… Ⅱ. ①衣… ②马… Ⅲ. ①新马克思主义
-伦理思想-东欧-文集 Ⅳ. ①B82-53

中国版本图书馆 CIP 数据核字(2021)第 058630 号

选题策划	邹德萍
责任编辑	邹德萍
封面设计	李海波

出版发行	哈尔滨工程大学出版社
社　　址	哈尔滨市南岗区南通大街 145 号
邮政编码	150001
发行电话	0451-82519328
传　　真	0451-82519699
经　　销	新华书店
印　　刷	哈尔滨市石桥印务有限公司
开　　本	787 mm×960 mm　1/16
印　　张	32.5
字　　数	528 千字
版　　次	2022 年 12 月第 1 版
印　　次	2022 年 12 月第 1 次印刷
定　　价	158.00 元

http://www.hrbeupress.com
E-mail:heupress@hrbeu.edu.cn

作为马克思学说重要维度的
伦理思想

衣俊卿

马克思主义与伦理学的关系问题，也即马克思主义伦理学的合法性问题或者马克思主义伦理学是否可能的问题，在 20 世纪的马克思主义演进中成为始终没有中断的重大理论课题和争议话题。这一问题如此重要，以至于有的学者把它视作建构马克思主义伦理学的"初始问题"①。第二国际理论家、苏联马克思主义理论家、西方马克思主义理论家、各种新马克思主义理论家，以及政治哲学领域和伦理学领域的许多理论家，都对马克思主义与伦理学的关系问题产生了浓厚的兴趣，他们不仅着眼于伦理学的发展，而且从更加全面、更加深刻地理解马克思学说和马克思主义理论的视角展开关于这一问题的探讨与争论。

不同时期的马克思主义理论家关于马克思主义与伦理学关系的争论，与各个时期的革命实践或社会实践对理论的需求毫无疑问地有着密切的关联。与此同时，这一争论也有着深刻的理论渊源和理论背景，并且与人们对马克思主义，特别是历史唯物主义的理解有着密切的关系。众所周知，亚里士多德曾经对理论知识、实践知识和创制知识进行了划分。对于这一基本的划分本身，人们并没有太多的质疑。但是，这一划分带来了后人对于伦理学的学科定位问题的不同理解。按照亚里士多德的知识分类或理性分类，第一哲学或形而上学属于理论知识系列，而伦

---

① 参见李义天：《道德之争与语境主义——马克思主义伦理学的初始问题与凯·尼尔森的回答》，载《马克思主义与现实》2014 年第 2 期；李义天：《再论马克思主义伦理学的初始问题》，载《道德与文明》2022 年第 5 期。

理学属于实践知识系列，二者不是同一个系列。从这样的区分入手，后来的不同研究者对伦理学的学科定位就有很大的分歧，其中一种观点就认为，伦理学属于经验学科，因而与第一哲学或形而上学没有关系，在这种意义上伦理学甚至不属于哲学；而另一种观点则认为，哲学本身就包含着理论知识和实践知识的维度，其中形而上学代表着理论哲学，而伦理学或道德哲学属于实践哲学。例如，文德尔班（Windelband）在其著名的《哲学史教程》中就认为，"哲学"一词的理论意义主要指向理性逻辑、真理和知识体系，主要表现为形而上学和认识论，但是他强调，这并不是"哲学"一词唯一的理论意义。实际上，从古希腊起，哲学还有另外一种含义，即实践意义，后者主要指向关于人的天职和使命问题，关于正当的生活行为的教导等问题，主要表现为伦理学或道德哲学、社会哲学、美学、宗教哲学等。[1] 不仅如此，除了上述两种不同的见解外，还有更为极端的解释，例如，伊曼努尔·列维纳斯（Emmanuel Levinas）不仅肯定伦理学属于哲学，而且强调"伦理学是第一哲学"。

从这样的理论传统和理论背景来审视，我们可以发现，马克思主义演进过程中关于马克思主义和伦理学关系的争论实际上都与对哲学的本性和伦理学的学科定位的理解密切相关。特别是 20 世纪上半叶关于马克思主义和伦理学关系的争论在深层次上都与人们对马克思主义哲学，特别是历史唯物主义的基本理解密切相关。关于这一问题的最早争论是 20 世纪初以爱德华·伯恩施坦（Eduard Bernstein）和卡尔·考茨基（Karl Kautsky）为代表的第二国际理论家关于"马克思主义是否缺少伦理学"问题的争论。在某种意义上，大多数第二国际理论家把马克思、恩格斯的唯物史观理解为以一整套科学原则表达的经济决定论。在这种理解的基础上，伯恩施坦主张"回到康德"，用伊曼努尔·康德（Immanuel Kant）的道德哲学补充马克思主义本身所缺少的伦理学内涵，因为在他看来，人类行为是由道德理想和道德力量促进的，社会主义不是一种科学，而是人类的理想价值追求，所以他主张"伦理社会主义"。考茨基则强调社会发展规律的必然性，坚持科学社会主义，主张社会主

---

① 参见文德尔班：《哲学史教程》上卷，罗达仁译，商务印书馆 1987 年版，第 31—32 页。

义的实现是社会客观规律作用的结果。考茨基虽然对伦理道德的作用也进行了阐述，但是他坚持唯物史观的科学性质与伦理观念对于经济发展规律及阶级关系的依赖和从属地位。20世纪二三十年代，以格奥尔格·卢卡奇（Georg Lukács）、卡尔·科尔施（Karl Korsch）和安东尼奥·葛兰西（Antonio Gramsci）等为代表的西方马克思主义兴起，他们批判苏联正统马克思主义的实证主义和科学化倾向。他们认为，马克思主义不是科学，而是哲学，马克思的社会历史理论，即唯物主义历史观并不是一种经济决定论，马克思强调的不是经济必然性，而是把社会历史理解为以人的实践为基础的主客体相互作用的生成过程。正是在这种意义上，他们强调道德文化价值具有展现人的能动性、主体性和批判性的重要作用。

　　第二次世界大战之后，马克思主义内部关于马克思主义与伦理学的争论仍延续着。20世纪四五十年代人道主义的马克思主义与科学主义的马克思主义之间的争论，在某种意义上是西方马克思主义和正统马克思主义之间争论的继续。这个时期关于马克思主义与伦理学关系的争论主要集中于关于马克思是否是一种人道主义的争论。科学主义的马克思主义依旧坚持马克思主义的科学性，以作为科学的"理论实践的理论"来摆脱一切意识形态特征。而人道主义的马克思主义则强调，马克思学说的核心是关于对人本身及人的实践活动的理解，是对人的自由和解放的不懈追求。因此，人道主义的马克思主义以马克思的异化理论和人道主义精神为基础，极大地彰显了马克思主义的伦理批判和文化批判思想。此外，关于马克思主义伦理学的争论还在不同的地区和国度中展开。例如，20世纪50年代民主德国的理论界，围绕着"道德进步与社会进步的关系""道德评价标准"等问题，展开了一场"关于马克思主义伦理学的大讨论"；20世纪70年代在英美马克思主义伦理学研究中，开展关于"马克思与正义"的争论，以及关于"马克思主义的道德论"和"马克思主义的非道德论"等问题的广泛争论。在中国学术界，马克思主义伦理学学科已经得到承认和确立，并且出版了一些奠基性的成果，如罗国杰的《马克思主义伦理学》（1982）、宋惠昌的《马克思恩格斯的伦理学》（1986）、章海山的《马克思主义伦理思想发展的历程》（1991）等。但是，即便在这种背景下，关于马克思主义与伦理学的关系问题、关于马克思主义伦理学的知识合法性问题依旧是学术界讨论的热点话题，学者们广泛探讨马克思主义伦理学的初始问题和前置问题；马克思主义的伦理学或者道德哲学"何以可能"的问题；马克思主义与伦理学之间各种可能的关系，如"相互排斥""相互补充"或"相互包含"的关系；本体论和伦理学的关系问题；等等。①

从上述简要概括中不难看出，尽管前后经历了一个多世纪大大小小的各种理论讨论和争论，马克思主义与伦理学的关系问题依旧是一个开放的、悬而未决的问题，也将继续成为今后马克思主义理论研究的重要课题之一。应当指出，虽然国内外学术界没有就马克思主义和伦理学的关系问题达成某种共识或一致的结论，但这并非消极的事情，这种状况恰好从一个方面折射了理论发展与思想创新的开放性、反思性和创造性的本质特征。不仅如此，这些并没有定论的理论争论极大地拓宽与加深了人们对于马克思主义和伦理学关系的理解，而且也从一个独特的视角丰富了人们对于伦理学理论和马克思主义理论的理解。因此，我们应当非常珍视，并善于挖掘与总结一个多世纪以来国内外学术界关于马克思主义和伦理学关系的理论争论所形成的丰富的理论资源。必须看到，这方面还有许多研究工作需要加强。其中特别需要指出的是，迄今为止，学术界关于东欧新马克思主义理论家的独特的伦理批判思想的研究还十分薄弱，缺少系统的和全面的研究。鉴于东欧新马克思主义是 20 世纪各种新马克思主义流派中非常少有的既体验着全面的现代性危机，又亲历了社会主义实践和改革探索的，富有创造性的理论家共同体，挖掘他们关于马克思主义和伦理学关系的思想理论资源，就具有十分特殊的价值。

可以肯定地说，具有鲜明的人道主义特征的伦理批判思想是东欧新

---

① 参见李义天：《马克思主义伦理学的前置问题》，载《中国社会科学评价》2021 年第 4 期；王南湜：《马克思主义道德哲学何以可能？》，载《天津社会科学》2015 年第 1 期；林进平：《历史镜像中的马克思主义伦理学建构》，载《伦理学研究》2021 年第 1 期；等等。

马克思主义理论的重要组成部分。东欧新马克思主义理论家对于马克思学说的伦理思想内涵的高度重视，从理论上源自他们对马克思的实践哲学和异化理论的高度重视，而从实践上则源自他们对现代性的全面危机，特别是现代性与大屠杀的内在关联，以及社会主义实践的艰难曲折等重大现实问题的思考。还要特别指出的是，卢卡奇对马克思学说的独特理解对东欧新马克思主义理论家产生了最直接的影响和引领作用。卢卡奇不仅是西方马克思主义的创始人，也是东欧新马克思主义的奠基者。在东欧新马克思主义的主要理论阵营中，布达佩斯学派主要由卢卡奇的学生组成，而南斯拉夫实践派、波兰新马克思主义和捷克斯洛伐克新马克思主义理论家们也都深受卢卡奇的主客体统一的辩证法与人道主义的文化批判精神的影响。而从伦理思想的维度来看，卢卡奇也对东欧新马克思主义理论家产生了直接的影响。卢卡奇一生经历了前马克思主义的浪漫主义阶段、接受马克思主义后的革命理论阶段，以及晚年的文化批判和民主政治探索阶段。无论在哪个阶段，卢卡奇都高度重视伦理，他自己承认，正是出于对伦理的考量，他选择了马克思主义和共产主义。卢卡奇认为，无产阶级的阶级意识就是无产阶级的伦理学，它有助于无产阶级打破经济决定论和物化的统治，实现主客体的统一和理论与实践的统一。卢卡奇不仅探讨了革命伦理和阶级伦理问题，还专门探讨了作为个体伦理的"第二伦理"与作为政治伦理或社会伦理的"第一伦理"之间的张力和复杂关系。这些理论思考都对东欧新马克思主义的伦理思想产生了重要的影响。

东欧新马克思主义的理论中包含着丰富的伦理思想，几乎每一个流派都有致力于阐发马克思学说的人道主义伦理批判思想的代表人物。在这方面，最为突出的是布达佩斯学派的主要代表人物阿格妮丝·赫勒（Ágnes Heller）。作为卢卡奇的亲传弟子，赫勒非常重视伦理问题，从其早期的日常生活人道化理论，直到后期的历史理论、政治哲学研究等，都包含着丰富的伦理思想。在这方面，赫勒最为集中的研究成果是被称为"道德理论三部曲"的《一般伦理学》《道德哲学》《个性伦理学》。与青年卢卡奇主要关注政治伦理（或者阶级伦理）的定位有所不同，赫勒伦理思想的聚焦点是个体的道德选择，是身处现代性深重危机之中的现代个体如何通过自觉的道德选择成为好人，她由此提出了著名的个体伦理学思想。同时，她还研究了哲学领域、政治活动领域的道德准则和公民伦理等问题。在实践派哲学家中，米哈伊洛·马尔科维奇（Mihailo Marković）、米兰·坎格尔加（Milan Kangrga）、斯维多扎尔·斯托扬诺维奇（Svetozar Stojanović）对于马克思主义的人道主义伦理批判思想做了比较多的阐发。他们专门挖掘马克思学说的伦理思想资源，依据马克思的实践哲学和异化理论来思考马克思主义伦理学的可能性问题；他们主张人道主义的伦理批判思想，特别是关于现代性文化危机的伦理批判思想；他们还对社会主义条件下的伦理问题进行了思考，他们认为，马克思的伦理思想强调现实变革，强调对资本主义社会及其道德的人道主义的批判和变革，并且把人设想成完全有道德义务去实现社会主义的人。波兰新马克思主义重要代表人物莱泽克·科拉科夫斯基（Leszak Kołakowski）和齐格蒙特·鲍曼（Zygmunt Bauman）从不同侧面阐述了深刻的伦理批判思想。科拉科夫斯基作为哲学家，是从现代性反思的角度来提出自己的伦理学思想的。在他看来，现代性危机表现为"禁忌的消失"，进而表现为人类道德纽带的消解。尽管在现代性危机的条件下通过恢复道德力量来推动现代文明的自我防卫、自我调整和自我治愈是很难的，但他仍没有放弃寄托于作为价值源泉的道德个体身上的希望。他认为，掌握着行动权的理性的道德个体应该对自己的行为担负起全部责任。鲍曼作为社会学家也是围绕着现代性危机来建构自己的伦理学的。鲍曼发表了《现代性与大屠杀》《后现代伦理学》《生活在碎片之中——论后现代道德》等多部具有重大影响的伦理学专著，深刻揭示了现代性逻辑作为普遍化的和抽象的理性机制对个体道德能力的限制及对社会文化的破坏。在此基础上，他试图发展一种道德现象学，致力于唤醒后现代个体的道德良知，挖掘每一个体的道德潜能，推动道德的重新个人化。捷克斯洛伐克新马克思主义理论家卡莱尔·科西克（Karel Kosík）在著名的《具体的辩证法——关于人与世界问题的研究》及《现代性的危机——来自 1968 时代的评论与观察》等著作中，依据马克思学说提出了"具体总体的辩证法"，对现代社会的异化和物化做了深刻的批判。他基于"革命性的实践"，将辩证法与道德联系起来，他认为，真正的辩证法是革命的、批判的、实践的、具体总体的辩证法，因此道德问题可以被转化为物化的操控与合乎人性的实践之间的关系问题。科西克由此恢复马克思主义辩证法的革命内核，将道德问题变成了一个基于人的实践活动的辩证法问题，因而在一定程度上恢复了道德的辩证维度或革命维度。

　　同 20 世纪其他马克思主义理论家与新马克思主义理论家关于马克思主义和伦理学关系问题的理解相比较，东欧新马克思主义伦理思想研究具有自己的独特性。从基本定位来看，东欧新马克思主义理论家的关注重点并非一般地探讨伦理学作为一门知识和一个学科与马克思主义理论的关系，也不是要建构一种关于人的正当行为规范体系的实证性的伦理学体系，而是要从马克思学说的本质规定性和内在理论逻辑来生发出马克思主义的独特的伦理思想维度，并且通过这种自觉的伦理维度反过来更加全面地理解马克思的学说，特别是马克思关于人的存在和社会发展的学说。因此，我们认为，东欧新马克思主义理论家致力于揭示和发展一种"作为马克思学说重要维度的伦理思想"。我们可以从马克思学说的理论逻辑、现实关切和价值追求等基本要点来理解这一理论定位。

　　首先，这种人道主义伦理思想以马克思的实践哲学思想为理论基础，它作为马克思主义理论的内在组成部分，可以有效地把亚里士多德所区分的理论哲学和实践哲学有机结合起来，而在马克思主义的语境中，则是有效地把以生产力和生产关系辩证运动所代表的客观必然性与人的实践所具有的主体性及创造性有机地结合起来，从而既避免陷入经济决定论的困境，也避免出现唯意志论的偏差。显而易见，这样理解的伦理思想维度不仅对于伦理学的发展具有重要的价值，而且对于我们更加全面地理解马克思的学说，也具有重要的意义。

　　其次，这种人道主义伦理思想以马克思的异化理论为重要理论依据，在新的历史条件下，具体说来，在现代性全面危机的背景下，行之有效地彰显了马克思学说的批判精神。东欧新马克思主义理论家对于当代社会的全方位的批判，无论是政治经济批判，还是文化批判，无论是非道德的批判，还是道德的批判，都极大地彰显了马克思学说的当代价值和生命力。在某种意义上，这样的伦理批判思想作为马克思主义的现实批判维度，可以成为有机地连接马克思学说和当代人类境况的重要纽带。

最后，这种人道主义伦理思想坚持马克思关于人的全面发展和自由人的联合体的思想，在新的历史条件下坚持和具体化了马克思学说的基本价值追求。正如很多东欧新马克思主义理论家所分析的那样，生活在普遍异化和物化之中的现代个体，缺少人类道德纽带的维系，处于道德冷漠和道德盲视的深刻文化危机之中。针对这种现实境遇，东欧新马克思主义理论家探讨如何唤醒每一个体的道德良知，使道德个体成为文化价值的载体；进而研究，在一个道德规范多样化和文化价值冲突的时代，如何使个体通过自觉的存在选择和道德选择，自觉地承载道德责任，自觉地选择成为好人。这样的理论分析和价值追求对于现代人反抗普遍的物化与异化，对于我们防止马克思关于人的全面发展和人的自由的设想在现代性危机的背景下沦为一种理论抽象与空想，显然具有重要的理论价值。

正是基于这样的考量，我们在这套"东欧新马克思主义伦理思想研究丛书"中，拟采取翻译与研究相结合、整体研究与个案研究相结合的思路，尽可能全面地展示东欧新马克思主义的伦理批判思想。我们将该丛书粗略地分为三个板块：首先是关于东欧新马克思主义伦理批判思想的整体展示和总体研究，主要有衣俊卿、张笑夷合著的《东欧新马克思主义伦理思想研究》和衣俊卿、马建青编译的《东欧新马克思主义伦理思想文选》；其次是对东欧新马克思主义伦理批判思想最具影响力的代表性著作的翻译，其中包括阿格妮丝·赫勒的"道德理论三部曲"《一般伦理学》《道德哲学》《个性伦理学》和齐格蒙特·鲍曼的《后现代伦理学》《消费世界的伦理学是否可能?》;① 最后是关于东欧新马克思主义伦理思想的个案研究成果，其中包括澳大利亚学者约翰·格里姆雷（John Grumley）著的《阿格妮丝·赫勒：历史旋涡中的道德主义者》、丹麦学者迈克尔·哈维德·雅各布森（Michael Harvey Jacobsen）主编的《超越鲍曼——批判性探索与创造性阐释》、郑莉和李天朗合著的《齐格蒙特·鲍曼伦理思想研究》、关斯玥著的《阿格妮丝·赫勒伦理思想研究》和王思楠著的《卢卡奇与布达佩斯学派政治伦理思想研究》。

我们希望以这些翻译和研究成果来奠定东欧新马克思主义伦理思想研究的基本文献基础与初步研究格局。这些只是初步的、起始性的工作成果，我们期望更多有才华的学者加入这一领域的研究，期待更加丰富的高水平成果不断涌现。

2022 年 11 月 11 日于北京

---

① 我们原计划在丛书中收入鲍曼的代表作《现代性与大屠杀》，但由于该书的中文版权目前已经被其他出版社获得而未果。读者可参阅该书已有的中译本——鲍曼：《现代性与大屠杀》，杨渝东、史建华译，译林出版社 2002 年版。

前　言

在马克思主义诞生后一百多年的思想演变过程中，特别是在 20 世纪，关于马克思主义伦理学是否可能，即马克思主义伦理学的合法性问题的争论，或者关于马克思主义是"道德论"还是"非道德论"的争论一直没有停息，迄今也没有达成共识。但是，这种状况并不妨碍一代又一代马克思主义理论家或者马克思主义研究者不断地从马克思、恩格斯的理论中挖掘伦理思想资源，并且阐释和建立各种类型的马克思主义伦理学或者道德哲学。各种马克思主义或新马克思主义流派都很重视马克思主义的伦理思想维度，例如，西方马克思主义、东欧新马克思主义、20 世纪七八十年代的新马克思主义流派（特别是其中的政治哲学流派）都从不同侧面阐发了马克思、恩格斯的伦理思想，或者提出了不同的马克思主义伦理学说。其中，东欧新马克思主义理论家所阐发的伦理思想不仅内容丰富，而且在很多方面具有独特性。

东欧新马克思主义是第二次世界大战后在中东欧国家兴起的以人道主义马克思主义为基本定向的思想理论共同体。东欧新马克思主义主要分布在四个国度，其中最具代表性的理论家主要包括：匈牙利布达佩斯学派代表人物阿格妮丝·赫勒（Ágnes Heller）、费伦茨·费赫尔（Ferenc Fehér）、乔治·马尔库什（György Márkus）和米哈伊·瓦伊达（Mihály Vajda）等；南斯拉夫实践派代表人物加约·彼得洛维奇（Gajo Petrović）、米哈伊洛·马尔科维奇（Mihailo Marković）、普雷德拉格·弗兰尼茨基（Predrag Vranicki）、米兰·坎格尔加（Milan Kangrga）和斯维多扎尔·斯托扬诺维奇（Svetozar Stojanović）等；波兰新马克思主义代表人物亚当·沙夫（Adam Schaff）、莱泽克·科拉科夫斯基（Leszak Kołakowski）、齐格蒙特·鲍曼（Zygmunt Bauman）等；捷克斯洛伐克新马克思主义代表人物卡莱尔·科西克（Karel Kosík）、伊凡·斯维塔克（Ivan Sviták）等。此外，还包括匈牙利布达佩斯学派的安德拉斯·赫格居什（Andras Hegedüs）、玛丽亚·马尔库什（Maria Márkus）、伊斯特万·梅扎罗斯（István Mészáros）、雅诺施·吉什（Jandras Kis）、格奥尔格·本斯（Georg Bence）、伊凡·塞勒尼（Ivan Szelenyi）等；南斯拉夫实践派的维立科·考拉奇（Veljko Korać）、米拉丁·日沃基奇（Miladin Životić）、扎高尔卡·哥鲁波维奇（Zagorka Golubović）、柳博米尔·达迪奇（Ljubomir Tadić）、布兰科·波什尼亚克（Branko Bošnjak）、卢迪·苏佩克（Rudi Supek）、丹柯·格尔里奇（Danko Grlić）、瓦尼亚·苏特里奇（Vanja Sutlić）等；波兰新马克思主义的博格丹·苏霍多尔斯基（Bogdan Suchodolski）、马雷克·弗里茨汉德（Marek Fritzhand）、布罗斯瓦夫·巴奇科（Bronisław Baczko）等；捷克斯洛伐克新马克思主义的米兰·马赫韦茨（Milan Mahovec）、米兰·普鲁哈（Milan Prùcha）等。

东欧新马克思主义的理论流派和代表人物众多，其理论旨趣和研究重点也各不相同，但是，他们具有共同的价值追求和理论定位，这集中体现为他们对马克思的人道主义价值追求和实践理论的坚持，因此，他们构成了一个思想理论共同体。20 世纪新马克思主义理论流派众多，坚持马克思主义人道主义的理论家也有很多，但是大多数理论家对马克思基本思想理论的阐发并不够深入、系统。在这方面，东欧新马克思主义理论家与众不同，他们的主要兴奋点是结合当今世界的问题和人的生存困境去补充、重新解释及丰富马克思的某些论点。相比之下，东欧新马克思主义理论家对马克思思想的阐述最为系统和集中，这一方面得益于这些理论家的马克思主义理论基础，包括早期的传统马克思主义的知识积累和 20 世纪 50 年代之后对青年马克思思想的系统研究；另一方面得益于东欧理论家和思想家特有的理论思维能力及悟性。这些理论家围绕着马克思的实践、人的创造性本质、自由和决定论、对象化劳动和异化劳动、国家消亡、自由人的联合体等重要问题，对马克思的人道主义思想和实践哲学理论做了深入而系统的探讨。在这一理论基础上，东欧新马克思主义理论家从技术理性、意识形态、大众文化、道德坍塌等方面对现代性危机做了全面的批判，同时，他们对社会主义理论和实践、历史和命运进行了深刻的反思，积极阐发自治社会主义等社会主义改革的思想。在这些理论探索中，以马克思的异化理论为理论背景的道德批判或伦理批判思想占据重要的地位。

东欧新马克思主义的形成和发展，深受卢卡奇思想的影响，在某种意义上，卢卡奇不仅是西方马克思主义的创始人，而且是东欧新马克思主义的奠基人和领路人。他于1923年发表的《历史与阶级意识》对马克思主义提出了一种新解释，这一关于马克思主义的新理解不仅直接开创了西方马克思主义，而且为第二次世界大战后兴起的东欧新马克思主义确定了基本的理论定位和文化价值取向。更为重要和直接的是，卢卡奇于1945年第二次世界大战结束后回到匈牙利，此后一直没有离开，正是在此期间，围绕在他左右的一些学生和志同道合者在他的直接引领下，形成了布达佩斯学派。卢卡奇对其他东欧新马克思主义理论家的影响也十分深刻，例如，在实践派哲学家看来，卢卡奇是真正的、具有独特见解和最富创造性的马克思主义思想家，是第一流的批判思想家。卢卡奇以人的实践活动和主客体的统一为核心所阐发的人道主义的马克思主义理解、以物化和物化意识批判为核心的文化批判立场、以无产阶级阶级意识的自觉和意识革命为核心的无产阶级革命观等，奠定了东欧新马克思主义流派的理论基点。卢卡奇一直高度重视伦理研究，他回顾自己早年思想演进历程时曾断言，自己之所以投身共产主义运动，在很大程度上也是出于伦理的考虑。卢卡奇在前马克思主义时期，面对现代人的孤独的心灵和绝对的异化，关注个体的伦理，从文化批判的角度探寻克服现代人伦理困境的途径；在接受马克思主义和布尔什维主义之后，他又超越个体的有限性，强调无产阶级意识中蕴含的阶级伦理和革命伦理；此外，与道德和伦理相关的还有他关于日常生活人道化的思想。这些都从不同侧面影响了东欧新马克思主义，特别是布达佩斯学派的伦理思想发展。因此，我们在本文选中首先选择收录了卢卡奇于1918年接受马克思主义、投身共产主义运动之后写的几篇关于政治伦理的文章：《策略与伦理》《道德在共产主义生产中的作用》《作为一个道德问题的布尔什维主义》《共产党的道德使命》。

伦理思想研究是东欧新马克思主义思想理论的重要组成部分之一。

无论是在实践派、布达佩斯学派之中，还是在波兰新马克思主义、捷克斯洛伐克新马克思主义之中，都有一些理论家高度重视道德问题，致力于马克思主义伦理思想研究和现实的伦理批判。我们从相关研究成果中精选了一些具有代表性的成果，主要包括：布达佩斯学派理论家赫勒的《道德理论的三个方面》《现代伦理的两大支柱》《民主政治的道德准则》《论马克思的正义思想》《哲学家的道德使命》，以及她与费赫尔合著的《马克思伦理学的遗产》《现代性的道德状况》《公民伦理和公民道德》；实践派哲学家马尔科维奇的《马克思主义的人道主义和伦理学》《作为道德基础的历史实践》《一种批判的社会科学的伦理学》，坎格尔加的《马克思主义伦理学的可能性》《社会主义与伦理学》，斯托扬诺维奇的《马克思的伦理学理论》《马克思思想中的伦理潜能》；波兰新马克思主义理论家鲍曼的《道德的社会操纵：道德化的行动者，善恶中性化的行动》《无伦理的道德》《个体的伦理》《不确定性时代的道德前景如何？》《后现代的智慧与无力》，科拉科夫斯基的《为什么我们需要康德？》《论美德》《责任和历史》《政治中的不合理性》；捷克斯洛伐克新马克思主义理论家科西克的《道德辩证法与辩证法的道德性》《理性与良心》。

从本文选所收录的 30 篇文章中不难看出，东欧新马克思主义的伦理思想包括很多方面：对马克思、恩格斯理论学说中的伦理思想资源的深入挖掘；对马克思主义伦理学的可能性和合法性的争论；对马克思主义人道主义伦理学的确立和马克思主义伦理思想批判性本性的弘扬；对现代人类社会普遍异化的深刻的人道主义道德批判，对现代性全面文化危机的反思和批判；对社会主义社会的道德主体和道德建设的思考；对后现代语境中的个体道德、社会伦理、政治伦理等的探索。这些理论思考和探索不仅内容丰富、涉猎广泛，而且在许多方面具有独特性。因此，东欧新马克思主义伦理思想在 20 世纪马克思主义的伦理思想发展中，以及在当代人类社会的道德哲学和伦理学的争论中具有重要地位。其中，赫勒以自己经典的"道德理论三部曲"，即《一般伦理学》《道德哲学》《个性伦理学》，鲍曼以自己经典的《现代性与大屠杀》《后现代伦理学》《生活在碎片之中——论后现代道德》等著作，分别提出了个性伦理学和后现代伦理学等理论构想，在 20 世纪的人类思想发展中产生了重要的影响。通过本文选所选录的文章，以及我们在每一部分的导读之后提供的"延伸阅读文献"，读者和研究者可以相对全面地了解东欧新马克思主义伦理思想的基本面貌。

＊　　　　＊　　　　＊

　　本文选的选题、基本框架设计、文章筛选等由衣俊卿负责。具体的翻译工作分工如下：衣俊卿翻译了坎格尔加以塞尔维亚–克罗地亚文发表的两篇文章；马建青承担了 10 篇以英文发表的文章；其他参加翻译的有孔明安、王静、王益仁、文长春、王海洋、曲跃厚、罗跃军、郑莉、张彤、尹振宇、张笑夷、李志江、唐少杰、姜海波、管小其；全部译文由衣俊卿审阅统稿。本文选的前言和第二部分"实践派"的导读由衣俊卿执笔；其余三部分的导读由马建青执笔。本文选收录了 9 位理论家的 30 篇文章，这些理论家的写作和叙述风格各不相同，所涉及内容和理论十分广泛，参加翻译工作的多位译者也各有不同的语言和表述习惯，因此，我们无法在严格的意义上保证译文行文风格的统一。此外，译者的理论理解力和翻译水平存在着不同的局限，译文中错误在所难免，恳请读者和研究者批评指正。

编　者
2021 年 9 月 15 日

目　　录

第一部分　布达佩斯学派

匈牙利布达佩斯学派是在 20 世纪 50 年代末 60 年代初由卢卡奇的学生或同事共同组成的一个旨在复兴和发展马克思主义的思想流派。该学派的主要成员包括：阿格妮丝·赫勒（Ágnes Heller）、费伦茨·费赫尔（Ferenc Fehér）、乔治·马尔库什（György Márkus）、米哈伊·瓦伊达（Mihály Vajda）、玛丽亚·马尔库什（Maria Márkus）、伊斯特万·梅扎罗斯（István Mészáros）、雅诺施·吉什（Janos Kis）、格奥尔格·本斯（Georg Bence）、伊凡·塞勒尼（Ivan Szelenyi）、格奥尔格·康拉德（Georg Konrad）、米洛什·哈拉兹蒂（Miklós Haraszti）等。在布达佩斯学派中，赫勒、费赫尔、乔治·马尔库什和瓦伊达始终是最主要的代表人物。赫勒的主要著述有：《日常生活》（1970）、《马克思的需要理论》（1976）、《对需要的专政》（与费赫尔、乔治·马尔库什合著，1983）、《超越正义》（1987）、"道德理论三部曲"（《一般伦理学》［1988］、《道德哲学》［1990］、《个性伦理学》［1996］）、"历史理论三部曲"（《历史理论》［1982］、《碎片化的历史哲学》［1993］、《现代性理论》［1999］）等。费赫尔的主要著述有：《被冻结的革命——论雅各宾主义》（1987）、《法国大革命与现代性的起源》（1990）、《东方左派和西方左派：极权主义、自由和民主》（1986）、《后现代政治状况》（与赫勒合著，1988）、《激进普遍主义的辉煌与衰落》（与赫勒合著，1991）等。乔治·马尔库什的主要著述有：《马克思主义与人类学》（1965）、《语言与生产——范式批判》（1982）、《文化、科学与社会——文化现代性的建构》（2011）等。瓦伊达的主要著述有：《"括号内的"科学：对胡塞尔现象学科学概念的批判》（1968）、《作为群众运动的法西斯主义》（1976）、《国家与社会主义——政治论文集》（1981）等。

大致来说，布达佩斯学派的理论生涯经历了三个阶段。1956 年之前是布达佩斯学派成员在卢卡奇的思想和人格的双重影响下为该学派的形成做准备的阶段。1956 年到 20 世纪 60 年代末和 70 年代初是该学派形成和发展的时期。不过，在 1968 年的"捷克事件"后，他们被迫流亡到澳大利亚、欧美等地。20 世纪 70 年代开始，是他们置身于国际学术舞台上扩大理论影响的时期。布达佩斯学派一方面致力于复兴马克思主义的批判潜能，构建以激进哲学为特征的当代社会批判理论，以期使哲学能深度介入现实，并有效改变现实；另一方面致力于从微观层面探索社会民主化和人道化的具体路径，提出了"人类需要论"和"日常生活革命"等构想。无论如何，布达佩斯学派的理论都具有伦理学的维度。

本文选收录了卢卡奇、赫勒和费赫尔在伦理学方面的部分文章。

卢卡奇是东欧新马克思主义的奠基人和领路人，他不仅直接引领自己的学生和合作者形成了"布达佩斯学派"这一重要的学术共同体，而且在基本的价值立场、理论范式，以及许多方面影响了东欧新马克思主义的发展。其中，卢卡奇的伦理思想和道德理论也深刻影响了布达佩斯学派，特别是赫勒的伦理思想的发展。与一些正统的马克思主义理论家对伦理问题持坚决的否定态度不同，卢卡奇非常重视伦理问题。在卢卡奇看来，无产阶级的阶级意识便是"无产阶级的'伦理学'"。不过，这种伦理学既不是"纯规律的宿命论"，也不是"纯意向的伦理学"，因为后两者都会消灭人的主体性和能动性，造成人的"无所作为的困境"。而无产阶级的伦理学能帮助人们打破经济决定论的宿命，也能帮助人们超越纯粹伦理学的抽象，总之能帮助人们打破物化的迷雾，真正实现主体与客体、具体与总体、理论与实践的统一。但问题在于，这种过多地依赖于黑格尔哲学辩证法的伦理学在何种意义上能使自己不再只是一种理论抽象。本文选所收录的青年卢卡奇的《策略与伦理》《道德在共产主义生产中的作用》《作为一个道德问题的布尔什维主义》《共产党的道德使命》四篇文章，比较具体地再现了青年卢卡奇转向马克思主义时期的伦理思想。《策略与伦理》认为，作为连接目标和手段的纽带，社会主义的革命策略问题是伦理问题。策略是"历史-哲学"的，它的确定标准是人的解放这个最高的革命目标。每一个选择共产主义事业的人要自觉担负起道德责任，而不是仅仅考虑策略是否正确。而要在道德上做出正确的行动，首要的条件是形成阶级意识，牢记历史使命。但是，道德上正确的行动并不能消除悲剧性的冲突，比如，为了集体伦理而牺牲个人。《道德在共产主义生产中的作用》认为，共产主义意味着以阶级道德为中介的个人利益与社会利益的统一，而这又是以生产的增加、生产力的提高和劳动纪律的相应加强为基础的。无论是自愿加强劳动纪律，从而提高生产力，还是建立能够履行这一职能的机构，都离不开无产阶级的自我意识、道德品质、道德判断和道德选择。《作为一个道德问题的布尔什维主义》认为，布尔什维主义面临的问题从根本上来说是一个道德问题，因为，无论对于坚定地选择布尔什维主义的人来说，还是对于真正的社会主义者来说，他们都在不同的价值取向之间做了取舍，放弃了别的价值取向，选择了布尔什维主义及其所内含的民主原则。而且，这个道德问题是不可解决的，因为布尔什维主义想要通过清除与社会民主理想相背离的一类现象，建立社会新秩序，但它为了实现这个理想又不得不与这类现象发生关系。《共产党的道德使命》认为，从资本主义向社会主义的过渡，不仅意味着经济和制度的转变，而且意味着道德的转变，也就是说，共产党员要进行内部改造，建立起真正的共产主义精神，真正的新人类精神。

作为卢卡奇的学生，赫勒也非常重视伦理问题。然而，与青年卢卡奇主要关注政治伦理（或者阶级伦理）的定位有所不同，赫勒伦理思想的聚焦点是个体的道德选择。她是在卢卡奇关于日常生活人道化思想的视域中和在关于现代性的文化危机的反思中思考人的道德存在问题。可以说，赫勒是深处于历史旋涡中的坚定的道德主义者。她终其一生都在思考"好人存在——他们是如何可能的"这一基本的道德理论问题。在她看来，现代道德规范的多样化为个体自主的道德选择及成为好人提供了有效的"拐杖"，并且，现代个体具有自主选择成为好人的能力和可能性。赫勒不仅撰写了被称为"道德理论三部曲"的《一般伦理学》《道德哲学》《个性伦理学》，以及其他一些伦理学专著，而且发表了很多阐发伦理思想的文章。本文选收录了赫勒的《道德理论的三个方面》《现代伦理的两大支柱》《民主政治的道德准则》《论马克思的正义思想》《哲学家的道德使命》五篇文章，以及她与费赫尔合著的《马克思伦理学的遗产》《现代性的道德状况》《公民伦理和公民道德》三篇文章。这些成果从现代社会和现代个体的许多方面入手来思考道德问题。《道德理论的三个方面》指出了道德哲学的解释的、规范的、教化的三个方面及其在现代统一的可能性。《现代伦理的两大支柱》认为，以自由为基础的现代性若要幸存，现代伦理就必然以现代人的正派和有关自由的宪法为支柱。而这两大支柱的共同点是：人人都承担责任。《民主政治的道德准则》首先审视了有原则的政治与实用主义政治，进而提出了民主政治的五项道德准则，并指出遵循道德准则的民主政治既不排斥实用主义，也不排斥政治技艺。《论马克思的正义思想》通过对正义的形式概念、正义的伦理概念、正义的政治概念的区分式诠释，重新解读了马克思的正义思想，即真正的共产主义的生产和分配将以超越正义的标准呈现。《哲学家的道德使命》认为真正的哲学家始终背负着道德使命，即致力于实现行为和世界观的统一，也即积极生活和沉思生活的统一。《马克思伦理学的遗产》通过对马克思不同时期的思想主题的分析，揭示了在马克思思想中存在的某种需要在当代的语境中加以建构的伦理学遗产，即作为"每一个个人的全面而自由的发展"的自由的价值理念或道德公设。《现代性的道德状况》认为，世界观、哲学观、形而上学和宗教信仰的多样性并不会阻止共同精神的出现，也不意味着陷入虚无主义，现代人完全能以"普世的姿态"参与到被称作现代人道主义的事务中。《公民伦理和公民道德》认为，公民美德的基础是自由和生命的普遍价值，包括完全容忍、公民勇气、团结、正义、实践智慧、参与理性对话。如果我们认同"共同体"，那么我们就必须实践与这些价值相关的公民美德。

总体来看，以赫勒为代表的布达佩斯学派的伦理思想有三个特点。一是持一种反思的现代性批判的立场，更多地把后现代境遇理解为现代性的一种深刻的和彻底的自我反思，以此为基础探讨在现有的伦理规范条件下个体道德的生成机制。二是表现为一种人道主义的伦理学，强调马克思伦理学所阐释的自由价值，并致力于现代性偶然性状况中人的自由的真正实现。三是表现为一种规范的伦理学，诚如赫勒给自己所规定的理论任务，给规范一个世界。

延伸阅读文献：

Georg Lukács, *Political Writings*, 1919–1929: *The Question of Parliamentarianism and Other Essays*, (translated from the German by Michael McColgan; edited and introduced by Rodney Livingstone) London: NLB, 1972.

Georg Lukács, *History and Class Consciousness_Studies in Marxist Dialectics*, (translated by Rodney Livingslone) Cambridge, MA: MIT Press, 1979.

Ágnes Heller, *Everyday Life*, London: Routledge and Kegan Paul, 1986.

Ágnes Heller, *General Ethics*, New York: Basil Blackwell, 1988.

Ágnes Heller, *A Philosophy of Morals*, Oxford: Basil Blackwell, 1990.

Ágnes Heller, *An Ethics of Personality*, Oxford: Blackwell, 1996.

Ágnes Heller, Ferenc Feher, *The Postmodern Political Condition*, New York: Columbia University Press, 1988.

Ágnes Heller, *Lukacs Revalued*, Oxford: Basil Blackwell Publisher, 1983.

卢卡奇：《历史与阶级意识——关于马克思主义辩证法的研究》，杜章智、任立、燕宏远译，商务印书馆 1999 年版。

阿格妮丝·赫勒：《日常生活》，衣俊卿译，黑龙江大学出版社 2010 年版。

阿格妮丝·赫勒：《一般伦理学》，孔明安、马新晶译，黑龙江大学出版社 2015 年版。

阿格妮丝·赫勒：《道德哲学》，王秀敏译，黑龙江大学出版社 2014 年版。

阿格妮丝·赫勒：《个性伦理学》，赵司空译，黑龙江大学出版社 2015 年版。

阿格妮丝·赫勒、费伦茨·费赫尔：《后现代政治状况》，王海洋译，黑龙江大学出版社 2011 年版。

阿格妮丝·赫勒：《卢卡奇再评价》，衣俊卿等译，黑龙江大学出版社 2011 年版。

格奥尔格·卢卡奇

策略与伦理①②

[匈牙利] 格奥尔格·卢卡奇

马建青 译

对于所有政党和阶级来说，策略在政治行动领域中的地位和意义因这些政党和阶级特有的结构和历史-哲学（historico-philosophical）作用而大不相同。

如果我们把策略定义为政治上活跃的团体实现其所宣称的目标的手段，定义为连接终极目标与现实的纽带，那么终极目标是被归类为特定社会现实中的某个时刻，还是被归类为超越社会现实的某个时刻，有着根本的区别。内在的终极目标与超越的终极目标的主要区别在于：前者接受现存的法律秩序为给定的原则，此原则必然地、规范地决定着任何行动的范围；而在超越社会的终极目标中，该法律秩序被视为纯粹的现实，被视为真正的权力，至多是出于权宜之计而对之加以考虑。对这个"至多"需要特别强调的是，对于法国正统派复辟指向的目标以及诸如此类的目标而言，无论它在何种意义上承认大革命的法律秩序，都已经相当于一种妥协。然而，即使这个例子也表明，纯粹从完全抽象的、缺乏一切价值的社会学的角度来设想的各种超越性目标，也应被视为处于同一层次。

因为，如果被定义为最终目标的社会秩序在过去已经存在，如果这

---

① 本文原文题目为 "Tactics and Ethics"，译自 Georg Lukács, Political Writings, 1919–1929: The Question of Parliamentarianism and Other Essays, (translated from the German by Michael McColgan; edited and introduced by Rodney Livingstone) London: NLB, 1972, pp. 3–11。——译者注

② 这篇文章和它后面的两篇文章（《"脑力劳动者"与知识分子的领导权问题》［ "Intellectual Workers" and the Problem of Intellectual Leadership］和《什么是正统的马克思主义》［What is Orthodox Marxism?］）都写于无产阶级执政之前。在无产阶级专政时期的发展所带来的伦理功能的变化，使这些研究具有文献价值和历史价值。这一点是人们在阅读这三篇文章的时候应该铭记在心的，但是，这不适用于最后一篇文章《党和阶级》（Party and Class）。——英文版编注

只是一个恢复以前发展阶段的问题，那么对现存法律秩序的忽视只是表面上而不是真正地违反了既定法律秩序：一个真正的法律秩序碰到另一个真正的法律秩序，发展的连续性并没有被严格地否认，最远大的目标仅仅相当于取消一个中间阶段。另外，每一个本质上具有革命性的目标都否认了现在和过去的法律秩序的道德存在理由和历史-哲学上的正当性；在多大程度上具有道德存在的理由——如果具有的话——因此也是被作为一个纯粹的策略问题加以考量。

尽管如此，由于策略以这种方式摆脱了法律秩序施加的正常限制，因此必须发现一些新的实践标准，以确定在策略上的态度。由于权宜之计的概念是模糊不清的，所以必须在直接的、具体的目标和远离现实基础的最终目标之间做出相应的区分。对于那些最终目标事实上已经实现的阶级和政党来说，策略必然由直接的、具体的目标的可实现性来决定；对于他们来说，将直接目标和最终目标分割开来的鸿沟以及这种二元性所产生的冲突，根本不存在。策略在这里采取了法定现实政治（Realpolitik）的形式，而在那些（特殊的）情况下，这种冲突确实出现了——例如，与战争有关的情况——这些阶级和政党采用的是最浅薄的、最具灾难性的现实政治形式，这不是偶然的。他们别无选择，因为他们的最终目标的存在不允许采取任何其他行动。

这种对比很有助于阐明革命的阶级和政党的策略：他们的策略不是由短期内可以立即获得的好处决定的；事实上，他们有时必须拒绝这些好处，因为它危及真正重要的东西，即最终目标。但是，既然最终目标已被归类为不是乌托邦，而是必须实现的现实，那么，假定其是对直接好处的超越，并不意味着从现实中抽象出来，也不意味着企图把某些理想强加给现实，而是需要认识那些已经在社会现实之中起作用的力量——即那些以实现最终目标为目标的力量，并把它们转化为行动。没有这种知识，每一个革命的阶级或政党的策略就会在没有理想的现实政治和没有真正内容的意识形态之间漫无目的地徘徊。正是这种知识的缺乏构成了资产阶级革命斗争的特点。即便在这里也存在着一种终极目标的意识形态，虽然这是真的，但它不能被有机地结合到具体行动计划中；相反，它主要是以一种实用主义的方式，在制度的创立中发展起来的，而这些制度很快就变成了目的本身，从而掩盖了终极目标本身，使它退化到纯粹的、已经无效的意识形态的水平。社会主义独特的社会学意义恰恰在于，它为这一问题提供了一个解决方案。原因在于，如果社会主义的终极目标在超越当代社会的经济、法律和社会限制，并且只能通过摧毁这个社会来实现的意义上是乌托邦的，那么社会主义的终极目标就根本不是乌托邦，因为它的实现需要吸收徘徊在社会之外或之上的思想。这方面完全来自黑格尔概念体系的马克思主义阶级斗争理论把超越性的目标转变为内在性的目标；无产阶级的阶级斗争既是目标本身，又是目标的实现。这个过程不是一种人们可以用超越于它的目标标准来对其意义和价值进行评判的手段；而是逐步地、跳跃式地对与历史逻辑相一致的乌托邦社会进行新的阐释。这意味着其浸入了当代社会现实。"手段"并不异在于目标（如资产阶级意识形态的实现）；相反，它们使目标更接近于自我实现。由此可见，在策略手段和最终目标之间，将存在着概念上无法确定的过渡阶段；永远不可能预先知道哪一个策略步骤将成功地实现最终目标本身。

这就涉及社会主义策略的确定性标准：历史哲学。阶级斗争的事实无非是对事件所做的社会学描述，并且将之提升为在社会现实中有效的规律；然而，无产阶级的阶级斗争的意义却超越了这一事实。当然，从根本上说，这种意义是不能脱离这个事实的，但它指向的是一个将会诞生的社会秩序，这个社会秩序不同于以往的每一个社会，因为它既不知道有压迫者，也不知道有被压迫者。为了结束人的尊严受到侮辱的经济依赖时代，必须像马克思所说的那样，打破盲目的经济强制力量，代之以更高的、更符合人的尊严的力量。①

因此，正确地权衡和理解当代经济及社会形势、真正的权力关系，至多也就构成正确的社会主义行动、正确的策略的前提条件。它本身并不构成正确的标准。唯一有效的尺度是，在特定情况下的行动方式是否

---

① Marx, *Capital*, vol. III, Moscow, n. d. , pp. 799-800. （参见《马克思恩格斯文集》第 7 卷，人民出版社 2009 年版，第 928-929 页。——译者注）

为实现作为社会主义运动本质这一目标服务。因此，既然这一最终目标不是通过性质上不同的手段来实现的，相反，手段本身就意味着向这一目标的进步，那么，凡是把这一历史-哲学过程提高到意识和现实层面的手段都应被认为是有效的，而凡是使这种意识神秘化的手段——例如接受现存法律秩序，接受"历史"发展的连续性，更不用说接受无产阶级暂时的物质利益——都应被拒绝。如果说有一种历史运动，现实政治对其而言代表着一种有害的和不祥的威胁，那就是社会主义的历史运动。

具体来说，这意味着，每一种与现存秩序团结一致的姿态都充满了这种危险。我们坚持抗议那种说法，认为那样的团结姿态只是表明它是一个暂时的、眼前的利益共同体，只不过是为了实现一个具体目标而建立的临时联盟，尽管抗议很可能来自真实的内心信念，但这并不能消除这样一种危险，即团结的感觉将在意识形式中扎根，那种意识形式必然会掩盖世界历史意识、人类自我意识的觉醒。无产阶级的阶级斗争不仅仅是一场阶级斗争（如果是的话，它的确只会被现实政治所支配），而是人类解放自己的手段，是人类历史真正开始的手段。所做的每一次妥协都恰恰掩盖了斗争的这一方面，因此——尽管它有种种可能的、短期的（但极有问题的）好处——对实现这一真正的最终目标是致命的。只要目前的社会秩序仍然存在，统治阶级就仍然可以公开地或秘密地使以这种方式赢得的任何经济或政治好处得到抵消。这种"抵消"措施实际上是斗争继续进行的条件，因为很明显的是，妥协会削弱抵抗的情绪。因此，社会主义内部的策略性偏离比其他历史运动更具有根本意义。世界历史意义决定了策略标准，在历史面前，谁要是没有因为权宜应变而偏离由历史哲学所规定的、狭窄而陡峭的、只通向目标的正确行动道路，谁就得为自己的一切行为负责。

由此看来，我们也发现了伦理问题的答案，即坚持正确的策略本身就是伦理的。但正是在这一点上，马克思主义中的黑格尔遗产的危险方面就显现出来了。黑格尔的体系是没有伦理学的；在他的著作中，取代伦理学的是由物质的、精神的和社会的内容所构成的，他的社会哲学在其中达到顶点的体系。从本质上说，马克思主义已经继承了这种形式的伦理学（例如，正如我们在考茨基［Kautsky］的书中所看到的），① 只是提出了黑格尔的价值之外的其他"价值"，而没有提出这样的问题：例如追求正确的社会"价值"、正确的社会目标——不管行为的内在动机如何——是否因此而具有伦理性，尽管很明显，伦理问题只能从这些正确的社会目标开始。否定在这一点上产生的伦理后果，也就否定了它们的伦理可能性，并与最原始的、普遍的心理学事实——良心和责任感——发生了冲突。所有这些人所关心的主要不是一个人做了什么或想要什么（受社会和政治行动规范的支配），而是他做了什么或想要什么以及他为什么这样做或想要这样做在客观上是正确的还是错误的。尽管如此，与客观正确的、只有在人类群体的集体行动中才能找到明确解决方法的策略问题形成鲜明对比，目的和原因的问题只会在个人那里出现，它除了与个人有关之外，没有任何意义。因此，我们可以这样表述我们所面临的问题："个人的良心和责任感如何与策略上正确的集体行动问题相联系？"

在这一问题上，最重要的是形成一种相互依赖性，恰恰是因为相互联系的两种行动基本上是彼此独立的。一方面，任何特定的策略制定是对还是错的问题，与根据该策略采取行动的人是否由道德动机决定的问题无关。另一方面，从策略的角度看，一个有着最纯粹的道德根源的行动可能是完全错误的。然而，彼此独立更像表面现象而非真实情况。因为——正如我们在后面将看到的那样——一旦出于纯粹伦理动机的个人行动把他带入政治领域，甚至它在客观（历史-哲学）上正确或不正确也不再是一个伦理学上无所谓的问题。此外，因为社会主义策略的定位是历史-哲学的，所以集体行动必须通过单个的个人意志（一旦众多的个人意志被聚合起来）来表现自身，而居于支配地位的历史-哲学意识必须通过他来表现自身——特别是因为，如果不这样，为了最终目标而对眼前利益进行必要的拒绝将是不可能的。现在，问题可以表述为：是

---

① 卢卡奇在这里指的是卡尔·考茨基的《伦理学和唯物史观》（*Ethics and the Materialist Conception of History*, Stuttgart, 1906.）一书。考茨基着手描述"试图完全从关于既定的物质基础的知识中推导出""新的伦理理想的内容"。由此产生的价值的变化被包含在这样的公式中："在科学社会主义中，阶级斗争的伦理理想被转化为经济理想"（参见《伦理学与唯物史观》第69页之后的内容）。——英文版编注

什么伦理考量激发了个人做出判定,认为他所拥有的必不可少的历史-哲学意识可以被转化为正确的政治行动,即集体意志的组成部分,并且可以决定这种行动?

再次强调一点:伦理与个人相关,而这种关联的必然结果是,个人的良心和责任感要求他必须采取行动,好像世界命运的改变取决于他的作为或不作为,而他将要采取的策略必然会促进或阻碍这种改变。(因为在伦理的领域里,不存在中立和不偏不倚;即使是不愿行动的人,也必须能够为他的不作为向这一良心做出交代)。因此,每一个目前选择了共产主义的人,都不得不对每一个在斗争中为他而死的人承担同样的个人责任,就好像他自己把他们杀了一样。但是,凡是与作为对立方的资本主义辩护者结盟的人,都必须对无疑是迫在眉睫的新的帝国复仇战争所带来的破坏,以及未来的民族和阶级压迫,承担同样的个人责任。从伦理的观点来看,任何人都不能以他只是单个的人、世界命运并不取决于他为借口而逃避责任。这一点不仅无法客观地确知,因为它恰恰由于取决于个人所以总是存在可能性的,而且这种想法也因伦理的本质、良知和责任感而变得不可能。凡是依据这种考虑而做出决定的人——无论他在其他方面是一个多么高度发达的动物——在伦理上都停留于原始的、无意识的、本能的层面。

然而,这种对个人行动所做的纯粹形式化和伦理化的定义,并没有充分阐明策略与伦理之间的关系。当个人在自己内心做出伦理决定,然后遵循或拒绝某项策略方针时,他就进入了一个特殊的行动层次,即政治行动层次,而他的行动的独特性意味着——从纯伦理的角度来看——他必须知道在什么情况下会产生什么样的后果以及该如何行动。

因此,需要进一步澄清已被引入讨论的"知识"概念。一方面,"知识"绝不能被视为对实际政治形势及其所有可能后果的总体把握;另一方面,也不能将其视为纯主观深思熟虑的结果,似乎个人的行为就是"竭尽所能,真诚行事"。如果是前者,人的每一项行动从一开始就不可能;如果是后者,那么极端的轻浮和轻率就会畅通无阻,每一个道德标准都会变成虚幻的。不过,既然个人的严肃态度和责任感构成了每一个行为的道德标准，意味着当事人可以知道自己行为的后果，那么问题来了，根据这种知识，他是否可以因自己的良心对这些后果负责。这种客观的可能性诚然因人而异，因事而异，但从根本上说，对于不同的个人和不同的情况，它总是可以确定的。即使是现在，对于每一个社会主义者来说，社会主义社会理想在历史－哲学层面形成的真实压力，既决定了实现这一理想的客观可能性的内容，也决定了可能性的标准本身应该是可能的。那么，对于每一个社会主义者来说，道德上正确的行动从根本上与对特定历史－哲学形势的正确认识有关，而这种认识又只有通过每个个人使此自我意识为自己所意识到的而努力才是可行的。这方面的第一个不可避免的先决条件是阶级意识的形成。为了使正确的行动成为一种真正的、正确的调节器，阶级意识必须把自己提高到仅仅是被给予的水平之上；它必须牢记自己的世界历史使命和责任感。因为构成阶级意识行动内容的阶级利益的实现，既不与隶属于本阶级的个人的利益之和相吻合，也不与作为集体实体的阶级的眼前短期利益相吻合。将会促成社会主义的阶级利益和阶级利益在其中获得表现的阶级意识意味着一个世界历史使命——因此，上述的客观可能性也意味着这样一个问题：导致从稳步靠近的阶段过渡——或跃迁——到真正实现的阶段的历史时刻是否已经到来？

然而，每一个人都必须意识到，由于问题的性质，我们只能从可能性的角度来谈论。我们无法想象有一种人文科学能够以天文学家预测彗星出现时所具有的准确性和确定性替社会说：今天，实现社会主义原则的时机已经到来。同样，也不存在任何科学可以说：今天时机还不成熟，我们必须等待，明天或再过两年就会到来。科学、知识只能指明可能性——只有在可能性的范围内，道德的、负责任的行动，真正的人的行动本身才是可能的。然而，对于抓住这种可能性的个人来说，如果他是一个社会主义者，就没有选择，无须犹豫。

这绝不是说，以这种方式出现的行动在道德上一定是完美无瑕和无懈可击的。伦理学的任务不是为正确的行动给出指示，也不是要消除或否认人类命运中不可克服的悲剧性冲突。恰恰相反：伦理的自我意识使人们十分清楚地认识到，在有些情况下——悲剧性的情况下——不使自己背负内疚是无法行事的。但同时它又告诉我们，即使面临着在可招致内疚的两条道路之间进行选择的问题，我们仍然应该看到，正确的和不正确的行动都有一个附加的标准，我们称这个标准为牺牲。正如在两种内疚形式之间进行选择的个人，当他在更高理念的祭坛上牺牲了卑微的自我时，便是最终做出了正确的选择，因此从集体行动的角度来评估这种牺牲也很麻烦。然而，在后一种情况下，理念代表了世界历史形势的要求，历史-哲学的使命。1904 至 1906 年俄国革命期间的恐怖组织领导人罗普申（Ropschin）（原名鲍里斯·萨文科夫［Boris Savinkov］）① 在他的一部小说中，将个人恐怖问题表述为：谋杀是不被允许的，它是绝对的、不可饶恕的罪过；它"也许"（may）不会发生，但它"一定"（must）会发生。在同一本书的其他地方，他看到的不是理由（那是不可能的），而是恐怖分子行为的最终道德基础，即为他的兄弟们牺牲，不仅牺牲他的生命，而且牺牲他的纯洁、他的道德、他的灵魂。换句话说，只有他毫不动摇地、毫无保留地承认谋杀在任何情况下都是不被认可的，才能做出在道德层面真正的——而且是悲剧性的——谋杀行为。可以用黑贝尔（Hebbel）的《犹滴》（Judith）中无比优美的文字来表达这种最深刻的人类悲剧感："即使上帝在我和我的行为之间设置了罪过，我又有什么资格去逃避呢？"②

---

① 对于卢卡奇来说，特别重要的是鲍里斯·萨文科夫（1879—1925）的《一个恐怖分子的回忆录》（*The Memoirs of a Terrorist*, English translation, New York, 1931）和《前所未有之事：一部关于革命的小说》（*What Never Happened: A Novel of The Revolution*, English translation, London, 1919）。后一部作品论述了俄国革命者的不谙世故状。在 1915 年 5 月 4 日给保罗·恩斯特（Paul Ernst）的信中，卢卡奇写道："因为把罗普申的书看作文献而不是艺术作品，所以我根本没有把它们看作病理学的症状，而是把它们看作初级伦理（对制度的义务）和次级伦理（对灵魂的义务）之间的旧冲突的新表现。当灵魂不是自足的，而是涉及人类——如政治人、革命者——时，问题总是呈现出一种特殊的辩证的复杂性。在这里，如果要拯救灵魂，就必须牺牲灵魂：从一种神秘的伦理学出发，人们被迫成为一个残酷的现实政治家，被迫违反'你不可杀人'的绝对戒律——这就不需要对制度承担任何义务。"——英文版编注

② 《犹滴》的原话是："如果你（上帝）在我和我的行为之间设置了罪过，我又有什么资格抱怨你、逃避你呢！" Friedrich Hebbel, *Judith*, Act Ⅲ, in *Werke,* vol. Ⅰ, Munich, 1963. ——英文版编注

道德在共产主义生产中的作用①②

[匈牙利] 格奥尔格·卢卡奇

马建青 译

共产主义的最终目标是建立这样一个社会，在这个社会中，道德自由将取代法律强制来调节所有行为。正如每个马克思主义者都知道的那样，这样的社会必然以阶级划分的结束为前提。因为，关于人的一般本质允许社会建立在道德准则基础之上的问题（在我看来，不能如此表述这个问题），不管我们是否认为它是可能的——只要社会中还存在着阶级，道德的力量就不可能变得有效，即使人们可以给出绝对肯定的答案。在社会中，只有一种调节模式是可能的：如果存在两种模式，其中一种模式与另一种模式相矛盾，甚至仅仅是背离，那么这只能导致一种完全无政府的状态。然而，如果一个社会被划分为几个阶级，或者——换一种说法——组成社会的人类群体的利益不尽相同，那么，对人类行为的调节就不可避免地会与明显是决定性的群体的利益发生冲突，甚至是与大多数人的利益发生冲突。但是，人类不能被诱导去自愿地做出违背自己利益的事情，只能被强迫这样做——不管这种强迫是物质上的还是精神上的。因此，只要存在着不同的阶级，就不可避免地要由法律而不是道德来完成调节社会行为的功能。

但是，法律的这种职能并不以为了压迫者的利益而将一种行为模式强加给被压迫阶级而告终。甚至相对于统治阶级本身而言，统治阶级的

---

① 本文原文题目为"The Role of Morality in Communist Production"，译自 Georg Lukács, *Political Writings, 1919-1929: The Question of Parliamentarianism and Other Essays*, (translated from the German by Michael McColgan; edited and introduced by Rodney Livingstone) London: NLB, 1972, pp. 48-52。——译者注

② 该文首次以匈牙利文发表于 *Szocialts Termelés*，Ⅰ/Ⅱ，1919。——英文版编注

阶级利益也必须被强制约束。法律必要性的第二个根源，即个人利益和阶级利益的冲突，当然不完全是社会划分为阶级的结果。不过，这种冲突确实从来没有像在资本主义社会中那样尖锐。而且，资本主义社会的存在条件——生产的无政府状态、生产的不断革命化、基于追逐利润的生产等——使个人利益和阶级利益从一开始就不可能在一个阶级内和谐地统一起来。每当资本家面对其他阶级（无论是被压迫者还是其他压迫者，例如，封建农民阶级或不同国家的资本家），也就是说，每逢该阶级不得不采取一种立场以保证压迫的一般可能性和方向时，个人利益和阶级利益便是统一的，尽管这是自明的，但事实总是证明：一旦这种压迫的实现成为具体的，一旦提出这样的问题，即谁要成为压迫者，他要剥削谁，剥削多少人，剥削到什么程度，就不可能把个人利益和阶级利益统一起来。资产阶级的阶级团结只有在他们向外看的时候才有可能，而不是在他们只关心自己的时候。这就是为什么在这些阶级中，道德永远不可能取代法律的力量。

不论在资本主义社会还是在资本主义垮台后将会出现的社会中，无产阶级的阶级境况都正好是处于对立面的。可以说，无产阶级的个人利益不能在其抽象的潜能中实现，而只能在现实中通过其阶级利益的实现而实现。最伟大的资产阶级思想家所宣传的、作为一种无法企及的社会理想的团结，实际上是无产阶级的阶级利益的鲜活表现。无产阶级的世界历史使命恰恰表现为，自身阶级利益的实现将带来人类的社会救赎。

然而，这种救赎不会简单地作为单纯由自然规律决定的自动过程的结果出现。无疑，这种观念对人类个体的利己主义意志的胜利隐含在无产阶级专政的阶级统治本质中；无产阶级的直接目的可能同样是一种阶级霸权。但是，不断地实施这种阶级霸权将消灭阶级差别，实现无阶级社会。因为无产阶级的阶级霸权要想真正有效，就只能在经济上和社会上消灭阶级差别，方式是——归根结底——迫使所有人进入无产阶级民主，而无产阶级民主只是无产阶级专政在阶级范围内的内部表现形式。无产阶级专政的一贯实施，只能以无产阶级民主同化了专政并使之成为多余的东西而告终。在阶级不复存在之后，不能再对任何人实行专政。

国家，作为法律强制力得以执行的主要原因，作为恩格斯讨论"国家消亡"① 时想要移除的原因，因此就不复存在了。然而，问题是：这种发展在无产阶级内部的模式是什么？这就是道德对社会有效作用的问题所在。它肯定在旧社会的意识形态中起着重要的作用，但从来没有对社会现实本身的发展做出任何实质性的贡献。在那里是不可能的，因为阶级道德发展及其在阶级内部的有效性的社会前提条件——个人利益和阶级利益的方向是一致的——只有在无产阶级中才存在。只有对无产阶级来说，团结，即个人利益服从于集体利益，才会与个人的、被正确理解的利益相吻合。这种社会可能性现在是存在的，因为所有属于无产阶级的个人都可以在不损害个人利益的情况下服从于本阶级的利益。这种选择的自由在资产阶级那里是不可能的，因为在资产阶级那里，秩序只能靠法律来维持。对于资产阶级来说，道德只能意味着——假设它要从根本上对行为进行实际控制——一种超越阶级划分和阶级存在的原则，换句话说，个人的道德。不幸的是，这种道德需要人类文化达到一定的水平，这种文化只有在更晚的时代才能成为对整个社会有效的一般因素。

仅仅基于私利的行为与纯粹道德之间的鸿沟被阶级道德所弥合，阶级道德将把人类带入一个新的神圣的时代，如恩格斯所说，进入"自由王国"②。但我要重复的是：这种发展不是盲目的社会力量自动的必然的结果——它必须是工人阶级自由决定的结果。因为，在无产阶级胜利以后，只有在个人不能或不愿按照自己利益行事的情况下，强制在工人阶级内部才是必要的。如果强制——物质的和精神的暴力组织——在资本主义社会中甚至在统治阶级内部盛行，那也是必然之事，因为构成阶级的个人已经被他们个人利益的过高要求（贪图利润）引向了资本主义社会的解体。相反，每一个无产者的个人利益将会强化社会，如果他能正确地评估这些利益的话。重要的是，正确理解这些利益，具有这种道德

---

① F. Engels, *Anti-Dühring*, London, 1969, p. 333. ——英文版编注（参见《马克思恩格斯文集》第 9 卷，人民出版社 2009 年版，第 297 页。——译者注）

② F. Engels, *Anti-Dühring*, London, 1969, p. 333. ——英文版编注（参见《马克思恩格斯文集》第 9 卷，人民出版社 2009 年版，第 300 页。——译者注）

力量，能使人将倾向、情感和一时的奇想服从于自己的真正利益。

个人利益和阶级利益的交会点实际上是以生产的增加、生产力的提高和劳动纪律的相应加强为特征的。没有这些东西，无产阶级就不能生存；没有它们，无产阶级的阶级霸权就会消失——没有它们（即使我们不考虑这种阶级脱位给所有无产者带来的灾难性后果），任何一个人都不能全面发展，甚至不能作为一个个体。因为很明显，无产阶级权力中那些最令人焦虑的、每个无产者都能最深切地感受到其直接后果的方面——即商品短缺和价格高涨——是劳动纪律松弛和生产力下降的直接结果。为了对这种状况进行补救，从而提高相关个体的层次，必须消除产生这种现象的原因。

有两种可能的补救办法。要么是构成无产阶级的个人认识到，他们只有自愿加强劳动纪律，从而提高生产力，才能帮助自己；要么是在他们作为个人没有能力这样做的情况下，他们建立能够履行这一必要职能的机构。在后一种情况下，他们为自己创造了一种法律秩序，无产阶级通过这种秩序要求其各个成员即无产者按照自己的阶级利益行事。然后，无产阶级甚至对自己实行专政。在阶级利益没有得到正确认识和自觉遵守的地方，如果无产阶级要生存，这种措施是必要的。但是，这也——我们绝不能对自己掩饰这个问题——给未来带来了巨大的危险。一方面，如果无产阶级建立了自己的劳动纪律，如果无产阶级国家的劳动制度是建立在道德基础上的，那么，法律的外在强制将随着社会阶级结构的废除而自动停止。换言之，国家将消亡。这种阶级结构的废除本身将开启真正的人类历史——正如马克思所预言和希望的那样。另一方面，如果无产阶级采取不同的路线，它将不得不为自己创造一种法律秩序，而这种法律秩序是不能通过历史进步而自动废除的。在这种情况下，可能会逐渐形成一种趋势，这种趋势既会危及它的外观，也会危及最终目标的可实现性。因为如果无产阶级被迫以这种方式创造一种法律秩序，那么这种法律秩序本身就必须被推翻——谁能知道通过这样一条迂回的道路从必然王国过渡到自由王国，并会引起什么样的震动和痛苦呢？

因此，劳动纪律问题并不只是涉及无产阶级的经济生活，它还是一个道德问题。这又使我们清楚地看到，马克思和恩格斯关于自由时代始于无产阶级夺取政权的论断是多么正确。进步已不再受社会盲目力量的规律支配，而是依靠无产阶级出自意愿的决定。社会发展的方向取决于无产阶级的自我意识、精神和道德品质、判断力和利他主义。

因此，生产的问题变成了一个道德问题。它取决于无产阶级是否会终结"人类的史前史"、经济对人的支配、制度和强制力对道德的控制。它取决于无产阶级是否开启了人类的真正历史，即道德对制度和经济的支配。诚然，社会发展首先创造了这种可能性，但现在无产阶级实际上不仅掌握了自己的命运，而且掌握了人类的命运。无产阶级准备把社会的控制权和领导权掌握在自己手中的标准由此产生。迄今为止，无产阶级一直受社会发展规律的引导；从今以后，引导的任务属于它自己。它的决策将决定社会的发展。现在，无产阶级的每一个人都必须意识到这种责任。他必须意识到，正是他自己、他的日常工作表现决定了人类真正幸福和自由的时代何时开始。在远为困难的条件下，无产阶级至今一直忠实于自己的世界历史使命，现在它终于能够通过行动来完成这一使命，无法想象它会在这样的时刻放弃这一使命。

作为一个道德问题的布尔什维主义①

[匈牙利] 格奥尔格·卢卡奇

马建青 译

英译者注：英译文基于首次发表于《自由思想》（*Szabadgondolat*）（1918 年 12 月，第 228－232 页）的匈牙利语文章《作为一个道德问题的布尔什维主义》（A Bolsevizmus Mint Erkölcsi Probléma）。《自由思想》是由布达佩斯大学激进知识分子组成的所谓"伽利略同盟"（Calileo-circle）的正式刊物。大概是应刊物编辑卡尔·波兰尼（Karl Polányi）的请求，卢卡奇为布尔什维主义专题写了这篇文章。至今，在卢卡奇早期作品的多次再版中，这篇文章一直被排除在外。确实，英语界的卢卡奇研究者认为它已经失传了，由于他们无法获得匈牙利语资料，因此这个假设是可以原谅的。

此文是一篇在多个方面具有历史意义的文献。它包含了第一次世界大战前后欧洲知识分子所关注的一些问题。例如，在海德堡的所谓的韦伯圈在战争期间就决定性的历史时刻使用武力的正当性问题进行了长时间的争论（格奥尔格·卢卡奇、卡尔·雅斯贝尔斯 [Karl Jaspers] 和恩斯特·布洛赫 [Ernst Bloch] 都是参与者）。同时，文章阐明了奥匈帝国君主制解体后影响匈牙利左派知识分子的危机氛围，以及随后在 1918 年 10 月发生的、导致不同政治团体无效联合的"资产阶级民主革命"。然而，这篇文章最重要的地方在于，它说明了卢卡奇献身于马克思主义和布尔什维克思想的缘起与发展。

当卢卡奇写下这篇文章时，他正处于人生的过渡阶段。他已经从他

---

① 本文译自 Georg Lukács, Bolshevism as a Moral Problem, in *Social Research*, Autumn 1977. vol. 44, No. 3, pp. 416－424。——译者注

的"浪漫的反资本主义"的立场转变为准社会民主主义的立场。除了"客观"地论述问题，他的文章具有一种明显的"忏悔的"特点，它表明了卢卡奇经历的内心冲突。他生命中的全部深刻经历都在这篇文章中留下了印记：与陀思妥耶夫斯基（Dostoevsky）、俄国无政府主义者（卢卡奇的第一任妻子也在其中）、犹太弥赛亚主义、马克思的理论和德国的唯心主义的相遇。正是在这一背景下，对替代方案的讨论才出现在这篇文章中。然而，这并不是卢卡奇第一次为了一个"终极目标"（即个人的救赎）而思考打破"传统"伦理规范的可能性。在他写于1912年的《精神的贫困》（*Poverty of the Spirit*）中，卢卡奇拒斥了形式伦理学，而选择了一种"更高的秩序"。同样，在他的前马克思主义、资产阶级美学时期，卢卡奇对形式的看法极为激进，暴力概念在形式中有其位置。卢卡奇在1913年以匈牙利文发表的《审美文化》（*Esthetic Culture*）中写道："形式是一种判断，它通过一种神圣的恐怖将拯救强加于一切之上。"诚然，在这篇文章中，卢卡奇还不能屈从于布尔什维克的立场。基于卢卡奇的早期作品，我们认为，他在美学和伦理问题上的激进立场为他决定支持革命事业指明了道路。

一直以来，人们都在猜测卢卡奇似乎是突然转向共产主义事业的确切日期和具体情况。虽然1918年11月24日库恩·贝拉（Kun Bela）便和其他人成立了匈牙利共产党，但卢卡奇直到12月下旬才加入该党。当共产党的官方刊物《红色公报》（*The Red Gazette*）在1918年12月7日创刊时，卢卡奇还不是党员。几天后，这篇文章——卢卡奇作为前马克思主义者的最后一篇文章——被发表了。

现在已经确定的是，早在1918年9月，卢卡奇便计划在德国定居；为此，他得到了德国朋友（魏玛官员汉斯·施陶丁格［Hans Staudinger］和诗人兼戏剧家保罗·恩斯特［Paul Ernst］）的帮助。此外，他还于1918年5月18日申请了海德堡大学的特许任教资格。然而，多马舍夫斯基（Domaszevsky）院长在1918年12月12日的一封信中告知卢卡奇，他的申请被拒绝了。理由是"具有外国国籍"，是匈牙利人。卢卡奇在1918年12月16日的回信中说，他很高兴可以撤回申请，因为他打算开启政治生涯。因此，我们可以有把握地确定卢卡奇加入共产党的日期。尽管如此，我们认为，卢卡奇的决定不能仅仅依据此外部环境来解释。根据卢卡奇本人关于当时的说法——正如同时代的人在他们的回忆录中所记载的那样——正是"有魅力的"和有说服力的库恩·贝拉被证明是催化剂。"我那时遇到了一些人，"卢卡奇告诉他的朋友们，"他们的思想和信念并不处于真空之中，而是被转化为行动。关于他的经历，我们谈了很久。他让我相信，我不能接受我的想法所导致的后果。我可以保证，这将发生改变。"

当下一期《红色公报》在12月底出版时，格奥尔格·卢卡奇被列为编辑部成员。两个月后，"布尔什维主义"的续篇"策略与伦理"①完成。它表明了卢卡奇对共产主义事业的支持，而且指出了他为了集体伦理，即一种更高秩序的伦理而牺牲个人道德的缘由。

作为一个道德问题的布尔什维主义②

在这里，我们选择不考虑实现布尔什维主义的可能性，也不讨论随之而来的有利或有害后果。首先，该作者认为自己没有能力对这些问题给出决定性的答案，更重要的是，为了清楚起见，他认为讨论实际后果是不合适的。支持或反对布尔什维主义的决定——就像在任何真正重要的问题上的立场一样——不得不是一个道德问题。因此，为了做出真诚的选择，及时澄清这种尚成问题的决定最为重要。

这个问题的伦理表述的正当性可从如下事实中部分地获得证明，即大多数关于布尔什维主义的讨论都集中在经济和社会条件是否已经"成熟"至可以立即进行布尔什维克革命的问题上。然而，这种猜测将使我们一无所获，因为在我看来，这是永远不可能被预先知道的。立即且无条件地实现布尔什维主义的意志，与客观条件一样，都是环境"成熟"

---

① Translated into English from the German translation by Michael McColgan. See Georg Lukács, *Political Writings*, 1919-1929, edited by Rodney Livingstone, London: NLB, 1972, pp. 3-11.

② 特别感谢格奥尔格·卢卡奇的继子和遗稿保管人费伦茨·雅诺西（Ferenc Jánossy）博士，他将这篇文章的德文和英文翻译权交给了译者。——英译者注

的一部分。另一方面，认为布尔什维克革命的胜利会摧毁伟大的文化和文明成就的想法，也不会影响那些由于伦理的原因或出于历史哲学的考虑而选择了布尔什维克革命的人。这些革命者将注意到这一事实——无论是否后悔——并接受它的必然性。这种洞察不会改变他们的目标，也不应该改变他们的目标。因为他们非常清楚，如此巨大的世界历史性变革必然会摧毁旧的价值。他们树立新的价值的决心使他们相信，他们能够补偿下一代的这种损失。

现在的情况似乎是，对于每一个真正的社会主义者来说，一个严重的伦理问题已经得到了解决，而且没有什么应该使他支持布尔什维克革命的决定复杂化。如果人们不需要考虑环境的"成熟"和旧的价值的消灭，那么，究竟是什么会阻碍我们立即且无条件地实现目标呢？任何选择等待和进一步考虑，也就是选择妥协的人，还能被称为真正的社会主义者吗？然而，如果一个非布尔什维主义者反对少数人以民主的名义实行专政，他就会遇到列宁的追随者们的回应，这些追随者按照他们领导人的指示，干脆把"民主"的名称从他们党的名称和纲领中移除并自称为"共产党人"。

因此，这个问题的伦理表述取决于人们如何看待民主的作用，也就是说，民主被认为是社会主义运动的一种临时策略，是在与压迫阶级法律认可但无法可依的恐怖作斗争时使用的有用工具，还是民主确实是社会主义的一个组成部分。如果是后者，就不能放弃民主而不考虑随之而来的道德和意识形态的后果。因此，每一个有良知的和负责任的社会主义者在考虑放弃民主原则时，都面临着一个严重的道德问题。

过去，人们很少会将马克思的历史哲学从马克思的社会学中分离出来。结果是，人们往往忽视了作为其体系的两个构成要素，即使阶级分化从而压迫得以终结的阶级斗争和社会主义，虽然二者密切相关，但绝不是同一个概念体系的产物。前者是马克思社会学基于事实的发现，具有划时代的意义。阶级斗争始终是每一个现存社会秩序的动因；同时，阶级斗争也是历史现实真正相互联系的主要解释原则之一。社会主义则是马克思历史哲学的理想化的假设：它是一个即将到来的世界秩序的伦理目标（由于把两个不同的现实范畴放置在同一层面，马克思的黑格尔主义在一定程度上促进了这种混乱）。虽然无产阶级的阶级斗争旨在建立一个新的世界秩序，但它作为阶级斗争不是这个新世界秩序的体现。

正如资产阶级的阶级斗争胜利的后果所表明的那样，无产阶级的解放并不一定意味着一切阶级统治的终结。从社会学的角度看，它将仅仅意味着阶级的重新洗牌：以前的压迫者将成为新的被压迫阶级。由于无产阶级的胜利意味着最后一个被压迫阶级的解放，所以这个胜利是在没有压迫者和受压迫者的情况下实现真正自由时代的不可撤销的先决条件。但这只是一个规定——也因此是一个否定的方面。追求一种超越由单纯的社会学描述和法则支配社会现实的世界秩序，即追求一种民主的世界秩序，是真正自由的绝对前提。

因此，超越社会学的事实陈述的意志①是社会主义世界观的一个基本特征；如果没有这种意志，社会主义世界观就会像纸牌屋一样倒塌。恰恰是这种意志使无产阶级成为人类社会救赎的代理人，成为世界历史的救世主。如果没有这种弥赛亚主义的狂热，社会民主的胜利之路将是不可能的。

当恩格斯宣称无产阶级是德国古典哲学的唯一合法继承人时，他是对的；康德-费希特思想中的、意欲形而上学地改变世界的、不再扎根于尘世的伦理理想主义（ethical idealism），现在正被转化为行动。当无产阶级沿着通往目标的坦途前进时，理论本身被转变成了革命的实践，而谢林的美学和黑格尔的法哲学则走上了一条不同的、反动的道路。

马克思的历史哲学声称，无产阶级在为其直接的阶级利益而战的同时，也将一劳永逸地解放暴政的世界；毫无疑问，在构建他的历史哲学的过程中，马克思在很大程度上依赖于黑格尔的"理性的狡计"。在现在已经到来的决定性时刻，人们不能忽视无精神的经验现实与人的——即乌托邦的、伦理的——目标之间的二元分离。现在我们要看一看，社会主义的救赎作用是意味着一种自愿的、绝对的意愿以实现人类的救赎，还是意味着单纯的阶级利益的意识形态外壳。在后一种情况下，它

---

① 这里所用的是一个伦理理想主义的概念。——英译者注

将只在内容上与其他阶级利益不同，而不能要求有任何质的或伦理的差别。（让我们记住，在18世纪，所有的资产阶级解放理论都宣扬人性的解放，即自由放任［laissez-faire］的理论。在法国大革命期间，这些理论的纯意识形态特征已经显露出来，最后只是阶级利益占了上风。）

如果真正社会民主的理想——也就是实现一种不知道任何阶级压迫的政治制度——只是意识形态的话，那么我们现在就不会面临伦理上的困境。我们的伦理问题是如下事实的结果，即社会民主只有一个使它的斗争具有真正意义的终极目标：结束未来所有的阶级斗争，建立一个将甚至只是作为理论可能性的阶级斗争都排除在外的政治制度。

现在，实现这一目标已具备一种明显的可能性。因此，我们面临着如下的道德困境：如果我们利用给定的可能性来实现我们的目标，那么我们就必须接受独裁、恐怖及与之相伴的阶级压迫。那么，现有的阶级压迫将不得不被无产阶级的压迫所取代——可以说是在别西卜（Beelzebub）的帮助下赶走撒旦——希望这种全部阶级压迫中最后的、也是最公开和最残酷的阶级压迫最终会自我毁灭，并以此永远终结阶级压迫。然而，如果我们决定要用真正民主的手段来实现新的世界秩序（不用说，真正的民主仍然是一个在世界任何地方都没有实现过的愿望，甚至在所谓的民主国家也没有实现过），那么我们就会冒无限拖延的危险，因为大多数人可能还不想要这个新的世界秩序。如果我们不把它强加给这大多数人，我们唯一的选择就是教导、启蒙和等待，希望有一天人们通过其有意识的行动实现真正的民主，而这是长期以来被许多人视为解决世界问题的唯一可能的办法。

无论做出何种决定，这两种选择都存在着犯下不可饶恕的罪行和难以数清的错误的危险。每个人都必须面对这一事实，反过来，这一事实又造成了真实的道德困境。第二种选择的伦理含义是相当清楚的：它意味着，必须与这样一些党派和阶级结成临时联盟，它们的直接利益与社会民主制的利益相一致，但对最终目标仍抱有敌意，而且不愿与之妥协。因此，必须找到正确的战略标准，使合作成为可能，但既不能危及最终目标的纯洁性，也不能削弱追求的热情。

此时，偏离的危险变得显而易见：在偏离了通往实现目标的笔直而狭窄的行动道路的情况下，要想不让弯路成为目的本身，这即便不是不可能的，也是很难的。而刻意放慢朝向最终目标的进展速度，必然会削弱追求的热情。因此，我们面临着一个可如此表述的现实困境：我们如何才能在实现社会主义的过程中既坚持民主原则，又不让策略上的妥协在我们的意识中生根。

布尔什维主义提供了一条极有吸引力的出路，因为它不要妥协。但是，所有受其迷惑的人可能并没有完全意识到他们决定的后果。他们的问题可以表述如下：是否有可能通过应受谴责的手段实现善？是否可以通过压迫的手段获得自由？在这场其策略只是在技术上与旧的和被鄙视的世界秩序的策略有所不同的斗争中，一个新的世界秩序能否出现？

也许我们可以指出马克思社会学的假设，即历史由压迫者和被压迫者之间的持续不断的阶级斗争组成。因此，无产阶级的斗争也不能逃脱这一"规律"。如果真是这样，社会主义作为理想的意义，正如我们前面所指出的那样，将不会超出无产阶级的物质利益。它将只是一种意识形态。但事实并非如此。而且因为事实并非如此，这个历史假设就不能作为追求新世界秩序的基础。我们必须承认，错误就是错误，压迫就是压迫，阶级压迫就是阶级压迫。我们必须相信——这成了一种真正的"因为荒谬，所以信仰"（*credo quia absurdum*）——在这场阶级斗争中不会出现新的阶级斗争（导致对新压迫的寻求），从而使一系列毫无意义和漫无目的的旧的斗争延续下去——但是这种压迫会对它的自我解体的因素产生影响。

因而，这是一个关于选择将会是什么的信仰问题——正如在任何伦理问题上一样。① 许多在其他方面是批判的，但在这里肤浅的观察家认为，许多久经考验的社会主义者之所以不愿意加入布尔什维克的行列，是因为他们对社会主义的信念已被严重削弱了。我不得不承认，我拒绝

---

① 为了避免任何误解，我们必须强调，这里只讨论和比较了最典型及最纯粹的道德考虑。在这两种情况下，轻率、不负责任和私利可能支配选择；他们的决定不在我们的考虑范围之内。——格奥尔格·卢卡奇

这种解释，因为我反对这样的观点，即选择布尔什维主义的"一时的英雄主义"（instant heroism）比接受民主道路需要更坚定的信念，因为后者看起来一点也不英雄，但确实需要高度的责任感和敢于担当的精神，以展开一场艰苦的斗争，一个由教诲和等待交织而成的、灵魂备受煎熬的漫长过程。

选择前者的人似乎会不惜一切代价来保证他们信念的纯洁性，而在后者那里信念的纯洁性则不得不被牺牲掉。这种自我牺牲反过来又有助于保持社会民主的核心意义，也就是说，社会民主整体而非部分实现。让我再次强调：布尔什维主义依赖于这样的形而上学假设，即坏的东西能够产生好的东西，或者正如拉祖米辛（Razumikhin）在陀思妥耶夫斯基的《罪与罚》中所说的那样，我们有可能通过撒谎的方式来获得真理。

该作者无法认同这一观点。相应地，他意识到布尔什维克的立场从根本上来说是一个无法解决的道德问题。就民主来说，那些自觉做出选择并准备诚实地贯彻执行的人，需要的"只是"以自我牺牲和放弃的形式做出超人的努力。然而，虽然可能需要超人的力量，但民主道路并不会让我们面临一个像布尔什维主义的道德问题那样无法解决的问题。

——朱迪丝·马库斯·塔尔（Judith Marcus Tar）译为英文

共产党的道德使命①②

[匈牙利] 格奥尔格·卢卡奇

马建青 译

一

　　像列宁的所有著作一样，这本最新的小册子③值得所有共产党员最认真地研究。他又一次展现了他非凡的能力，他有能力理解无产阶级发展中新现象背后完全崭新的东西；他有能力理解它的本质，并以最具体的方式使之易于理解。他早先的著作多数是论战性的，主要是对无产阶级的战斗组织（主要是国家）的考察，而这本著作则涉及处于萌芽阶段的新社会的当前发展。正如其劳动纪律是由经济强制（饥饿）所支配的资本主义生产方式优于农奴制的赤裸裸的暴力一样，新社会中——甚至在生产力领域——自由人的自由合作将远远超过资本主义。恰恰是对这个方面，社会民主党中的世界革命失败论者持相当大的怀疑。他们指出了劳动纪律的松弛、生产力的下降——简言之，指出了伴随着资本主义经济制度的瓦解而必然出现的结果。他们对资本主义表现出耐心和忍耐，但他们带着同样强度的不耐烦和不宽容指出，这些事情在苏维埃俄国并没有**立即**发生改变。在他们看来，原料匮乏、内部斗争和组织上的

---

　　①　本文原文题目为"The Moral Mission of the Communist Party"，译自 Georg Lukács, *Political Writings, 1919-1929: The Question of Parliamentarianism and Other Essays*, (translated from the German by Michael McColgan; edited and introduced by Rodney Livingstone) London: NLB, 1972, pp. 64-70。——译者注

　　②　该文首次发表于 *Kommunismus*, I/16-17, 1920。——英文版编注

　　③　'A Great Beginning' in *Selected Works*, London, 1969, pp. 478-497 (Collected Works, vol. 29)。——英文版编注。此处卢卡奇所提到的最新小册子指列宁的《伟大的创举》。——译者注

困难**只算得上为资本主义国家**找到的借口；他们认为，无产阶级的社会秩序应当意味着，从这个秩序诞生的那一刻起，就要从内部和外部对一切条件进行改造，对形势做出全面改善。真正的革命者，尤其是列宁，与这种小资产阶级乌托邦主义的区别在于他们不抱幻想。他们知道，对于一个在世界大战中被毁掉的经济，对于——最重要的是——在资本主义条件下精神被腐蚀、被堕落、被灌输了利己主义的**人类**，什么是能够被期待的。然而，摆脱幻想永远不会使真正的革命者失去信心或陷入绝望；他对真实情况的理解反而有助于加强他对无产阶级世界历史使命的信念。这种信念是永远不能动摇的，不管它需要多长时间才能实现，尽管它经常受到不利环境的干扰。它接受所有这些干扰和阻碍，但决不允许它们分散他对目标和目标将临之迹象的注意力。

人们经常从许多不同的角度来讨论共产主义星期六（义务劳动），即苏联共产党自己所采取的劳动动员方式。可以理解的是，其重心放在了实际的和可能的经济后果上。但是，不管这些后果多么重要，共产主义星期六及其缘起的可能性和形式在另一种意义上是重要的，这种意义远远超出了它们的直接经济后果。"'共产主义星期六义务劳动'所以具有巨大的历史意义，是因它向我们表明了工人自觉自愿提高劳动生产率、过渡到新的劳动纪律、创造社会主义的经济条件和生活条件的首创精神。"①

那些非苏联的共产党因为在行动和要求上过于盲目地模仿苏联这个榜样而常受指责。在我看来，在几个方面（绝不是无关紧要的方面），情况恰恰相反：欧洲共产党要么不能，要么不愿意审视苏联运动力量的真正来源——即使在一些教训击中要害的时候，他们也不能花些力气将其转化为行动。

作为资本主义经济秩序向社会主义经济秩序过渡的第一步，作为"从必然王国向自由王国飞跃"的起点，共产主义星期六**无论如何都不是苏维埃政府的制度措施，而是共产党的道德行为**。而恰恰是苏联共产

---

① Cf. Lenin, *Selected Works*, London, 1969, p. 488. ——英文版编注（参见《列宁选集》第4卷，人民出版社1996年版，第13页。——译者注）

党现实状况的这一重要的、决定性的方面极少受到其兄弟党的重视，它们不仅没有照搬其榜样，而且几乎没有从它的成就中得出正确的、必然的结论。

二

如果说有一个再怎么强调也不过分的共同点，那就是**共产党是无产阶级革命意志在组织上的表现**。因此，它绝不是一开始就一定要包含全体无产阶级；作为革命的自觉领导者，作为革命观念的体现，它的任务更多的是团结其最自觉的部分，即先锋队，也即真正具有革命精神和完全阶级意识的工人。革命本身是支配着经济力量的自然规律发展的必然结果。各地共产党的职责和任务是为革命运动——它在很大程度上是独立于共产党而产生的——提供**一个方向和目标**，并把资本主义经济秩序瓦解所引发的猛烈风暴引向唯一可行的救赎之路，引向无产阶级专政。

旧的政党是不同个人相互妥协形成的联合，是不同个人混杂而成的群体，因此很快就变得官僚化，很快就产生了一个由脱离群众的党员和僚属构成的贵族阶层。但是，新的共产党应该代表最纯粹的革命阶级斗争，是对资产阶级社会的超越。然而，从旧社会向新社会的过渡，**不仅意味着经济和制度的转变，而且意味着道德的转变**。请不要有任何误解：没有什么比那些小资产阶级的乌托邦主义和我们的思想更不同了，其幻想社会变革只能通过人的内在改造来实现。（这丝毫没有表明它是一种小资产阶级的观念，因为它的支持者——不管是有意还是无意——把社会的改造推到了永恒未来的某个昏暗而遥远的时刻。）相反，我们坚持认为，从旧社会向新社会的过渡是客观经济力量和规律的必然结果。然而，就其客观必然性而言，这种过渡恰恰是从奴役和物化向自由和人性的过渡。为此，**不能把自由简单地看作一种成果，一种历史发展的结果。在这种发展中，必定会出现一个时刻，那时，自由本身成为动力之一**。它作为一种动力的意义必定会不断加强，直到某个时刻的到来，那时它能完全接掌对已经变得合乎人性的社会的领导权，那时"人类的史前史"将走向终结,人类的真正历史才能够开始。

在我们看来,这个阶段的开始似乎与革命意识的崛起、共产党的成立是一致的。因为每一个共产党——只要它不只是站在资产阶级社会的**对立面**,而是积极地体现对资产阶级社会的**否定**——远不只是代表着旧的社会民主党的对立面。它实际上意味着它们毁灭的开始,也意味着它们消逝的开始。工人运动的最大悲剧始终是,无法从资本主义的意识形态母体中彻底挣脱出来。旧的社会民主党**甚至从来没有认真地尝试过这样做**:它们本质上仍然是资产阶级政党,具有所有资产阶级政党所具有的特征:相互妥协、争取选票、廉价煽动、玩弄计谋、向上攀附和官僚主义。因此,与资产阶级政党的联合不仅仅是客观的、政治的需要的结果,而是来自社会民主党的内在结构、现实本质。因此,不难理解,为什么在真正革命的、尽管不是完全自觉的工人运动者中,本应该是有谴责之声的,不仅谴责旧政党的堕落的小资产阶级和反革命的性质,**而且谴责政党本身的整个想法**。工团主义兴起和吸引人的主要原因,无疑少不了对旧政党的**伦理拒斥**。

苏联共产党从未屈服于这些危险。它们没有陷入通常的两难境地——旧式政党还是工团主义、官僚组织还是摧毁政党——而是想出了清晰的"第三种方案",即第三条道路。我们现在可以从俄国革命的各个方面看出这第三条道路的后果。然而,到目前为止,我们太懦弱了、太懒惰了,没有认识到它的**基础**,没有把它作为一种动力纳入我们自己的运动中。

三

可以从如下三个方面找到苏联共产党的这种权力的基础:首先,它的内部组织;其次,它设想自己的任务和使命的方式;最后,(作为前两者的结果)它对其成员的影响方式。与旧的社会民主党和大多数非苏联共产党相比,它是一个封闭的而不是开放的党。它不但不设法招募任何人和所有人加入它的队伍(腐败和妥协的主要原因之一),甚至不接受所有想加入的人。这些人是从所谓的同情者（"共产党员的朋友"）队伍中筛选出来的，其中符合苏联共产党员**道德**要求的人，就会被接纳为党员。但是，党绝不仅仅关心党员人数的增加，而且还关心留在党员队伍中的那些人的质量。由于这个原因，党利用从革命的巨大努力中所产生的一切机会来**肃清自己的队伍**。列宁说："动员共产党员去作战这件事帮助了我们——胆小鬼和坏蛋逃到党外去了。让他们滚开吧！党员数量上的**这种减少**意味着党的力量和作用的**大大增加**。要利用'共产主义星期六义务劳动'这个创举继续清党。"① 因此，清党工作是建立在"**不断提高党对**真正共产主义工作的**要求**"② 基础上的。

苏联共产党的内部建设将我们带入了讨论的第二个方面，即党在革命中的使命。作为革命的先锋队，共产党始终至少应该比群众的发展领先一步。当广大群众最多是对自己的处境隐约感到不满时，共产党已经意识到革命是必要的；同样，对自由王国的意识应该已经成为各共产党的一个重要因素，并对它们的行动产生决定性的影响，特别是在跟随它们的群众还没有能力在意识形态上挣脱资本主义的腐朽母体的时候。共产党的这种作用显然要到苏维埃国家体制建立起来以后才能获得完全的实际意义。因为一旦无产阶级**在制度上**建立起自己的政权，那么一切都取决于塑造苏联人的那种精神是真正的共产主义**精神**，是现在正在诞生的新人类的**精神**，还是只是旧社会的新伪装。只有共产党才能体现这种清洁、净化和能动的原则。既然统治形式的转变不可能同时带来人的内在转变，那么，资本主义社会的一切邪恶的方面（官僚主义、腐败等）就不可避免地找到进入苏联机构的途径。这些机构甚至还没来得及正常发展，就存在着退化或僵化的严重危险。这时共产党必须作为批评者、模范、堡垒、组织者和改革者进行干预。共产党是唯一有能力这样做的

---

① Cf. Lenin, *Selected Works*, London, 1969, p. 495. ——英文版编注（参见《列宁选集》第4卷，人民出版社1996年版，第22页。——译者注）

② Cf. Lenin, *Selected Works*, London, 1969, p. 495. ——英文版编注（参见《列宁选集》第4卷，人民出版社1996年版，第22页。——译者注）

组织。①

那么，在对无产阶级进行革命教育之后，共产党现在必须对所有的人进行自由和自律的教育。但是，只有从一开始就在共产党员中开展教育工作，它才能完成这一使命。尽管如此，如果试图把上述两个发展阶段强行分开，那就完全是非马克思主义者和非辩证的想法。恰恰相反，它们之间是不断相互渗透的关系，谁也无法确定一个阶段的起点和另一个阶段的终点。因此，人们关于自由王国的理想，必须从共产党成立的那一刻起，就成为支配所有共产党员行动的自觉原则，成为激发所有共产党员活力的自觉原则。通过一定的组织形式，通过教育和宣传增强意识——这些都是至关重要的基本手段，但它们远不是唯一的手段。最重要的——事实上，归根结底，决定性的因素——是**共产党员自己作为人所取得的成就**。

共产党必须是自由王国的主要化身；最重要的是，同志精神、真正的团结精神和自我牺牲的精神指导它所做的一切。如果它不能做到这一点，或者至少它不想认真地把这种理想付诸实践，那么，共产党除了凭借它的纲领与其他政党区别开来之外，将不再能与其他政党区别开来。甚至有这样的危险：这个在纲领中将它与机会主义者和摇摆不定者区分开来的不可逾越的鸿沟将逐渐变得模糊不清，结果是，它很快就可能只是"工人党"中的"极左翼"。这又会带来另一个更直接的危险（一些核心政党对第三国际的口头承认已使此危险更加突出），即共产党员与其他党派之间的质的区别将退化为单纯的量的区别，最后甚至会完全消失。共产党越是不在组织上和精神上把自己的理想付诸实践，就越是不仅不能有效地反击这种普遍存在的妥协倾向，而且不能**教育**那些无意识的、却是真正的革命分子（工团主义者、无政府主义者）成为真正的共产党员。

妥协和瓦解的根源是一样的：共产党员自身的内在改造不充分。共产党员（以及与他们一起并由他们组成的共产党）越是清除资本家和社

---

① Cf. the article by Comrade Vladimir Sorin, The Communist Party and Soviet Institutions, in *Kommunismus*, I/8-9 (1920), pp. 283ff. ——英译者注

会民主党生活方面的一切糟粕，如官僚主义、玩弄计谋、向上攀附等，他们党的团结就越是变成真正的同志般的和精神上的团结——他们就越能更好地完成自己的使命。那时，也只有那时，他们才能聚集革命力量，坚定犹豫不决者的意志，唤醒意识匮乏者的觉悟——把坏蛋和机会主义者撇开，并一劳永逸地消灭。我们现在所面临的革命时期充斥着持久的和艰难的斗争；它将为我们提供无数的这种自我教育的机会。无论在组织方面还是在人的方面，我们的苏联同志都提供了我们所希望的、最有指导意义的榜样。现在是我们也**开始**在我们这个国家效仿榜样的时候了。

阿格妮丝·赫勒

道德理论的三个方面①

[匈牙利] 阿格妮丝·赫勒

孔明安 译

道德哲学总是涉及三方面②：第一方面可以被称为**解释的**（interpretative），第二方面是**规范的**（normative），第三方面是**教育的（自我教育的）** 或教化的（therapeutic）。解释的方面试图回答这样的问题：什么构成了道德；规范的方面试图回答如下问题：人们应该如何行事；教育或教化的方面则一方面试图回答，如何可以塑造人固有的习性，方使得人们达至道德的期望，另一方面也要回答，如何确保与善的标准相一致的生活方式可以免受痛苦和不幸的威胁。传统的道德哲学通常一起探讨这三个方面，或至少说，**直接**将三者结合起来探讨。有时候，以亚里士多德为例，他对这三个方面都给予了同等的关注，然而在另外一些情况下，则强调其中的某一方面或另一方面。对斯多葛主义来说，第三个方面是最为重要的。就怀疑论的道德家们而言，他们强调的是伦理的解释方面，与此同时，道德虚伪的社会博弈（game）则遭到了挖苦式的谴责。③ 在 17 世纪，归纳主义–演绎主义的程式则优势占尽。

① 本文原文题目为 "The Three Aspects of a Theory of Morals"，译自 Ágnes Heller, *General Ethics*, Oxford: Basil Blackwell, 1988, pp. 1-12。——译者注

② "道德哲学"这一术语代表着涉及道德问题，或者以讨论这些问题为出发点，抑或最终达到讨论目的的所有哲学研究。**严格意义上的**道德哲学是一项现代发明。传统道德哲学要么深植于形而上学，要么深植于政治学，或者深植于两者。并且，像解决严格意义上的道德问题一样，它们也处理认识论和心理学问题。

③ 正是道德哲学的解释方面顾及了哲学模式的最大多样性。格言、系谱叙述、社会学的重建、分析的元伦理学和其他一些多样的形式可以完成同样的任务，并且有时还能像一般的、无所不包的哲学理论那样，产生同样令人满意或悬而未决的结果。

人们再也不会以**教化**（paideia）①的单一形式来对待人性（human nature）中被认为是"固有的东西"（innate）。自道德原则失去了其"想当然"的特征（作为社会的先天或神性的命令）以来，简单地聚焦于人们如何遵守（道德）已经远远不够了。这些原则自身必须拥有赖以为之的基础。人及其所谓的"自然"的天资，似乎构成了这样的基础性程序的恰当基础。因此道德原则、规范和美德通过来自某种所谓的"人性"的构成成分的诸多演绎过程而得以推演。这就是从**"是"**（Is）推论出**"应该"**（Ought）的路径，这是可以合法地引起怀疑的某种程序。的确，很难看出道德价值或规范是如何从反感和吸引的本质中，或从如下陈述中推演出来的，即所有人都力图追求快乐，规避痛苦。因为驱使我们、吸引我们的，使我们感到快乐和痛苦的**事物**是这样的东西，最起码，它们是由**预先存在**（pre-existing）的社会规范制度和规则（包括道德的规范和规则）共同决定的。

人类学的还原论（自然主义的谬见）早就指出，道德哲学的三个方面的关联已遭到侵蚀并最终会坍塌。自然主义的谬论并不是原因，而是**是–应该**（Is-Ought）关系问题的结果。传统演绎方法（以如下的方式："这些是上帝的命令——你应该遵照上帝的指令"，或"这是最高的善，这些是至高的美德，你应当培养并实践这些美德"）问题缠身，起码对那些最有洞见的、当今现代具有前瞻性眼光的思想家来说是如此。事实上，不妨说，道德哲学的第一方面应对这一侵蚀"负责"。但无论什么原因，我们仍然面临着，或毋宁说，迄今为止我们正面临着这一侵蚀的结果。康德，我们现时代开拓性的道德哲学家，他完全关心的是道德哲学的第二个方面，即**应该**这一方面。他把道德哲学的第一个和第三个方面都驱逐了出去，并分别将它们驱逐到了政治哲学、法哲学和人类学竞争之中，如此就引来了黑格尔的嘲讽。黑格尔竭尽全力把因阐释**"是"**（Is）而导致的一片混乱重新关联起来，毫无疑问，（在需要的标题下）**"是"**否定、保留（"扬弃"）了**"应该"**和所谓的"人性"。

---

① paideia 一词是希腊文，译为教化，意为对灵魂的培育以及性格的形成，体现了古希腊古典的教育思想与教育的实际内容，包括文法、修辞及语言等。——译者注

然而黑格尔的解决方法并没有使世界的运行（weltlauf）和谐起来，也没有逃脱道德虚无主义那些鼠辈的尖刻批判。元伦理学，这个曾经兴盛高贵的人类追求的"私生子"，完全抛弃了道德哲学：针对"我们应该如何行事？"这一问题，它不仅不予以回答，而且认为这一问题本身都是不成立的。

重复一下：把道德哲学的三个方面凝结在一起的纽带遭到了消解，首先应当为此负责的是第一方面，即**解释的**方面。我们对所谓"人性"的看法已经经历了巨大的改变，人性的理论多种多样，并且彼此冲突，就像诸多道德规范、道德自律、道德原则、道德规则等彼此不可调和一样。虽然"主体间的建构"及其数种观点早已替代了先前笛卡儿的理论，但有关人性的观点，在此即有关人的社会-历史本质的观点仍在裁决道德要求的事物中，在使某些（或从来就没有）道德要求为真的方面，发挥着时隐时现的作用。此外，当（并且如果）面对道德哲学的教育-教化时，无论我们将人理解为语言的使用者、从事理性选择的"数字电脑"，还是致力于打破固有的、无意识的冲动与解决现实任务之间平衡斗争的自我，人性的观点都会产生巨大的差异。

什么是道德？何种规范是有效的规范，或反过来问这一问题，何种规范是有效的？何种美德是主要的美德？所有的传统道德哲学都对这些问题做了充分的回答，然而除了柏拉图的回答具有突破性的现代意义之外，他们回答的方式不过是概括性的。道德哲学的核心涉及道德规范和原则的应用，而且主要关注的是实践判断、善与恶相应的动机，感觉和情感以及道德特征，等等。在现代性中，除了德国古典主义非常特殊之外，这一重心急剧地变换。"何种规范是有效的？""规范的有效性，如果是全部的话，那么它们是如何建构起来的？""在什么样的基础上，我们进行道德判断？"这些问题都是研究的重点。上述及其类似的问题，都可能被扩大至这一点，在此所有与道德哲学相关的问题，包括最为困难和困惑的问题，都被划归为背景性的，甚至是被取消了的问题。

然而，由德国古典主义，尤其是由歌德（Goethe）开启的这条道路（尽管并非前无古人的）并非毫无意义。在这一传统中，**教化**观念变得高度膨胀起来。其关注的核心是人所有的天资、协调能力的发展或自我发展，以及某种和谐性的人的特征的创造或自我创造。这一潜在的假设是，人的天资一旦在和谐中发展，就会变成**美德**（virtuous）的能力，这一能力愈益发展，在自由选择的共同体中人们就愈益会彼此支持。尽管对一切传统主义进行了彻底拒绝，并且没有伴随着用新规范来替换旧规范，这一努力或许指向了这一方向，但它仍不是人的神化的理论。

应当在现代生活，而非在人的思想的内在发展逻辑中探求道德哲学的解释的、规范的和教育–教化的这三方面之间的决定性差异的根源。与此同时，将这一差异自身问题化完全是合法的。麦金泰尔（MacIntyre）的这一命题，即现代道德哲学家对道德概念的使用完全脱离了语境，这或许是一种极端的观点，但这一命题并非没有基础。其中的核心在于，如果抬高道德哲学的某一方面，就会同时否定或拒绝其他两个方面；而且这些理论会接着主张包括道德的所有主要问题，如此一来，这些理论就提出一个错误的观点。但道德哲学的**解释的、规范的和教育–教化的**这三方面是否可以重新统一在一起呢？目前消解（decomposition）的社会背景是这一消解的**充分**原因吗？把道德哲学的三方面重新统一起来的努力是否将必然导致自我妄想（self-delusion）的形式？现在必须要重点强调这些问题，并提出这些问题，因为虽然有麦金泰尔的悲观预期，但人们仍力图将道德哲学的三方面重新统一起来。在这一语境下，科尔伯格（Kohlberg）的名字被一再提起，这是由于他的理论已在最近引起了人们的注意，这主要归因于哈贝马斯对科尔伯格的同情性理解。在科尔伯格看来，**"是"**和**"应该"**是在道德进化论的理论中被统一起来的。基于这一简单的看法，道德哲学的第一和第二方面相交融。不仅如此，在对儿童的道德发展进行观察的基础上，科尔伯格似乎从个体发育的（ontogenetic）进化中推出了道德发展的（philogenetic）① 进化。所以，道德哲学的第三方面恰好与整个理论相协调。然而科尔伯格的自然主义的回答显然遭受到了哲学的原始论之苦。这就是为什么菲什金（Fischkin）在科尔伯格的自然主义与伦理主体主

---

① 此处的 philogenetic 似应为 phylogenetic。——译者注

义之间提出了他的**第三立场**（tertium datur）。然而在菲什金的道德理论中，由科尔伯格完满地统一起来的道德哲学的三方面，似乎再次以一种相对的方式被分裂开了。①

人们应该看一下哈贝马斯的案例研究，看一下哈贝马斯努力将道德哲学的三方面统一起来的尝试。由于我们提出这一主张是真的，即要求所有评价性的话语具有正当性，所以，言语-行为理论和一般理性交往理论成功地弥合了"**是**"与"**应该**"之间的裂隙，而无须犯自然主义的错误。然而道德哲学的第三方面显然不是哈贝马斯的理论所探讨的。普遍兴趣或普遍需求的理论是一种不堪一击的方法，它将道德行动者重新整合到道德的世界中。哈贝马斯对所有类型的**创制**（poiesis）都极其怀疑，他把创制概念划归到"**工具的**"或"**功能性的**"理性领域，这一怀

---

① 在解释-重建的层面上，科尔伯格的理论（在《从是到应该》中提出来的）已然存在严重问题。道德发展（philogenetic）的重建并没有证明道德发展的第六个阶段的进化就晚于第五个阶段的进化。在与海因茨（Heinz）相似的案例中，将生命看得比财产重要，并将这一偏好奠基于一般的可估价的考虑之上，这并不是特别现代的。正如亚里士多德在《尼各马可伦理学》中所提出的，"所有明智的人都将会那样做"。然而我强烈怀疑，以科尔伯格所谓的道德发展的第五个阶段为特征的观点是否曾被亚里士多德时代的所有"明智"的人所理解，更不要说被他们提出了。的确，生命的价值并没有通过"首选的是财产"这一简单事实得以普遍化。然而为偷取药物所做出的辩护（在著名的——或者臭名昭著的——海因茨案例中），强调"生命"价值的优先性，与"生命"价值的普遍化也没有任何关系。在我看来，只有之于普遍主义的一个强烈的且值得称赞的偏见，可以赋予更高道德状态以更高的发展状态，而且只有同样值得称赞的偏见可以将普遍主义归于那些根本不需要普遍主义的判断。让我再列举一些科尔伯格理论中的哲学上的妙点，诡辩总是冒着把道德行动翻译成仅仅是认知-推理探究语言的风险。甚至在亚里士多德的时代，他也知道，针对案例所做出的判断和针对行动所做出的判断是两种不同的判断。科尔伯格选择的代表性案例不存在任何真实的道德冲突，尽管他宣称将道德冲突的模型呈现了出来。另一个例子为海因茨困境提供了一个选择，并且也是一个真实而非推测的案例。1944 年，一个名叫戈德伯格（Goldberger）的犹太-匈牙利裔实业家，在盖世太保的压力下，他可以活下来，但必须以其工厂的合法权作为交换。如果他将自己的工厂合法地转让给赫尔曼·戈林-沃克（Hermann-Goering Werke）坦克生产基地，那么他就能活下来，他将可以自由地离开布达佩斯，前往瑞士。戈德伯格毫不犹豫地拒绝了这个建议，他说他宁愿死，也不愿将自己的工厂转给沃克。他被驱逐出境，并在奥斯威辛集中营被毒气毒死。如今，如果我们严肃看待海因茨困境，那么我们就得出如下结论：戈德伯格并未达到第六个阶段，因为如果他这样做的话，他将会选择活下来。然而在我看来，这是一个道德上的错误判断。看来，科尔伯格论及的仅仅是道德选择和行动的领域，因为他相信，纯粹认知的解决方案过于简单。不仅如此，他将海因茨的案例作为正义的案例提了出来，然而救某人的妻子一命还是盗取某人的财产这一困境，与正义绝对没有任何关系，除非我们将盗窃（偷盗药品的行为）理解为对药剂师的吝啬、不人道或者贪婪所施加的**惩罚**。

疑使得哈贝马斯对一般的道德**教化**问题，尤其是对道德规范的应用的重大问题漠然置之。哈贝马斯或许是最后一位否认自己属于这样的哲学家群体，这些哲学家的确强调建立规范的问题而不是将这些规范应用于现实生活情境的问题。哈贝马斯经常重复如下观点：正义本身仍然是道德哲学的论题；而且重复他的其他观点：现代伦理学必须是重新**建构性**的，它必须完全见证这一点，即他要意识到他自己努力的限度，并意识到这一事实。在其理论中，他甚至看起来并没有装作解决了道德哲学的一切相关问题。

至此，我面对的是现代道德哲学的两个趋向。第一个趋向涉及选择传统道德哲学的一个或另一个方面，将它提升至如下非此即彼的地位：要么以提出所有道德问题为借口，要么有意识地避免提出和回答所有问题；要么是自信，要么是顺从。第二个趋向涉及用一种前后一致的理论力图去统一这三个方面。然而还存在着第三个趋向，即在其确定而具体的情境中对某些问题进行反思，而无须在内部连贯一致的道德理论框架中将这种分离反思的结果相互关联。第一个趋向或选择可以产生善的哲学，尤其是在它摆脱了自我欺骗的影响的前提下。然而这一选择不可避免的局限性在于如下事实：对诸如"我应该如何行事"和"我应该如何生活"这样的问题，要么就是根本难以提供任何答案，要么即便提供了答案，它们同样会在这样的形式主义和抽象的层面上呈现出来，以至于让普通人无法获得任何相关或有意义的理解。第二个趋向或选择，正如在与科尔伯格那个例子的关系中所概要证实的那样，其在哲学上并不是可行的。第三个趋向或选择，对于作为**问题**的具体情境中的道德选择而言，证明是富有哲学成果的，它提出了意识的层次，支持了研究过程，有助于道德敏感性（sensitivity）的形成。道德哲学的所有这三个方面都充满着努力进行反思性探讨的精神，而不管是否涉及诸如父母的道德责任、人工授精的伦理意蕴、军备竞赛、艾滋病，以及正在被讨论的人权问题。如果不是轻视这一途径的巨大潜力，那么就必须说，它无法作为或者成为某种恰当的道德哲学。日常智慧与哲学研究之间的波动，这一所从事的事业的根本，并不能替代道德哲学。不仅如此，善（good）和连贯一致的道德哲学可以为某种学说或思想提供一个坚实的基础，就上述而言，这样说的前提是，他们是认真地对待日常道德智慧的。

存在着第四种可能性吗？我们能否为现代道德哲学找到一个具体的例子呢？它能够包括传统道德哲学的解释的、规范的和教育-教化的方面，而无须抬高其中的某一方面而贬低其他方面；也无须在某个单一的理论观点中将这三个方面统一起来。我将在下文中尽量准确地考察这一点。

我把这一研究项目整体称为《道德理论》（*A Theory of Morals*）。道德理论是一种哲学规划，但并非完满的规划。这一理论要**分三次来探讨**道德问题，每一次都围绕道德哲学的三个不同方面中的一个观点。我把第一部分称为（它与本书相一致）《一般伦理学》（*General Ethics*）；把第二部分称为《道德哲学》（*Moral Philosophy*）；把第三部分称为《行为理论》（*A Theory of Conduct*）。① 第一部分的特征表现为**解释的方法**（包括系谱学或"重构"）；第二部分的特征表现为**规范的方法**；第三部分的特征表现为**教化的方法**。这一划分并不意味着要从第一部分中排除"应该"问题和"教化"问题，从第二部分中排除重构的方法和**教化**的方法，从第三部分中排除重构方法和严格的规范方法。所以，要区分的首先是方法问题，而非主体问题。的确，方法决定了**重点**。第一部分强调的是解释问题；第二部分强调的是规范要求；第三部分强调的则是**教化**和矫正。同样，第一部分主要论及的是元伦理学问题、社会学问题和历史问题；第二部分主要探讨的是历史的、具体的、先验存在的道德哲学；第三部分论及的是个性（personality）问题。三部分中的核心是《道德哲学》，因为正是那里所探讨的特殊的道德哲学的观点阐释了所有的三方面。然而，正是《一般伦理学》和《行为理论》才确保了《道德哲学》的真实性。《一般伦理学》赋予了在历史的记忆中留下了印迹的那些经验和概念以生机。在依赖于对过去和现在的主体间的回忆的同时，它讲述的是那些重要的故事。正因为如此，《行为理论》将被置于

---

① 后来赫勒在写作第三部分《行为理论》时，把这一部分重新命名为《个性伦理学》，参见 Agnes Heller, *An Ethics of Personality*, Oxford: Blackwell Published Ltd, 1996, p. 2。——译者注

当代的日常经验之中。

重复一下，一般伦理学、道德哲学和行为理论是同一设计（project）的三个方面。当且仅当整个研究的过程中提出和回答的是同一个关键的问题时，一个设计才可以指的是**同一个**（one and the same）**设计**。可以证明，这一设计的三部分是一个整体的三方面，当且仅当这三部分合在一起并一起行动，否则谁也不能回答这一关键问题。的确，存在着这样的一个关键性的问题，我通过整体的研究提出该问题，并试图回答这一问题。对这个问题的完整回答只能将这三部分合在一起、相互协调一致才能做到。所提出的这个基本问题如下：**"好人存在——他们何以可能?"**①在第一部分，将会从**理论理性的立场**（也即参与观察者的立场）来回答这一问题；在第二部分，将会从**实践理性的立场**（也即当代世界的参与成员的立场）来回答该问题；在第三部分，将会从**人类个体作为一个整体的立场**（也即追求善的生活的个体的立场）来回答这个问题。这一区分重新阐明了早已强调的，一方面相对于一般伦理学，另一方面相对于行为理论而言的道德哲学的重要性。我们现代世界的参与者是从这样一个参与者的立场进行重建和叙述的，而行为理论所涉及的"整体的人类个体"同时也是现代社会条件的参与者。然而三种不同的方法要求三种明显不同的话语形式。在《一般伦理学》中，话语主要是**理论性的**；在《道德哲学》中则是**真正的实践话语**；而在《行为理论》中，在卡斯托里亚迪斯（Castoriadis）使用该概念的意义上，其话语则可以被

---

① 科特·拜尔（Kurt Baier）在其著名的《道德观点》（*The Moral Point of View*）中认为，相较于询问"我们为什么是道德的?"我们更应该问的是"**我们为什么不是道德的?**"如果这些是仅有的可用选择，我将毫不犹豫地跟随拜尔的脚步。显然，"我们为什么是道德的?"这个问题是无法得到回答的，正如"我们为什么**应该**是道德的"这个问题无法得到回答一样。在道德讨论中这是理所当然的事。这正是图尔敏（Toulmin）建议在《理性在伦理学中的地位》（*The Place of Reason in Ethics*）一书中，将诸如"为什么一个人应该做正确的事情?"等称为"限定性的问题"归类到宗教领域的原因，在宗教领域它们能够得到恰当的回答（"因为这是上帝的旨意"，等等）。然而对于道德哲学中主要的、**有待解释的话语**必须是对道德规则的违反（"我们为什么不是我们应该所是的样子?"）。对这种观点的认同，并没有规避拜尔试图规避的那个陷阱，即**决定论**的问题。我确信，如果我们将"好人存在——他们何以可能?"这一疑问当作道德哲学的主要问题的话，我们就不必进入宗教领域，而**从哲学上**回答这个问题，而且我们应该同时使道德哲学摆脱决定论的纠缠。

称为**阐明**（elucidation）。

"好人存在——他们何以可能？"这一问题是并且已经是道德哲学的根本问题，不管这一问题本身是否总被分开来讨论。如果没有起码存在着一些"好人"这一设定，那么无论怎样，道德哲学的研究将无任何意义。无论人们是否相信规范是神圣的，或规范是由神圣的司法所授予的，或是否相信它们代表的是纯粹的便利或习俗，规范和价值都不能被视为有效的，除非有人确实证明这些规范和价值。就像它们不能被视为道德的，除非至少有一些人注意到它们，这些人将这些规范和价值视为道德的，并因此对之加以关注。总之，如果没有（至少不言而喻）"好人存在"这样的陈述与假设，那么将不可能有道德哲学。纵然犬儒主义者也多进行这样的设定。犬儒主义者可能争辩说，好人是懦夫，或愚蠢，或无知，或者说好人无助于社会进步，等等，即便如此，他们或许也不否认"好人存在"这一说法的真实性。当然道德哲学家可以，也的确对善良给出独特解释，对其**真实的、明显的、本质上善**的特征给出这样的判断。但为了阐释道德哲学，他们必然假定，事实上，即便只有少数几个好人，但本质上好人的确存在，而且他们就是这样的好人。当然，对善良阐释的变化是非常有限的。一定程度上，社会所认可的这种或那种文化遗产，其中存在的是那些"好人"极易认同的各种不同的**基本**美德及行为。即使是对从"是的句子"推导出"应该的句子"这一谬见极为恼火的实证主义者们，也不情愿地同意一个显而易见的事实，即所谓的"好（人存在）的句子"可以是真的或假的。

那些希望**找到**一个支持而非反对道德案例的哲学家——即便他们找到了一个反对关于善良、特殊道德的**独特**理解的案例——极为严肃地对待"好人何以可能"这样的问题，并对这一问题有不同的回答。某些夸张性的回答甚至声称，所存在的答案之多就像道德哲学家之多一样。在我看来，现在必须再次提出这一问题，但这次是**以两种明显不同的方式**提出的。我也相信，必须提供与这一问题的回答**不相关**的两种独立的思想。第一个问题是一个老问题，也是一个普遍性的问题，其问题总是一样的："好人存在——他们何以可能？"第二个问题是具体的，因而也是某个普遍模式的特殊化，其问题是："好人**现在**存在——他们**现在**何以可能?"

如果仅仅只有道德规范、美德和观念的内容在现代性中经历了变化，那么重新提出这一问题将既非相关的，也非合理的。的确，一方面，道德规范、美德和观念的内容总是变化的——它们在形式上总是各不相同，并在当代的传统社会和现代社会中仍然如此。另一方面，在同一文化传统中，甚至在我们所知的所有文化中，准确地指出价值观，甚至美德的内容中的某些常量并不特别困难。在此方面，我们的社会也毫不例外。因此重新提出（并回答）这一问题的合法性的缘由并不在于内容的改变，而在于**结构的变化**。总而言之，人们可以区分道德的**两种**基本结构变化。第一种发生于 3 000 年前对文明世界中的人的行为中的羞耻规范与良知规范的区分。第二种伴随并同时发生于我们这个时代最近逝去岁月中的道德的普遍化、多元化和个体化。道德哲学（一般而言，即哲学）的诞生归之于第一种文化变迁。"好人存在——他们何以可能?"这一问题得以最终提出正是由于这种结构变化。好人**现在**存在着——这足以证明他们的存在**现在**是可能的。但他们**现在**是**何以**可能的呢? 在我看来，这一问题的答案不仅来自上述任何一个特殊的回答，而且来自所有这些回答的综合。恰恰是由于道德结构在现代性中已经发生了变化，而且仍处于变化的过程之中，所以，答案就必须被有意识地定位在已经发生的结构转型的现代世界中：必须将它确定在这一世界中，其中，道德结构是围绕着普遍化、多元化和个体化而日益形成的。

如下这一点听起来似乎有点奇怪，即除了多元化和个体化之外，作为特殊和具体的道德结构是围绕着**普遍化**而形成的。然而从定义上看，由于各种道德所共享的现代道德的这些特征**在经验上是普遍性的**，而且所有那些已经区分了良知规范和羞耻规范的道德所共有的现代道德的特征**在经验上都是一般性的**，所以，现代结构所独有的普遍性在经验上并非普遍性的，也不是经验上的一般性。经验的普遍性和经验的一般性是由现代规范的普遍性所提出的要求。显然，规范的普遍性在经验上并不能回溯性地被一般化或普遍化，但**可以预期性地**践行这一要求。对这一要求的践行是**可以**的，但并非**必须**。建构或重构某种纯粹的道德进展，并将其推向目前的"最高阶段"，即普遍主义道德成熟度，是一种元叙事。这一结构的初始双重性或"辩证法"彻底打开了两种走向终结显现的对立可能性。我们可以非常明确地说，可以将新结构做这样的理解：它打开了走向一个更崇高且更少压抑的道德世界，但它也改变了道德世界的方向；它摧毁了人类有史以来的最伟大的道德成就，这一成就与道德的首要结构变化相关联。我们无法确定目前正在发生的第二次结构性变化是否会体现出"最高"的道德发展，还是会为前所未有的倒退铺平道路。这就是为什么必须在具体情境中讨论当代道德问题的迫切理由了。**现在**"好人何以可能"这一问题的可能性并不能用一般的概念来回答：这一问题本身要求具体回答。这样的自我限定听起来似乎不值得通过所谓的哲学来探讨，哲学因其**在永恒的相下**（sub specie aeternitatis）思辨而自豪。但存在超越我们历史意识的永恒性吗？这是一个更富诗意的问题，而且也是一个必须面对的问题。我自己的回答很明确：在这一研究的框架内，根本就不存在视域之外的永恒性；或更准确地说，我对这个问题的回答似乎是，在我们的历史意识的视域之外，根本就不存在永恒性。

作为《道德理论》的第一部分，《一般伦理学》概要地回答了如下基本问题："好人存在，他们究竟何以可能？"对这一问题的考察如下：**"什么样的'是'导致了'应该'？"**或不如说，**"什么样的'是'是'应该'？"**如上所述，实践理性及其所有含意，将是理论理性的主题内容。如果正在讨论道德问题或道德结构，即使这些问题或结构是过去时期的道德问题或道德结构，人们也不可能完全是局外人。这合乎道理，因为在经验上存在着某些普遍的道德趋向，以及我们与这些前现代道德结构共享的道德内容与形式。不仅如此，如果仅仅从其**一般性**的视角，而非从其具体的特征及趋向来看，那么我们的道德世界只是被一般伦理学所理解、解释和重构的三者中的一个独特结构。应当注意的是，我们应该如何行事，以及我们应该如何生活，这样的问题并不会在第一部分的框架内被提出来。这就是我斗胆用"一般伦理学"概念的原因了。一般伦理学是某种道德理论，而非特有的道德哲学，因为它主要建立在由社会科学所提供的知识的具体化的基础之上。至少，某些著名的社会学者在对一般伦理学问题域的研究上已取得了不小的进展，就像某些思想家仍停留于后古典哲学的领域一样。自然而然地，我在此想到了涂尔干（Durkheim）和马克斯·韦伯（Max Weber），以及他们所建立的传统。尽管涂尔干和马克斯·韦伯在理论建构和理论观点之间存在着重要差异，但他们二人都强调解释和观察的视角，都意识到了这样的一种立场并非道德哲学的态度，而且前者不能替代后者。涂尔干和马克斯·韦伯一起提出如下两个问题：（1）"什么是一般的道德，如果人们依据道德行事的时候，人们会干什么？"（2）"什么样的历史变迁发生在特殊的历史的关键时刻，以及道德世界与其他领域相区别的有关趋向是什么？"在涂尔干和马克斯·韦伯的著作中，通过理论并置，或通过叙事，这一对比反差更为明显；涂尔干和马克斯·韦伯的不懈研究，使得证明这一对比反差的实践取得了突出的成就。

自涂尔干和马克斯·韦伯的那个时代以来，无论是否被称为一般伦理学，都已经打开了一个理论研究的新世界。人们已经发现我们过去完全漠视的细微的结构变化，以及可以揭示我们先辈道德态度的证据，而且通过我们当前存在的起源叙事，我们自己的存在已经得到了令人吃惊的新阐释。只要提一下埃利亚斯（Elias）、米歇尔·福柯（Michel Foucault）、阿里斯（Aries）和尼古拉斯·卢曼（Niklas Luhmann），看一下这一领域已经发生的巨大变化就足够了。虽然如此，在道德理论的目标领域中，必须把解释–观察的方面置于**一般性**的层面上。一般伦理学是某种哲学语言游戏，它必须融合元伦理、规范、重构、系谱学的话语，并将它们融入某个固有的方法之中。

一般伦理学的开端必须要讨论**一般的"人的境况"**（human condition），道德是人的境况最具决定性的方面。然而"人的境况"这一问题将会重新出现在道德哲学和行为理论之中。因为正如上所述，我将对"我们应该如何行事？"这一问题提供一个**具体的**回答，所以，道德哲学必须反思**我们当今共享的独特的人的境况**。人们并不能提出并回答"我们该怎么办?"或"我们应该如何行事?"这一问题,除非人们就是我们都共享了独特的人的境况的参与者。不仅如此,为了提出并回答这一核心问题,我们必须确定这一独特的人的境况都是什么。所谓的"现在是"的内容必须被作为条件和具体情境,而不是作为一个充分条件,以便确定对"我们应该如何行事?"这一问题的回答。最后,《行为理论》一书的开头必须要第三次面对"人的境况"这个问题。在那里,人的境况问题必须被视为一般的人的境况与现时代特殊的人的境况的辩证统一。第一部分的"背景"本质上是历史的和社会学的;第三部分的"背景"本质上是心理学和美学的。然而第一部分的**标题并非**历史的,也不是社会学的,第三部分的**标题**也不是心理学和美学的。行为理论在现代性中刚获得了相对的独立性,它是道德哲学的**一个方面**,就像一般伦理在同样程度上所是的那样。然而与一般伦理相反,对行为理论的探讨必须只能在当代世界的参与者的视野下进行,就像道德哲学那样。但在道德哲学中,至少从一开始,我们仅仅设定,要探讨的那些存在及其正在研究的行为共享了一个同样的世界。在行为理论中,我们早已预设,在所分享的同一个领域之中,这几个部分也都共同致力于对善的探讨。因此道德哲学的最终结果也是行为理论的起点。当个体从生活中获得尽可能多的欢乐时,他们如何能达到他们所致力于的**应该**?——这是一个只能在教育/自我教育、矫正/自我矫正中得到回答的特殊问题。在我看来,在这一方面,我们可以从斯多葛主义和伊壁鸠鲁主义的哲学传统那里获得灵感。当然斯多葛主义和伊壁鸠鲁主义都不能用对现代世界解释的理论,或用善的行动规范来否定现代世界。然而它们可以为我们提供一个引导我们过一种善的生活的方向,或许,甚至比以往任何时候都更是如此。如果的确可以线性进展,也即在现代结构中实现了固有目标发展的基础上来看待现代道德结构,如果我们相信,一般而言,已经实现了同时发生的道德的普遍化、个体化和多元化,**那么**斯多葛主义和伊壁鸠鲁主义的道德哲学的确已经完全过时了。然而,我并不认可这一简单的道德进步的乐观主义,虽然我相信,道德进步是在现代道德结构中开启的,我们应当把握的一个明显可能性,但我还是要强调如下一点的重要性，即重新赋予斯多葛主义和伊壁鸠鲁主义哲学传统以新的活力，就像重新给予所有的思辨，包括我自己的思考以及规范的建立以新的活力一样。男人与女人，我们这个世界的居民，生活与恐惧、欲望与痛苦，我们是道德规范、道德话语和道德义务的承载者，因而，我们是道德哲学的主角。没有我们的践行，（道德）规范终将暗淡无光。

现代伦理的两大支柱①

[匈牙利] 阿格妮丝·赫勒

王　静 译

我所说的现代伦理，意指那种能够表征现代性且仅仅代表现代性的伦理，并且这种伦理要求被现代世界单独的个体和人们所共享，而无论他们具有什么样的道德精神（ethos）。即使在现代世界，男人和女人们仍然会出生于不同的共同体（communities）、文化及具有各种具体规范与规则的风俗习惯中。至少在开始的时候，他们都会认为那些规范和规则是理所应当的，并且慢慢地自愿或不自愿地刻有那些道德文化的印迹。一种道德精神可能会更浓厚或更淡薄，更普遍或更不普遍，但这不是本文所关心的内容。我所关心的是诸如现代世界，也就是说，所有共同体和各种风俗的总体，无论浓厚或淡薄，都需要知道这两个支柱，假定它们是所有共同体和习俗依赖的支柱。如果把世界比作建筑物，人们或许会说前现代世界依靠的是一种坚固的基础、牢固的泥土，会说整个家园都安全地建造在土壤之上，相比较而言，现代世界没有根基，即使个别的共同体中仍然有他们自己依赖的基础。这就是为什么需要两个共有的支柱来维护现代世界的连续性，并把现代世界从混乱或坍塌中拯救出来。接下来，我将谈一谈这两个支柱。我尽量摆脱那种规范性的理论，并尝试着避免进入理想化的状态，尽管我的议题也不是经验性的。我只是为下面的建议提供充足的理由：如果现代伦理的两个支柱被认为至少在世界的一部分范围内是有效的，那么现代性就能够幸存；反之，则不能；如果没有这两个支柱，我们的世界就会陷入战争和混乱的状

---

① 本文原文题目为 "The Two Pillars of Modern Ethics"，最初刊于 *Voprosy Filosofii*, 2004, No. 3, pp. 28-36。本文译自 Ioanna Kuçuradi, Stephen Voss, and Cemal Güzel ed., *The Proceedings of the Twenty-First World Congress of Philosophy*, 2007, vol. 13, pp. 177-188。——译者注

态。因为我有信心，这两个支柱会被越来越多的文化所认可。我不会屈服于悲观的剧本。

关于存在着伦理或道德的两个支柱的这一主张并不新鲜。亚里士多德曾提及两个支柱：好人和公正的宪法（just constitution）。这也是现代伦理的两个支柱。然而，二者有着本质的区别。在前现代世界里，亚里士多德的世界包含着好人和公正的宪法，而且政治秩序也是有机地扎根于一种稳固的社会结构和稳固的信仰这同一基础之上。然而，这种情况在现代世界发生了彻底的改变。因为现代性不依赖于一种绝对的信仰，甚至不依赖于一种无条件承认的社会秩序，而只是依赖于自由。

然而，自由是一种没有根基的基础。正因为自由是一种没有根基的基础，现代世界的发展才缺乏根基。但是，缺少一种共享的绝对基础的生存并不意味着总是没有根基地活着。如果是那样的话，我们早就被抛入激进的虚无主义中去了。我认为情况并不是这样。不只是哲学，每一种理论如果没有某种基础原则的话都是不可能的；政治和社会组织也需要建立在某种基础原则之上。无政府状态不会实现，原因很简单，人类不可能长时间生活在混乱无序的状态中；某种安全感，某种肯定性和稳定性，某种规则性和反复性是必须的，因此期望是能被满足的，而且承诺也是可以履行的。

然而就像在哲学中一样，在一个缺乏绝对基础的世界里，同样不会有承载所有属性（attributes）的共同的实体（substance）。因此，制度、价值、美德、各种知识和体验等都没有相同的基础来支撑。知识的真理、诗文的美感、宪法的正义、人的德善都不再扎根于本质上相同的信仰。情况正好相反，所有这些都能依据它们自己的原则建立起来。这就是为什么马克斯·韦伯把现代世界描述为在本质上是多神崇拜的：每一个领域都有自己的神。因为我现在只谈现代伦理的两个支柱，即好人和公正的宪法，所以我就必须忽略真理概念的去−总体化以及现代性中美的概念的变迁问题，而这些我在其他论文中已经探索过。

在现代世界，一方面道德的善和另一方面公正的宪法不是同一棵树上的两个分支。我试着让大家看到它们都建立在自己的原则之上，不同的原则之上，看到它们有自己的基础——两种不同的基础。但是，正如我们能够预料到的，在它们的结构中一定有共享的东西；它们都需要建立在一个没有根基的基础之上。我将试图展现这是如何发生的。

首先，很明显我已经说过：它们可以把自己建立在自由——没有根基的自由——之上，在探索一种不是作为实体（substance），而恰恰是缺乏实体的价值的过程中，把对自由的承诺作为基本的价值。（看看相反的一面：上帝，整个基督教世界依他而建，是绝对的神［Substance］，也是绝对的价值，是所有真理、正义、善、美的来源。）

我想首先谈道德的善和正派（decency）的基础，再谈社会和政治正义的基础。

第一个支柱是现代人的正派

除了其他特性外，人们对现代性的意识也是对偶然性的自我意识。对偶然性的体验有三个方面。第一，是对宇宙偶然性的体验，这来源于盲目的自然法则对神圣的上帝的替代，尼采把它总结为"上帝死了"这一口号。科学作为统治世界的解释者、真理的提供者代替了宗教。这是一个巨大的变化，因为与宗教的真理相反，科学的真理是可以检验的，而且不能在道德上，而是在人们的道德准则或生活方式的指引上声称是一种权威。偶然性的第二个体验是伴随着按等级制原则组织的前现代社会和政治世界的毁灭与解构成长起来的。麦金泰尔（MacIntyre）是正确的：在前现代的社会安排中，人们通过出生获得了他们的**终极目标**（telos），他们的世俗命运。在那儿有一条道路引导着他们依据出身而分派给他或她的在社会上的原初命运，从出生的偶然到达人的完整或完美。他们先天的基因被装在一个信封里，然后寄送到一个先验的特殊社会。打个比方，就好像一个邮递员没有任何困难就能把信件投递到正确的地址。继续这个比喻。而现代的男人和女人们是被装在一个没有地址的信封里抛入这个世界的。那个先验的社会已经发生了巨大的变化，它没有给这些新生儿提供一个**终极目标**（telos），至少是不应该提供。萨特（Sartre）完美地表达了这种状况，他说我们被抛向了自由（Freedom），抛入了无（Nothing），抛入了充满可能性的网，一个没有**终极目标**（telos），没有命运的网。而且恰恰因为现代男人和女人们被抛入世界的信封是没有地址，所以他们自己迟早要给出地址。给出自己信封的地址是现代个体最基本的责任。我想强调这个词：基本的。因为这个责任与基础（foundation）这个表达有关。

我们的道德品格和我们的普遍人格所承担的责任伴随着肯定性的缩减而增长。现代人开始使传统的价值、品德、习俗屈从于理性的判断。但是如果所有的价值、美德和伦理的判断都屈从于理性的管辖，长此下去，所有这些结果注定都是失败的，因为它们中没有一个会成功地经受住理性的考验。所有的价值标准、具体的规范和伦理的表述都能被证明是正确的，同样也可以被驳斥为错误的，而且证明的过程能够反复进行。从某种程度来说，人们必须停止质疑，必须预设至少一个绝对有效的价值，以建立坚实的基础，并开始用旧有的平台搭建新的伦理。事实上，这一连串去合法性（delegitimating）的争论并不总是反复发生的，因为它有时会因情感的压力，有时会因人们自身传统的破碎而产生中断。但是让我们先假定没有什么其他的事情可以使争论过程停止，这样只有合法化和去合法化的争论卷入其中。在这种情况下，只需要有一种伦理，因为人们需要把某些东西作为**本原**（arche），作为终极，从而为这些竞争者建立各种原则。然而任何具体的规范、价值或道德信念都不能承担**本原**的角色，因此从正反两方面对伦理信念的真与不真进行争论的人保持了唯一的确定性。因为这个人不是探寻知识的根基，而是探寻道德的基础，以单个人结束的程序仍然会产生一种伦理：一种个性伦理（an ethics of personality）。因此，现代伦理的一个支柱将会是一种个性伦理。把这个问题简单化：将成为她自己的那个人会是伦理的承载者。

但是，如果道德的本质存在于我们与他者的关系中，那么单个的个人又如何能够扮演道德肯定性的承载者这一角色呢？如何能扮演她自己伦理的基础的角色呢？我，一个单个的人，如何能区分善与恶呢？我怎样才能在我自己的捍卫我的道德判断正确性的确定性中找到一个坚实的根基呢？我自己能决定我该怎么做吗？能决定对我来说做什么是正确的吗？

对这些问题的回答可以是肯定的也可以是否定的，但是这一直是让人怀疑的。然而，因为有人认为这个问题发生在开始行动或做出具体判断之前，因为她首先要问自己这样做是对的还是错的，之后才是有用还是没用，所以人们可以正当地谈及一种个性伦理，甚至接受这种预设，即个性伦理是现代世界伦理建立之上的众多支柱之一。

有两种个性伦理。它们都区分了高级与低级、高贵与低贱，都把一种优秀的品质加在了自身的发展上；加在了性格的"纯粹"上，它们都相信人的最高职责是成为人所是的样子并遵守承诺。然而，这是一种彻底的形式的伦理，是本质主义者主张的实质的伦理的直接对立面，是现代个体开始的个人解放的战争所反对的对象。从这点上说，如果对他，对他个人的自由没有任何给定的内容的话，那么这种伦理的基础就是个人本身。这种形式的支柱不是一个非常坚固的支柱。然而，它也不是没有相关性和意义的。对人的自由的仅有的限制是人自身强加的限制，它完全适合现代世界的想象。但是如果人们不解决这个"什么样的限制？"的问题，那么岂不是每个人都把自身放到一个完全不同的限制中了？除了偶然的一致性外，在所有人之间，甚至是两个人之间对善与恶能达成一致吗？为了使支柱建立在更加坚实的根基上，个性伦理的形式概念必须保有一种弱约束的实质的确定或限制。

行文至此，我只是重构了现代性的伦理趋势。简单地总结一下，它们可以描述为一种在传统伦理的碎片与不同种类的基要主义之间的共存，即一种利用一些或另一些碎片的个性伦理，与试图带着回到一种强烈的，即使是纯粹的意识形态建构的基础的希望来消除个性伦理的基础主义之间的共存。现在我想提出一种调和性的观点，对于个性伦理的调和性的道德观点，它在很大程度上依赖于克尔恺郭尔哲学。

人们可以给个性伦理增加点道德内容。但是怎样做呢？一方面，个性伦理不能建立在以形而上学为基础的伦理观念中。另一方面，它又不能以经验的规则和规范为基础。那么个性伦理怎样才能具有些许内涵呢？克尔恺郭尔的方法看起来很简单：如果选择自身的人们选择自己作为一个道德个性（personality）的话，就可以做到。所有种类的个性伦理都可以描述为扎根于一种自身的存在选择。人们可以选择自己成为这样那样的人，并成为人所是的样子。如果人选择自身作为好的、诚实的人，并成为他/她所是的样子，做一个诚实的、正直的、好的男人或女人的话，人们就可以给予这种存在选择以微弱的道德内容。因为选择是存在的，因而是有自主权的以及是自我-建立的，因此存在的选择不是对某件事情的选择。我不是选择善或诚实，选择任何一种美德或价值，而是选择自身作为一个好的、诚实的人。一个人选择自己作为一个正派的、正直的人意味着什么呢？克尔恺郭尔说，他在善与恶之间进行这种选择。但这只是第一步。一个人成为他所是的；因此人们需要知道如何区分一般的善与恶。人们需要一根拐杖。然而，人们只有在他已经选择自己作为一个好人之后，才需要这样一根拐杖。这种举动（move）是纯粹的形式的个性伦理所不具备的。

为了给自己提供一根拐杖，人们不需要考虑那些虚假的人为的例子。人们可以安全地向哲学的传统寻求建议。

苏格拉底/柏拉图已经至少两次拿出其最好的论据来证明，忍受不公要比做不公的事情好得多，忍受委屈要比让别人受委屈好得多。实际上他证明了他的观点，但是他痛苦地意识到，相反的表现，即对别人不公要比自己忍受不公好得多，也可以用好的论据、同样的力量以及经验的证实力度来证明。这是一种道德的自相矛盾，与康德在《实践理性批判》中所表述的二律背反非常相似。但是如果没有形而上学，如果人们没有被划分为"本体的人"（homo noumenon）和"现象的人"（homo phenomenon），二律背反就不能被解决。在一种有关个性伦理的哲学中，二律背反转变成一种悖论。因为现代的道德哲学并不能保证绝对的肯定性，而且没有一种肯定性——本原！——没有根基，或者没有中心，所以根本没有道德哲学，也没有道德性，因此可以提出以下建议：尽管苏格拉底的名言不能被证实，或者，换一种说法，相反的观点也能用同样的力量被证明，但是某些东西仍然是肯定的，那就是，对苏格拉底，对一个正派的、正直的人来说，这个陈述就是真的。事实上，苏格拉底一直践行这种信念精神，而且死于这种信念。

我们再一次指出：对一个存在性地选择自身作为一个正派的、好的人来说，苏格拉底的主张就是真的，无论在理论上还是实践上。就他选择自身作为一个好人来说，他已经选择自己作为一个道德的确定性。因此，给予自身一种道德内容的个性伦理已经有一个根基、一个基础。个性伦理的根基、基础，仅仅是正直的、正派的人自身。一个好人的本质就是对他来说苏格拉底的箴言是真的。如果人们真要一个定义的话，那这就是好人的定义。在给予自身道德内容的个性伦理中，自身的善就是自由地、自主地进行选择。不仅善恶的区分，而且做这种区分的道德标准也是存在主义的选择。

但是为什么有些男人和女人选择他们自身作为正派的人，而其他人不这样做呢？对于这一问题没有任何答案，而且我们最好不要假装知道答案。善的来源是超验的，而且这恰恰是对那种"我们不知道"的积极阐述。但是如何能知道一个人已经存在性地选择自身作为一个正直的人呢？只能从她实际上是否正派来判断，别无他法。这体现了康德的"证明"/作为理性事实的超验自由的证明的缺失，它通过自由的偶然性为自然立法。这不是合乎逻辑的或超验的那种证明，它只是一个姿态。

现代伦理依据的第二个支柱就是有关自由的宪法

我要提前说明一下，权利（right）的概念可以连接这两个支柱，然而却从不是联合，更别说合并。它们保持分离，而且必须分离。黑格尔在《法哲学原理》有关道德权利的章节中，赞同它们之间存在一种固定的联系并提出了一些真知灼见。为了再一次简单明确地表达黑格尔的概念，我们可以把它归为三类道德权利：个体的人们发展其潜能的权利，追求各自幸福的权利，以及他们依据自己关于善的概念去生活的权利。在这三种道德权利中，只有第三种涉及伦理，人们或许会争辩，在这一章黑格尔开创了个性伦理的可能性：因为前两种道德权利的表达是一种形式的权利，而第三种表达有点儿本质性的意味。然而，黑格尔从来没打算谈论分离的支柱，因为道德权利一直吸收伦理（Sittlichkeit）制度，并因此失去了它们的特征和力量。因此，这章只有在讨论第二个支柱时才是相关的。

人们可以用贯穿于第一个支柱的思考方式来开始讨论现代伦理的第二个支柱。与前现代不同，现代政治秩序不是独立地建立起来的。但是没有基础，人们就不能建立任何政治或社会秩序。然而，这些基础必须在根本上是可替代的，因为它们不是神圣的，因此也不受超验的藩篱的保护。它们不能被视为永恒的政治秩序。人们建立了现代国家，而且一些现代国家，主要是民主国家，依据他们一直坚持且仍然坚持的信念而建，这个信念是由公民自己建立起来的，事实上，这些公民恰恰是在建立信念的过程中并通过这一过程才成为公民。为了简单点，从现在起，我将只谈及它们。

国家的基本法律（Grundgesetz）是宪法。"基本的"（Grund）这个单词，指称它的时候与基础有关，同时单词"宪法"（constitution）也暗示着国家正在建构，因为这个国家一直在由公民建立。"宪法"这个单词暗含着人们制定（man-made）的意思。当亚里士多德把制定宪法描述为技艺（techne），而不是精神（energeia）的时候，这已经被亚里士多德认可。然而，那些宪法不仅仅是被制定的，它们也依赖于传统、伦理而建立。这就是为什么亚里士多德的《政治学》（Politics）是他的《尼各马可伦理学》（Nicomachean Ethics）的续篇：它预先假定了伦理。在现代世界，第二个支柱如同第一个支柱一样没有基础，但故事是不同的。

但是有哪些宪法能保障上面所描述的黑格尔的三种个体权利呢？尽管所有的宪法都由人们建构，但是并不是所有的现代宪法都能做到这一点，因为作为现代性的基础的自由并没有建立宪法。只有那些同时体现，或者更确切地说是承认自由——至少把它解释为政治自由——并把它作为正义国家依赖于其上的最高的实质性价值（supreme substantive value）的宪法才能保障黑格尔所说的权利的实现。这种把自由作为最高

价值的解释需要在想象中体现，这种想象先于自由的构建，先于建立的
行为。

但是这是一种什么样的建立行为呢？因为如果建立的行为以建立观
念的预先存在为先决条件，那么很明显那些观念也由其他的事物，由逻
辑上或历史上在先的事物等无限多的（ad infinitum）事物，在无限的溯
源过程中建立起来。看起来，建立绝对的和自由的基础就好像在流沙上
建立宫殿一样。而且事实上就是如此；反之，就不这样。

现代宪法和建构自由的行为是把自身建立在模糊的和虚假的自然权
利的概念上。这就是为什么它们在本质上与亚里士多德描述的宪法如此
不同，后者不是依赖于信念，而是依赖于传统。

只需思考一下美国《独立宣言》的表达，尤其是关于建立的语句：
"我们认为下述真理是不言而喻的……"随后《独立宣言》列举了那些
真理，例如所有的人生来自由，所有人被造物主赋予理性与良心。下面
让我简要地剖析这些关于建立的语句。

《独立宣言》中宣称所有人生而自由。这一宣言像康德的超验自由
一样引发了许多困难。因为它既不是经验的，也不能由任何人证明或驳
斥。那种上帝已经赋予我们理性和良心的宣称的结果甚至更糟。但是人
们可以在调和理论和实践观念的背景下，更多地在康德的意义上想象那
些语句。我可以说：我……（现在以我的名义），迫使我自己思考社会
的和政治的问题，仿佛所有的人都生而自由，而且我在行动上许诺要预
设所有人的平等的自由。但是既然这些宣称并不能被证实或驳斥，或者
说可以被证实也可以被驳斥，那么我该如何捍卫它们的真理呢？人们会
这样答复：我们，这些语句的签署者，用我们的签名来证实，用我们的
名字来确证，这些语句是真的。每个人都应邀签名。我们，在这一宪法
框架下生活的人们，都参与了签署这些宣言的过程。这些宣言对我们，
对这些签署过它们的人来说是真的，然而对其他人，对从来没有认可它
们的人来说，就是假的。这就是我们的自由的建立，它曾经是而且仍然
要经过我们自由的建立行动来建构。也就是说，宪法是绝对的却不是无
条件建立的，它要以我们在建立宣言上签名和再签名的意愿及决心为

条件。

开国元勋们坚信这些建立的语句是不言而喻的真理。什么是不言而喻？就是无论怎样我们都不会怀疑。倘若我们坚持认为所有人都生而自由这句话是不言而喻的，那么它的真理就成为一种我们不应该怀疑也不能怀疑的绝对的真理。然而，我们非常清楚这些不言而喻的真理一直以来不断地受到质疑。种族理论拒绝那些语句所包含的内容。种族主义者和性别歧视者声称，那些属于某个种族或某种性别的人是优于其他种族和性别的。不言而喻的真理仅对它们的签名者或虚构签名者是不言而喻的，而对他人来说既不是不言而喻的，也不是真的。因此，即使他们声称绝对的有效性，那些关于建立的语句也是并仍然是暂时的。这也是我依据这些语句持续的条件所要表达的意思。在现代，没有哪种共同的基础可以永远声称具有永恒的公正有效性，因为事实上任何建立的句子，甚至一个绝对的语句都不是不言而喻的；一切都保持瞬态。

那么对于那些建立的语句我们能说些什么呢？在现代世界，就它们是等待每个现代男人和女人签字的句子而言，它们是社会和政治公正的基础。对建立的语句的接受——对虚假的自然权利的接受——是现代自由/民主政治的伦理的最低限度。换句话说，人们可以称自由的民主为一种政治秩序或宪法，它不仅在法律上（*de jure*），而且在**事实上**（*de facto*）依据对人类学最低限度的伦理学的普遍接受。人类学的最低限度并不等同于"人的形象"。回到黑格尔的"道德权利"：在一个自由的民主国家里，不同的运动、党派和方案都能模糊或明确地发展其自身的或者更具体的人的形象。例如，一个社会民主福利国家的政策，或者一个享有无限的经济的和政治的自由主义国家的政策，或者一个好战的民主国家的政策：所有国家的政策都有自己的"人的形象"。然而，其只有在享有一种人类学的最低限度的伦理时，只有在签署建立的宣言时，才是自由的/民主的。但是一个用自己名字签署那些建立的语句的公民也绝不必然是一个正派的人。尽管社会-政治的正义可以由宪法建立，而且宪法可以依赖一种人类学的伦理最低限度的想象，但是没有任何社会、任何文化、任何世界可以仅由自由建立的宪法来支持。这只是一个支柱。如果完全靠支柱，大厦就会坍塌，因为有时伦理和道德准则与其不相容，这样不同的生活-世界会倒向并没有为它们建立基础的地面。

在讨论现代伦理的两个支柱时，我没有触及内容和本质的问题，甚至没有提到一个具体的规范。因为就像我在文章开始时所说，伦理的内容主要是通过继承取得的，而且在某种程度上这在后传统（post-traditional）社会也是真实的。有几种传统的美德，如勇气、慈善、宽宏，仍然受到如此的尊重，即使有时加入了新的解释，例如作为公民勇气的勇气。具有真实性的现代品质，尊重他者自主权的现代惯例，或许改变了继承下来的规范的内容。最具体的道德规范已经从命令式的语气转变为劝告或一条条建议。但是无论内容发生了什么样的变化，好人、正派的人在个性伦理（一个人选择自己，做一个要在品尝错误的痛苦的人和做错事让他人遭受痛苦的人之间进行选择的人）的精神上变得越来越自主；社会-政治的正义将建立在人们对伦理的人类学最低限度（每个男人和女人都生而自由，且被同等地赋予了理性和良心）的接受基础上。这些是人性化地建立起来的现代伦理的两个支柱。

这两个支柱都是虚构的。古人的神话是杜撰的，是完全异质的虚构；我们有自己的杜撰，自主的虚构。有关自身的存在选择就是一个虚构，自然法的故事也是如此。但是，关于支柱的这两种现代构想之间有着本质的区别，至少在我的解释中是这样。我关于个性伦理的模型是极多主义的（maximalist），而关于建构争论正义的基础的模型却是极简主义的（minimalist）。

人们甚至不需要相信会有一个人想完全成为他所是的样子。模型是极多主义的，却可以是相似的，而且相似并不意味着是一种缺陷。毕竟，每一个正派的人都以他/她自己的方式去做正派的人。然而如果不能看到/了解/感觉中心（center）的位置，人们就不会相似。人们最大程度的相似就是中心，对现代人来说这个中心就是正直的形式，而不是它的内容。即使他们还没注意到，但读者们会注意到，现代伦理的这个支柱是康德主义的。这是非形而上学的康德主义，其中人类的独特性和意志薄弱不是绊脚石，而是相似的特殊条件，也是中心的重要条件。然而这一支柱没有提供一种道德精神，甚至连一种弱约束的道德精神都没有。

第二个支柱的模型是极简主义的。首先，这些建立的语句不只是相似的，签署时也是有绝对约束力的。因为所有关于正义的争论都需要诉诸这些建立的语句，而且还要不断地再次确认其绝对性，尽管绝不存在永久的或无条件的有效性，但是现代伦理的第二个支柱给现代人提供了弱约束的道德精神，即公民的道德精神。当签名者在具体的正义争论的情况下作为积极的公民履行签名的承诺时，这种弱约束的道德精神可以更加强大。

我对现代伦理的两个支柱所做的极多主义和极简主义的描述，其区别在于它们各自主题的不同。在个性伦理的情况下，首先建立的是单个的人——"我"；在第二种情况下，首先建立的是多数的人——"我们"。当一个人说"我"的时候，她所表现的突出的现代道德美德是真实性，因为她在一种正式的意义上或用一种比较微弱的道德内容做出了做真实的自己并保持真实这一绝对的承诺。而当一个人说"我们"的时候，她的杰出的美德是在正式的意义上把团结作为一种弱约束的道德精神，也就是公民对参与关于正义事件的争论的承诺，同时假设了对称互惠的立场。然而，这两个支柱存在一些共同的东西。要想立得稳，并能承载一直没有根基的压力，它们就需要像阿特拉斯神（Atlas）① 的力量。这些正派、正直的男人和女人承载了一个支柱的重量，而良好的公民承载了另一个支柱的压力。二者的共同点就是：他们都承担责任。

抱怨现代世界的无道德感已成为时尚。认为人们不再能区分善与恶，不再关心规范和美德，人们打破了所有的戒律，只追求自身的利益，追求享乐主义。这种以及相类似的抱怨与道德本身一样久远，也许有例外。古代的道德主义者控诉他们同时代人的玩世不恭和伪善，指责他们追随激情的罪恶或故意作恶。而现今贯穿一切的，所有的指责都是关于我们区分善恶能力的缺失——道德的虚无主义。好像现在的男人和

---

① 阿特拉斯（Atlas）是希腊神话中的擎天巨神。他属于泰坦神族，被宙斯降罪以双肩支撑苍天。——译者注

女人们返回到了天真的状态，那种在人类堕落之前对于善与恶的无知状态。最初的天真是天堂般的，但是接下来人们坚持天真的话，就会是恶魔似的。基要主义运动有时是有吸引力的，因为其许诺返回到基础，返回到命令和服从的天堂般的状态，返回到祖先的前反思（pre-reflective）世界，返回到所有包含绝对的基础。然而，这个基础已不复存在。基要主义者也在进行选择。他们选择作为基要主义者。因为没有基础，所以所有的基础也只是选择出来的。这并不完全排除人们要返回到那些基础，而且在这种情况下，他们会引发现代世界的第二支柱坍塌。但是一个基要主义的阿特拉斯神并不能承受现代大厦的重量，而且如果现代大厦坍塌就会埋葬和摧毁每一个著名的文明。

如果说我认为我们现代人那种类似第二种——恶魔般的——天真的状态，即虚无主义，或者我认为一个像参孙（Samson）① 的基要主义者会动摇第二根支柱，从而使整个建筑坍塌的话，我就不会写这篇文章。相反，我想为我依据自己的哲学解释而建立的、有坚定希望的现代伦理版本提供一个充分的理由。虽然说自由是现代世界的基础，自由是一个没有根基的基础，但是我坚信现代人可以自由地构建自己的基础——至少那两个支柱能保持现代大厦稳固屹立。只要有这样的基础，区分善恶仍然是可能的。事实是，自由地选择那些即使是绝对的基础也是短暂的，但它们不是无条件的短暂。是否我们的世界、现代世界，会以一种自我毁灭的姿态自由地返回无条件的基础、会撤销自己的现代性，或者是否会有不可阻挡的倾向导致返回第二种恶魔似的天真的状态——导致虚无主义——我不知道。然而，只要更好的情况仍然存在，我就不想考虑最坏的情境。

---

① 参孙（Samson），《圣经·旧约》人物，以色列士师，以力大无穷而著称。——译者注

民主政治的道德准则①

[匈牙利] 阿格妮丝·赫勒

王益仁 译

至少在当代，政治与道德之间的关系可以用以下自相矛盾的论断和理论命题来表述。

1. 政治是一种**技艺**（*techne*）。在政治生活中，我们不遵循道德规范，而是遵循技术规则。任何一种政治的成功都取决于对一些基本规则的熟练运用。这些规则是可以习得的。在某种程度上，这些基本规则的熟练应用需要特殊的才能。这在一定程度上也是经验问题。任何形式的政治，如果不遵守一套技术规则，就不能实现其目标。认为政治是一种**技艺**的断言也可以理解为一种假设：政治应该作为一种**技艺**来实践。

2. 在实践中，政治是作为**技艺**来学习和应用的。然而，它**应该**建立在道德的基础上。政治的真正任务不是简单地夺取权力或加强对权力的控制，而是改善人类和世界。任何政治制度的功绩取决于那些相信它并按照它行事的人的道德目的。任何不遵守某种道德规范的政治制度都肯定是错误的，因为它没有设定很高的道德目标，而且也无法激发实现这些目标的热情。

尽管这两个主张建立的准则之间存在矛盾，但它们都一致强调，在实践中，政治遵循技术规则，而不是道德准则。我们现在将继续对主张的真实性提出疑问，并审查这些准则中的任何一种或两种在多大程度上是合理的。

认为政治只遵循技术规则而不是社会规范的主张，只有在一种特殊

---

① 本文译自 Ágnes Heller, The Moral Maxims of Democratic Politics, *PRAXIS International*, issue: 1/1981, pages: 39–48。由迈克尔·克拉克（Michael Clark）翻译自德语。——译者注

情况下才是正确的，即当所有的政治决策都只由一个人做出，而且那个人凌驾于所有社会法则和社会控制之上——或是一个绝对的君主、有魅力的领导人，抑或一个专制者。马基雅维利建议君主运用他的政治**技艺**，这并非巧合。如果一个人凌驾于一切社会规则之上，那么他就不必遵守这些规则。然而，与此同时，他的权力完全取决于他政治和军事决策的巨大成功。他的目标和实现这些目标的方式都不是以共识为前提的；无论如何，出于恐惧而产生的错误共识是有保障的。然而，必须承认，无限制的政治权力不是以稳定为特征，而是以责任为特征。如果政治家的行动自由是被规定的，并在某种程度上受到限制，那么，人们对他失败的宽容度要远远高于对他享有无限权力的宽容度。此外，人类的心智不适合运用无限制的权力。这一切的后果很容易理解。虽然只要政治家凌驾于社会规则之上，政治就只能作为**技艺**来实践，但在这种情况下，政治的实践实际上很少受到理性考虑的支配。当权力是无限的时候，政治通常会丧失所有理性的痕迹。这是相对次要的要点，在这里重复它只是为了消除对于政治只是**技艺**的偏见。

除了这一种情况，政治永远不可能作为纯粹的**技艺**来实践，这在今天仍然如此。一方面是传统，另一方面是法律，它们在很大程度上限制了目标的选择和实现目标的方式。而且，这些社会规范不仅规定了在不引起反对的情况下不能超过的限度，而且或多或少地包含了关于公正行为的确切规则。当然，也存在着各种支配单个国家内部的行为和与其他国家（盟友和敌人）关系的限制和规则。把政治作为纯**技艺**来实施，在后者中比在前者中更为常见，但即便在后者中，这种做法也属于例外。那种关于规则——特别是在外交政治领域中——经常被违反的争论，也是与此不相干的。道德规范经常受到侵犯，却没有失去其有效性。

当然，所有形式的政治都有技术规则。然而，"政治"本身并没有一般的技术规则，因为不同的社会规范决定了在不同社会中运行的规则的性质。例如，只有在举行选举的国家才能运用获取选票的技术。某人无论是扮演贵族角色还是快乐角色，都取决于社会规则而不是其议会形式。

在一个个人的权利和自由受法律保护的现代国家中，其社会规范在其宪法（无论是成文还是不成文）中得到正式确立。官方不允许任何政治手段侵犯宪法，当然在实践中是可以的。但除了法律控制之外，还有许多必须在政治机制中加以考虑的纯粹的传统规则。

社会规范**约束着**那些投身于政治的人。个人是把它们视为对自己的约束，还是纯粹出于实用主义的原因遵从它们，是另一个问题。从这个角度来看，政治家的态度不太重要。只要他们不违反社会政治规范，在这个框架内从事政治活动，他们的动机是关心国家的繁荣还是追求权力，都无关紧要。正如康德指出的那样，政治规范与道德无关。它们是伦理（**合乎伦理的** [sittliche]）规范，反映的是社会价值，而不是道德价值。

在人权从宪法上得到保障的国家中，政治家们必须把人权界定为对他们自己行动的限制（和机会）。人权是所有政治活动的道德框架。然而，这并不意味着人权也具有支配这一活动的道德准则的地位。参与政治的人并没有**被强迫**去考虑他们的决定是否促进每个公民的自由、平等，等等。他们需要考虑的只是那些把他们选出来的人的反应、他们的支持者的反应和其他权力集团的反应，以及他们可能采取的反对行动。也就是说，他们必须考虑到他们的决定是否会引发抗议活动，而抗议活动会使这些决定无法付诸实施，并可能危及他们自己的权力地位。因此，很明显，人权法案中表达的道德规范可以被公认为明智的政治行为准则，事实上，它们通常被公认为是这样的。有人可能会怀疑，在人权得到保障的国家，政治道德状况要比在人权得不到保障的国家健康得多。然而，由此无法推断出政治道德处于同样合理的状态。这在外交政治领域最为明显。尽管联合国的每个成员国都以书面形式承诺尊重人权，但今天大多数国家仍然没有在宪法上承认人权的存在，更不用说通过制定法律来保障人权。毫不奇怪，这些使国家无所作为的空洞姿态未能在国际事务中提供一致性的社会规范。即使在民主国家，承认人权也在内部给民主国家规定了道德限制，并使得制定明智的政治行为准则成为可能。但由于缺乏引发类似承诺的社会道德，所以这种准则不适用于外交政治领域。因此，目前对以明智的行为为座右铭的外交政治进行民主管理是不可想象的。只有当政治准备遵循道德准则时，才有可能在国际关系领域引入真正的民主政治。然而，有必要在此假定，外交政治和国内政治不能完全分开。此外，我们应该重视马克思的名言，即压迫人民的国家是不可能自由的。本着同样的精神，我要提出以下的理论观点：一贯的民主政治形式并不只是以国家承认人权是社会规范的组成部分，并据此为明智的行为选择其准则为特征，它还必须按照一套道德准则来处理其政治事务。

我们假设我们关于政治与道德之间关系的两种相互矛盾的观点都一致地认为今天的政治只是**技艺**。我们已经拒绝了这种主张，认为它是错误的。我们的结论是，除一些例外情况外，政治活动受社会规范的约束，其技术规则也必须符合这些规范。在承认人权的宪法保障规定了民主政治的道德规范和法律地位时，我们也驳斥了政治应该简单地遵守技术规则的观点。我们还提出了一个理论观点，即一贯的民主政治形式应该接受某些道德准则。因此，我们似乎都认为政治应该建立在道德的基础上。然而，事实并非如此。

一种道德化的政治形式以改善人类和世界为目的。如果一个人想要改善人类，就必须清楚地认识到真正的美德是什么。真正的美德关系到整个人类，关系到人类在公共生活和私人生活中行为的方方面面。道德化的政治采取一种特殊的生活方式，并准备要求至少在某一特定国家或政治运动中普遍采用这种生活方式。然而，现代社会以其异质性为特征。它包含多种习俗和个人选择，并通过一个国家内部的各种文化传统进一步加强。道德化的政治与所有文化、运动、阶级对立，甚至与具有相异的生活方式的个人对立。因此，它只能通过诉诸武力来实现根据其美德观念改善人类的目标。道德化和压迫在政治中联手。清教徒式的政治制度史，特别是雅各宾主义（它宣称自己相信道德和恐怖）的历史本身就说明了问题。

道德化的政治有两个截然不同的传统。一个是坚持以宗教为基础的美德观念和生活方式，是启蒙运动之前的东西，尽管它在我们这个时代重新出现。另一个则是在一系列革命（作为反对自由主义的一种反应）中形成的，可以被描述为启蒙运动的倒退。在第二种情况下，根据黑格尔的观点，道德上的邪恶也可能成为政治的基础。道德化的政治与马基雅维利的政治一样残酷。目的证明手段的合理性的主张是其意识形态武器的一部分，而不是政治机制的一部分（后者不承认"神圣"的目标，只承认"有利"的目标）。如果要在政治**技艺**和道德化政治之间做出选择，那么选择前者肯定会减少人类的痛苦。

从目前所讲的情况可以清楚地看出，任何关于接受政治行为的某些道德准则的理论观点，绝不是要求所有政治都建立在道德之上。但是，在我们开始分析一种**不以道德为基础的**政治形式可能具有的道德原则之前，我们必须首先仔细审视政治活动的另一个领域。

在政治中，人们要么遵循某些规定的原则，要么以纯粹**实用主义的**方式行事。这两种可能性也可以以各种方式结合在一起。实用主义政治是**适应的**政治。它涉及几个权力集团或游说集团的熟练操纵，每个集团都试图维护自己的权力地位。在这里，计划和目标必须被视为纯粹的权力工具。一个实用主义政治家永远不会因为不能推行他的政策而自愿退职；相反，他会支持其他政策。实用主义的政治通常被称为"经验主义的"（因为它对经验非常敏感）政治，这是有道理的。有时它甚至被称为"**官僚主义的**"（因为它不冒任何风险，也不开发任何新项目）政治。然而，这个标签是不恰当的。如今，所有类型的政治活动都需要某种形式的官僚机构，实用主义的政治不亚于以原则为动力的政治。

"有原则的"政治开始按照预先设想好的方案、计划和目标组织实施。一个致力于某些原则的政治家如果不能实现自己的目标，他就会辞职，并会等到实现这些目标的时机成熟；在一个不承认自由主义价值观的国家，如果可以的话，他只会通过武力实现自己的目标。政治原则本身可以有很大的不同，不仅是在性质上，而且是在范围上。它们可以包括全面调整经济或外交政策，或改变党的政策，也可以涉及一个具体的目标或决定。当然，这并不意味着"有原则的"政治家们对权力漠不关心，只是他们总是把权力看作"实现某种目标的权力"。

可以公开讨论的是，实用主义政治和有原则的政治哪个"更好"。严格地从基于个人良知的道德立场来看，有原则的政治是可取的。这两种政治行为中哪一种被证明是更好的，可能取决于政治家是生活在民主国家还是非民主的国家。在一个非民主的国家，有原则的政治可能会比实用主义的政治造成更大的伤害。然而，如果有人提出这样一个问题：如何用道德准则来规范政治，那么他就不得不站在有原则的政治一边。但必须始终牢记的是，有原则的政治不一定优于纯粹实用主义的政治。因此，应该鼓励政治家接受道德准则的原则通常的确是能够确保有原则的政治优于纯粹实用主义的政治行为的原则。

当我们研究有原则的政治时，我们讨论的是**政治**原则，而不是**道德**原则。有原则的政治只有一个道德含义——忠于选定的一套原则。且这些原则本身并不是道德的。如果能够制定出普遍的政治原则，且这些原则能够作为各种形式的民主政治的原则（不论其个人目标如何不同），并能够作为普遍道德的准则，那么，至少**在理论上**，我们的问题就能得到解决。原因很简单。

如果政治是建立在道德的基础上的，那么它可以用任何手段来实现它所设定的对人类的任何"改善"。但是，没有一种生活方式（没有一种道德价值体系）是普遍的，即使它声称具有普遍性。因此，它的政治原则是**意识形态的**，在本质上是**非民主的**，因为它概括了特定的价值观念，因此，如果可能，它阻止了所有其他价值体系的表达和表现。事实上，它排斥和压制了其他价值体系的表达和表现。然而，如果不是某一种（错误地）普遍化了的特殊价值体系，而是政治原则本身，那么这些政治原则就对所有人具有约束力，不管他们的价值体系或生活方式如何。政治原则只有在具有多种价值体系和生活方式的情况下才能得到普遍适用。为了使政治原则发挥道德准则的作用，它们必须在形式上（尽管不是内容上）与所有道德决定一致。

遵循普遍原则（作为道德准则）意味着什么？当然不是（或不仅是）宣布自己对它们的信仰。相反，它意味着：考虑政治决定是否符合那些原则；准备根据那些普遍原则为任何政治决定提供论证；如果被证明与那些原则相矛盾，则将个别公民（或国家）所做的一切政治决定列为非法的。

似乎我们已经找到了一些非常抽象的、乌托邦式的和假设的东西。但事实并非如此。我们所做的一切只是通过一些修改来重建一个已经存在并且断断续续实施了两百多年的程序。更准确地说，我们是本着民主**传统**的精神进行辩论的。

《独立宣言》足以说明这一点。

《独立宣言》首先声明它所提出的政治决定需要合理的理由。然而，这种表达方式使得它不仅仅与这一政治决定相关。它对**所有类似的**决定都表示："在人类事件的发展过程中，当一个民族必须解除同另一个民族的联系时…… 出于对人类意见的尊重，必须把要求独立的原因予以宣布……"《独立宣言》继续列出了**作为道德准则也有效的普遍原则**。各国政府都应维护三项"不可剥夺的"人权，即生存权、自由权和追求幸福的权利。如果不这样做，那么"他们就有权利（人民有权利）、有**责任**推翻这样的政府，为他们未来的安全提供新的保障"。从"责任"的提法中可以清楚地看出，这三项普遍的政治原则也被视为道德准则。"责任"并非政治责任，因为它要求推翻现有的政治秩序。然而，由于《独立宣言》继续列出了美国殖民地人民对英国王室的不满，而这些不满最终都是政治性的，很明显，这些不满最初是作为政治原则而制定的。殖民地人民不满的性质证实，国王一贯违反一切普遍的政治原则。这足以证明在此提出的具体政治行动是合理的。结论是："因此，我们……庄严地公开并宣布，这些联合起来的殖民地是，而且理应是自由和独立的国家。"

这是一部政治演绎的杰作，没有一丝意识形态煽动的痕迹。当然，论证取决于最初前提的真实性（正确性）。然而，最初前提的真实性（和正确性）不需要理由。上面写着："我们认为下述真理是**不言而喻的**，人人生而平等，造物主赋予他们某些不可剥夺的权利，其中包括生命权、自由权和追求幸福的权利。"《独立宣言》适当地假定了政治的普遍原则（也具有道德准则的地位）是不言自明的，这不仅仅是因为它重申了当时已经广泛持有的观点，或者因为这一《独立宣言》不能关注哲学上的问题，而且还有更深刻的原因。

人们可以批评《独立宣言》的文本，理由是它的出发点是错误的。首先，所有人生而平等，并享有不可剥夺的生存权、自由权和追求幸福的权利，在18世纪末绝不是不言而喻的。它只是在特殊的世界观背景下是不言而喻的，此外，（根据我们的观点），按照目前的情况，它是一个虚伪的断言。我们稍后将回到第二点。然而，关于第一点，我认为，不可能在《独立宣言》所表达的观点基础上做出重大改进，更不用说规避它们了。诚然，最初前提的政治原则只有在具体的政治世界观中才不言而喻。然而，很明显，一旦开始详细研究所有可能的政治行为形式，就根本不可能制定任何一般的政治行为原则。说到普遍原则，只能指一种与普遍政治原则有关的政治形式。我的这篇文章的题目是"**民主政治的道德准则**"。事实上，政治必须是民主的，这是**不言而喻**的；但在这一分析的框架内，它是假定的。这是我们论证的公理。因此，在这里，我也在追随那些起草《独立宣言》的人的脚步。我认为，在《独立宣言》的最终版本中，以"不可让与的"（unalienable）取代最初的表述"神圣且不可否认的"这一想法涉及其作者的类似见解，而其根本原因在于这些原则的不言而喻的有效性。

在提出民主政治制度的普遍原则时，我必须再次强调，这些原则只是对传统民主原则的重新规定。但是，只有在一种特定的世界观中，人们才能重新拟定那些有时已经被认为是不言而喻的原则。它们必须被重新表述，以便使它们在当代哲学的背景下更有说服力，并通过这样做，避免认为它们是"错误"的指控。与此同时，这些原则只有在受到某种社会激进形式的影响时，才能以当代哲学的精神加以重新表述。

原则如下：

1. 行动起来，就好像每个公民的个人自由和每个国家的独立取决于你们的行动。这是**自由**的道德准则和政治原则。

2. 按照所有社会规则和法律行事，即使在只有一个公民（或一个国家）违背社会规则和法律的情况下，你也应加以反对。这是（**政治**）

平等的道德准则和政治原则。

3. 在你所有的政治交往中，假设所有人都有能力做出政治决定。进而把你的计划交给公众讨论，并根据这些讨论的结果采取行动。如果你做不到这一点，那就辞去你所有的权力职位，并着手让别人相信你的观点是正确的。这是**（理性的）平等**的道德准则和政治原则。

4. 承认所有人的需要，只要这些需要能够得到满足而不与自由、政治平等和理性发生冲突。这是**正义**的道德准则和政治原则。

5. 在所有的交往中，只要不与其他政治行为准则相冲突，就要支持那些忍受最大痛苦的阶级和国家。这是**公平**的道德准则和政治原则。

在我看来，这些是民主政治的普遍道德原则，同时是道德准则，因为它们可以作为所有道德决定的指导方针。运用这些准则，我们也可以制定民主政治的**基本法则**：以一种让所有自由和理性的人都同意你的行动的政治原则的方式行动。

该基本法则假定了**全部达成共识**的可能性，不是在所有政治决定中达成共识，而是就这些决定的政治原则达成共识。仅仅因为自由和理性的人赞同决定和行动的原则，这并不妨碍他们质疑、批评，甚至反对个人的决定或行动。**全部达成共识**将是例外，而不是规则。如果个人被迫达成这种共识，这将确立一种准则，这种准则首先是不可实现的，其次从民主政治的观点来看是不必要的，第三是不可取的。首先，通常不只有一个而是几个符合第一、第二、第四和第五原则的决定，并且在一个拥有许多不同生活方式和不同需求、愿望的社会中，每个人在很大程度上不可能做出同样的决定。无论如何，决定总是在时间的压力下做出的。民主政治的第三项原则要求，在有几种选择和时间紧迫的情况下，应接受大多数人通过讨论做出的决定。少数服从多数的原则经常受到批评，但没有办法完全避免它。这可能会让少数人感到不快和沮丧，但每当必须迅速做出决定时，人们就不得不说：**人民的呼声**（*vox populi vox dei*）。在实践中，**全部达成共识**需要假定某一特殊决定与行动中的同质性，并且不会留下不满或反复试验的空间，这是一种远非可取的状态。然而，如果所需要的只是一种必须遵守政治原则的**全部达成的共识**，那么一致和不一致就不需要被认为是相互排斥的。

　　为了避免误解，应该强调的是，基本法则并不是更严格意义上的合法化原则。要求人们按照能够使所有自由和理性的人都认同你行为的政治原则来行事，这不仅对政府而且对所有从事政治活动的人都有约束力，也就是说，它是本着绝对互惠的精神制定的。如果所有人都能够而且应该合法地行事，也就是说，根据基本法则来行事，就不可能有狭义上的合法性，即统治的合法性，那么，就没有统治这样的事情了。

　　看起来好像我们已经迷失在白日梦中，并陷入矛盾。我们谈论的是政治，是一种行动，在这种行动中权力是压倒一切的因素。但与此同时，我们假定存在着一种政治行为的基本法则，该法则排除了一个群体或个人受他人统治的可能性。我们还概括了合法政治行为的概念，使其能够适用于所有从事政治活动的人。然而，在马克斯·韦伯的经典公式中，权威被定义为合法的权力。这里，我想指出，韦伯的第三种统治合法化的形式，即法律合法化，是高度模糊的，可以根据我们自己的分析来解释。

　　"统治"描述的是命令和服从之间的关系。如果所有人都平等地遵守法律（或仅仅是一个单一的法律），那么"统治"这个词只不过是一个没有任何社会内涵的隐喻。说到这一点，我绝不想否认统治不能被法律合法化，只是强调法律的合法性并不一定意味着统治的合法性。

　　在我们对民主政治的普遍原则（道德准则）的分析中，没有提到任何社会的结构。不言而喻，如果所有人（以及所有国家）都有平等的机会参与决策，那么普遍原则和基本法则**在实践中**只能作为行为准则。如果这种条件没有得到满足，它们**只能作为道德准则**来发挥作用，而道德准则只在某些个体的意识中具有约束力。财产关系决定人是否**足够平等地享有自由**，这是一个古老的真理。亚里士多德认为（相对的）财富平等是自由平等的首要前提。将**"生存"**和**"占有"**作为人类存在的两种可能形式进行对比很诱人，但只有鸟类可以自由而不拥有任何财产，而且只能在寓言领域。我在另一篇文章中详细讨论了一种主张，即所有人都必须是财产所有者才能获得自由，我在这里只是重复这一主张。在现代工业化的世界中，财产的普遍所有权只能以集体所有制和自治的形式出现。如果个人不享有可以将自己的政治意愿强加于人的压倒性的经济实力，如果每个人都享有能够将一些精力用于政治决策过程的足够的经济实力，那么，个人只是"服从于"法则，而不是其他个人或团体，那么，就可以想象个人服从于普遍的政治原则和基本法则。其结果是一个没有统治精英的社会。

然而，这并不意味着存在一个没有**权力**的社会。想象一个没有权力的社会是很有吸引力的，但这也是一个没有政治的社会。

如果人们将权力定义为某些个人或社会阶级将自己的意志强加于他人的能力，那么在一个普遍的政治原则对每个人都具有约束力的社会中，人们就无法谈论权力。但这对权力的定义过于狭隘。当某些人被赋予拒绝他人，而按照自己意愿行事或满足其需要的权利时，它仍然是一种权力。从这个意义上说，普遍原则与权力的行使没有任何矛盾。

如果在公开辩论后，人们都同意根据多数意见做出决定（按照第三条一般准则），那么就禁止少数人坚持其意愿（按照第一条准则）。第四条准则要求承认所有人的需求（只要它们的满足不与任何其他准则相抵触），但不满足所有这些需求。不同社会群体需求的相对优先性也是公众讨论的问题。所以在任何时候，一定会有一些群体的需求得不到满足。这意味着，一方面，权力是分散的，另一方面，权力冲突是通过理性讨论来解决的（在哈贝马斯的意义上）。当然，这并不意味着权力不再存在。

此外，一个致力于普遍政治原则（道德准则）的政治体系既不排斥实用主义，也不排斥政治**技艺**。在讨论过程中，能够提出所有相关人员都能接受的理性的折中方案，需要一定的实用技术。一旦根据原则做出决定，就必须遵守某些可学习的规则，并在实施时发挥其作用。这些可能有理由被描述为政治的技术技能。建立在这些原则基础上的政治体系所排斥的是意识形态和道德政治，因为坚持这些原则就不可能建立任何个人的生活方式或者一种绝对的、"普遍良善的"或"一切都是可取的"目标。

因此，关于普遍原则应被视为对民主政治制度具有约束力的道德准则的理论建议，似乎根本不是乌托邦，因为这些原则本身是在两百多年的一个长期传统的过程中制定出来的。然而，同样清楚的是，今天它们只能作为建立在个人良知基础上的纯粹道德准则而发挥效力，因为作为政治原则而使其普遍化的先决条件在社会中是缺乏的。即使在人权和自由得到尊重的自由民主国家里，由于其中的财产关系，这些原则也不存在，而且它们完全不存在于各种形式的专制主义中，在这些专制主义中还没有出现任何这种原则的痕迹。在外交事务中，原则的确立存在许多困难。在这里，财产关系的不平等比在个别国家中更为突出。政治权力也更加集中，自由民主国家更多地与专制国家，而不是其他自由民主国家相抗衡。无论是从哲学角度还是从政治角度，我们都不能简单地承认自由民主国家是无能为力的。虽然，一方面，那种极力主张应该把武力（即强迫他人做某事的权力）从现代政治战略的武器库中完全消除的做法，无异于自杀性的行为；另一方面，放弃普遍政治原则所代表的规范，并且由此而帮助和怂恿所有民主传统的敌人的做法，更加是自杀性的行为。

你不能强迫任何人获得自由。然而，你可以迫使他们进入一种情境，在这种情境中，他们**必须**倾听理性的论证，并与之争辩。如果一个人迫使其他人进入他们必须在短期内平等分享权力的情境，那么，就有可能出现理性的论证方式。这不是一个新过程，罢工工人迫使雇主倾听他们的不满，这是常有的事。但是，从民主的观点来看，除了摧毁或镇压另一群体之外没有其他目的的权力是不能容忍的。在一个尊重人权和自由的自由国家中，将上述过程纳入所有政治事务绝不是不可能的。同样的过程却很难应用于外交事务。然而，只要一个人决心不放弃民主政治能够普遍建立的希望，只要一个人不希望看到世界更接近第三次世界大战这一灾难，那就没有其他选择。当然，这种政治制度的原则既不符合民主政治的基本规则，也不符合民主政治的原则。它将是：在你们所有的政治决定和活动中争取权力的平衡，以便使政治原则（作为道德准则）得到普遍接受。从民主传统和民主精神来看，接受这些原则不仅是诚实的（有原则的），而且具有良好的实用主义的意义。我所说的"良好的实用主义的意义"是指，所有其他选择只能导致所有民主传统的自我毁灭。

论马克思的正义思想①

[匈牙利] 阿格妮丝·赫勒

文长春 译

这里有关马克思正义概念的讨论将按顺序分成相互联系的两步进行。首先，我将分析分配正义的问题，然后转向一般正义的分析。对这两个问题的讨论将会引出两个关键问题。第一个问题是，一个"正义的社会"是一个理性的意向还是一个简单的幻想？第二个问题是，人们是否可以理性地构建一个"超越正义"（beyond justice）的社会？

由于"正义"这个概念本身存在着各种各样的解释，所以我很有必要先概述一下自己的解读。我区分了三种正义概念：形式的、伦理的和政治的。在日常使用中，这些概念在大多数情况下是相互交织在一起的，尽管并不总是如此。然而，在理论上，它们必须加以区分。正义的形式概念（这个概念不能与形式正义的概念混淆）确实很简单：如果规范和规则适用于同一个社会群体，那么每个规范和规则都应该平等地适用于这个群体的每个成员。② 正义是规范性的，因为它要求遵守一致性准则。如果我们不能保持一致，如果我们将规范和规则只应用于社会集群的某些成员却不应用于其他成员，那么哪怕只有一个例外，我们也是非正义的。正义的伦理概念则被理解为适用于他人的美德的"总和"。最后，正义的政治概念是正义的形式概念与正义的伦理概念的结合。通过诉诸某些价值观，规范和规则得以构建，美德得以发展。如果在一个社会里，正义的形式概念由此获得的价值能够得到承认，那么这个社会

---

① 本文译自 Agnes Heller, Marx, Justice, Freedom: the Libertarian Prophet, *Philosophica* 33, 1984 (1), pp. 87–105。——译者注

② Chaim Perelman, *The Idea of Justice and the Problem of Argument*, London, Routledge and Kegan Paul, 1963.

就可以被称为政治正义的社会。如果有关正义的标准存在分歧，那些异议者将会把该社会政治结构作为非正义的而加以拒绝。如果一个政体中的每个人都同意"正义的标准"，那么就可以断言政治的正义将盛行于世。然而，政治正义的盛行并不能保证遏制非正义，因为规范和规则仍可能不会被一致地（非正义地）运用。

行动、判断和分配是正义的三个方面，其中每一个方面都与全部三类正义的概念有关。将正义的分配方面单独拿出来进行分析研究，即所谓的"分配正义"，是一种毫无价值可言的计划，甚至是一项行不通的计划。然而，这个错误，至少从一开始，就忽视了一种将接受"分配正义"理念为正义的一个单独例子的长期传统。这个传统可以追溯到对亚里士多德的误解以及对休谟立场的正确理解。

众所周知，马克思对正义的引论很少，不仅如此，而且更多是讽刺性的。他有关分配正义最全面的讨论，如果简要地说，可以在《哥达纲领批判》一文中找到。马克思从不同的、却相互联系的三个方面来挑战"分配正义"的概念。首先，他认为，分配模式是嵌入并且依赖于生产方式。其次，"公正分配"的概念只不过是一种比方，是一种新的分配标准的简写。最后，真正的共产主义的生产和分配将以超越正义的标准呈现。我希望在更广泛地讨论正义问题之前，先逐一审查一下这些理论建议。

1. 马克思认为，由于所有的生产方式都暗含着一种特定的分配方式，因此所有提出消费品的公正分配问题的社会主义和民主理论都是错误的。如果我们把这种批评转化为现代语言，就等于说，在资本主义生产方式下，任何一种收入、工资和薪水，即使是相对的平等，也都是虚伪的。而批评资本主义的"不公正"分配同样是虚幻的："难道资产者不是断定今天的分配是'公平的'吗？难道它事实上不是在现今的生产方式基础上唯一'公平的'分配吗？"[①] 因此，不论是将当时的分配描

---

① K. Marx, *Critique of the Gotha Programme*, Ed. by C. P. Dutt, New York, International Publishers, p. 6, 1938. 我特别强调，这篇译文已经被现在的作者修改了。最初译者将德语形容词 "gerecht" 改为 "equitable"，这个形容词与 "equity" 有关，而与 "justice" 无关。（参见《马克思恩格斯选集》第 3 卷，人民出版社 1972 年版，第 8 页。——译者注）

述为正义的观点，还是**事实上**在今天的生产方式范畴内认为是正义的观点，对马克思而言都是资产阶级的错误意识。

在阐释此观点时，马克思运用了正义的形式概念和正义的政治概念，但他基本上没有谈到正义的伦理概念。

如果一个社区中有效运转的分配规范能够适用于每一个社区成员的话，那么这个分配就是正义的。在资本主义社会中，商品生产的规则贯穿于整个社会。如果商品生产的规则适用于这个社会中的每一个成员的话，那么这个分配也一定是正义的。马克思在其一生所有的主要著作当中，都有过类似的论述，至少有过此倾向，即市场规则对每个社会成员都适用。那么就正义的形式概念而言，资本主义社会就是一个正义的社会。当然，不公正规则的应用没有被消除，而且它们永远也不会被消除。如果工人应该获得的工资远低于其价值或劳动力价值，或者资本家赚取额外利润的话，那么市场规则就被侵犯了，不正义就会出现。在不挑战资本主义生产方式的前提下，挑战这种不正义现象是可能的，因为这种不正义行为违反了分配规则。这一论点与正义的形式概念有关。然而，分配依赖于生产，由此而产生的进一步陈述，以及公正分配完全由生产来定义的公理化主张，这两种情况都已经包含在分配正义的政治概念的范围之内。在这里，生产成为唯一的标准。

马克思的概念将我们的注意力吸引到一个非常重要的问题上，它可以概括为："分配正义"这一概念不能当作一个独立的正义例子来分析，因为分配总是嵌入作为一个整体社会的社会政治再生产中。但是，马克思只是突出强调"生产方式"作为公正分配的标准而削弱了其论点。他完全不考虑这样一个重要的事实，即社会的主导**价值**可以为我们提供可以应用于每一个社会成员的进一步的规范和标准。这些准则可以提供一个与生产规则，尤其是与商品生产规则截然不同的标准。正是由于缺乏正义的伦理概念，马克思的论点才有些模糊，这正是 19 世纪末"康德主义"式马克思主义发现的问题。不言而喻，马克思时代的社会中每一个成员都有适用于自己的价值，以及随之被民主制度化的价值，它们都会对商品生产本身施加一定的限制。基于这些限制，国家开始通过公共开支，对福利预算的一部分进行**再分配**。借此我的意思不是说商品生产的规则不再定义分配，而是说不能由它们专门地定义分配，从这个意义上讲，"单纯的"工人、社会主义者和民主党人，至少在一定程度上拓宽了马克思的观点，即他们提升了正义的价值标准和道德标准，超越了生产所定义的水平。

2. 当马克思批评《哥达纲领》作者们含糊提到的"平等权利"，并证明他们实际上提出了一种新的正义**标准**时，他是完全正确的："但是，'社会一切成员'和'平等的权利'显然只是些空话。问题的实质在于，在这个共产主义社会里，每个劳动者都应当得到不折不扣……的'劳动所得'。"① 公正地说，马克思拒绝了不合理和虚幻的标准，并代之以另外一种标准。至少，在共产主义的第一阶段，他认为，分配的标准将是社会成员付出的劳动数量。劳动者将会收回他的付出，是在有所扣除之后。劳动者的所获是用劳动时间来衡量的。毫无疑问，这是一个分配正义标准，虽然这一标准是现实主义的，但它与《哥达纲领》作者们所建议的标准一样模糊。众所周知，马克思确实思考过一个"平等的权利"仅仅是使不平等变得平等的问题，这就是为什么"平等的权利"仅仅是一种涉及非平等方面的权利。因此，在运用这一原则的时候，共产主义的第一阶段仍然带有资本主义产物的胎记。但在这一系列思想中，马克思所忽视的、而我将回到的那一点，就是他自己与《哥达纲领》作者们真正争议中的一个非常重要的方面。劳动者不能"收回"他们的"付出"，因为某些东西必须从他们的贡献中被扣除。这就是马克思反对制定该纲领的理由。但是，在他对"平等的权利"的哲学讨论中，他没有探讨一个有争议的问题：如果必须要扣除一些，**谁**去扣除，谁决定扣除和怎样扣除？此外，是否应该从每个人身上扣除等量的劳动成果？例如，应当从所有劳动者身上都扣除三个小时的劳动吗？如果是这样的话，我们只能猜测，一个人必须面对的问题就不仅仅是"不平等者的平等权利"，而且包括那种"不平等者的平等**义务**"。"不平等者的平等义

① *Critique of the Gothe Programme*, op. cit. p. 7.（参见《马克思恩格斯选集》第 3 卷，人民出版社 1972 年版，第 9 页。——译者注）

务"是一种道德规范，在这一切道德规范中，所有人都要做某件事，或办成某件事，尽管每个人都是个体的，就其性格或需要结构而言，是"不平等的"。因此，在社会实践中，道德规范不能被规避，除非"平等扣除"是通过强制手段强加在工人身上的。

但是同样，我对"共产主义第一阶段"模式的主要不同意见是，马克思将一种生活方式的问题简化为生产关系的问题。人们在共产主义社会中所**分享**的一切都被归入"扣除"的类目之下。一个人容易得出一个明显的印象，就是正义的形式概念（"相同规范和规则适用于每一个社会成员"）只存在于私人消费领域，而不存在于共享的商品或行动领域中。在共产主义的第一阶段，稍微增加的是"每个人在有关应该扣除什么、扣除谁的方面都有话语权"，或者"每个人在有关共同财富的处理方面都有话语权"，这将形成与单一的分配所不同的正义规范和规则。因此，马克思对《哥达纲领》这篇文章的批判，提供的是一种不完备的正义概念。然而，马克思提出这样一个不完备的公式是有充分理由的。在他看来，共产主义的第一阶段仅仅是进入共产主义的第二阶段的序曲，即进入一个超越正义的社会的序曲。

在审视第二阶段之前，让我们先考虑一下马克思的正义观，它主要是在有关共产主义第一阶段的讨论中被表述出来的。马克思在这里简单地提出了以下等式：平等的权利＝不正义。由于所有人都是独特的，因此也是彼此不同的和不平等的，将同样规范和规则适用于社群中的每一个人（即正义的形式原则）是非正义的。在这个结论中，存在一个重要的主张。马克思拒绝了即使在今天仍被重述的亚里士多德格言的普遍解释，即正义就是平等对待平等、不平等对待不平等。马克思知道，正如亚里士多德非常清楚的那样，没有人，与任何其他人是完全平等的。只有将同一标准（规范或规则）应用于一群人，才能使人们从这个特定标准视角中**获得**平等。而假定把不同的规范和规则用于不同的人群，不同社会群体的成员则由于这些标准而**变得**不平等。由于对这个问题的深刻洞察，马克思拒绝了"平等"的价值。平等作为一种价值，可以以两种不同的方式来塑造正义的标准。一方面，我们可以断言，如果规范和规则适用于任何行动、行为模式（包括分配和判断），那么**同样的**规范和规则就应该适用于该社会或政体中的所有成员。这仍然是一个基于政治正义的正义的形式概念。另一方面，我们可以断言，平等的价值应该构成正义的规范和规则，这是一个包含了形式概念在内的正义的政治概念。马克思拒绝了这两种社会主义社会概念中包含的关于平等价值的两种用法。他之所以拒绝第二个，是因为它是平等主义的。正如他在《巴黎手稿》中所指出的那样，平等主义只是广义的嫉妒而已。平等主义的社会模式是对私有财产的消极否定，而不是对共产主义全部意义之所在的积极的扬弃。到目前为止，我同意这个观点。然而，马克思也拒绝了对平等价值的第一种用法。根据平等价值的第一种用法，资本主义将同一规则（市场规则）应用于每个社会成员的正义社会。在这方面，马克思承认市场规则中固有的正义事实，但拒绝将平等原则视为潜在的价值。但他的整个观念是建立在那种通常的虚假的假设之上的，即那种认为在现代社会中，再没有比商品生产规则更重要的价值的假设。而事实上，还存在一些其他价值、规则和规范，没有被同等地适用于每个资本主义社会成员，其中包括自由、平等、博爱在其标准用法中的某些解释。因此，人们可以得出这样的结论，即**所有的**规范和规则都适用于社会或政体中每个成员仍然是一种调节性的观念。然而，马克思在对社会主义第一阶段的讨论中，却模糊了"平等"价值的两种用法之间的区别，尽管他很清楚地知道它们有多么不同。他充分地认识到，将同样的准则适用于社会中的所有成员不能基于人们**是平等的**或者人们**应该是平等的**这一假设。只有以对规范和规则的平等主义解释的假设为基础，才能实现其目标，即让不平等变得平等。因此，如果我说，"每个人都有参与决策过程的权利"①，我并不认为每个人都同样好，即使在每个人都

---

① Allen E. Buchanan, in his book *Marx and Justice. The Radical Critique of Liberalism* (Rowman and Littlefield, New Jersey, 1982)，在此书中提出了一个非常有力的论断，证明了马克思的观点，"这种观念似乎是，关于生产的民主决定主要存在于关于满足需要的最有效方法的集体的、科学的判断，而不是政治的或法权的判断。就权利而论，也没有表明……将……在甚或是参与做出决定的过程本身的机会之内产生"。（参见艾伦·布坎南：《马克思与正义》，林进平译，人民出版社2013年版，第77页。——译者注）

必须平等的意义上，我也不认为每个人都是平等的。然而，模糊"平等"价值这两种用法之间的区别并不是一个简单的错误，这在最广泛的马克思主义哲学体系内是非常适宜的。我稍后会回到这个问题上。现在让我们注意到，即使模糊了"平等"的意义，也足以解释马克思为什么只接受"按需分配"原则为**超越**正义的唯一的分配原则。

3. "按需分配"的原则，实际上，是超越正义的。它应该从以下的意义上去理解："按其独特性分配。"这确实是一个原则，至少在形式上是的，因为它能指导行动，并且可以这样解释："没有人有权干涉他人任何需要的满足。"然而，至少有两个原因说明这并不是正义的原则。首先，没有规范和规则可以适用于个人需要的满足，情况就如同正义的形式概念一样。其次，从一开始，就没有一个判断的做出、比较和排序是基于这个原则的。有人可能说，至少这里存在着一个大行其道的消极正义概念（"没有人有权干涉他人需要的满足"）。但是，如果每个人都能满足他或她自己的需要，那么无论如何就没谁**将会**干涉他人需要的满足，因此，将规范性力量归结为消极的原则解释纯粹是多余的。在这个原则轨道上没有安放正义之处。

在接下来的内容中，我将论证，"按需分配"的原则作为社会生活的**唯一**分配原则是完全不充分的。为了避免任何误解，我想强调的是，我既不想挑战那种认为存在着超越正义原则的观点，也不想挑战那种认为应该存在这样原则的观点，我更不想挑战原则本身（"按需分配"）。我想要挑战的是这样一种假设，即这一原则本身，对任何社会，无论是共产主义抑或非共产主义社会而言的**这种**分配原则，是没有任何斟酌的余地，都是合理的假设。

这种"按需分配"原则必须是合格的而且经得起解释的，可以通过不同方式来完成。

（1）"按需分配"原则可以表示为让所有个人的所有需要都得到满足。

正如同我们从马克思自己的著作中所知道的那样，需要并不是"自然的"，而是由社会所塑造的。马克思说，生产创造需要。另外，作为符号结构的价值观，塑造着需要的结构。如果我们不知道我们所谈论的是**哪一个或哪一种**需要或需要结构，那么"按需分配"原则就是空的。你可以想象一个修道院，在那里所有的个人需求都得到满足，因为它用特定的价值观塑造了他们。如果价值观塑造着需要，在一定程度上它包含的仅仅是每天一片面包、一杯水或一份虔诚祈祷的需要的话，那么需要就会被价值观定义为可满足的。当然，这并不是马克思所构想的。他的共产主义社会被构想为根据自由价值来促成需要的。正如马克思所经常强调的那样，自由作为唯一的价值塑造着人类的"需要上的丰富性"，也将人类塑造成为具有**无限**需要的主体。如果自由不是"为了某事的自由"或者"在某事上的自由"，而是不受限的，并因此是绝对的自由的话，那么自由价值将会塑造那种贪得无厌的需要。但贪得无厌的需要怎么能获得满足呢？坦率地说，生活是一个有限的事业，没有任何"联合起来的生产者的社会"会突破满足的自然局限。人的需要是无限的，但人的生命是有限的。如果我们满足了某一个特定需要，那我们就无法满足另外一个需要。正如韦伯敏锐地指出的那样，在现代性中，我们死于不满。我们的需要越是受到自由价值的影响，我们就越会因不满而死。我们甚至不需要触及物质匮乏或物质富足的问题，就能意识到人类所特有的那些缺陷。

（2）因此，"按需分配"原则不能被解释为所有个体的人的需要都能得到满足的原则。然而，它可以用另一种方式来解释。例如，有迹象表明，在马克思的文本中有如下解释：一种需要的满足阻止了另一种需要的满足。但正是独立的个人来表达个人的偏好。没有促使需要满足的外在调节，只有一种因人而异的内在需要。

这个想法远比"满足**所有**需要"更具有切题性，并且更加合理。然而，即使在这个提法中仍然存在几个问题没有得到解决。

首先，在什么情况下，个人会选择这个需要而不是选择那个需要（使之得到满足）？似乎，一个人可以这样回答：仅仅是基于个人的理由。毕竟，个体差异是存在的。然而，需要也是社会性的，因为它们既是由价值观（象征意义上）也是由生产所塑造的。没有科学的地方，我们也就不会"需要"科学的活动。在公共生活充满活力的地方，对于个人而言，参与其中的需求要比在无公共生活的社会环境中来得更为迫切。个人需要的优先性是基于那种个人偏好，即使并非必须要遵循。没有社会的有效价值观，就不会有个人的偏好。然而，社会偏好并不会浮动在不确定中。它们根植于世界观和制度之中。价值观、世界观和制度框定了个人需要偏好的范围，但是它们同时会，可能更为主要地，如果不在某点那么就会在某种特定方向上去强化某种偏好。简单地说，众多生活方式，在塑造个人需要的选择和层次方面在数量上总是有限的，而在生活方式范畴内的个人选择却是多变的。如要设计一个带有多种生活方式的未来社会（社会主义），我们一般不会从原子个人的前提出发，他们之中可能会有人偏爱不同需要的满足，而另外一些则只会基于纯粹个人的、单一独特的口味。我们将从不同的共同体出发开始我们的讨论，其中每个共同体都提供了有关美好生活的评价模式，因此对于特定的需要结构而言，它为提供需要参考方面的个体差异留下了大量空间（当然是有限的范围）。个人可以自由地放弃一种生活方式，而选择另一种生活方式，但没有任何一种生活方式是完全个人化的。因此，卡斯托里亚迪斯（Castoriadis）正确地观察到，[①] 马克思主义的"按需分配"原则，暗示着是马克思持有一种在李嘉图例子中所极力反对的那种《鲁滨孙漂流记》同样的想法。

然而，如果所有的需要结构（以及生活方式）都是由一套价值观和规范体系所塑造的，那么后者就应该适用于该社会中的每一个成员。因此，如果我们不相信所有需要都能得到满足，如果我们意识到对需要诉求多的个人在需要满足方面必须予以优先考虑，如果我们不相信《鲁滨孙漂流记》（一个无社会关系的原子所构成的社会），那么"按需分配"原则就不可能是超越正义的原则。

（3）"按需分配"的原则有一个额外的瑕疵。它意味着共产主义社会**保证**需要的满足（既包括所有需要，也包括首选的或受自我限制的需

---

① Cornelius Castoriadis, Valeur, egalite, justice, politique: De Marx a Aristote et d'Aristote a nous, in Les carrefours du labyrinthe, Edition du Beuil, Paris, 1979.

要），除了《鲁滨孙漂流记》中明显的困境，我们不知道**谁**是社会，由**谁**来满足**谁**的需要（原子与原子之间的相互关系仍是单一原子的关系），问题在于需要的满足是否可以从根本上充当分配的原则。任何社会，充其量只能提供需要满足的**手段**。除此之外，它不能提供其他任何东西。因此，将有关满足与为满足需要提供手段的理论合并的事情必须要避免。这类合并将会产生与《鲁滨孙漂流记》模式相反的谬误。需要的满足，与需要的偏好相比，具有不可分割的个人性和偶然性。如果 A 需要 X，社会可以为他/她提供满足这一特殊需要的手段，但不能直接满足这种需要。为满足需要提供手段是一个程序正义的主题，而需要的满足则不是。"应该为每个社会中的每个成员都提供满足需要的手段"的提法，的确，又一次构设一个正义原则，因为在这里，相同的规范和规则适用于一个特定社群中的每个成员，并且独立于他们特定需要结构的**唯一性**。

（4）让我们先考虑一下马克思理论建议的语境。马克思说，在**富足**条件下，社会才能"在自己的旗帜上写上：各尽所能，按需分配"。① "在自己的旗帜上写上"这样的表达，可以简单地译为：代表了"原则"的概念。然而，我们从康德那里知道，原则（或思想）可以通过两种不同的方式来考察：它们既可以构成也可以调节人类行为。如果"按需分配"原则是本质的，那么每个社会成员的需要都必须得到实际的满足。然而，如果这只是一种调节性原则的话，那么所有的需要都必须被确认为合法的，此外，对满足需要的手段的要求必须被认为是正义的要求。这一原则的调整使用并不预先假定或涉及对所有人需要的事实满足，而只是对应该得到满足的需要的规范得到事实和一致同意的接受。如果我们把"按需分配"原则理解为调节性的，而不是建构主义的原则的话，那么它不仅是有意义的，而且可以被看作一个没有剥削和压迫的我们称之为社会主义社会中的"分配正义"原则。此外，只有在一个没有剥削和压迫的社会中它才可以被接受为正义的调节性观念。既然所有的需要

---

① K. Marx, *Critique of the Gotha Programme*, op. cit., p. 10. （参见《马克思恩格斯选集》第 3 卷，人民出版社 1972 年版，第 12 页。——译者注）

都得到承认，那么当且仅当把他人当作手段的需要才**不会被**认为是正当的。

　　然而，"正义"这个概念在这里的使用是非常值得怀疑的。它代表了一种承认所有人的需要与正义没有什么关系的理由：如果没有规范或规则适用，那么对它们的任何排序和比较都是不可能的。因此，它超越了正义。但是，如果所有的需要都得到同样的承认，社会就不是（而且确实不能）提供让所有需要都同时满足的手段，而是社会成员不得不去决定其**优先性**。公民的任务就是基于其决定的优先次序去构建规范和规则。这是一个正义的问题，因为构建规范和规则是一个政治正义的问题，始终如一地应用它们则是一个形式正义的问题。

　　正是在这一点上，我想回到著名的"共产主义第二阶段"的马克思主义前提下，回到富足的问题上来。富足与匮乏是相对的范畴。需要结构是象征性的，它们是由内在于生活方式中的价值观所塑造的，所有的社会主义社会，都提供了不同的生活方式，在相对富足和相对匮乏意义上彼此之间实质上存在着很大的不同。如果没有对遥远的未来进行极端的推测，人们就会想当然地认为在每个社会中富足都不可能是绝对的，只是相对的。然而，在不承认人类需要的地方，就不会承认人的人格；就不会承认人的尊严；简而言之，就不会承认激进的民主。这就是为什么我认为——如果我们应该在社会主义旗帜上写上一些东西的话——"按需分配"原则，如果被理解为一种调节性原则，那么它的确可以写在社会主义旗帜上。

　　（5）到目前为止，我已经讨论了作为一种建构原则的"按需分配"原则，只是证明了它在其意指所及的任何解释方面都是没有意义的。我从这里开始要表明，当它被理解为一种调节原则时确实是有意义的：它可以构成正义的原则。从这里开始，我要进行第三种解释。人们可以将"按需分配"解释为一种纠正原则，一种**平等**原则。平等原则只是在它与正义有关的意义上才是纠正的原则。

　　在这一点上，有必要求助于马克思关于共产主义第一阶段的讨论。马克思认为，"按劳分配"原则是**不正义**的，因为一个劳动者比另一个劳动者更熟练，一个有家庭，另一个没有，等等。无论我对"按劳分配"原则有什么看法，马克思仍然没有因个人需要多样性而证明这个原则是不正义的。他只是证明那是不公平的。（这里，事实上，我们正在讨论的是**平等**，而不是**正义**。）然而，通过平等来矫正正义，既不是一种骇人听闻的程序，也不是取缔正义的有效性。马克思所提到的"不正义"，现在至少在某种程度上，已经被福利国家的平等原则纠正了。例如，拥有大家庭的劳动者会得到家庭津贴，以平衡工资上的不平等。因此，"按需分配"原则被认为是一种纠正原则。同样，无论某人是否有罪，在确定有罪或无罪时，这仅仅是一个正义的问题，并不涉及需要。但是，在实施惩罚时，法官可以考虑个人或社会利益，并将平等作为一种纠正原则。平等作为一种纠正原则，不仅可以在相对富足和相对匮乏条件下有效，而且在绝对匮乏条件下也可以被调节分配。让我们想象一个由集中营的男人、女人和儿童等十二人构成的饥饿群体，我们可以设想，他们以某种方法获得了一块面包和三支香烟。他们如何分配这些东西呢？他们为了实现正义可以建立起完全不同的法律和规范（例如，孩子们得到更多的面包，因为他们是最弱的；或者因为他们必须工作才能得到更多的面包）。有一件事是显而易见的：香烟将在吸烟者（也就是对烟有需要的那些人）中分配。表面上看，面包也是"按需分配"的，但事实并非如此，原因很简单，需要自身是要被**评估的**，原则的构建也是要被评估的。

迄今为止的讨论都是从社会主义旗帜上的另一句标语，即"各尽所能"抽取出来的。每个社会成员"各尽所能"地为社会财富做出贡献，这是满足所有人需要的前提。某人尽其所能地劳动的说法至少有三种可能的含义。它可能意味着某个人尽其所能更多地工作，或者某个人尽其所能更好地工作，或者某个人尽其所能于偏好的工作类型。我们不去对这三种可能的含义进行具体讨论的一个最重要的原因是：马克思对所涉及的问题提供了两种有些冲突的解答。一个是《政治经济学批判》，另一个是《资本论》第三卷。由于这个原因，我将把我的讨论限制在一般水平上。

　　如果我们都被设想为可以为了提供满足所有需要的手段，而尽可能多并且尽可能好地工作，那么正是满足需要的要求决定了我们应该完成的工作数量和质量。而这正是马克思的想法。他认为，在共产主义社会中，人类的需要不会通过以市场为中介的"需求"（demands）形式出现，而是作为直接的要求（claims）出现。社会将会"评估"这些主张，并且依据这些需要进行生产。但在这种情况下，并不是"能力"，而是等待满足的需要数量，决定了人类工作的数量和质量。而我们如何知道，实际上是指我们怎么能够知道。如果要完成的工作总量是由需要的数量和质量来定义的，那么每个社会成员都能"各尽所能"地工作吗？人们必须被"分配"去完成社会必要劳动，而完成所分配任务的能力，无论是体力劳动还是脑力劳动，都必须被预先假定。当然，与需要一样，"能力"也不仅仅是一种**自然**偏好。我们的能力是通过任务的完成而发展起来的，并且取决于与行动有关的目标数量和质量。的确，实现特定的任务需要因人而异的天生素质。然而，如果它们通过任务的实现来发展的话，那么处理会变得更加明确。

　　所有这些都是明显的，对于马克思而言也是显而易见的。然而，尽管如此，马克思试图通过他那句名言"劳动本身是共产主义社会成员的首要的最基本需要（生活必需品）"来解决这个问题，从而削弱了这一结论。但这个答案是循环的。如果人们认为劳动需要是首要的最基本需要，那么"旗帜上的标语"就会被解读为"从各尽所需到按需分配"。这是一个空洞的原则。然而，真正的问题在别处。劳动成为最基本需要的说法，并不意味着人们与其他人一起为了满足所有人的需要而被分配的工作，都符合他们每个人想要完成的工作。马克思所说的"首要的最基本需要"实际上不仅在共产主义社会，而且在所有社会中都是一种最基本需要；劳动，马克思可能比任何人都清楚这一点，是我们人性的基本组成部分之一。如果没有目标导向的行动，如果没有调动他或她完成某项任务的意愿，没有人，也从来没有人能够存活下来。但是，只有在例外情况下，人们才有可能（原则上）在任何特定时间内，在劳动分工所要求的社会必要劳动的语境下，发展出所有这些倾向。那么问题的关键不是"劳动的需要",而是人们从完成所分配的**某种**劳动中所获得的满足感。同样,在这里,就如同需要的情况一样,马克思主义原则通过诉诸规定来进行合理的解释。一个人可以通过以下方式规定"各尽所能"原则:为满足他人的需要而完成任务的需要本身可以成为人类的最基本需要。这是一个理性的规定,甚至不是过分的乌托邦,因为这是人类的需要,虽然看起来是在有限的意义上,甚至是处于当下条件(例如,就是为了满足我们家庭成员的需要而工作)。在这个规定中,成为人类需要的并不是具体的工作本身,而是"为他人而工作"。下面是对"各尽所能"原则的进一步规定。每个人都可以自由地选择适合自己兴趣和爱好的任务(从现有任务中),但这并不意味着每个人都只能完成这些任务。即使是我们这些社会理论家,生活在共产主义社会中就我们所做的、我们最擅长的某事而言,有时也不得不去做某事,不是因为被社会活动本身所吸引,而是因为它是我们的社会责任。履行一项责任可以成为一种需要,即使这项活动本身并不比另一项活动令人满意,抑或根本不能令人满意。但是如果这是真的,那么"各尽所能"原则就是完全超越正义的了。如果存在着所谓的"社会责任",同样的准则适用于每一个社会成员,那么每个人都应该履行他或她应尽的责任。它只是要求每个人履行他或她的责任。即使履行责任可能成为一项至关重要的需要,这项活动也不可能成为所有人在同等程度和同等水平上的至关重要的需要。平等的义务分配给不同的人,并且从这个角度以使其"平等"。但是,由于在不同共同体中的责任不同,在不同形式的生活框架内责任也是不同的,因此个人同样可以自由地选择自己的责任,就如同他们选择自己特殊的需要结构一样。责任和需要两者都根植于某种生活方式,它们也只能被人为地分开。

然而,马克思没有具体地规定他的口号,这个事实不能归结为其简写公式已被同时代的社会主义圈子所广泛接受。造成这种情况的原因更为深层。它们作为一个整体根植于马克思主义哲学之中。

让我回到马克思主义的等式:正义=不正义。这个等式可以解释为:有了正义,才会有不正义。这是一种不可否认的真理主张,但它并不是一种反对正义的观点，也不是马克思的本意。这个等式也可能解释如下：X 社会的正义，如果从更高的正义规范和标准来看，比如从神圣的正义、平等的正义诸如此类来看，那么它就是不正义的。然而，这也不是马克思的本意。马克思仅对任何行动、分配、判断的规范和标准的存在及相关性进行挑战，因为所有人都是独一无二的，并且是不可通约的。他的观点基本上如下所述：正义提出了平等的标准，我们是不可通约的，因此正义就是约束，就是不自由。因此，马克思提出了与托克维尔同样的问题：也就是自由与平等之间存在着事实冲突和可能冲突的问题，但是把冲突本身翻译成将来时态的历史语言。平等代表共产主义的第一阶段，自由代表共产主义的第二阶段：自由越得到全面发展，就越不平等。哪里有绝对自由，哪里就既不会有平等问题，也不会有对不平等适用相同标准的问题，因此，才是正义。在其他方面，马克思的伟大之处在于坚持自由才是现代性的至高价值。在某种程度上我同意他的看法。自由无疑是比正义更高的价值，这很容易说明为什么如此。正义总是与价值而非与正义相联系。（有关威慑、惩罚或改革是否应被当作正义的指导原则，也说明了这一点。）自由可能是价值，正义应当与之相关但并非反之亦然。正义不可能是价值，自由应当与之相关，因为正义不能为自由提供标准。

在为马克思哲学的重点进行辩护之后，我不能再跟随他的观点了。我们说自由可以为正义提供标准并不是说正义可以被消灭了。在没有压迫和社会等级制度的社会中，社会成员享有积极的自由，可以就他们应该适用于彼此的规范–规则的**种类**和**性质**进行理性的对话，达成一致的意见。可以重新开启这样的对话，规范和规则会在新的协议中发生变化，但是如果没有这些规范和规则，就既不会有社会合作也不会有政体；事实上，也就根本不会有社会。一旦有了适用于共同体和社会的每一个成员的规范和规则，就总会有正义伴随着不正义可能的出现。此外，在没有压迫和社会等级制度的社会中，社会成员享有消极的自由。换句话说，就是做他们最喜欢做的事情的自由。从消极自由的角度来看，总会存在着大量的既不适用规范和规则，也不适用正义的生活区域。人们可能既希望人类生活中有大量区域和众多方面不适用正义，也希望相反。但是，人们最应该希望的是，存在着一种由不同比例消极自由和积极自由构成的各种不同的生活方式，存在着一种个人可以根据自己能力和需要进入或退出的生活方式。没有什么社会是超越正义的社会，但我们可以想象一个其间自由为正义提供标准的社会。可以假想设计的这类社会不止一个，没有正义的自由王国是幻想，但与自由相关的正义却不是。

我从一开始就提出了两个问题：一个"正义社会"是一种理性的意向还是一种幻想？更进一步说，一个人能否理性地构设一个"超越正义"的社会？我已经回答了第二个问题，而且是否定的。现在我要谈谈第一个问题。

如果一个社会的规范和规则被认为是理所当然的，如果它们被始终如一地应用的话，那么我们就有资格谈论一个彻底的"正义社会"。原则上，任何社会只要符合这些标准，就是正义的，甚至赫胥黎《美丽新世界》中的社会也是如此。因此，如果人们想当然地认为不同的规则适用于 α、β、γ、δ 等不同等级的儿童，而且所有的 α 儿童都被一视同仁（也就是说，相同的规则同样适用于所有的孩子），同样的情况也适用于所有的 γ 儿童，等等，那么这个社会就是正义的。我甚至可以进一步指出，如果规范和规则被认为是理所当然的，但不总是持续不断地应用的话，那么社会仍然是正义的，只有那些不能持续应用规范和规则的人才是不公正的。问题的要点是，在第一种情况下，这并不完全是想象的，因为某些"原始社会"就是这样的，正义的概念并没有被社会成员应用到社会中去。换句话说，一个正义的社会是一个正义概念不能被其社会成员应用的社会，原因很简单，他们甚至无法想象事物**可能**与它们的本来面目不同。在一个正义的社会中，没有任何规范和规则会受到质疑和检验，它们也不可能受到。马克思断言资本主义是一个正义的社会，因为在这个社会中，要遵守的规则还不被认为是理所当然的，这是不正确的；马克思自己的著作肯定会证明这一点。但就其所陈述的基本观点而言，他是正确的。"X 社会是正义的"这一说法不该被看作褒义的：一

个正义社会可能是前启蒙的社会，也可能是后启蒙的社会。一个正义的
社会是可能的，但并不是值得期待的。

尽管如此，"正义社会"的愿望是现代人类思想中不可磨灭的组成
部分。如果人们表达对"正义社会"的愿望，那么就不意味着它是一个
正义概念不再适用的社会。人们的头脑中既不会存在一个其中的规范和
规则被认为是理所当然的社会，也不会有一个其中任何时候都被成员认
为是"不正义"的社会。

在某种程度上，我赞同罗尔斯的观点。用我自己的理论语言重新系
统地论述，就是一个正义社会的概念并不是事实上的正义社会。这个社
会概念是指，作为最高价值，构成了正义的原则，而且正义程序的规范
和规则得到一致接受的社会。但是罗尔斯并没有走得太远，虽然他有可
能消除其残余的基要主义幻想。众所周知，他提出了一套最优的规则，
每个人都会接受，就像处于所谓的"原初状态"一样。然而，"原初状
态"是一个幻想，因为它表明在"无知之幕"下所有人类都能达成相同
的正义规则。罗尔斯认为，现代西方人的需要结构和愿望是理所当然
的，从而达到了"原初状态"。与罗尔斯相比，马克思主义的激进主义
立场仍然传达着一个相关的信息：当代的人不能代替人类，当代的需要
不能代替人类的需要，当代的欲望不能代替人类的欲望。此外，正如我
已经论证过的，需要的结构、价值观，甚至能力，都会随着生活方式的
不同而不同。我们如何知道，以及我们凭什么断言，不同共同体，以及
拥有不同生活方式的自由人，会为他们自己选择完全相同或相似的正义
的规范和规则吗？人们应该可以持有与之相反的看法。因此，提出"这
种"正义规则的建议，必然意味着会剥夺那些未来行动者可能选择其他
方式的自由。在一个自由的未来，应该存在着与生活方式一样多的正义
的规范和规则。

归根结底，马克思是对的：一个人可以梦想一个自由的社会，但不
能梦想一个正义的社会。然而，他误认为自由社会是超越正义的。自由
就是每个人都可以生活在任何共同体的社会，是一个对任何的正义的规
范和规则、正义的程序、正义的准则都达成一致认可的地方。但是这些

规范和规则不能被视为理所当然的，它们可以被质疑和检验。他们也愿意重新考虑和进一步讨论他们认为不正义的地方。它们可以在正义原则的指导下，以正义程序开始重新讨论。对话本身将构成这一正义的程序。这种正义是民主正义的应有之义。没有比激进的民主程序更高的正义程序了。一个比这更自由的社会就不能被想象成一个社会，而只能被想象成一个有关人类奴役和监护的**安乐乡般**的迷梦。

哲学家的道德使命①

[匈牙利] 阿格妮丝·赫勒

马建青 译

当我谈论哲学家的道德使命时，我考虑的并不是所有那些选择哲学作为他们学科的人。我打算把哲学家定义为一种类型（type）。做出这种抽象似乎是有道理的，因为在各个社会阶层、倾向、态度等之中，某些恒定的和反复出现的特征是可被观察和再生产的，而某种动态的连续性通过这些特征显现出来，这表明一种定义明确的类型是客观形成的。在这个意义上，比如说，有典型的小资产阶级，有典型的懦夫，也有典型的政治领导者（statesman）②。我特意选择了三个不同的例子。在第一个例子中，构成典型特征的那些共同的、反复出现的特点源于它们与某个社会阶层的关系；在第二个例子中，它们指个人的行为和性格特征；在第三个例子中，它们是"职业要求"的标志。个人原则上可能属于许多类型，实际上是无限多的类型，而在这些类型中，可能存在着许多"可兼容的"和"相冲突的"组合。因此，举例来说，某人可能同时是典型的小资产阶级和典型的懦夫，但他不能同时是典型的政治领导者和典型的懦夫。如果我们从一个单一的类型－归属（type-affiliation）方面来考察个人，我们就必须强调那些决定性的和基本的典型特征，围绕着这些特征，我们可以对其他特征进行排序，而这种排序并不是任意的，而是与人物的本性相一致的。如此，显而易见的是，我们面对的是多种类型：对于典型的政治家、懦夫、小资产阶级来说，不是存在着一种类型而是存

---

① 本文译自 A. Heller, The Moral Mission of the Philosopher, in *New Hungarian Quarterly*, vol. 13, no. 47 (Budapest: Autumn 1972), pp. 156–167。——译者注

② 文章在不同地方分别用到 statesman 和 politician 两个词。根据语境，译文将 statesman 译为"政治领导者"，将 politician 译为"政治家"。——译者注

在着多种类型。哲学家也是如此——人们无法谈论一个完整的和同质的哲学家类型。因此，如果我们想从理论上把握哲学家态度的本质，我们就必须做进一步的抽象：我们必须运用再现（representation）① 的概念。一个人所再现的东西不过是基础性的部分，是为个人行为的总体注入基本激情的东西。

但是，在使用再现概念时，我们是不是正非法地从现实的领地跨到了理想的领地？再现不是一种理想，而是一种假定，它总是源于社会生活本身，总是应"当今的需要"而产生，而满足这种需要——有时以痛苦的磨难为代价——不是神的命令，而是人的命令。"哲学家"就是被这样一种不断地反复出现的要求召唤出来的。当然，正是这种要求在哲学家看来可能是一种理想，甚至是一种主观的假定。

但是，哲学家再现的是什么呢？

作为一个每天过着普通生活的人，作为一名被提升到普通生活之上并再次返回到普通生活的哲学家，他可能再现的只是一种生活模式，而这种模式——甚至以一种不连贯的和碎片化的方式——是生活的一部分。也可以在每天的普通生活中找到的、哲学家所"再现"的这种模式，不过是**思维和个人行为的统一**，世界观和道德、理论和实践的完全实现。

哲学家的存在是一种已经存在于日常生活中的生活模式的典型（representative）形式。自从个人存在（在**相对自主的人格意义上**），**自从理论与实践、原则与道德可能出现分离**，它就一直存在。自阶级社会诞生以来，或者更准确地说，自古希腊时代以来，它就一直存在。分离的可能性——和现实性——创造了统一的可能性。

然而，再现的可能性远不只是一种潜在性；在第一次危机的暴风雨时期，在雅典城邦解体的时候，它就成为典型。这是**哲学**（philosophos）诞生于**智慧**（sophos）的时候，也是哲学家所特有的道德使命出现的时候：表现"普通"生活中已经失去的或正在失去的东西。

---

① 这一概念来自卢卡奇，不是指纯粹描述式的反映，而是指经过总体中介的再现。因此，本文主要将其翻译为"再现"，有时也翻译为"代表"。——译者注

尽管如此，再现的可能性从未从现实自身中消失。无论哲学家命运的"提升"在多大程度上高于平均的、日常的水平，就像后来的斯多葛学派或伊壁鸠鲁主义一样，但他与日常生活的联系从未被完全割断。在某种意义上，哲学家在几个世纪甚至几千年的世界社会发展中守护着永恒的、底层的实质（substance）；虽然这种实质不会停止存在（否则就不可能再现它），但它充满了矛盾，并沿着一条被周期性的衰退、贫困、历史死胡同困扰的道路演变。从这个方面来看，哲学家可以被看作可据此画出一条理想线的顶点，并且，人类的发展阶段是"相通的"。

马克思在某个地方写道，有些时候，历史代表一般，与代表特殊的个人相对立；在其他时代，个人很可能代表一般，而历史代表特殊。具体来说，作为个人，作为典型的人物，哲学家所再现的是"一般"的东西，而不是再现"特殊"的东西的具体历史进程。他阐明一种对整个人类都具有不可估量的价值的实质，这种实质是一般的，但只是在它的潜在性中才是一般的，因为在现实中，它留给了当前时刻即阶级社会阶段的特殊人物。

这是否意味着哲学家们形成了一种贵族式的种姓？一点也不。哲学家是传达几千年来人类一般发展的特定实质的工具，只要作为一个整体的人类还不能实现它。但他只传达了其中的一个方面，而其他人则是这一实质的不同的、无限丰富的方面的承载者。这就是为什么我把类型的概念进一步缩小为再现的概念。让我再次强调，在特定的历史阶段，不论作为典型人物的哲学家与日常生活的现实之间的差异有多大，如果这种联系被打破，哲学家就不再是典型性的。每个时代的伟大哲学家都有一个特点，那就是他们努力恢复已被抛弃的统一性，**减少或消除差异性**。这至少是哲学家的道德使命的一部分，也是原则与行为的象征性统一。

行为和世界观

"哲学家"这一说法是与苏格拉底一起出现的。有意识的再现，行为和世界观统一的再现，也是与他一起诞生的。在他之后，这些特征可以在从泰勒斯到阿那克萨戈拉等众多思想家身上看到，但正是在苏格拉底身上，这些特征第一次有了"纯粹的"和可识别的外观。正是由于这个原因，他对后世来说成为一个象征性的人物。在文艺复兴时期，他甚至获得了与救世主基督相同的地位。但即使地位相同，哲学家与殉道者的种差（differentia specifica）也很明显。对他来说，行为和世界观的统一不仅意味着"我如何言便如何行""我如何生便如何死"这样的原则——在这方面，哲学家确实与殉道者有关——而且更典型地表现在如下信条中："我的行为是我的思维、我的原则、我的观点的结果""我接受我自己的观念的结果"。因此，对哲学家来说，世界观和行为在人物中的统一是内在的和可能的。哲学家可以喝下毒药，可以死在火刑柱上，但他永远不会相信自己是"一个救世主"。世界观和行为的统一最终表现为如下原则：只有人能"拯救"自己——并且，只有人类自身能实现自己的观念。

行为和世界观的统一已经作为命运被自苏格拉底以来的每个哲学家所接受。但是它并没有在所有时代的所有哲学家那里以同样的方式展现自己。对苏格拉底来说，这仍是**直接的**统一。由于他是在市场上进行"演讲"，他的观念只能通过个人在言语上建立的联系而显现为行为。这种直接的统一性后来几乎完全消失了。哲学家的世界观被对象化了，它开始独立于他本人而存在。但在这种间接关系中，世界观和行为的统一仍是清楚的——在双重意义上。一方面，行为通过哲学家的研究反映现实的方式获得再现。即使是最抽象的哲学论证也与现实有关，并最终以对现实的富有激情的肯定或否定而告终。斯宾诺莎的《伦理学》至少和苏格拉底的个人教导一样，都致力于某种人类行为。另一方面，对象化的哲学研究，已经独立于思想家的思想，体系（正是由于第一个原因）总是可以回到创造它的人那里：当乔尔丹诺·布鲁诺的观念已经对象化并已经与他分离时，他才能面对这些观念。在这种遭遇中，他不得不对这些观念负责，就像苏格拉底早先对他在还未脱离他本人的命题中表达的承诺负责一样。

很多讨论和论证都集中于谁在道德上是正确的，是放弃他的学说的伽利略，还是为这些学说而上火刑架的乔尔丹诺·布鲁诺？在这里我只想强调这个问题的一个方面：自然科学的逻辑不同于哲学的逻辑。伽利略放弃了他的主张，但后来他写了《关于两门新科学的对话及数学证明》（*Discorsi*），不管他是否放弃，《关于两门新科学的对话及数学证明》都是真的，并且伽利略以前的所有教义同样是真的。如果乔尔丹诺·布鲁诺放弃了他的世界观，他的整个工作就会无可挽回地消失。其中没有任何东西会再次成为真的，无论是他所宣扬的关于实质的观点，还是他所宣扬的关于无限的观点。如果没有创造者个人对哲学真理的承诺，哲学真理将不复存在，也不再是真理。众所周知，伽桑狄（Gassendi）的工作充满了纯粹的外部妥协。但现在是否有可能无视这些妥协而阅读他的作品？

无论哲学家的研究多么客观，它都不如自然科学家的研究那样独立于其创造者。而且，也不像艺术家的工作那样独立于其创造者。这在我们与所谓的"现在被超越和抛弃的艺术作品"的关系中表现明显。如果一个艺术家"摒弃"了他早期的工作，如果他朝着新的思想类型、另一体裁、其他风格等方面摸索，那么新的作品和新的风格由于其自身的辩证法完全可以被人们所欣赏，它们有一种感召力，并且令人信服，而不管艺术家对他早期创作时期的敌意或冷漠是否是有意识的、是否是发自内心的。无论他的变化是有利于它还是有碍于它，情况都是如此。《威廉·迈斯特》（*Wilhelm Meiste*）反映了一种世界观，也反映了一种以文学形式呈现的、不同于《维特》（*Werther*）的理想——然而，谁能不同时欣赏它们呢？后来的丁托列托（Tintoretto）的悲剧的愿景与年轻的丁托列托的清晰的、坦率的观点截然不同；但谁不因丁托列托而感到高兴？如果再要求艺术家说出他背离早期风格或"反对"他早期作品的概念上的理由，那就是无理取闹。对哲学家来说，不存在这种自由。谢林断言，他年轻时的哲学、一种"否定的"哲学是为他后来的"肯定的"哲学提供的经过深思熟虑的导言。当他这么说的时候——他只是没有承认他自己作为一个思想家的过去，因此，世界观和行为的统一在他身上被打破了——回溯性地看，这在否定意义上也适用于他年轻时的作品。

它们的影响和思想魅力不再是一样的了。科学家和艺术家都不会像哲学家那样有同样的义务而始终如一地使自己面对自己的过去和早期的个性。如果哲学家"不知道"他昨天置身何处、今天置身何处,那么行为和世界观的统一就会被打断;这种断裂回过头来会对研究本身产生影响。一个哲学家不可能打断他的世界观与他的个人行为之间的联系,而不对他的研究产生有害影响,或使其名誉扫地,或者,正如经常发生的那样,使他自己无法进行进一步的创造性研究。这并不是说他**不能对世界撒谎**(任何值得称道的科学家或艺术家也不能),也不是说他**不能对自己撒谎**(任何真正的艺术家也不能),但他必须对他所说的话承担个人责任。

当然,理论与行为的统一有两个**同样**重要的方面(尽管正如我们所看到的,这两个方面在实践中不能相互分开)。到目前为止,我已经谈到了在实践中为自己的理论负责,这对每个哲学家都有约束力。当然没有必要强调——因为这是不言而喻的——在这些限度内,哲学家作为理论家的地位是由他的理论的深刻性和无所不包的特质所决定的,并且是由真理内容来决定的。"哲学态度"——这种态度无疑是存在的——本身并不能保证某人成为一个真正的哲学家。如果有人"哲学化",这只意味着他吸收了外部的观念,以某种方式修改了它们,并在他的生活中对它们负责。他可能是一个值得尊重的人,并且他作为一个人的地位可能很高,但称他为哲学家还是不合理的。这种类型的人是每天的普通行为与真正的哲学家的典型角色之间的"纽带"。

但是,让我回到行为的问题上。生活中理论的再现涉及两个不可分割的方面:一个是"外在的"方面,一个是"内在的"方面。"外在的"方面无非是努力在"他人"的世界中实现这些观念。在这种意义上,哲学家一直保持着在苏格拉底身上出现的他的样子——**教师**。彼特拉克(Petrarch)给科拉·第·黎恩济(Cola di Rienzi)写了一封慷慨激昂的信,伏尔泰和卢梭为里斯本地震在思想理论上产生的后果争论不休,费希特写了关于法国大革命的研究论文和后来对德意志民族的演讲——可以举出完全不同的例子——他们都打算把自己的思想"植入"

他人的世界观和行为中，也就是植入事实世界中。"内在的"方面是根据思想家的思想来安排他的个人生活。当哲学家被迫进入"私人生活"领域时，这个方面就变得很重要了。这就是首先发生在伊壁鸠鲁主义和斯多葛学派的某些流派之中的情况，并在法国大革命后几乎成为普遍现象。一个人如果不能通过他的哲学成功地过上他自己的人的生活，那么他当然没有资格被称为"哲学家"。在雅典衰落之后，公共生活的伟大时期就结束了——除了像佛罗伦萨早期文艺复兴这样罕见的时刻——这种情况持续了很长一段历史时期，可以说在整个阶级社会的历史上都是如此。从那时起，它就成为每一种哲学的核心部分，也是每一个哲学家去尝试和发现人的生活行为的重要问题，还是斯多葛学派和伊壁鸠鲁主义共同面对的问题。

我随意提到了彼特拉克、卢梭和费希特的名字。但在卢梭和费希特之间，法国大革命画出了一条更清晰的界线。资产阶级社会并没有简单强化世界观和行为之间的联系，而是一方面把思想变成一种商品，另一方面把哲学家变成个人，进而，它使思想与行为的分离和对抗成为可能。卢梭还在责备他的一些同时代人，因为他发现他们的思想和行为之间存在着不一致；对海涅来说，因为黑格尔所谓的无神论仍然是私人的，并且因为他没有在柏林大学的讲座中宣称这种无神论，而责备黑格尔已经是不合理了。当然，在黑格尔那里，原则和行为之间并没有真正的矛盾，只有矛盾的可能性、模糊的可能性，这些可能性在他死后随着他的学派的解散而变成了现实。但与他同时代的叔本华已经宣称，他的原则对他的行为没有任何限制，而禁欲主义的、心灵崇高的尼采，以他个人的道德行为，成为新的、具有攻击性的"**种族主义**"的先知。我认为，在这种新形势下，哲学家的道德责任——和使命——甚至得到了加强。一方面，他更有义务在研究本身中明确表达——对象化——他的行为，并捍卫他的工作不被邪恶势力"误读"。另一方面，真正的哲学家的行为理想必须被找回——但在这一点上最广泛的内容是可能的。哲学家的行为体现在与人类整体的重要问题的质询中；如果一个哲学家想要这个称号，他就必须对这些问题做出回答。

积极生活或沉思生活

斯蒂芬·茨威格在他为伊拉斯谟所做的人物描写中很好地描绘了作为官员（mandarin）的哲学家的理想。他笔下的伊拉斯谟高谈阔论我们同胞皆热爱的人性，但却避免介入世界的"动荡"之中。他提供了很好的建议，但却回避斗争，回避与普通人的接触。他坐在他的孤房里，接收门徒。与之相反的理想源自柏拉图——它直接来自"哲人王"的理想。根据这个理想，哲学家应该是立法者，是城邦的创造者，是城邦的指挥官和统治者，很可能是街垒的第一个战斗者，很可能是他那个时代的政党的"主要思想家"。

但是，哲学家所过的既不是积极生活，也不是沉思生活。

世界观和行为的统一意味着"Vita Activa"和"Vita Contemplativa"的统一，即"积极生活"与"沉思生活"的统一。对于哲学家来说，纯粹的积极生活或纯粹的沉思生活都是不可行的。即使有些思想家坚持认为这两种生活中的这种生活或那种生活应被看作"更好的"，但他们也不能将它们中的任何一种视为排他的。虽然亚里士多德强烈赞同将"理论"视为更好的生活，但他仍然认为，实现（energeia），即为了城邦共同体的利益而进行的社会活动，对于作为公民的哲学家来说是不可或缺的。阿尔伯蒂（Alberti）以同样的热情为积极生活辩护，正如他慷慨激昂地宣布了思想家有权利相对地以自我为中心进行研究，以发现自然和人类的内在规律。

积极态度还是沉思态度占主导地位，在很大程度上取决于时代提供的机会。巨大的社会变革时期，特别是进步运动和相对民主的公共生活，总是有利于积极生活；停滞和衰退的时代有助于沉思态度。在这个框架内，实际的社会状况和不同哲学家的性格也起着一定的作用。但由于时代和性格而产生的差异只能在明确的**界限**内发挥影响。这些界限——在广义上——是什么？

首先，探索真理对哲学家来说就是目的本身吗？哲学家——无论他如何将自己限定在自然哲学中——始终是一个人类学家和社会学家。他总是在寻找人在世界中的位置，无论是社会世界中还是宇宙中人的位置。对他来说，**每个真理都与人有关**。当然，这种与人的关系并不意味着像艺术中那样的拟人化的（anthropomorphous）观点。像自然科学一样，哲学对拟人化的概念发动了独立的战争——我们只要想想斯宾诺莎的论战就知道了。哲学不仅反映了人化的世界。关于将"自在地存在"的世界转变为"为我们而存在"的世界、对世界规律的探索、对人化和非人化的区分等的哲学探讨，也是在人类提出的如下问题的支撑下进行的："我们必须做什么?"当然，哲学反思有其独立的辩证法。观念和理论上的发现会产生更多的观念和发现。但是，如果在某一定点上——仍然在给定的体系内——不回到人类世界，回到现实，回到人类学，回到"我们必须做什么"的问题上，这种自我生成就变得毫无意义。自然科学家可以专心致志地研究作为自在存在的自然。他无须考察人在自然界中的位置——人的世界形象这一方面是哲学的任务——而且人的成就的应用也可能是其他人的任务。如果有哲学家拒绝执行这种"回到"作为"为我们而存在"的世界的任务，那么他也就不再是哲学家了。

由于哲学真理与人有关，哲学家永远无法逃避的事情是，就他自己的时代人类所面临的选择做出决定。**他必须**在特定时期的社会、道德或思想冲突中**做出选择**，而他的学说的真理内容来自这种选择，来自它所开启的前景。这种选择已经预设了他的社会活动；此外，由于他的任务正是解释伴随他的选择而来的现实，对所选择的替代方案的信奉只可能是**热诚的**。这种激情——我们重申——对每一个哲学家都有约束力，而且不限于那些在他们那里一种先知的态度伴随哲学态度的人。以蒙田为例。他是怀疑论思想家中的佼佼者，而根据人们一般所接受的怀疑论观点，他的这种观点应该伴随着冷酷、公正和漠不关心。但蒙田丝毫不是冷酷的、公正的或漠不关心的。例如，当他嘲讽偏见时，当他谈到残忍或自命不凡时，他的表达充斥着强烈的愤慨；当他谈到印度社会或友谊时，他的表达充斥着热烈的爱。如果现实的网络是如此错综复杂，真理是如此难以发现，以至于对某一特定选择的承诺并不意味着认同或至少是依附于这一方或那一方，而只是认识到另一种选择是糟糕的——这也意味着一种选择、一种承诺，这也涉及激情。

在哲学真理的天平上，"沉思生活"只能在某一点上更有分量。我重复一遍：斯蒂芬·茨威格的伊拉斯谟（当然不是真正的历史上的伊拉斯谟）远远超过了这些界限。但是，"哲人王"这一类型的立场是什么呢？

以这种或那种形式出现的"哲人王"的愿景贯穿了人类历史，部分表现为"统治者"应该是哲学家这样的观念，部分表现为哲学家应该是统治者这样的观念。例如，在康帕内拉的"太阳城"、伏尔泰的"开明君主"理想、卢梭的作为"世界-立法者"的圣人中，都可以看到最初的柏拉图概念的变形。这种愿景甚至存在于马克思主义的摇篮中。马克思的独特的、巨大的形象——他自己的集革命家、政治家、哲学家和科学家的角色于一身的特殊力量——使人们产生了幻觉，似乎马克思主义的出现、马克思主义发展成为一种普遍的思想，现在会第一次，而且事实上将政治家和哲学家这两种类型统一起来，似乎它们的统一确实是必要的。

可是，已经成为"王"的哲学家不再是哲学家，并且，已经成为哲学家的"王"不再是统治者。如果他们各自继续进行统治或哲学化，那么思想家的哲学和"王"的王国将肯定不复存在。为什么？

这是因为哲学的典型态度和政治家的典型态度必然是不同的。

哲学家的再现类型——我重复一遍——使世界观（理论）与道德行为的统一具体化。在他自己的个人行为（比如，做出选择、承担责任，他的生活行为）中，他关于自己世界观的假定，关于自己对世界观的承诺的假定，都必然会显露出来。**哲学家的历史责任通过他的世界观表达出来**。这源于历史选择：历史选择变化，他的世界观也会变化——历史是由世界观塑造的（如果真的是被塑造的话），而对个人来说，历史只有在他与塑造历史的世界观的关系中才有意义。当然，政治家（"王"、政治领导者）也有思想。但它不是这种"吸收"或体现了他已经做出的选择、他对所接受的选择的承诺的思想。**他并没有使它具体化，尽管他**

表达了它。政治家或政治领导者的历史责任体现在他的**直接目标**中，体现在实现其目标的行动中。政治家、政治领导者——当然，我指的是再现类型——必须本人面对他的政治活动的后果，并在他的个人生活中对它们负责，正如哲学家必须对他的哲学的后果负责一样。但这里的假定不再是世界观与行为的统一，而是**实践目标**（包括世界观）与行为的统一。

在实践目标与行为的统一中（即使这种统一充斥着思想矛盾和道德矛盾），**人类发展的基本实质，这种实质的基本特征，同样体现在哲学家的行为中**。因此，在政治家的类型和典型的哲学家类型之间谈论任何的等级排序都是不可能的，即使是在纯粹道德的意义上。这里涉及两种**相当的**态度，每一种态度——我重复一遍——都体现了在人类的发展中现实化的"实质"的一个**方面**。但由于在绝大多数情况下，它们体现了不同的方面，它们不会同时出现，并且不会同时出现在同一个人身上。可以粗略地做一比较：我们不能以任何等级形式对科学家和艺术家的态度进行排序。然而，要求艺术家应该也是科学家，而科学家应该也是艺术家是荒谬的。

或更确切地说，在一定的条件下是荒谬的，因为这些态度在特殊的事例中可能是统一的。达·芬奇或歌德既是优秀的科学家也是优秀的艺术家，正如马克思既是杰出的政治家也是杰出的哲学家一样。（伟大的政治理论的创造者，如柏拉图或马基雅维利，在实践政治中都走向了灾难性的失败，这一事实表明，像马克思这样的人是多么难得。）另一方面，这里所考察的只是典型类型的"分离"。在日常生活中，这些类型不是以其极端的形式表现出来的，而只是以一种碎片化的或分散化的状态表现出来的，这些态度常常一起出现，平行运行，以胚胎的形式表达了人类的多样性，例如司汤达的娄万（Leuwen）或车尔尼雪夫斯基的《怎么办?》中的洛普霍夫（Loputhov）。最后——这是最具决定性的因素——如果两种典型态度没有被具体化为同一个人身上的典型态度，这绝不意味着占据主导地位的态度会排除另一种在较低层次上存在的态度。然而，这两种态度在某个方面是一致的。伟大的政治家作为政治家来行动和思考，但他的思想和行为也以胚胎的形式包含了哲学家的思想和行为。无论哪方面在作为整体的人物中占据最重要的地位，政治家和哲学家的统一性在哪里？如果我们考虑哲学家的政治承诺，那么这种统一性就表现为，**伟大的哲学家总是本能地知道伟大的政治家代表了人民利益和历史进步，并欣然献身于这个政治家所代表的事业**。对维特（Witt）兄弟的热爱，对扬·德·维特（Jan de Witt）被杀的仇恨和绝望，同样是斯宾诺莎作为"对上帝的理智的爱"的思想构造的一部分，对拿破仑的崇拜就像对辩证法的阐释一样是成熟的黑格尔的特征。事实上，对一个伟大的政治家事业的认可和对一种伟大的哲学的阐述之间存在着**必然的联系**。当然，这种热爱从来不是针对政治家**本人**，而只是针对他的政治，它不是由个人的偶像崇拜激发的，而是由对事业的热忱激发的。只要亨利八世似乎体现了文艺复兴的君主的理想，托马斯·莫尔（Thomas More）就一直对亨利八世保持忠诚；而当亨利八世选择了在道德上看是矛盾的、暴力的资产阶级发展道路时，他的反对就是这种错综复杂的相互联系的明显例证。伟大的哲学家从不否认伟大的政治领导者，在他的钦佩中，他从不认为自己"高于"那个指导着国家命运的人。同时，当政治家偏离了期望的结果、正确的事业所指示的道路时，任何钦佩或尊重都不能阻止他发出警告。他很少有能力推荐另一项政策来代替他认为是错误的政策，更没什么能力将更好的政策付诸实施。但由于他的理论洞察力，他总是能够做出否决，他也有资格正确地、抽象地提出问题，并在理论上阐明这些任务。这是他对政治、政治家和一般公共生活应尽的责任。

到此为止，我已经讨论了哲学家必然会具有的政治承诺——即使这种承诺不是典型的。现在，我转向政治家的哲学承诺——同样不是典型的。政治家也必须认识到，在特定的历史条件下，他那个时代的哪位哲学家在探求真理方面是最为深刻的，因为这个哲学家的思想能够促进——即使是间接地——他的事业的实现，人类事业的实现。亚历山大大帝与亚里士多德的关系，洛伦佐·德·美第奇（Lorenzo de' Medici）与马尔西利奥·费奇诺（Marsilio Ficino）的关系，亨利四世与蒙田的关系，罗伯斯庇尔与卢梭的关系，都说明了这种联系。就像承认适当的政治政策是任何有意义的哲学的一部分一样，这是知识政治的一部分。当然，这种关系也可以反过来。好的政治家知道——当它还处于胚胎阶段时——某种哲学是否有害，也知道这种哲学带来的后果是否可能具有破坏性。饶勒斯（Jean Jaurès）对非理性主义的态度就是一个很好的例子。饶勒斯不是严格意义上的思想家，他不了解马克思主义人类学或辩证法的深层含义。但他是一个天才的政治家，既是法国社会主义运动创建和形成过程中的杰出人物，也对具体的政治决策负责。当非理性主义哲学首次在法国出现时，这种新现象很快便引起了饶勒斯的注意。他认识到了这种哲学与年轻人的迷茫、对战争的默许、为暴力而将暴力理想化之间存在着的联系，并在其出现后的极短时间内对其进行了谴责。他不是一个哲学家，但作为一个真正的政治领导者和革命家，他能迅速评估一种哲学可能带来的实际后果。①

返回到原来的问题：对哲学家而言的"积极生活"是否也有界限？

有，但只有在"活动"超出了哲学家的态度本身所设定的结构框架的边界时才有。在这个结构中，活动机会很多，活动强度很大，活动形式很多。而且，在这个结构中，理论的深刻性甚至因这些可能性而增加，因为这种结构既包含了活动与理论之间的必要联系，也包含了理论或世界观的相对独立的辩证法。革命的哲学家是最伟大的哲学家类型。

哲学与历史

哲学——以**人为中心的**，尽管不是拟人化的——总是在寻找人在世界中的位置。它的出发点是实际的具体情况——在这个意义上，每一种哲学都是"应景即兴的"（occasional），正如歌德称诗歌为"应景即兴

---

① 在这个论证中，我以进步的政治家和进步的哲学家之间的关系为例。当然，在反动的哲学和反动的政治之间也可能存在类似的关系。例如，卢卡奇本人有效地分析了非理性主义和法西斯主义之间的关系。然而，由于我将表现的概念定义为表达人类进步之实质的态度，为原则之故，我排除了所有明确是反动的力量——包括哲学上的和政治上的反动力量，即使它们可能表现出一种形式上相类似的结构。

的"。尽管如此，如果哲学家把瞬间、现在与过程分开，把具体的人与人类分开，或——用黑格尔的寓言式的表述——把"**具体精神**"与"**世界精神**"分开，他就不再是哲学家。客观地说，哲学总是具有历史性的特点：也就是说，它把人放在某一定点上，同时将他的过去（他的过去的一部分）和他的未来（他的未来的一部分）一般化。在历史性作为一个有意识的原则形成之前，它在客观上是历史的。以一种悖论的方式，哲学的历史性在"从永恒的观点来看每一件事"（sub specie aeternitatis）这种原则中显示自己。对哲学家来说，"永恒"意味着他**把连续性聚集**在一个焦点上，就像他在当代人那里所发现的，在当代人的人生态度、对世界的解释、基于社会与自然相互作用的一定水平对社会与自然关系的解释中所发现的。通过这种方式，哲学家总是努力抓住实质。正是这个原因，对于特定时期的哲学家来说，人类发展的实质不仅包含在他自己的世界和历史中，也包含在他所继承的整个哲学遗产中。在遗留给他的问题和答案中，他可能会发现自己的问题和答案，或要解决的问题和答案。因此，正如哲学家遇到那个时期的具体问题时所表现出来的一样，在哲学家与传统哲学材料的关系中，他表现出来的特点是，他同样有着选择的（内在的）冲动，也同样有着激情。

"从永恒的观点来看每一件事"这一原则作为人类实质在特定"焦点"的集中，作为历史本质的表达，在他的态度中导致了一个非常重要的后果：**哲学家必须永不绝望**。绝望的哲学不是哲学。绝望源于所有前景的消失。在历史中（如同在个人的历史中），有一些无望的情况。但从世界历史的角度来看，即根据"从永恒的观点来看每一件事"这一原则来看，则不会有这种情况。诗人可能会感到绝望，并且伟大的诗歌可能会诞生于对他的绝望的阐释。他可能会对某一特定情境感到无望。但如果哲学家以他为榜样，他就不再是一个哲学家，因为他与人类"实质"以及世界历史的联系将被打断。斯多葛学派和伊壁鸠鲁主义在无望的时期阐述了"没有绝望"的思想。波埃修斯（Boethius）是在绝望的历史情境和个人境遇中阐述他的"哲学的慰藉"的。无望时代的真正哲学几乎是以相当激烈的方式来反抗绝望的。这就是它作为一种哲学保存自身的方式。当海德格尔沉思人的"被抛入虚无"之状时，或斯宾格勒谈到文化的反复毁灭时，他们否定了哲学家的道德使命。

如果我们否认哲学家绝望的权利，这是否意味着我们回到了"圣人"的理想，他从"上面"俯视世界，不屑于"下面"挣扎着的矮人的微不足道的痛苦，对这些傀儡的命运轻蔑地微微一笑？或者，我们认为理想的哲学家的态度受启于黑格尔的理论，即"世界精神的权利先于特殊的权利"？远非如此。别林斯基用一个具有讽刺意味的问题与黑格尔对质："如果个人受苦，我为什么应该为普遍幸存的事实而感到高兴呢？"他是对的，因为他的基本情感不是绝望，而是愤慨。绝望将无望放大到宇宙的规模，而愤慨则将对现实特殊情况的无望置于世界历史一般发展的视角中，并满怀激情地拒绝了这种无望。愤慨从未忽视普遍发展的真正可能性。这就是为什么它成为革命哲学的基本情感。而绝望的哲学与愤慨的哲学完全相反。歌德说过，没有信仰的时期从来没有创造过真正伟大和持久的东西，这一点在哲学上是完全正确的。

马克思称希腊人是"正常的儿童"①。希腊是哲学的摇篮，因为哲学的儿童只可能是正常的儿童。即使从那时起，哲学家的态度也是表现**正常状态**（normality）的态度。这在三重意义上是正确的。

首先，在精神健全（psychic sanity）的意义上。好奇心过重的、热衷于证明"神圣的疯狂"具有必要性的文化历史学家们，在世界重要的哲学家那里发现很少有"神圣的疯子"。除了尼采——我当然不认为他是真正的哲学家态度的代表——他们没有找到一个例子来证明那种认为疯子和天才之间具有亲和力的理论。相反，有许多例子表明，哲学家如何以日常生活中极为罕见的、灵魂的泰然自若经受住了前所未有的社会压力和道德压力。

哲学家的精神健全和不可或缺的信仰（对人类、进步、价值有效性的信仰）互为前提条件。只有精神健全的人才能上升到他的世界观的高度，才能克服他自己的特殊性，而且，只有从这种高度来审视现实并将这种立场作为他斗争的起点的人才能保持他的精神力量。

---

① 参见《马克思恩格斯文集》第8卷，人民出版社2009年版，第36页。——译者注

但这种精神健全导致了正常状态的另一个方面。哲学的演变表达了人类的正常（古典）发展趋势的各个阶段。有些时代可以被界定为正常的（古典的），它的阶段和人民可以被界定为正常的（古典的），而人类历史的**主要趋势**就是通过每个这样的时代展开的。当这一主要趋势的路线被打断时，当连不完整的碎片都没有留下时，就不会有伟大的哲学家诞生，无论某些人的抽象的哲学能力有多大。但是，在这条主线继续展开的地方，在它能够被发现和认识的地方，甚至在碎片化的形式或单一的运动中，发现这条主线并**对正常状态做出正常反应**的哲学家能够而且将会出现。

最后，也可以在哲学中找到正常状态的第三个方面的——道德的——意义。**正常是与规范相对应的东西**。真正具有典型性的哲学家总是为他们的时代建立道德规范，用这把尺子来衡量他们自己是有基础的或是肤浅的。诚然，不同的思想家在宣称不同的道德规范和假设时所使用的标准可能是不同的。但总是有一把尺子。例如，曼德维尔（Mandeville）将利己主义的世界解释为"正常的"，因为他声称，利己主义是人类的自然刺激，通过它，社会的和谐最终产生。但卢梭认为，"自恋"源于人类价值的毁灭、人性的堕落——因此他愤然拒斥了由自私自利统治的世界。他认为，面对一个在他看来"不正常"的世界，唯一可能的道德态度——因此也是唯一"正常"的态度——就是放弃这个世界。对他来说，异常的生活方式也不意味着对正常的抛弃，而只是源于一种被强化的、主观的、道德主义的解释或正常状态。

由于哲学家将他的思想对象化——而且这是普遍的，极少有例外——哲学活动体现在他的研究（work）中。哲学家的生活**集中于他们的研究**。尽管如此，这种"以研究为中心的取向"从来不是为着自己的目的而存在。**他们的研究不是目标，而是结果**。哲学家想要揭开现实和生活的"秘密"，而且他的全部激情、他的全部研究的目标都指向了存在、世界本身。在这个过程中，研究开始形成，表现为"解开"世界之秘密的结果。把从事大量的研究当作目标的人，永远不会成为哲学家；只有那些"想要啃现实的硬骨头"的人，才会成为哲学家——因为研究自然而然就出现了。只有敬畏现实，将其思想和智慧视为工具之时，才可称其为真正的哲学家；那些在思考之时注重思考本身，在智慧之中注重追求自身之智慧，在问题解决中注重自己兴趣之人更不在话下。**对他来说，认识的乐趣与沉思所认识之物的乐趣是一致的**。但是，只有当他的激情引导他去解开现实之"谜"时，思考才会成为一种有效的工具。只有当他——在通过最大限度地利用这个时期提供的"积极生活"和"沉思生活"的机会而表明他的世界观和他的行为的统一——他发现了某个观点，并由此出发达到了对现实的深刻把握，进而抓住了实质、表现了人类事业时，思考才会在研究中形成。对哲学家的道德使命的承诺和践行是**合理地**看待世界的必要条件——在哲学家的态度结构中。正如黑格尔所说：如果你合理地看她的世界，它也会合理地回望你。

阿格妮丝·赫勒和费伦茨·费赫尔

马克思伦理学的遗产①

[匈牙利] 阿格妮丝·赫勒、费伦茨·费赫尔
马建青 译

马克思的哲学与社会理论致力于理解这个世界，以便改造这个世界。当然，对世界的理解不可能是价值中立的，尽管有一些哲学家认为它应该如此。但是，在没有任何事先承诺的情况下，没有人会拥护这个世界。从普列汉诺夫到阿尔都塞的马克思主义者无疑都提议，马克思的科学必须与介入社会实践的人们的价值承诺相分离。如果这种提议被普遍接受，那么我们根本无法谈论一种马克思的（或确切说来是马克思主义的）伦理学，只能谈论这样一些人的私人伦理学：他们接受马克思的理论，但他们并不受这种接受行为的影响，而是会按照与他们的科学信条毫无关系的价值和规范行事。普列汉诺夫和阿尔都塞的提议本身并不荒谬。只有当所谈到的理论家也声称马克思的科学意味着社会政治实践时，它才会变得荒谬。被应用的科学是技术，社会政治实践不是技术。后者涉及人们的有目的的活动，他们有愿望或意志促成一定方向的改变。目标或目标方向的改变暗含着评价。朝着期望的或意欲的目标方向着手改变世界的任何人，都会对目标和所采取的行动负责，或者至少是默默地这样做。由此可见，所有其他不接受马克思理论的人，都可以合法地对接受马克思理论的那些人的社会政治实践做出伦理判断。而且，鉴于马克思主义者对马克思理论的解释并不一致，他们会从不同的马克思理论解释中推导出完全不同的（有时甚至是相反的）社会政治实践，因此，意见不一致的马克思主义者对彼此的实践做出判断是合法的。这

---

① 本文原文题目为"The Legacy of Marxian Ethics"，译自 Agnes Heller and Ferenc Fehér, *The Grandeur and Twilight of Radical Universalism*, New Brunswick: Transaction Publishers, 1991, pp. 119–142。——译者注

样一来，是否将社会主义目标及其恰当或不恰当的实践置于道德评判之下并不是随意便可断定之事；即使是那些放弃道德承诺的人，也要接受他人的道德评判，而且这是很自然的。

马克思理论是否明确地赋予致力于该理论的人以某些道德义务是一个完全不同的问题。没有一个被评价的目标本身就为行动者提供了这样的义务，尽管各种行为规范通常与具体的价值事物（*Wertdinge*）有关。为了回答这个问题，我们不得不重新讨论马克思主义的案例，并且暂时将其从马克思主义中分离出来加以考察。在这样做的时候，我并不打算分析被称为卡尔·马克思的这个人的个人道德，即使这与所考察的问题并非完全无关。此外，我一方面必须把这个综合体从马克思理论的整体中抽象出来，另一方面不理会马克思偶尔对它做出的一些评论。

早在青年马克思撰写博士论文的时候，马克思伦理学的主基调就已显现。论文的主角伊壁鸠鲁曾指出，在必然性中生活，是不幸的事，但是并非必然要生活在必然性中；这句名言一直是马克思一生的基本哲学信条。对伊壁鸠鲁来说，把必然性的不幸转化为自由是个人的行为；对马克思来说，它变成了一个阶级的行为。对伊壁鸠鲁来说，必然性的不幸随时可以转化为自由；对马克思来说，做这件事的时间是"此时此刻"。在"迄今为止的历史"中，在必然性中生活是必然的，但情况不再是这样了。

然而，马克思在一个关键的方面仍然对伊壁鸠鲁保持忠诚：对他来说，自由始终意味着**个人**的自由。对于一个人来说，如果绝对没有任何外在的权威针对他并凌驾于他之上，那么这个人就是自由的。普罗米修斯那句充满激情的格言"我痛恨所有的神"在马克思那里产生了极大的共鸣。但马克思补充说，如果个人只是痛恨神，如果他只是假装神不存在，那么他就不可能完全自由。他声称，无神论不过是走向共产主义的第一步。神圣家族的秘密在于世俗家庭。彼岸的权威只是世俗权威的反映。为了从前者中解放出来，我们必须从后者中解放出来；我们必须从经济的制约中解放出来，从国家、家庭和法的制约中解放出来，也从道德行为规范中解放出来。但这种解放不仅要像伊壁鸠鲁那样在想象中进行，而且要在现实中进行；外在的权威不应存在。无产阶级的世界历史使命就是把人类从一切外在权威中解放出来。当然，解放的过程与自由的状态明显不同。解放不是目标，只是过程，是通往自由的运动。

马克思痛恨所有的外在权威，特别是犹太教和基督教；这让我们想起了尼采。但是，马克思对绝对自由、人的绝对自主的强调始终是民主的。他从来没有想到过超人，他想到的是一个超社会（supersociety）。在这方面，他从来没有放弃启蒙运动的遗产，甚至没有放弃自由主义的遗产：一个人的自由以所有个人的自由为前提，反之亦然。

人的绝对自主与作为一个整体的个人的绝对自主是一致的这种观点意味着，彻底打破了康德在"本体的人"（homo nuomenon）与"现象的人"（homo phenonenon）之间所做的区分。马克思为人的本体和现象的个人的统一提出了充分的理由；事实上，对他来说，一个没有任何外在权威的人类社会只有在这种统一出现时才能发挥作用。共产主义社会中个人和类（人类）本质将会结合这一观念在《巴黎手稿》中表现明显，它不只是马克思需要在成熟时期加以克服的青年时期的夸张表达。马克思从未放弃这个美丽的乌托邦，而是经常重复它。在《神圣家族》中他写道："在**合乎人性**的关系中，刑罚将**真正**只是犯了过失的人自己给自己宣布的判决……他将看到别人是使他免受自己加在自己身上的刑罚的自然的救星……"① 在《剩余价值理论》中，他强调，"但是自由时间，**可以支配的时间**，就是财富本身：一部分用于消费产品，一部分用于从事自由活动，这种自由活动不像劳动那样是在必须实现的外在目的的压力下决定的，而这种外在目的的实现是自然的必然性，或者说**社会义务**"②。

成熟马克思的想法与年轻马克思的想法不同，只是因为他不再相信必然王国可以完全被克服。生产，与外部自然界的新陈代谢，仍然处于必然王国之中。但是，即使自然界不是"权威"，但人**不得不做某事的**

---

① Karl Marx and Friedrich Engels, *The Holy Family*, in *Collected Works*, New York: International Publishers, 1967, 4: 179.（参见《马克思恩格斯全集》第 2 卷，人民出版社 1957 年版，第 229 页。——译者注）

② Karl Marx, *Theories of Surplus Value*, London: Lawrence and Wishart, 1972, 3: 257.（参见《马克思恩格斯全集》第 26 卷第三册，人民出版社 1974 年版，第 282 页。——译者注）

简单事实意味着他们是**不自由**的。**责任**（社会责任）和**自由的匮乏**是相等同的。凡是有自由的地方，绝对不会有社会责任。自由超越了责任，超越了任何的义务，超越了任何外在的目的。很明显，在这两段话中，类本质与个人的结合都是被假定的，因为如果不是这样，我们就无法想象没有责任或义务的任何社会，也无法想象必须由个人来完成的外在目的。然而，类本质与个人的结合并不意味着一个没有道德的社会，而是意味着道德权威被完全置于"内在"。否则，人类怎么能惩罚自己？人类为什么要这样做？这是一种良知的道德，也是实践理性的道德；在不受任何外在义务（任何实体价值）影响的意义上，它是"纯粹的"，但在本体的人和现象的人相统一的意义上，它并不纯粹。

绝对自主（类本质与个人的结合）的观念不仅涉及康德的激进化，而且涉及黑格尔关于制度的伦理世界（伦理）与道德之间相互作用的观念的激进化。每一个对任何个人来说具有或可能具有外在权威功能的制度或对象化对马克思来说都是异化的，因此必须阐述一种新的伦理形象。只有一种人与人之间的关系可以被视为个体性的直接表现，反之亦然，这就是**个人的合乎人性的关系**（personal human contact）。人类共同体是这些联系的贮藏所。在共产主义中，共同体既不以自然条件为基础，也不以事物为中介。熟悉马克思的人都知道，对他来说，商品生产是取消而不是加强了个人联系。也有人指出，即使在共产主义中，生产仍然处于必然王国中：在生产中，是"物"构成了人与人之间的中介，或者更准确地说，是人构成了物与物之间的中介。人的本质的完全社会化（类本质与个人的结合）只能伴随着人的关系的完全社会化而出现。马克思在《德意志意识形态》中写道："只有在共同体中才可能有个人自由……从前各个人联合而成的虚假的共同体，总是相对于各个人而独立的……在真正的共同体的条件下，各个人在自己的联合中并通过这种联合获得自己的自由。"① （《资本论》把共产主义描述为生产者联合起

---

① Karl Marx and Friedrich Engels, *The German Ideology*, in *Werke*, Berlin: Diez Verlag, 1969, 3: 74 (my translation). （参见《马克思恩格斯文集》第 1 卷，人民出版社 2009 年版，第 571 页。——译者注）

来的社会指的就是这种共同体。）因此，只要共同体能独立，与个人相对立，它就不是一个真正的共同体，而是一个虚假的共同体。与个人相对立的共同体的独立形式多种多样，阶级关系只是其中的一种。法律、国家、每一个行为规范体系和每一个制度也是如此，甚至可能具有相对独立于特定时刻的个人意志和个人需要的逻辑的那些事物也是如此。因此，我们在这里又回到了最初的问题上：共同体无论如何也不能作为个人的外部权威发挥作用。但是——这个限定是最重要的——这个共同体作为所有人的社会纽带，恰恰是作为个体的个人获得自由的前提。因此，伦理和道德之间的区别就消失了。没有权威的人与人之间的关系构成了伦理，而伦理就其本身而言，不过是个人道德与外部世界的关系。这种观念一方面与康德在《单纯理性限度内的宗教》中所提出的道德共同体世界的乌托邦有一些相似之处，另一方面与费尔巴哈有一些相似之处。但是，马克思的乌托邦的人类学-本体论基础是不同的；它与唯物史观是高度一致的。马克思十分明确地否认人的本质在整个历史中都居于个人之中，而且否认了人的本质只需要在真正的共同体中展开。相反，他强调这种本质已经在个人**之外**发展起来，而对于这些个人来说，他们可以在共产主义中再次占有这种本质。即使人的本质被占有，类本质与个体实现了结合，作为人与人的纽带的非权威主义共同体仍将是这一本质的体现，因而人性化的社会关系（社会纽带）将在不小的程度上构成个体的人类本质。

在马克思那里，自由价值的中心地位经常被强调。他的**绝对**自主观念和他对一切权威的拒斥也经常被强调。但无论是前者还是后者，都不限于马克思。自由几乎被现代性哲学的每一个主角构想为最高的价值，而施蒂纳和巴枯宁等人——马克思与他们展开持久的理论斗争——甚至主张将自由与绝对自主相提并论。因此，如果我们要深入探讨马克思伦理学理论的特殊性，就必须进一步分析三个方面：对自由的解释，对"迄今为止的"历史上的道德观念和规范的理解，以及关于解放过程的理论；当然，这三个方面都是完全从道德的角度出发的。

自由是个人的外在的不受限制的发展。既然自由是外在地不受限制，那么它就是人的一切力量的充分发展，是人的**全面**发展。"作为目的本身的人类能力的发挥"是"真正的自由王国"①；共产主义的"基本原则"是"每一个个人的全面而自由的发展"②。因此，自由不仅被构想为一个否定的概念（即从外在的权威中解放出来），而且被构想为一个肯定的概念：自由的人是个人，他们有着丰富的需要、能力、享受和生产力。在这里，我们可以回到上面分析的一个问题，回到对个人和类的结合的强调。马克思在《巴黎手稿》中这样写道："**富有的人**同时就是**需要**有人的生命表现的完整性的人，在这样的人的身上，他自己的实现作为内在的必然性、作为**需要**而存在。"③

前面已经提到，对马克思来说，社会责任并不存在于与必然王国相对立存在的自由王国中，并且，社会责任的消失并不意味着实践理性的内在义务的消失。在上面的引文中，内在义务被称为一种**需要**，一种"内在的需要"，标志着本体的人和现象的人的统一。即使是内在的（理性的）义务也不以义务的形式出现，因为它是内在的**必然性**。此外，没有理由相信马克思在他的后期著作中放弃了这一思想。在《哥达纲领批判》中，他甚至强调，劳动将成为一种至关重要的需要（他在《资本论》中极力否认这一点）。把自由以及个人的绝对自主解释为人的全面和总体的自我发展的目标本身，是一种可恰当地称之为超级启蒙（super-Enlightenment）的观念。

但是，就历史和资本主义社会的重建而言，马克思坚决放弃了启蒙的立场。人类（或任何特定社会）的道德教育和知识教育都不能带来彻底的社会变革，原因很简单，所有的道德和知识观念恰恰属于必须要变革的社会。

---

① Karl Marx, *Capital*, Moscow: Progress Publishers, 1961, 3: 800. （参见《马克思恩格斯文集》第 7 卷，人民出版社 2009 年版，第 929 页。——译者注）

② Karl Marx, *Capital*, Moscow: Progress Publishers, 1961, 1: 502. （参见《马克思恩格斯文集》第 5 卷，人民出版社 2009 年版，第 683 页。——译者注）

③ Karl Marx, *Economic and Philosophical Manuscripts*, in T. Bottomore, transl. and eds. , *Early Writings*, New York , Toronto, and London: McGraw - Hill Book Company, 1963, 163 - 164 (translation modified). （参见《马克思恩格斯文集》第 1 卷，人民出版社 2009 年版，第 194 页。——译者注）

当马克思宣称关于宗教、形而上学和国家的道德规范与观念都植根于同特定的生产方式相联系的特定的社会交往形式时，他想到的是黑格尔称之为伦理的道德行为体系。无论人们是否接受他的论点，即把生产力的发展作为历史发展的独立变量，人们都可以毫无保留地认同这样一个理论命题，即每一种道德行为规范体系都是任何特定文化和社会的社会生活过程整体的内在组成部分。这种唯物史观在当今的科学领域，无论马克思主义还是非马克思主义领域，都被广泛接受。

马克思是通过拉开一定的距离来考察他所说的各种"意识形态形式"的。他决心从它们本身的权利出发来理解它们，而不是把它们道德化；换句话说，他不想把一种现代类型的道德强加于它们身上；他不对它们进行评判。这一点尤其正确，因为，它们虽然是异化的，但它们仍然是人性的表现，而著名的拉丁格言"我是人，人所具有的我都具有"是马克思最喜欢的。

众所周知，马克思相信世界历史是进步的。虽然他把持续进步的原因主要归结为生产力的发展，但他也认为每一种社会形态高于前一种社会形态，而且认为尽管发展不平衡，途中有挫折，情况依然如此。这种观念也意味着伦理的进步。（有趣的是，对资本主义社会最坚决的批评者恰恰把人类社会交往中最伟大的、甚至是最具决定性的进步归结为资本主义社会。）此时，进步的辩证法开始发挥作用：人类救赎所需要的一切都被资本主义创造出来了，包括救赎者在内。只是拯救还被排除在外。就前资本主义世界而言，他评论道：

> 这里，在一定范围内可能有很大的发展。个人可能表现为伟大的人物。但是，在这里，无论个人还是社会，都不能想象会有自由而充分的发展，因为这样的发展是同原始关系相矛盾的……因此，古代的观点和现代世界相比，就显得崇高得多，根据古代的观点，人，不管是处在怎样狭隘的民族的、宗教的、政治的规定上，总是表现为生产的目的，在现代世界，生产表现为人的目的，而财富则表现为生产的目的。事实上，如

果抛掉狭隘的资产阶级形式，那么，财富不就是在普遍交换中产生的个人的需要、才能、享用、生产力等等的普遍性吗？财富不就是人对自然力——既是通常所谓的"自然"力，又是人本身的自然力——的统治的充分发展吗？财富不就是人的创造天赋的绝对发挥吗？这种发挥，除了先前的历史发展之外没有任何其他前提，而先前的历史发展使这种全面的发展，即不以**旧有的**尺度来衡量的人类全部力量的全面发展成为目的本身。①

换句话说，在以往所有的社会中，伦理规范为人的努力（财富的生产）设置了限制，与之形成对比的是，资本主义则突破了一切限制。没有留下任何外在权威，只留下外在的制约，即经济的制约。消灭一切外在权威的工作只留下一种支配力量，即经济的制约（资产阶级私有财产）。认为马克思把任何**道德**使命都归于无产阶级的看法是对马克思的曲解。虽然我以后还会回到这一点，但有一点应该指出：只有当历史代理人直面一个必须挑战的人类行为权威时，一个社会使命或历史使命才可以是一个道德使命。然而，资本主义的"掘墓人"不需要挑战任何有效的道德权威体系，因为资本主义已经摧毁了所有这些权威。马克思称赞李嘉图的"犬儒主义"，正是因为它恰如其分地表达了"资本主义的精神"。按照马克思的观点，现代的特殊道德价值体系不是资本主义的，而是小资产阶级的，是已经逝去的世界的破旧残余。只剩下一个权威——国家。然而，国家并不是道德权威，而是市民资本主义社会的代理人；或者，马克思认为如此。而且，在面对国家的时候，无产阶级的使命不是道德使命，而是政治使命：废除国家或粉碎国家，并利用国家达到自己的目的。

这种对各种伦理结构所做的人类学-民族学的理解，以及这种对做道德判断的理直气壮的拒斥，并没有阻止马克思从他提出的"即将到来

---

① Karl Marx, *Grundrisse*, in *Foundations of the Critique of Political Economy*, Martin Nicolaus, transl., Harmondsworth: Penguin, 1973, pp. 487-488. （参见《马克思恩格斯文集》第 8 卷，人民出版社 2009 年版，第 136-137 页。——译者注）

的人类社会"的角度对这种结构进行历史判断。他宣告道德行为的全部外在权威的解体都是历史性的，由此可见，进步本身就是一种历史判断。根据定义，人类行为的外在权威是异化的。无论它们规定的价值和义务是什么，这些价值和义务都使个人受制于他们自己创造的标准；它们把人的个体差异性还原到平均水平，从而阻碍了他们的自我发展。它们都强化了统治体系，都给人带来了痛苦（最主要的是给被统治者带来痛苦）。一个时代居于支配地位的道德观念总是统治阶级的观念。但是阶级存在和阶级道德**本身**就是统治阶级的异化，不亚于被统治阶级的异化；即使一般来说，统治阶级在这种异化状态下感到自在，而被统治阶级感到不自在。

因此，唯物史观最终还是要回到每个人自由地实现自我发展的绝对自主的价值上。马克思的意图是不带道德评价来理解每一种外在的权威体系，因为他从真实的历史即人类历史的角度对所有这些体系进行了否定的评价。

马克思的伦理观对于理解马克思的道德动机观念非常关键。即使马克思只是零星地提到了这个问题，他的思想也可以被准确地重构。他在《德意志意识形态》中如此说道：

> 共产主义者既不拿利己主义来反对自我牺牲，也不拿自我牺牲来反对利己主义，理论上既不是从那情感的形式，也不是从那夸张的思想形式去领会这个对立，而是在于揭示这个对立的物质根源，随着物质根源的消失，这种对立自然而然也就消灭。共产主义者根本不进行任何**道德**说教……共产主义者不向人们提出道德上的要求，例如你们应该彼此互爱呀，不要做利己主义者呀等等；相反，他们清楚地知道，无论利己主义还是自我牺牲，都是一定条件下个人自我实现的一种必要形式。①

---

① Karl Marx and Friedrich Engels, *The German Ideology*, in *Werke*, Berlin: Diez Verlag, 1969, 5: 241. （参见《马克思恩格斯全集》第3卷，人民出版社1960年版，第275页。——译者注）

马克思认为，资产阶级社会正是那个滋生了利己主义动机与自我牺牲动机相互冲突的社会。这个矛盾根植于社会本身，而人们不可避免地被这个矛盾所纠缠。这就是为什么共产主义者不进行任何道德说教的原因，并不是因为他们对道德漠不关心（正如许多对上述段落进行解释的人所认为的）。曾就古希腊哲学写过论文且对亚里士多德了如指掌的马克思所想的就是他所写的。这种利己主义和自我牺牲的冲突在希腊哲学中是完全不存在的。在亚里士多德那里，每个人的目标是幸福。幸福的人就是好人。按照定义，好人就是好公民。每一种自由的人与人之间的关系都是互惠的。良善状态是好人的生命基础，反之亦然。友爱的基础是相互利用、彼此愉悦或共享道德的活动。利己主义和自我牺牲作为伦理世界中具有典型性的、相互冲突的两极是无法想象的。马克思认为，这种动机冲突不是永恒的，而是根植于资本主义生活世界中，这无疑是正确的。

另一方面，马克思没有将资产阶级描述为道德怪兽。相反，他在反驳施蒂纳时说道：

> "贪得者"，这里是作为不纯洁的、凡俗的利己主义者，即通常理解的利己主义者出现的，他只不过是儿童修身课本里司空见惯的、成为小说常见题材的、实际上只是一种破格的人物，而绝不是自私自利的资产者代表，资产者相反用不着舍弃"良心的劝告""荣誉感"等等，也用不着自限于一个贪婪的欲望。①

当马克思谴责道德说教时，除了其他方面外，这意味着不能让资本家对资本主义承担道德责任，他后来在《资本论》中重复了这一警告。由此可见，在无产阶级革命期间和之后，资本家不应该因为是资本家而受到惩罚，甚至是严惩，尽管只有少数马克思主义者明白这一点的重要

---

① Karl Marx and Friedrich Engels, *The German Ideology*, in *Werke*, Berlin: Diez Verlag, 1969, 5: 248.（参见《马克思恩格斯全集》第3卷，人民出版社1960年版，第277页。——译者注）

性;也许只有罗莎·卢森堡明白。像十月革命后发生的那样,仅仅因为曾经是资本家而一举消灭资本家的肉体,这本身就使列宁关于马克思的所有讲法变得空洞和不真实。

上面引用的《德意志意识形态》的文本是对《巴黎手稿》中提出的概念的重新表述。马克思的论证方法是这样的:

> 国民经济学的道德是谋生、劳动和节约、节制——但是,国民经济学答应满足我的需要。——道德的国民经济学就是富有良心、美德等等;但是,如果我根本不存在,我又怎么能有美德呢?如果我什么都不知道,我又怎么会富有良心呢?每一个领域都用不同的和相反的尺度来衡量我:道德用一种尺度,而国民经济学又用另一种尺度。这是以异化的本质为根据的,因为每一个领域都是人的一种特定的异化,每一个领域都把异化的本质活动的特殊范围固定下来,并且每一个领域都同另一种异化保持着异化的关系。①

值得一提的是,在这里,与《德意志意识形态》中的观点不同,马克思指的是工人的动机冲突,而不是资本家的动机冲突。因此,很明显,利己主义与自我牺牲的冲突只是无法同时遵从的经济规律与道德规范之间矛盾的表现。当马克斯·韦伯后来谈到现代性的神是多种的,而我们只能为一个神服务的问题时,他比他可能觉得的更接近马克思。

尽管如此,在韦伯和马克思之间存在着很大的不同,这种不同深深地植根于韦伯的怀疑主义和马克思的弥赛亚乐观主义。尽管韦伯持怀疑主义立场,但当韦伯面对现代道德的二律背反及其为行动者,特别是政治行动者带来的困难时,他还是试图建立一个坚定的行动和判断的道德原则。即使他关于责任道德提出的理论建议远不能令人满意,但是,他

---

① Karl Marx, *Economic and Philosophical Manuscripts*, in T. Bottomore, trans. and eds. , *Early Writings*, New York , Toronto, and London: McGraw- Hill Book Company, 1963, p. 173. (参见《马克思恩格斯文集》第 1 卷, 人民出版社 2009 年版, 第 228 页。——译者注)

还是表现出对原则问题的敏感。然而，作为乐观主义者的马克思从来没有尝试过要确立关于行动的任何道德原则，而马克思主义已经为此疏忽付出了沉重的代价，而此种疏忽并不是由于马克思对道德的冷漠，而是由于他对绝对的承诺。

在"迄今为止的历史"中，道德是异化的；人类受制于道德行为的外在权威。在**最后的**阶级社会中，这些道德行为的外在权威被摧毁，现代个体诞生了，他们有着丰富的需要，有着无尽的渴望。但是，人的内在指令（良心）与仅有的（非道德的）制约，与资本主义经济的准自然法则发生了冲突。这里不再需要任何外在的道德原则。如果这个最后内在指令的障碍被废除，人类最终将成为他自身：能充分运用他们的"道德器官"、他们的良心的自由个人。

资本主义的孩子们在相互冲突的利己主义和利他主义的动机之间徘徊。为了成为自由的和普遍解放的个人，他们必须改变。人们创造了他们自己。如果不改变世界，他们自身就无法改变。但在改变世界的过程中，他们**将**改变：他们在革命的过程中改变。革命将是总体的，这种总体性意味着人也会发生总体改变。即使马克思不相信在总体革命中复活的人是有着丰富需要的完全自由的人，但他相信革命之后人将会得到全面自由的发展，人的内在或外在财富将不受阻碍地实现。在《政治经济学批判大纲》中，马克思写道：

> 自由时间——不论是闲暇时间还是从事较高级活动的时间——自然要把占有它的人变为另一主体……①

"自然"一词最能说明问题。对马克思来说，改变世界的人不仅自然而然地在此过程中并通过此过程改变了自己（这是显而易见的），而且还在特定的方向上改变了自己（自由、富足，等等）。在他看来，不

---

① Karl Marx, *Grundrisse*, in *Foundations of the Critique of Political Economy*, Martin Nicolaus, trans. , Harmondsworth: Penguin, 1973, p. 712. (italics added)（参见《马克思恩格斯文集》第 8 卷，人民出版社 2009 年版，第 204 页。——译者注）

仅自由时间改变人（这也是非常明显的）是自然之事，而且在特定的方向上改变人（他们个性的充分和全面发展）也是自然之事。然而，在这种信念中有一个理论谬误。用"向好的方向改变"代替纯粹和简单的"改变"（第二种确实是自然的，第一种远非自然的）恰好可以解释我所暗示的裂缝：如果改变无论如何都是向着最高的善的方向发展，那么就不需要道德原则来规范它。

坚信总体革命会带来一个真正的人的世界，并不意味着相信革命承担者（主体）在道德上具有优越性。马克思从来没有提出，无产阶级在道德上优于任何其他社会阶级。事实上，每当他触及这个问题时，他强调的是相反的情况。他在《神圣家族》中写道：

> 如果社会主义的著作家们把这种具有世界历史意义的作用归之于无产阶级，那么这决不像批判的批判硬要我们相信的那样，是因为他们把无产者当做神。事实恰好相反。由于在已经形成的无产阶级身上，一切属于人的东西实际上已完全被剥夺，甚至连属于人的东西的外观也已被剥夺，由于在无产阶级的生活条件中集中表现了现代社会的一切生活条件所达到的非人性的顶点，由于在无产阶级身上人失去了自己，而同时不仅在理论上意识到了这种损失，而且还直接被无法再回避的、无法再掩饰的、绝对不可抗拒的贫困——必然性的这种实际表现——所逼迫而产生了对这种非人性的愤慨，所以无产阶级能够而且必须自己解放自己。但是，如果无产阶级不消灭它本身的生活条件，它就不能解放自己。如果它不消灭集中表现在它本身处境中的现代社会的一切非人性的生活条件，它就不能消灭它本身的生活条件……①

---

① Karl Marx and Friedrich Engels, *The Holy Family*, in *Collected Works*, New York: International Publishers, 1967, 4: 37.（参见《马克思恩格斯文集》第 1 卷，人民出版社 2009 年版，第 261-262 页。——译者注）

马克思进一步强调，（无产阶级和人类同时进行的）解放活动的过程不必作为革命主体的目标而存在。目标是由历史提出的，而不是由历史代理人提出的：

> 问题不在于某个无产者或者甚至整个无产阶级**暂时**提出什么样的目标，问题在于**无产阶级究竟是什么**，无产阶级由于其**身为无产阶级**而不得不在历史上有什么作为。①

这的确是一种超级黑格尔的观念。解放不仅被看作对必然性的承认，而且对必然性的承认本身就是**必然的**（必然动机的**结果**并非如此）。因此，目标不是被选择的，而只是被给予的，这就是为什么它不能作为一种价值、作为一种行动的调节观念而发挥作用。我们知道，每一项道德义务都与特定的良善价值（伦理）有关。如果在一个人类共同体、作为整体的阶层或阶级中根本没有被接受的良善价值，那么也就不可能有任何道德义务。如果无产阶级不把自己的解放和人类的解放作为起码的评价目标，那么，作为一个阶级，它就没有任何道德义务。对于应该建立完全道德世界的阶级来说，伦理学是没有地位的。

这就难怪参与**现实**无产阶级的日常斗争的马克思主义者会对自己思想的发源地即卡尔·马克思做伟大的哲学建构束手无策了。对马克思一般理论的伦理学意义的诸多误解并不是由他们某个人造成的。例如，对马克思来说，道德观念、规范是植根于整个社会生活过程中的，而马克思主义者则把道德理解为仅仅是阶级利益的表现。对马克思来说，**所有的**阶级道德根据定义都是异化的，而马克思主义者则强调无产阶级的阶级道德是好的道德。马克思所描述的作为资产阶级社会表现的利己主义和自我牺牲的冲突，根本不再被视为冲突并加以分析；他们所做的恰恰相反。在马克思的追随者们看来，无产阶级要追求自己的阶级利益，而

---

① Karl Marx and Friedrich Engels, *The Holy Family*, in *Collected Works*, New York: International Publishers, 1967, 4: 37. （参见《马克思恩格斯文集》第 1 卷，人民出版社 2009 年版，第 262 页。——译者注）

工人个体不得不认同阶级利益。阶级利益理应高于私人利益。工人甚至不得不为了这个更高形式的利益而牺牲自己的私人利益。用马克思的话说，这样的伦理恰恰是完全异化的。然而，这种完全异化的伦理（与马克思相异化）变成了马克思之后的马克思主义所标榜的伦理学。

即使在马克思最糟糕的梦想中，他也从未将功利理念视为善行的基础，矛盾的是，功利理念却成了以他的名字命名的伦理学的基石。例如，第二国际的马克思主义者中最清醒的一位知识分子潘涅库克（Antonie Pannekoek）就对功利主义还原论提出了挑战。他写道，如果伦理可以被简单地从阶级利益中推导出来，那么通过评估其对社会的效用和危害，"道德判断应该总是可以被知识判断所取代"①。但在批判了还原主义之后，他对什么是道德给出了最终的定义："道德不是对阶级有用的东西，而是能一般地和经常地合乎阶级的利益和兴趣的东西。"②

普列汉诺夫则把马克思的超黑格尔主义转换回传统的黑格尔主义。和马克思一样，他也强调无产阶级的历史行动是一种必然性，但他认为，承认这种必然性已经构成了自由："从无知中解放出来，从观念和现实的矛盾的束缚中解放出来。"③马克思显然从来没有说过或认为承认任何一种必然性就构成了任何可能理解的自由。

普列汉诺夫明确区分了科学社会主义和无产阶级的理想。前者使我们洞察对历史发展的必然趋势（自由），后者为我们提供了道德动机。因此，观念和现实的调和意味着，一个人受必然性洞见的驱使越是明显，他或她的道德就越是高尚。普列汉诺夫甚至对这种关系做了一个概括性的说明。一个人越是为实现社会理想而奋斗，在斗争中的**自我牺牲就越大**，在道德完善的阶梯上达到的阶梯就越高。④

① Antonie Pannekoek, *Ethik und Sozialismus*, Leipzig: Leipziger Buchdruck erei Aktiengesellschaft, 1906, p. 20 (my translation).

② Antonie Pannekoek, *Ethik und Sozialismus*, Leipzig: Leipziger Buchdruck erei Aktiengesellschaft, 1906, p. 22 (my translation).

③ Georgi Plekhanov, *A személyiség történeti szerepének kérdéséhez* (On the Historical Role of Personality, Hungarian edition) Budapest: Szikra, 1947, p. 42 (my translation).

④ Georgi Plekhanov, *Tolstoi und Herzen*, in *Kunst und Literatur*, Berlin: Aufbau Verlag, 1955, p. 828 (my translation).

这种笼统的说法除了有点（一点也无伤大雅的）荒唐之外，很明显，它完全忽视了马克思归结于资产阶级社会的利己主义与自我牺牲的对立。利己主义与自我牺牲不仅被调和了，而且作为一方的阶级利己主义和作为另一方的个人自我牺牲被美化为真正的马克思伦理学的所在。在这种观点中，阶级利益构成了社会主义伦理，这就是为什么个人要想在道德完善的阶梯上爬得更高，就必须为这种利益牺牲自己。

对于马克思来说，这种观念可被描述为完全异化的伦理学。它假定了，阶级利益作为一种外在的权威对个人起作用，个人有义务完全服从它。后来，列宁说**一切**为无产阶级利益服务的东西都是好的，当他这么说的时候，他只是对这种危险的曲解做了最终的说明。后一种表述通常被正确地认为是功利主义的。但它也有更深一层的含义。由于列宁在《怎么办？》中坚持认为，无产阶级并不知道自己的真正利益（它的意识是自发的资产阶级意识），而且只有马克思主义者中的精英清楚地认识到这种真正的利益，所以，善就被认定为是这个精英、职业革命者、党的任务和目标。因此，这句话也可以被理解为，"一切为党服务的东西都是好的"（而其他一切按其定义来说都是坏的和邪恶的）。人们为了党、为了整个阶级利益做出盲目的自我牺牲。马克思的超级启蒙（superenlightenment）哲学变成了去除启蒙（deenlightenment）的意识形态。

自19世纪最后十年以来，某些社会民主主义理论家已经意识到功利主义还原论（与自我牺牲的理想相结合）是行不通的，他们甚至已经感觉到其中的某种危险。有人提出把马克思的科学与康德的伦理学结合起来，并打算以此作为补救措施。施陶丁格（Friedrich Staudinger）相当清楚地表述了这个问题：

> 参与立法的简单事实包含了推动**建立秩序**的**义务**。然而，在这里，先前由具体的、指定的秩序所提供的关于什么是好的标准突然消失了。但是，如果有人想为自己建立一个**新**秩序，当他认真地提出他应该到哪里去寻找确定标准的问题时，他该

何去何从呢?①

　　施陶丁格没有曲解马克思,他试图补充马克思。显然,关于社会主义事业需要道德行动的原则和义务的提议,与没有这种需要的马克思的观念相矛盾。但是,这个矛盾远不如施陶丁格所批判的正统马克思主义者的意识形态与马克思哲学之间存在的不可逾越的鸿沟来得麻烦。在遵守有效的外在原则(从马克思自己的理论来看是不能接受的原则)的社会主义者与那些受制于阶级利益或盲目服从党的社会主义者之间有相当显著的区别。我认为这个问题是合理的,我也认为某些具有约束力的原则必须被制定出来(或接受)。但是,施陶丁格自己对这个问题的回答是软弱无力的:"**增进**追求自由的人们之间的相互关系是道德的,**阻碍**这种关系或限制这种关系是不道德的。"② 这种义务不符合康德的公式,同时它也是空洞的。追求自由的人与自由的、实践的理性的纯粹意志不完全相同。为了遵守这个原则,人们必须知道**谁**是追求自由的人,并对这个问题做出决定,这与遵守公式所建议的义务完全无关。

　　关于这个问题,最有意思的争论发生在奥托·鲍威尔(Otto Bauer)和考茨基之间。鲍威尔并没有提出社会主义行动的具体原则问题;他从一个不同的角度来处理伦理问题。他正确地坚持认为,一切道德决定都是个人的决定,既不能从历史的必然性中推导出来,也不能从阶级利益中推导出来。在他的论述中:

　　　　把道德现象置于科学的审视之下……和对生活中的某个道德困境,对激情问题给出一个答案……我应该怎么做? ——是完全不同的问题。③

---

① Friedrich Staudinger, *Sozialismus und Ethik*, in Hans Jorg Sandkühler and Rafael de la Vega, eds. , *Marxismus und Ethik*, Frankfurt: Suhrkamp, 1974, p. 121 (my translation).

② Friedrich Staudinger, *Sozialismus und Ethik* , in Hans Jorg Sandkühler and Rafael de la Vega, eds. , *Marxismus und Ethik*, Frankfurt: Suhrkamp, 1974, p. 131 (my translation).

③ Otto Bauer, *Marxismus und Ethik*, in *Die Neue Zeit*, Berlin, 1906, p. 486 (my translation).

他没有提出任何新的公式，而是赞同康德的公式：一个人绝不能被其他人仅仅当作手段。

鲍威尔用一个非常有趣的论点来论证他关于接受康德公式的建议：谁敢说，在社会主义社会中，某个人或某群人哪怕一次也不会被当作纯粹的手段，而不同时被当作目标呢？[①] 由于考茨基的伦理学原则上排除了这种可能性，所以他没有对这个问题给出任何答案。简单地说，因为绝对命令是反事实的（确实如此，因为它是原则），所以它是没有用的。考茨基把道德问题转变为科学问题。事实上，唯物史观并不总是能帮助人们理解所有单个的个人活动，即使这种理解是必要的。

但是，历史唯物主义为理解针对单个个人的行动所做出的道德判断的必然性开辟了道路。[②] 这一论断的基本思想是，最优的行动是以最优的科学为基础的，任何偏离最优行动的行为都可以用最优的科学来解释。考茨基的思想只是对恩格斯所表述的一个彻底的实证主义命题的进一步阐述，即"意志自由"意味着"借助于对事物的认识来作出决定的能力"[③]（《反杜林论》）。然而，尽管他的解决方案存在缺陷，但考茨基至少试图将伦理学当作一个问题来面对。他同时专注于维护他的唯物主义和对道德动机的说明，他把达尔文和马克思结合在一起，他甚至断言，我们从动物界继承了我们的道德动机，包括民主意识。尽管听起来很荒唐，但这种思想是为了呼吁民主，而承认了我们的动机系统相对独立于"上层建筑"的不断变化的观念。

同时，武力和暴力的问题也日益凸显出来。相关的是，与马克思原初的问题相比，这又是一种新的探索。马克思认为武力是重要的，但充其量只是次要的甚至是第三级的因素。一切外在的权威都涉及武力，因而也涉及制约。国家被定义为武力的代理人，广义的法律也是如此。无产阶级革命（内战的一种）必须粉碎国家。但在这场革命中，有多少人要被杀，谁要被杀，杀戮是否公正，这些问题从来没有进入马克思的脑

---

① Otto Bauer, *Marxismus und Ethik*, in *Die Neue Zeit*, Berlin, 1906, p. 497 (my translation).

② Karl Kautsky, *Leben, Wissenschaft und Ethik*, in *Die Neue Zeit*, Berlin, 1906, p. 523 (my translation).

③ 参见《马克思恩格斯文集》第 9 卷，人民出版社 2009 年版，第 120 页。——译者注

海。可以猜测到，在他的评估中，革命的生命损失不是很大。在他看来，资本主义是一个正在崩溃的经济体系，而推翻一个生病的社会机体并不需要流太多的血。在马克思的想象中，国家政权是很容易到手的猎物，而且他认为革命主要是自我组织起来的无产阶级对资本采取的一系列措施。马克思所说的短暂的"无产阶级专政"时期与恐怖无任何关系。

但恰恰是恐怖使武力问题变成了一个道德问题。人们几乎一致认为民意党（Narodnaya Volya）的恐怖行为在历史上是合理的。但需要回答的问题是，历史的合理性是否意味着道德的合理性。几乎所有的马克思主义者在面对这个问题时都深感为难。由于曾被教育告知历史具有必然性、马克思主义是一门科学、要提出社会学判断而不是任何道德教条，他们发现在政治上不赞成恐怖主义（作为一种不足以达到目的的手段）比从道德上不赞成恐怖主义要容易得多。甚至伯恩施坦也得出了这样的结论：若有必要，人们**应该**为了无产阶级的利益而杀戮，因为无论如何，"你不能杀戮"这一准则总是被违反的，尽管他忽视了一个显而易见的问题，即一个命题无法从另一个命题导出。但是，他又说，杀戮决不能成为社会主义者的习惯，因为如果成为习惯，"我们就会远离社会主义社会"①。值得一提的是，正好就暴力写了一本书的索雷尔（Georges Sorel）坚决驳斥了作为修正主义者和雅各宾主义崇拜者的饶勒斯（Jean Jaurès）所主张的恐怖主义的道德合理性。

在1919年到1922年的研究中，卢卡奇在一个无法企及的更高层次上将所有关于马克思主义伦理学的问题做了综合。他关于"历史必然性"或"阶级利益"的提法只是表达了当时马克思主义讨论所达成的共识，但他的综合包含了重要的新内容，也包含了一个全新的总体观。

卢卡奇对共产主义社会的理解符合马克思的正统，即使他的词汇与马克思的词汇略有不同。他的主要观点可概括为："共产主义的最终目的是构建这样一个社会，在这个社会里，道德的自由将取代法律的约束

---

① E. Bernstein, Moralische und unmoralishe Spaziergänge, vol. 2, Recht und Gerechtigkeit, *Die Neue Zeit*, Berlin, 1893–1894, p. 361 (my translation).

来规范一切行为。"① 这种观念描述的是一种不会有任何外在权威或任何种类的义务强加于个人之上的绝对自由，像马克思的观点一样假定了个人与类、现象的人与本质的人的统一，使人类个体的以良知为导向的品质变得完满。

然而，卢卡奇却面临着一个马克思从未考虑过的问题：满足实现最高目标的道德条件是一项刻不容缓的任务。对于卢卡奇来说，无产阶级和共产党一样肩负着道德使命，其要在当下实现他们应该在未来使之具体化的一切价值。而且，未来**取决**于当下的历史行动者的道德。"'人类的史前史'、支配人的经济力量、支配道德的制度力量和强制力量是否走向消亡都取决于无产阶级。真正人类的历史是否可以开启，也就是说，道德的力量是否能支配制度和经济的力量，取决于无产阶级。"②
"对于共产党来说，人们关于自由王国的理想必须成为……他们行动的自觉原则，他们生活的动力。"③

这种颇为非马克思式的强调有两方面的含义，而且这两方面有很大的联系。一方面，与马克思相反，卢卡奇意识到，必然的变革绝不必然是向善的变革。善的原则（马克思的价值理想）必须被严格遵守，必须成为历史行动者的动力，否则他们可能会使世界朝着与他们的初衷不同甚至相反的方向变化。正是在这个意义上，"应该"（Ought），即道德义务，被引入了马克思主义。另一方面，卢卡奇把无产阶级和共产党**奉若神明**。马克思坚持认为，无产阶级之所以能发挥其历史作用，是因为它完全是非人化的，因而被内在约束驱使去发挥这一作用，而卢卡奇的强调恰恰相反：无产阶级和共产党必须在道德上**超越**人类，才能充分发挥其历史作用。

因此，在卢卡奇那里，对道德原则的强调适得其反。即使他的理论

---

① Georg Lukács, *Die Rolle der Moral in der kommunistischen Produktion*, in *Georg Lukács Werke*, Neuwied and Berlin: Luchterhand Verlag, 1968, 2: 90 (my translation).

② Georg Lukács, *Die Rolle der Moral in der kommunistischen Produktion*, in *Georg Lukács Werke*, Neuwied and Berlin: Luchterhand Verlag, 1968, 2: 94 (my translation).

③ Georg Lukács, *Die moralische Sendung der kommunistischen Partei*, in *Georg Lukács Werke*, Neuwied and Berlin: Luchterhand Verlag, 1968, (my translation).

没有解决无产阶级或党是否会成为它们所应该成为的这样的问题，但这种选择只是名义上的。因为卢卡奇坚持认为向共产主义社会的飞跃具有历史必然性，所以对于他来说真正的选择只剩下一个：相信党和无产阶级的行为从根本上来说是正确的。换句话说，盲目的信仰代替了正确的推理和理解。即使在某个时候这个被美化的党的表现远远低于当代人的道德标准，根据他的理论，它也不得不被誉为人类道德的宝库。

在道德决定和动机方面，卢卡奇关于道德原则的论述同样存在着模糊性。卢卡奇断言，每一个道德决定都是不可改变的个人决定，每个人都必须根据他或她自己的情况做出决定，并对决定及其后果负全部责任。他甚至构想了一个关于好的道德选择的具体公设。这样，他就在比施陶丁格高得多的、哲学上更一致的层面上解决了施陶丁格提出的问题（将绝对命令运用于变化着的世界的问题）：

> 伦理学转向个人，而且，作为必要的倾向，它直面个人良知和责任意识，假设它会如此行事，仿佛世界的进程和命运取决于个人的行动或先见之明。[①]

当然，这个公设不是绝对的（除了在形式上），因为它以先前关于世界命运所依赖之未来的知识为先决条件。卢卡奇意识到他的命令具有非绝对的特征。他还意识到，这个公设可能与另一个公设发生冲突，即与传统的康德公式——一个人绝不应该把另一个人仅仅作为手段——发生冲突。

最后，卢卡奇意识到这样一个事实，即康德公式在道德上的地位高于他所提议的公式。在他的观念中存在着相互冲突的义务，而康德明确拒斥了这种可能性。但是，如果有人决定遵从假言命令，而不是绝对命令，他必须意识到，他已经牺牲了最高的道德义务。

但是，为什么有人要牺牲最高的道德义务来换取另一项义务呢？理

---

① George Lukács, *Taktik und Ethik*, in *Georg Lukács Werke*, Neuwied and Berlin: Luchterhand Verlag, 1968, 2: 50 (my translation).

由只能是：另一项、被选定的义务与最高的善（共产主义社会）有关。在最高的善和最高的道德之间做出区分只为一个目的：为不道德，特别是**恐怖活动**进行道德辩护。"只有一个人毫不怀疑地意识到杀戮在任何情况下都是不可接受的事实，他的杀戮行为才具有道德的性质。"① 而卢卡奇引用了黑贝尔的戏剧《犹滴》（*Judith*）："即使上帝在我和我的行为之间设置了罪过——我又有什么资格去逃避呢？"②

对马克思来说，这种推理方式是完全陌生的。为了救赎世界而把世界的罪过扛在肩上的个体男女英雄，历史剧中思考罪过和道德牺牲的孤独的演员，与马克思那里的任何东西都没有什么相似之处，以至于无须进一步评论。在卢卡奇身上的这种英雄崇拜无疑来自韦伯，就像韦伯对魅力型领袖的迷恋一样。正因为这种明显的影响，韦伯自己在《政治作为一种志业》中针对卢卡奇的"终极目的"伦理学所展开的批判并没有什么说服力。韦伯所讲的具有"责任伦理"的、能计算自己行动的所有可能后果的政治家与卢卡奇所讲的英雄的不同之处在于，他没有终极目的。但是，遵守责任伦理学的规范并不妨碍任何英雄基于**道德**理由成为杀人犯，如果他认为杀人的后果是**有利的**。这种伦理学的深层问题显然不是韦伯和卢卡奇所共同主张的，即每一个道德决定都与个人有关，每一个人都要为自己的行为承担全部责任。相反，问题存在于如下可能的结果中，即孤独但具有关键影响力的个人的道德决定构成了某一社会政治行动的伦理。

人们可以而且应该将之与社会政治决策的民主模式做一比较，在民主模式的运行程序中，社会行动者试图就某一行动的可取性达成道德共识，它允许个人**不参与**，因为他或她的良心不允许，但**并不排除**这样的个人参与随后讨论和行动的可能性。这种模式在马克思主义伦理学话语中从来没有得到充分的展开。考茨基曾经在这个方向上做过些许理论尝试，这是他的马克思主义理论的一大优点，而罗莎·卢森堡实践了这种

---

① George Lukács, *Taktik und Ethik*, in *Georg Lukács Werke*, Neuwied and Berlin: Luchterhand Verlag, 1968, 2: 52 (my translation).

② George Lukács, *Taktik und Ethik*, in *Georg Lukács Werke*, Neuwied and Berlin: Luchterhand Verlag, 1968, 2: 53 (my translation).

类型的伦理学，尽管没有在理论上对之加以阐述。

关于马克思理论中的伦理学所进行的讨论，我就到此为止。当然，人们可以重建某些仍然与马克思遗产相关的西方理论家所隐藏的伦理学。某些其他的西方马克思主义者从不同的源头获得了他们的伦理学灵感。而东方马克思主义者则在伦理学和道德理论史上写下了截然不同的篇章。所谓的"苏维埃伦理学"过去和现在都是直接服务于一个野蛮和凶残的统治制度的各种新旧制约力量相结合的产物。对这一政权的反对使某些道德问题提上了日程。在其他地方，人们也认识到阐述一种马克思的伦理学是必要的。晚年的萨特和卢卡奇都想写一种伦理学，但他们都没有写出来。我们这一代人继承了一个巨大的任务，空白页上充斥着沉默。

维特根斯坦拒绝谈论伦理学，理由是，如果我们对某件事情不能说什么，我们就应该保持沉默。今天，我们必须要认真对待一个问题，即我们是否能对马克思的伦理学有所言说。

在第二次世界大战之后，马克思的伦理学经常会被马克思主义者和马克思学理论家（Marxologist）分析。但今天，这项工作尽管重要，却无法取代对新道德哲学的阐释，而这种新道德哲学能够在足以适应当代哲学话语的水平上处理我们这个时代的问题。这个任务似乎很艰巨，能否完成也是个问题。此外，马克思道德哲学的阐释工程并不是唯一面临巨大障碍的工程；其他当代道德哲学也是如此。

这项工程遇到巨大障碍的原因可以根据马克思的哲学来总结：**理解道德行为与为人类行动者提供有效的行动道德原则之间的裂缝已几乎无法修补。**认为第二个问题是无关紧要的马克思主义者对这个问题的解决不是目前可以采取的路线。如果人们要认真对待实践哲学，就不能进行任何形式的元伦理学实验。如果人们要认真对待历史经验，就不能设想任何不为我们的实践提供道德原则的实践哲学。如果人们要认真对待对资产阶级伦理学的批判，就不能步功利主义的后尘，功利主义是现今唯一仍能弥合理解道德行为与始终如一地为行动者提供行动原则之间裂缝的哲学。

实践哲学的伦理学必须回答鲍威尔如此热情地提出的问题："我应该做什么?"当然,任何哲学伦理学都不能在所有可能的情况下为个人提供建议,从而免除个人的考虑和选择的责任。但是,为个人提供指导选择的公设、道德原则,是任何实践哲学都不应该回避的义务。无论如何,任何哲学都不能完全地将行动的公设、道德原则建构起来。这些必须有生活的基础。它们必须以一种有依据的语言来告知人们。此外,任何马克思的哲学都必然站在人类的立场上。它的道德公设和原则应该针对地球上所有的人,无论他们的传统生活世界或特定的道德体系如何。这就涉及马克思这个只用西方文明的术语来思考的人从未想象过的困难。

考虑到现代生活中的特殊行为体系,在理解道德行为和制定善行的公设之间架起一座桥梁,是一项巨大的任务。马克思把这作为一项任务提出来了,这的确是一项任务,因为只有这种探索(我在其他地方所说的民族学-人类学的探索)才能促使我们意识到真正接受任何伦理原则或公设作为调节性观念的困难,即使这些原则或公设是被嵌入生活中的;换句话说,是反事实的。如果哲学在这方面不追随马克思解决问题的步伐,它就会变得毫无生气——尽管它将使自己免于许多麻烦——因为它将道德问题与社会经济问题分离开来。但是,为了将道德公设和原则的建构(基于对其作为调节性观念的理解)与对社会经济和政治障碍的认识结合起来,既要确保其作为构成性观念被接受,又要探索其实现的各种可能性,我们必须首先确立起道德公设。

我充分意识到,当我们寻找行动的调节原则时,我们就加入了一项被马克思特别拒绝的工作。通过这样做,我们建议接受某些外在权威来调节人们的生活。任何行动的原则或公设都是在主体间产生的义务,而不是在个人内部产生的义务。尽管这样,人们还是可以通过提出类(人类)的公设来适度地靠近马克思,这一点我很快就会再谈到。这并不意味着是一种临时性的步骤,只在共产主义实现之前的一段时间内有效;任何哲学伦理学的制定都不能是临时性的。恰恰是通过为人类行动构建一些原则或公设,人们不仅放弃了个人与类相结合是可能的这种观念,而且放弃了个人与类相结合是可取的这种观念。

如前所述，在所有"迄今为止的历史"中，道德价值（和美德）与价值事物有关，而且没有理由相信它在未来将会是或应该是其他情况。即使马克思拒绝了道德规范和原则，但他重新肯定了自由是最高价值，并将自由解释为每一个个人的全面而自由的发展。这不是一种随机的选择。自由已经成为全人类的价值理念，因为它的对立面，即不自由，不能被选择作为一种价值。然而，把自由解释为"每一个个人的全面而自由的发展"并没有为人们一致接受。只有那些要废除一切统治、剥削和社会等级制度的人才能接受这种解释，因为如果不废除这些制度，每个个人的全面而自由的发展将是不可能的（自相矛盾）。

这种对自由的解释为我们提供了一个**道德公设**，即康德哲学的公设：一个人不应该把另一个人仅仅当作一种手段，因为这种行为与**每一个**个人的全面而自由的发展并不呈正相关。此外，异化、不自由、剥削就是苦难。马克思曾经把消除苦难作为共产主义者的**绝对命令**。（鉴于近代史上"共产主义者"一词的历史内涵，现在用"共产主义者"而非"社会主义者"来论说是恰当的。）不亚于自由，苦难的减轻在我们这个时代已经成为一种价值理念，因为它的对立面即施加苦难不能被选择作为一种价值。苦难的减轻这种价值理念为我们提供了与马克思对自由的解释相同的伦理公式：如果一个人把另一个人仅仅当作一种手段，那么他或她至少给一个人（被仅仅当作手段的人）施加了苦难，因此，这种行为不再与每一例痛苦的减轻这种价值呈**正**相关了（没有自我矛盾）。

当然，建议使用康德的绝对命令公式并不符合康德的哲学，因为康德的哲学把每一种物质价值都排除在道德义务的领域之外。在我所建议的公式中，并不是说绝对命令决定价值事物，而是说价值事物意味着以下命令："每一个个人的全面而自由的发展取决于你的行动"和"每一个生命的苦难的减轻取决于你的行动"。按理说，道德冲突并不能被排除，例如在两个公设不能同时遵守的情况下。但是，即使在这种情况下，把他人仅仅作为手段也是道德上所禁止的。因此，必须拒绝卢卡奇关于道德牺牲的理论，依照这种理论，杀戮在道德上是被赞成的。即使杀戮偶尔可以被证明是正当的，无论是被个人还是社会或政治证明是正当的，它也永远不能在道德上被赞成。至于更普遍的问题，即如何解决道德冲突，而**不**把他人仅仅作为手段，阿佩尔（Karl-Otto Apel）和哈贝马斯的交往伦理学理论对现代哲学贡献良多。

马克思主义者和非马克思主义者提出的若干哲学理论构建了人们行动的普遍公设，而且与人类的普遍价值有关。一些马克思主义和非马克思主义的社会学理论，对各种全球性的社会制度在社会、经济层面上的可能性（和不可能性）进行了审视。在这整个群体（马克思主义者和非马克思主义者，哲学和社会学理论家）中的少数人分享了个人自由和减轻苦难的价值。如果他们的努力能够汇集起来，同时在运动中具体化，那么一种新的伦理学可能会发展起来，它不是正统的马克思主义，而是在精神上与马克思关系密切。在这个星球责任的时代，我们从马克思主义的先人那里继承下来的空页应该被有意义的文字填满，这不仅是理论上的进步，而且是道德上的义务。

现代性的道德状况[①]

[匈牙利] 阿格妮丝·赫勒、费伦茨·费赫尔

王海洋 译

一

哲学家们总是对人性的本质、道德的起源以及美德和恶习的起源持不同意见。结果，他们趋向于不同意他们的道德劝告。但是反过来，当开始表述世界的道德状况时，他们的意见则是完全一致的。相反，今天，我们有很多微小共同体（micro-communty），每个共同体都说着不同的语言，好像它们来自不同的世界。一个学派所指的道德症状（moral symptoms），与另一个微小共同体所主题化的道德症状没有任何相似性。

一种特定的话语从"虚无主义"的方面研究了我们的世界。这个对话的参与者假设：不再有任何有效的准则；美德已经消失了；一方面，人们以工具的方式行动，同时在另一方面，他们适合了外在制度的角色和要求，而毫无内在的道德动机。另一种微观话语（micro-discourse）把这个自我同一（self-same）的世界看作道德发展的顶峰，因为普遍的规范话语和道德理性战胜了非理性的束缚、压制和伦理监护。第三种微观话语把虚无主义的范式和普遍主义-理性主义（universalism-rationalism）的范式作为无关乎我们自身道德状况的同样空洞的讨论而加以拒斥。这类对话的参与者要求自由民主制保持一种非常健康有活力的道德生活，这种道德生活是稍微有点以自我为中心的、适度实用主义的，可是当提到**具体**关于正义和非正义的决定时，也是以公共问题为导向的。我们没

---

① 本文原文题目为"The Moral Situation in Modernity"，译自 Ágnes Heller and Ferenc Fehér, *The Postmodern Political Condition*, New York: Columbia University Press, 1988, pp. 44–59。——译者注

有提到其他几种现存的微观对话，是因为它们的影响没有超出学术讲堂。然而，上面提到的三种已经超出了学术讲堂范围。当由尼采和后现代主义所组成的增味剂一周一次地出现在我们的报纸上的时候，我们将它与我们的周日早餐一起消费。在同一天的下午，我们将会被卷入一个关于支持行动的热烈讨论中。晚上，我们将会在电视上观看贫穷世界的生动景象，并且开始思索我们如何能最大限度地拯救那种贫穷。我们就这样被牵扯进虚无主义对话的框架内，其程度无异于被牵扯进自由民主制度和普遍主义理性主义的健康的道德传统框架之中。

可是，进行星期天大量的大众化哲学体验的人不是这样的人：在早餐桌旁，他/她是虚无主义者，下午成为心事重重的（虽然有点自我主义的）公民，晚上变成普遍主义理性主义者。他/她或许有一点第一种、第二种和第三种倾向，或者用这三种微观话语来理解——至少能够理解——他/她的世界。接下来我们将采取单纯的倾听者的立场，并且主张：这三种话语所描述的**症状**是现代社会道德生活的真实症状，并且没有哪类症状比另外两个更具有决定性或者更重要。由于这三种话语之间是对立的和相互排斥的，一个对话的参与者最多愿意承认其他存在所罗列的症状，是已经被错误地提升到基本特征高度的**次要**现象，反之亦然，所以我们的方法可能乍一看像是折中的。我们想要证明情况并非如此。

二

陀思妥耶夫斯基（Dostoevsky）的**洞察**——如果上帝不存在，那么一切皆被允许——自提出以来，已经几乎被所有"虚无主义"微观话语的参与者反复提及。不管他们是否相信，预测的结果（一切皆被允许）都是不可避免的，因为上帝无论如何都已经死了，或者他们是否共同希望上帝可能仍然活着或者可能再生，他只是"被遮蔽了"（in eclipse），这样道德世界秩序将会——或者至少可能会——逃脱彻底毁灭。陀思妥耶夫斯基的提法使核心问题成为焦点，它很尖锐，具有讽刺意味——因此，它或许也是误导性的。如果我们从表面上理解"一切皆被允许"这一**洞察**，那么这意味着没有道德规范和规则，既不具体也不抽象；没有任何规定，并最终因此每个人都做他/她认为最适合他/她自己的任何事情，无论是出于兴趣还是乐趣。这对每个人都显而易见，并且对那些过去支持这一提法的人来说也很明显，"一切皆被允许"的社会是根本不可能的。由于社会调节是按照**规则**来进行的调节，因此不可能存在一个在其中一切皆被允许的社会，因为违反规则的方式是被定义的，未经允许的。按照一个更具实用主义色彩的表述，它可以表述如下：没有宗教伦理，缺乏一个赋予道德权力的神的形象的社会，仍然可以拥有非常厚重的规则体系，在其框架内，大量行为不被赞成，甚至受到严厉惩罚。那么陀思妥耶夫斯基的提法必然意味着某个一直没有详细说明的、隐含的、分享共同传统的人才能理解的东西。可疑的传统是基督教传统，包含明显的犹太教和希腊文化的道德因素。在这种背景下，对"陀思妥耶夫斯基的提法"应该做如下解读："如果我们的（基督教的）上帝不存在，那么我们的道德传统曾经禁止的行为，未来将被允许"；并且，可以加上一句，曾经被允许，甚至是在道德上受到赞扬的行为，未来可能会被禁止。这正是"陀思妥耶夫斯基名言"在纳粹主义的可怕经验后的解释方式。这并不是说纳粹主义"允许一切"。实际上它禁止许多行为，甚至禁止许多想法。只提一个例子，他们在道义上不赞成陷入对他们的受害者的同情或对不义之人实践的慈悲。然而同时，他们允许甚至鼓励参与到在意识形态上起支撑作用的灭绝人性的屠杀，这在我们传统精神上是应该禁止的。因此真正的问题并非如许多人过去坚信的那样，如果上帝不存在，我们就无法区分善恶。真正的问题是我们应该把什么看成善，什么看成恶。

如果我们深入解读陀思妥耶夫斯基的提法文本中隐含的一切，新的问题就随之出现。如果没有上帝，换句话说，如果超验的保证者和一个传统的（基督教的）道德根源丧失了其权威性和魔力，**哪种**行为会被允许？这正是这种质询展现于现代理性主义中。理性成为给予许可和同意传统禁令的权威。在这一"权威变革"的过程中，一个接一个的禁令被取消和作废了，因为它们已经被证实是"非理性的"，是一种偏见或仅仅是一个设想。"虚无主义叙事"（nihilism narrative）坚持认为一旦理性取代上帝的位置，这一趋势就停不住了。据称，这是因为一旦道德规范的有效性不再由最高权威赐予，做坏事的人就会要求你提出他/她不这么做的理由。你会提出你的，他/她会提出他/她的，如果论点之间针锋相对，那就无法达成道德决定的共识。裁决者代表利益、力量、慰藉和遵从。

没必要为了面对已经引起"虚无主义叙事"的问题而把现代描述成道德"虚无主义"的温床。所有严肃的现代道德哲学家们都已经像我们的祖先雅各布（Jacob）那样面对了最后的审判。如果我们没有在他们哲学的主要部分看到斗争的痕迹，这只是因为他们用另一种叙事掩盖了它们。由于尼采以最彻底的方式使虚无主义范式发生积极的转折，所以它一般与尼采联系在一起，但是叙事早在一百年前就已经出现了。正视虚无主义王权的古典例子最早可以追溯到狄德罗的《拉摩的侄儿》（*Rameau's Nephew*）和康德的道德哲学中。狄德罗的哲学家，对话的叙事者，在讨论中意识到他的对话者的观点——道德虚无主义者——是难以驳倒的。对他来说，剩下的就是维护善以表达他对虚无主义（一种感人的道德姿态）的厌恶，并且重申他自己对成为并且继续成为一个正派人的解决方案，因为做一个老实人比做一个无耻的小丑好多了。当然，无法理性地证实行善比作恶好，除非一个人能准确地描述绝对的、永恒的规范。如果他能证实这一点，他就不需要证明任何事情。狄德罗的著作以**对善的存在主义选择**的主题收场。在上帝（和道德绝对）不在场的情况下，只有在一个人自己选择当个好人的情况下，他才能仍是一个好人。毫无疑问，这样的选择不是理性的，因为正如克尔恺郭尔后来想要指出的那样，在我全部的理性和我的决心之间有一个**飞跃**。

康德打败了虚无主义，同时接受了虚无主义论点的每一个片段。如果假设理论理性（思考、推断、争论）先于使规范失效或低效的行为，那么无疑康德就不会怀疑"一切皆被允许"了。对有经验的男人或者女人来说，被拥有权利和名誉的"渴望"驱使，无论如何都会被证实，并且被理性地证实，他/她所渴望的任何东西都是好的。理论的理性没有提供确定性，而确定性正是道德要依赖的基础。但是必然性消除了选择。一个人怎么能消除选择，而不从现代性后退到神圣启示所许可的传统规范中？一个人怎么才能无选择地保持自主、人格和主体性，同时将理论和知识作为失效或道德规范的来源而加以拒斥？康德创造了最复杂的——并且几乎是毫无缺欠的——对于新情况的哲学解释，这种新情况一方面是由合理性的增长所造成的，另一方面是由对理性限度的发现所造成的。众所周知，康德整个解决方案的大厦依托于他的双重人类学（dual anthropology）之上。取消本体的人，你就会彻底进入现代虚无主义。取消现象的人，你就会进入行动者缺席的深思的形式普遍主义。如果一个人为了任何理论或者实践的原因（包括内省和价值选择）而拒绝康德的双重人类学，那么他将会打破必然性和相对主义之间的微妙平衡。

黑格尔——他曾经红极一时——做出巨大努力来重建和翻新被称为**伦理**（*Sittlichkeit*）的内在世界的道德权威；非常像狄德罗和康德以前所知道的那样，他知道，以这样的姿态——"在这里，这些是要遵守的规范和规则"——指出一种已有的伦理世界秩序，将是不够的。因为听众当然会用充满好奇的问题来反驳："为什么会这样？""我为什么应该观察这个特定世界的规则——而不是观察其他的世界，或者根本不观察？"黑格尔认为，就像康德那样，为了战胜虚无主义（而且，他补充说，空的主观主义），**伦理**秩序必须根据绝对确信来发出光芒。黑格尔可以为更不严格的、弹性的和复杂的道德宇宙提出充分理由，为更多的自由主义和更多的仁慈提出充分理由，因为他的道德大厦的根基是以一种固定的和刚性的方式树立起来的。他声称，世界历史这个最高法官，已经把人类带到了现在的状态，世界精神（world spirit）把其自身长期漫游的结果呈现给我们。然而这种平衡又是极端脆弱的。截断对**伦理**的强调同时单独维持宏大叙事，你就会得到一个主观的目的论，在其中主观目的的伦理内容与任何东西都无关。这一截断的结果是任何被假定可以推进世界历史发展的东西都会被允许，虚无主义会再次被证实。或者相反，取消世界历史的叙事，同时保持对**伦理**的强调，你会得出一种实用主义，在其中游戏的现代规则毫不费力地被认为是理所当然。

存在主义选择的解决办法（狄德罗的僵局）不需要任何特定的形而上学、本体论、系统、思辨性体系或人类学的支撑。不过，康德和黑格尔各自的解决方法，同样必须得到完整体系的支持甚至支撑。从哲学上说他们是可信的，但是在现代道德的变迁中，这些完整体系带来了它们自己解决不了的问题。但是也许还有其他途径有待探索。

德里达开始进行一项似乎不太值得的事情：解构康德 1796 年所写的一篇相当无意义的文章（《近来哲学界最高贵的声音》［*Von einem neuerdings erhobenen vornehmen Ton in der Philosophie*］）。从我们的观点来看，对于这些与我们相关的、本质上并不迂腐的东西，康德所采取的是绝对迂腐的方法。德里达的做法不是对康德方法的滑稽模仿，甚至也不是从康德的沉默之下所挖掘的启示性暗指，而是德里达将他所谓的康德的妥协表示加以发扬光大的方式。简而言之，康德发动了一场针对神秘的柏拉图学派的辛辣攻击（在其温和的标准中比较罕有），他辱骂这一学派是秘法家–末世者（mystagogue-eschatologists），尤其是针对施洛瑟（Schlosser），康德指控他"阉割"了哲学，几乎耗尽了整个哲学事业。真正的惊喜出现在结尾：这篇论文的结论是建议他——康德——和他哲学上的卑鄙敌人应该为了同一目的而携手共事。我们都希望使人类有尊严，他强调说，并且我们都想要为道德律（moral law）服务。无论我们各自的哲学是什么，我们都可以一起去完成这个最高任务。我们认为这本由一个上了年纪的、衰老的男人所撰写的书，生气十足的小书，这个针对不同的哲学趣味和兴趣的尴尬姿态是绝对精彩的和英勇的。试图接受带有附加条款——所有哲学家都应该为同样的实践目的服务（更加正派，服从道德律）——的理论多元主义的现代状况，不仅仅是自由宽容中的练习，更是一种新的**哲学洞见**。我们知道康德需要他的双重人类学——尤其是理性的事实——来证实道德律的存在。当然，实际上以他自己的哲学确信也无法证实它。他需要它来为确定性、绝对和直言律令提出充分理由；为了取消选择，甚至是自我、风险和飞跃的选择。当他因此承认道德律事业，即道德理性的事业能被完全不同的哲学家们所推进、呈现和描述的时候，那些哲学家植根于不同类型的形而上学、本体论和人类学，以这样的姿态，他放弃了这样的信念：世界上实践理性的工作可以植根于一种完全理性的方式中。但是，对于这个新的立场，现在足以直接断言，那些像康德那样，没有以完全理性的方式安置善的人，还可以为了同样的道德目的而工作。以这种姿态，道德的哲学基础已经相对化了。这样我们会得出初步结论：正在增长的世界观（哲学观）相对主义和道德相对主义之间建立直接联系的构想是错误的。也许相反的情况是真的：通过使他们自己的哲学观和世界观绝对化，而不是通过接受哲学事业的共同相对化；通过发现单一的和受限制的共同基础，即少数道德规范和价值——它们可能被视为对我们所有人来说有效的和有约束力的——哲学家们更有助于推动道德的相对化，甚至助长了虚无主义。

世界观、哲学观、形而上学和宗教信仰的多样性并不会阻止共同精神的出现，除非一种世界观完全决定着戒条和禁令，并且这样做不仅是为了自己的拥护者，还怀有普遍化的雄心。

三

"整体和部分"的直言象征以及"一个-几个-很多"在哲学诞生之初已经首先以道德的、政治的和形而上学的面貌出现了。另一个形而上学和道德的象征，"普遍的、单数的和另一特定的"，在新时代已经被大量地政治化了，并且被应用到道德领域。在结构的意义上，个人证明是三个当中最没有问题的因素。除了单独的个人，**作为行动者的人，作为道德（责任）主体的人**，没有其他竞争者能胜任这个职位。普遍主义是这三个中最成问题的成分。在一个普遍的命题中，所有（同样的）案例都可以这样断定。如果"独立的个人"是单独的，那么由此可以得出结论说，"这样的个人"，也就是"所有的个人"应该是共相。但是这从未被最终归结为实际的道德对话。共相的位置已经被"人类"的概念所取代，这一概念本身是多义的，它能指出意义的阴影而不是全部独立个人的普遍等价物。更糟糕的是，这个位置已经被任何整合的范畴所占领，这种整合（分等级地或者在结构上，或者在双重意义上）包含了几个人类整合，这些人的整合不再是多义的，但不仅仅相当于"全部个人"。诸如"国家"之类的实体如何能与共相建立联系？为了用"全体的个人"取代国家，一个人必须为"单独的个人"提供一个新的单数形式。这个新的个体不再是"人类"，而是"单独的公民"或者"单独的德国、法国，等等"。这样我们就有了一个道德代理，别名是"单独的个人"，其与共相的关系（人类，全人类的代理人）由某种特定东西调解（比如说国家），我们有一个道德代理（叫作"单独的公民""法国人""德国人"，等等），它与共相（国家）有关，对作为一个人的他/她来说，这个共相根本不是共相，或者至少不想这样。现代道德领域最严重的问题和困境就包含在这个看似语义学-逻辑学的两难困境（semantic-logical dilemma）中。

其在 17 世纪诞生的时候，新西方哲学就从一些人类学的假定——也就是说，某种一般人类本质的"外部"特性——中推演出了道德事实（权利和善的规范、理念、责任、想象）。一个抽象的和历史人类学的普遍主义保证了对起源的解释。就这个起源而言，每个人的习性都是人（全体人类）的习性，它本身只是一种被认为产生恰当的（具体的）道德责任和义务的社会契约。作为一般"国家"的单独附属物，公民在道德上与国家相适应。然而，作为一个人，单独的人不能用任何道德纽带与全体人类（其自己的共相）相联系，因为"全体人类"过去没有，现在也仍然没有构成任何整合。因此，没有任何个体由于他们在人类种族中的成员身份而必须遵循的义务。被称作"人"或者"人类"的个体现在与公民社会和家庭相联系，而不是与其自身的共相相联系。这些整合被认为是超出了国家特殊主义的范围，不仅对黑格尔来说如此，对霍布斯、洛克和罗素也是如此。从严格的哲学意义上来说，当马克思断言"人"等同于资产阶级的时候，他是正确的，因为个体的人的责任和义务（如果他/她有责任和义务的话）只是针对他/她的事业的，而他/她的家庭就是资产阶级。然而，在一个积极的意义上，也是道德上来说，超出特殊主义的义务和决定之外，"与全体人类"或者"与人类"或者"与人的本质"相联系的断言，也出现了。某种世俗化的（或者是几乎世俗化的）基督教——有时候以共济会纲领的形式——与现代自然法理论所关注的问题融合起来。这正是我们要提到的"现代人道主义"趋势。依我们看，人道主义与笛卡儿的主观主义遗产不一致；与把独立的个人置于宇宙中心的冒险也不一致。人道主义不能容忍仁慈，因为**一切都明白，宽恕一切**，人道主义也不会容忍我们将全部的道德规范和规则进行理性化的尝试。在人道主义中有一点主观主义色彩，但不是认识论的那种。如果有人为了根本不存在的整体（人类）的利益承担他或她自己的某种责任和义务，那么毫无疑问，伦理的主观方面（道德）将更多地呈现于这样的姿态中，而不是呈现于此人与当前晦涩难懂的伦理本质相融合的关系之中。在对共相直接的评论中，有一种我们称之为"理性的智慧"的强大元素的理性。如果一种不存在的实体自愿承担的责任与对现实存在的实体强加的责任相互碰撞，情况尤其如此；对那些处在这一冲突夹缝中的人来说，除非他/她仍然仅仅停留在一个姿态的水平上，一般有理由从共相转向殊相（the particular）。然而以莱辛为代表的那种现代人道主义，并不集中于个体的人。相反，在现代人道主义中有一点神秘主义。对某种常见超自然力量的承认，不论我们的民族、属性、宗教承诺、形而上学信念和信仰，都内在于我们所有人之中。当我们悬置我们特定亲密关系的时候，这种超自然力量让我们转向彼此而并不抛弃或者放弃它们；除了在最终的道德越轨事件中，我们从没丢失过这种超自然力量。

从"权利"角度思考已经同时给现代人道主义带来了声誉。现代人道主义把"权利思考"赞颂为自己观点的消极方面。将"不可转让的"权利以他们的人格为基础归结为一个整体的成员，可能被看作自由主义理论对于现代**伦理**发展所单独做出的最大贡献。现代人道主义必须屈服于人道主义权利的自由规则。因为如果所有特殊主义的决定在我们通过人与其他人交流的时候都被悬置，那么每个单独的个体存在都必须不受暴力、压迫和特殊主义整合（决定）的干扰。因此现代人道主义包括"权利思维"，但是它也有另外的、更广阔的隐含意义。《万众拥抱圆舞曲》（*seid umschlungen，millionen*）的热情姿态不能等同于对人类权利的捍卫。

正是在康德的道德哲学中，所有这些线索被以一种哲学上令人信服的方式联系到一起。他把个人和殊相都转向接受者的一方，假设他们进行抵抗并接受共相的信息。作为理性世界的成员，我们是共相；作为经验世界的成员，我们是殊相，是单独的实体。道德律、人本身和我们之中的人，是共相。最终，殊相（共和国宪法，或者法律-伦理——尽管不是道德的——世界）与共相有关。很明显，从康德的主张来看，如果所有的宪法都是好的，那么它们也都是完全相似的，并且在世界共和国（或者联邦），作为永远和平的表示，所有的宪法和政治安排都必须看上去一样。最终，康德对殊相和个人让步了，尤其是在他的《道德形而上学基础》（*Metaphysics of Morals*）中，但是这仅仅是一个很小的让步。

黑格尔指责康德忽视了殊相和个人。特殊自由和个人幸福建立在多元文化的基础上。"公民社会"（civil society）这个包括现代特性的领域，由大量的制度、整合、公司、职业等组成。它们中的每一个都发展出了自己内在的伦理。国家等同于共相。国家的道德秩序保证所有特性的普遍性（一般性），这些特殊性是围绕公民社会制度而出现的。个人获得了最高形式的主观性，让自己相对地服从于与他/她的合作，但是他/她对国家也完全这样，因为最高伦理要求普遍的适应性（Einordnung in das Allgemein），在英语中，它的意思是让自己正确地适应一般性/普世性，即国家。因此，现代国家是道德的主要源泉，因为它是共相，但它是哪个现代国家？有几个国家，并且黑格尔也从伦理的角度觉察了它们之间的竞争。如果根据定义，所有的现代国家都代表了普世性，那么共相的就是殊相，殊相只是被称为共相。如果两个国家之间发动战争，难道无论如何，无论什么地方都没有一个标准来判断，哪一方是正义的，哪一方是非正义的，哪一方比另一方更正义或者更合法？如果这个问题没有答案，那么彻底相对主义就是最终的结果。世界精神的普遍主义接着会导致未经调停却相互冲突的特性同时出现，这要求来自个人的绝对忠诚，因为它们都把自己等同于共相。

现代人道主义很崇高，但是它并没有为现代世界提供可见的约束，提供一套透明的规范，也就是**伦理**。相反，民族主义已经提供给他们了。正如黑格尔所预言的，正是在战争中，"精神动物的王国"的野蛮利己主义被克服了。正是极权主义的经验，用普遍的（人类，人类历史的最终结局，等等）深刻怀疑确定了殊相（国家）的身份。尽管"民族"一直是道德约束的主要对象——实际上比原来更是如此——尤其是在整个大陆都加入民族主义和沙文主义阵营的情况下，道德理论和哲学已经被迫向别的方向探索可能性和现实性了。

大约两百年前，人们对这种两难困境已经给出了答案。所有这些趋势都可以被看作对这些答案加以重新利用而得到的版本。"被重新利用"在这里并不代表如下陈述：这些问题或者对答案的探索实际上是一致的。显然，两百年的经验已经被消化反省并且表达出来了。"重新利用"这个词在一定程度上是指答案的类型和它们所代表的趋势。现代人道主义，尤其是在其康德主义的版本中，又与我们共在，并且在交往伦理学（communicative ehtics）中成熟了。在交往伦理学的框架中，个人**真正**提出了普遍性要求，而不是提出那种实际上是特殊的而只是被称作普遍的要求。这一主张也暗示着我们再次陷入康德哲学的形式主义中，厚重的道德伦理学，尽管被说起并且被提及了，但是并没有得到积极方式的反馈。实践理性成为理论理性的双胞胎，因为"pronesis"（智慧）已经从地平线上消失了。在像贝尔（Bair）、辛格（Singer）、格特（Gerth）、格沃思（Gewirth）和其他自封的康德主义者中，可以找到某些相似性。然而在黑格尔那里，所有的殊相都被认为引发了最高的共相，也就是国家，现代对话的类型恢复到了个人的范畴。用这些康德主义者喜欢的术语来说，有这么多的这种"语言游戏"，人们只能提及某些显著的类型。最接近黑格尔的仍是支配着美国自由主义哲学的话语。对罗尔斯（Rawls）、德沃金（Dworkin）、阿克曼（Ackerman）等人来说，国家与宪法是一致的，人类合作的思潮会在公平的因而是正确的制度中找到。

人权——每个人的主要财富——被理解为公民的权利。拥有充分权利（自由）的人彼此交往，同时在自我同一的宪法框架内尊重其他人的自由。沃尔泽（Walzer）和罗蒂（Rorty）最新的著作为一种厚重的境遇性（contextuality）做了辩护，在这一架构内，公共事务的每个参与者都知道，整个架构是关于什么的，以及每个人应该在哪里分享世界的规则并认为它们是正确的。

对于现代之初三元组（特殊的－普遍的－个体的）成员之间的关系，我们进行了简单的理论思考。在此过程中，我们没有提及个体方向的彻底转变。当然，几乎每一件事在真正成为典型事件之前都是偶发的。在某种浪漫的先兆后，克尔恺郭尔第一个在个体中（在他/她自己个体的存在主义选择中）寻找道德源泉，而没有用其源泉识别道德实践客体（领域、范围）。个人作为个人是普遍的，然而道德生活的领域是在人际关系（包括特殊性）中找到的。克尔恺郭尔所发起的话语不必回收利用，因为它已经连续不断（如果不是总是的话）并明显地呈现于我们的时代了。

四

在第一段我们提到了当代道德状况的三种典型评价。我们已经说了它们在某种意义上都是正确的。在第二段中我们更近距离地细看虚无主义的范式，并且在这个标题下解剖属于这个标题的条目。在那一点上，可以得出两个结论。首先，在虚无主义的范式中发现的危险并没有被另外两个范式的正确的假设所先行取代。其次，不是多元主义而是绝对主义的断言阻止了对立的形而上学和哲学寻找共同的道德基础。在第三段中，我们继续介绍了我们认为位于现代道德哲学分界中心的话题。我们还提出，决定性的分界得到了生活经验的支持，同样的分界线已经被回收利用了两百年了，有时候甚至更久。这个环境本身应该使我们不仅对道德进步或者道德衰落的过于直接和单线的叙述者表示怀疑，而且对"自由民主的健康道德传统"话语的自鸣得意产生怀疑。既不是在日益严重的道德衰落情况下，也不是在强大的道德进步情况下，最终也不是在现代传统顺利运转的支持下，同样的理论轮廓能够一再被回收利用的。如果从这个立场来看，所有启示性的陈述都显得相当滑稽。长期以来，我们经常听说我们"刚好-在-真实事物-开端"，或者，另一种情况是，我们"刚好-在-真实事物-结尾"，以至于启示性语言已经变成共同使用的日常用语了。但是在确信中带着点好笑的是，那些学着以一种积极态度支持行动的人，已经解决了我们时代主要的道德问题了。

普遍化、特殊化和个体化同时出现的过程与作为现代世界条件的偶然性的出现是等同的。如果没有带有内在目的的世界精神，那么历史作为世界历史就是自身可能的；所有由这一历史构成的或者在这一历史中展开的特性也是如此。首先是个人——是人——成为偶然的，了解他/她自己，同样了解他/她的世界和情况。当讨论到个体的"处境"——现代道德哲学的当前用语——时，我们会想到偶然的个人。在回收利用古老的问题和理论——在同样的世界历史时代是不可避免的——时，为了塑造一种道德哲学从而应用到一个偶然性的人身上，现在的哲学家们就不得不关注作为可能性之一的现代人类状况。

亚里士多德道德哲学的复苏，即某种新亚里士多德道德哲学的出现也能从这个角度理解。亚里士多德的道德哲学以某种方式，把雅典、爱奥尼亚和其他一些相似的文化提出和确切阐述过的所有问题和答案，都概括起来并回收利用了。这在一个完全静止的世界中是可能的，亚里士多德提出了**伦理**的多元性，个人品位的多样性，好公民和好人之间可能的差异，以及从行动中区分**技艺**（*techne*）。另外，不像柏拉图，亚里士多德在他的道德和政治哲学中"安定下来"。亚里士多德追随希腊文明，他发明了理性的潜力和有限性，最后，他提出实质性的伦理与公平相结合的形式。

新亚里士多德主义者——至少他们中的一些人——寻找古马其顿斯塔利亚人（Stagirite）哲学的模型，以便把它与所谓的当代道德衰退作以对比。其他人，像卡斯托里亚迪斯（Castoriadis）和阿伦特，更热衷于发现我们和他们的问题之间的相似性，而不是把古代（意思是：真正的）和现代（意思是：堕落的）对立起来。如果我们从亚里士多德的道德哲学出发，那么我们实际上就会发现，在我们现在的道德世界和道德观念之间，存在鲜明的差异和巨大的相似性。亚里士多德的道德感知和我们的道德感知之间主要的分歧在于偶然性是否在场。即使他与他的世界之间的关系是相对超然的，亚里士多德的道德政治个人也是远离偶然性的。他并没有"处于某种状况"，他就是他所是，并且不可能是别人。如果他是别人了，他也就无法在亚里士多德的伦理学中占有一席之地了。因为偶然性不是一个哲学模型，一个能被任何其他模型所取代的部件，而是现代个人的生活经验，是一个让人烦恼的、威胁性的，但也是有前途的经验（克尔恺郭尔把它称作可能性或焦虑），它是一种道德哲学，如亚里士多德的道德哲学，它能一直不受这个问题影响，或者被这个问题所察觉，必然缺乏真正的时代性。

不可能对现代生活中的道德事实的描述达成同意的问题，不过是偶然性的本体论基本境遇的结果。所以，对达成同意的尝试几乎没有任何机会。一再提出的抱怨是一种现代的抱怨，即哲学家都是"片面的"，他们忽视同样存在的、生活的这一方面或那一方面，甚或所有重要的方面。同时，它是一种无意义的抱怨。人们不需要发现自身，自己的环境和情况，每一种现代哲学中人们自己的情感和关心。人们可以将哲学当作另一个人——跟我们一样也是偶然性的——的生活经验的表达而加以吸收。

然而，这并不必然得出道德相对主义。在这种哲学中我的生活经验的环境得以表达，在另一种哲学中别人表达自己的生活经验的环境，并没有将哲学转换或降低为无聊的游戏。除了把我们自己的偶然性转化成我们自己命运的愿望和决心之外——不论我们的偶然性是什么——我们也有要加入的共同事业。

绕了一大圈，为了道德的共同事业，为了实践理性，我们回到了第二段结尾的问题，回到了康德尴尬的调解。

特殊的道德世界在种类上是不同的，不论它们是宗教的、公共的、合作的、政治的或其他什么东西。想在**伦理**的异质性中创造"和谐"，乃至使不同类型的**伦理**同样密集或者同样松散，在当代世界都注定是失败的。（不过，世界可能会变化，但是道德会比其他任何我们思考的东西更少地参与到预言中。）现代人（个人）在每种**伦理**中都是偶尔的，然而他/她可以选择他/她自己，他或她与他/她也可以缺乏选择，可以成为一个有良心的人，也可以成为一个没有良心的人，在每个特定世界框架中可以是真实的，也可以不是真实的。但是共相呢？每个世界都能为善与恶的起源，我们种族的善良与邪恶提供不同的解释，然而正是普世的姿态，而不是普遍主义的解释者是重要的。我们用普世的姿态参与到被称作现代人道主义的事务中去。在我们的能力范围内作为"人类本身"做某事，将他人当作"人类本身"而为其做这件事，在作为"人类本身"的对等互惠、团结、友谊中，与他人一起做这件事——这是"普世的姿态"的意义。一个人从哪里获得做这些事情的力量无关紧要，因为最要紧的是他在**做**这些事。人类不是一种普世的群体，还没有发展出它的**伦理**。然而有些行为，我们都知道它是正确的、好的、可取的、值得称赞的。道德哲学能举出很多这样行为的例子。它们还可以为了某种普世论的道德联系的出现考虑更深入的甚至更遥远的可能性。

我们曾经提过几次，虽然有着新的编排和变奏，现代性的男男女女正在重复着过去的主题和过去的解决方法；最先表述出来的对现代道德哲学的关注大致已两百年之久了。远非依赖于普世的解释之上的普世姿态，已经被追溯到康德的晚年了。然而，道德普遍主义不仅可以通过超越偶然性、特殊性和个性来实现，在一定程度上也可以通过改变在一个人和同一种生命的范围内的态度来实现，这一点可以追溯到莱辛，并且已经被汉娜·阿伦特重新利用了。如果这种重新利用的过程一直持续下去，迟早会出现第四种主流话语，它会加入虚无主义、正式的普遍主义和具体的特殊主义话语之中。这种新的话语将偶然的个人作为其出发点——不是英雄、天才、角色的扮演者或者一维空间的傀儡——而是你们，我们这样的人。

公民伦理和公民道德①

[匈牙利] 阿格妮丝·赫勒、费伦茨·费赫尔

王海洋 译

一

　　个人对于正当行为规范和规则的实践关系是对道德最恰当的描述。因此，可以区分这种关系的两个方面：一是个人的关系，另一个是个人把他自己与他人联系所适用的行为规范和规则。用黑格尔主义的范畴，我们把第一方面称为"道德"（morality），把第二方面称为"伦理"（*Sittlichkeit*）（集体的道德习惯、规范和方法）。在所有的行为、合作、交流领域都有正确行为的规范和规则。因此道德既不是一个有别于其他领域的领域，也不是一种有别于其他制度的制度。没有在性质上是纯粹道德的领域或者制度。它们都包含了某些属于伦理的规范和规则，遵守这些规范和规则就是好的或者正确的，违反规范和规则就是坏的或者错误的。

　　我们能在所有的非部落社会中区分出三个典型领域：日常生活领域、经济和政治制度领域，以及文化观念和实践领域。后者产生了有意义的世界观，提供了生活的意义，并且为其他两个领域增加了合法性。顺便提一句，世界观能批判性地，也就是作为意识形态策略检验并质疑现存制度和生活方式的好处与正确性。在前现代所有的领域都满是共同的伦理规范。在每个领域生活，都或多或少需要同样的美德。这些美德可以被称为"浓重的道德精神"（dense ethos）。在现代，社会生活的领

---

　　① 本文原文题目为"The Moral Situation in Modernity"，译自 Ágnes Heller and Ferenc Fehér, *The Postmodern Political Condition*, New York: Columbia University Press, 1988, pp. 75 - 88。——译者注

域已经被细分到了一个原来所不知道的程度了。经济和政治制度已经分道扬镳了，公共的、私人的和熟人领域之间的区别已经实现了。所有这些领域及其分支领域都发展出了自身的伦理规范和规则。把文化领域划分为独立的分支领域不仅明确了这一发展，同时也推动了它。科学把自己从宗教的束缚中解放出来，并且最终成为现代性中居于支配地位的世界观。同时，艺术和哲学也通过拒绝强加在其自治领域内的异化规范来获得自我解放。所有的现代生活领域因此都发展出其自身的伦理规范和规则，尽管不总是在同一程度上。然而，几乎没有几个规范真的被所有那些怀疑主义和悲观主义的理论家所共享，这些理论家能够真的坚决主张生活领域——从它们的价值来说——对彼此来说是既不能减少，也不能调和的。韦伯的理论就是如此。如今我们没有理由这么怀疑。比如说，我们无差别地拒绝所有领域的种族歧视（racism）和性别歧视（sexism），至少在理论上如此。这暗示着一种公共道德精神（common ethos）仍然存在或再次显现。然而这种公共道德精神并不沉重，因为它并不质疑自治，或者各种生活领域和替代领域的相对自治。它只是要求这个领域和分支领域的特殊规范不得与伦理的超规范相抵触。我们把这种思潮称为"松散的道德精神"（loose ethos）。

"公民道德"明显与政治行为的规范和规则以及"松散的道德精神"的超规范相关。一个人是否探望住院的朋友，他友好还是不友好，亲切还是不亲切，慷慨还是不慷慨，与他是个好公民还是个坏公民没有直接关系。这些美德和类似的美德抑或这些美德的缺失是私人事务。此外，在现代公民社会中有大量的生活方式，每个都有其自身的一套规范和规则。如果一个人选择一种生活方式（或者，后来再次选择他天生所处的那种生活方式），那么他在某种程度上就允诺了一个责任，一个保证。如果一个人未能遵守这一责任、违反了特定生活方式的伦理，但是它并不一定意味着他也违反了与成为一个好公民有关的规范和规则。最后，除非强烈的道德理性不这样要求，遵守非政治制度领域的特定规范也是一个体面问题，然而甚至这个也几乎与做个好公民无关。在制定这一区分时，我们并没有试图原谅那些回避有同情行为表现的人，那些未能履行其个人责任或者履行责任很差的人，甚至当他们通过提到他们对紧急公务的责任来原谅自己的时候也没有。我们唯一的目的是指出"公民道德"不包括整体道德。

二

顾名思义，每个现代民主国家的成员都是其公民。但不是每个人与政治领域的规范和规则以及与政治领域相关的任何行为和决定都有个体的实践关系。当讨论到"公民道德"的时候，我们指的是那些积极参与到政治领域的公民的规范和规则，而不是并未参与其中的公民。说一个公民与政治领域的规范和规则有着"实践关系"也需要资质。比如说，一个政治科学家与政治领域有关系，但是这个关系是理论上的而非实践上的：他作为一个观察者（observer）而非一个参与者（participant）触及这个领域。毫无疑问，同一个人可以既是观察者又是参与者，并且能从一个角度转换到另一个角度，反之亦然，但是这两个关系仍旧泾渭分明。另外，一个人也能成为一个行动者，一个在一些领域中的非政治的参与者。比如，每个人无一例外都与日常生活领域有千丝万缕的联系。

一个人不以政治作为职业就可以与政治发生联系。由于韦伯深切地关注以下现象的后果：因为混淆不同的生活领域的规范和规则，因为其他领域的规则有意无意地侵入给政治领域造成的致命后果，他坚持认为，政治需要某种职业目标。如果职业选择能阻止"合并"不同领域所特有的规范和规则所带来的危险，那么公民行为就会被缩小到职业政治家或职业革命家范围内，并且公民伦理将等同于职业或专业道德。不过，不一定要接受这个不利于民主政治原则的主张。一个民主国家的全体成员，不论一个人的专业或者职业是什么，他活跃于哪个领域，都会与政治领域发生联系。实际上，对每个公民而言，学会不要拒绝彼此的领域所特有的规则和制度是很重要的。比如，政治的审美化，在政治或者运用政治行为科学的规则中寻找补救，都是需要拒绝的相当危险的倾向。在日常生活领域中扮演着如此重要角色的行为，在政治领域中远远没有充分根据。然而每个公民都能学会——并且实际上也学到了——当进入政治行为领域的时候如何改变他的态度。另外，公民积极参与民主政治并不仅被防御性观点所支持，也被进攻性观点所支持。选择政治行为作为职业，包括所谓的职业革命家的那些人，倾向于把政治领域的主要规范和规则视为理所当然。来回摇摆于政治领域和其他领域之间的人，可以激发某个关键的潜力。如果不把不同的规范强加于政治领域，它们仍能挑战一个或另一个政治规则理所当然的特点，尤其是正义、某种制度的生存能力和合理性。生活经验越广泛，对政治行为者的需求就越多样化，正义的规范和规则取代现有这些（规范和规则）的可能性也就越大。

区分社会行为和政治行为并不容易。行为本质上是个人的还是集体的并不能决定实质。对每个深思熟虑或者讨论之下的问题的具体特征也无法决定。粗略地估计，如果人们以其公民的身份行事，如果他们发表演说，或以其公民的身份不经意地动员他人，这些行为就可以被称为政治的。这可能会呈现出三种截然不同的路径。第一，人们能在政治团体范围内行动；第二，人们能把个人的委屈转化成公共话题；第三，人们能通过求助于一般的或者普遍的政治思想或者普世的政治思想、权利和民主规范来处理，或者动员其他人处理社会或者个人问题。这三种政治行为能出现但是它们并不经常出现。所有这三种政治行为都需要公民道德。

三

美德被人类社会视为值得效仿的性格特征。这些性格特征都是在实践中获得的。以正确的方式做正确的事情表明一个人想要发展他或她自己的某种美德，或者至少看上去好像是他想要这样。始终如一地、持续地以正确的方式行事，表明这个人已经拥有了杰出的性格特征。美德（或者杰出的性格特征）与价值有关。价值是善。如果特定社会赋予其价值，任何事物都可以是善——某种东西、社会制度、情感、人类关系、超凡的存在、心态和话语。纯粹的价值是元善（meta-goods），它们的在场或缺席能决定某种东西、制度、人类关系、心态等是有价值的还是没有价值的。形式上非常相似的性格特征和实践可以被视为有美德的或者与美德无关的，这取决于它们是否与价值相关。为了一项事业而冒生命危险的人是勇敢的。相比之下，特技替身演员的勇敢并不是一种美德而是一种优秀。某些性格特征可以在某一特定历史时期，被某一社会团体认为是有美德的，然而在另一个阶段，则被视为中立的，甚至被视为恶习。某些其他的美德经常结合不断变化的价值取向而得到重新诠释。在等级制度成为价值的地方，谦卑和盲从就是美德。而在平等成为价值的地方，谦卑和盲从就不再是美德，而是恶习。某些美德和恶习是持续的，它们恒久不变的状态意味着它们与某些恒久不变的、总被视为值得尊敬的人类关系和人类交往形式有关系。慷慨的行为一般被视为一个有美德的性格特征，正如公正一样。妒忌、自负、怨恨或者奉承一般被看作恶习。

根据上面所述可以得出这样的结论，人们无法在讨论与这些美德有关系的价值之前去讨论公民美德。公民美德是公民的美德。与它有关的价值必须是一个东西、一种社会关系、一种思维状态、一种话语、一种情感等，但是它必须是对每个公民来说具有内在价值的东西，不管他们的宗教或者世俗信条，他们的个人抱负、职业责任、品位等是什么。西塞罗（Cicero）说过，公民美德与**共和国**（*res publica*）——字面意思是"共同物"——有联系。与亚里士多德相反，他知道我们与整个人类种族所共同分享的东西，也就是理性。作为一个有常识的人，他也知道，我们与家人比与同胞共同分享更多的东西：我们与住在同一屋檐下的人分享每件事情。所有公民共享的和只与家人分享的共同物不是最普遍的善（因为这只是一个人所拥有的），也不是所有善的总和（因为这些是被家庭成员或最亲密的朋友所分享的），而是关于美好生活条件的善。制度，也就是共和国的法律决定我们是否能过上美好的生活。

西塞罗的常识观点当然没有过时。我们仍然可以说有一些我们**共享**的善，并且这些善是固有的内在价值，我们认为它们是美好生活的前提。公民美德与这些共同分享的具有内在价值的善有关系。

我们坚信哪种善是这种具有内在价值的善，也就是说，**我们共同坚信哪种价值？**

自然，没有理论家能**发明**这种价值。一个理论家只能描述出那些已经引导一些人的行为，并且已经被其他人所接受（被视为有效）的价值观，即使他们的行为并非被这些价值观所引导。如果行为被某种价值观所引导或影响，那么我们就能把这种价值观归结为"调节性的"。如果认为价值观有效，那么即使它们并不指引实际行动，我们也能把这种价值观称为**完全反事实的**（fully counter-factual）。当然，如果价值没有被所有人接受，甚至只要它们没有被认为是完全理所当然的，只要这种价值观没有被植根于制度或者社会关系中，那么价值在调节性用法上也是反事实的。人人都接受并被认为是理所当然的价值观，是"构成性的"（constitutive）。在现代民主国家中普选权的价值成为构成性的价值。如果所有的国际冲突都通过协商对话，而不是通过武力解决，和平就会成为一种构成性价值。现在最好的情况是，和平成为一种调节性价值，尽管大体而言，它是一个完全反事实的价值。不过，对一些人来说，它没有任何意义。我们只是顺便提到，即使元价值（meta value）可以在把其他价值的调节性地位转化为构成性价值过程中起到杠杆作用，元价值也永远无法成为构成性的价值。可以说，作为一种终极的元价值，自由本身永远不能"实现"，尽管不同种类的"自由"可以"实现"。由此可以看出，尽管理论家不能发明价值，但是他们却无疑能准确描述出反事实的，甚至完全反事实的价值。接下来我们将会讨论某种共同价值和在这个精神上与其相关的公民美德。如果提出这样的问题，即我们的讨论是不是真实的或者可评价的，以及我们是赋予一套事实以一种特定的解释，还是赞同某些规范，我们只能回答这两样都是。我们确实应该为某种规范的有效性而辩护，但是我们是从真实的人的责任中得出这些规范的。尽管我们所列出的一系列公民美德实际上是被当代冲突和环境中的真实的人所实践、发展和拥护，它们也应该是规范的。

我们视为所有人美好生活条件的那些善是什么？哪个是对所有人来

说都有内在价值的善？我们经常提出类似的问题，并且试图回答。尽管这些问题的答案当然与我们的问题有关系，但严格地说来，它们没有明确答案。因为不是被公认为美好生活的**所有**条件，或者有内在价值的善，都是我们"共享"的。爱或者被爱，明显是所有人美好生活的条件，它实际上有一种内在价值，然而它并不是一个"共同物"。共同物是社会制度、经济或其他东西在其中运转的制度、法律、公共制度、决策机构、一般的（也就是共享的）框架。另外，这些东西赖以建立的这套程序，这套使它们继续运转或者让它们被其他人所取代的程序，是共享的。大众所共享的善是"理想"，也就是说在最好的情况下它们保证所有人都过上美好生活的社会政治条件，而不是过上这种生活的所有条件。美好生活的社会政治条件在传统上与正义有关。"共同物"是所有人的善，同时是所有人过上美好生活的条件，是正义，更确切地说，如果共同物（共和国）代表了正义，那么它就是善。

公民争论公共制度是正义的还是非正义的。在攻击这种制度的不公正或捍卫正义特征时，他们都采纳了价值观点而非正义的价值。这别无选择，因为一个人无法以"因为它不是公正的"来回答"这个制度为什么是不公正的"这个问题。有两种价值，它们是争辩双方在抨击或维护社会安排过程中通常所求助的：自由的价值和生命的价值。普世化开启了大量价值解释的可能性。只要价值是具体的，就几乎没有给解释留下余地。比如说，"民族独立"的价值就相当清楚。"民族独立"没有矛盾的解释，冲突似乎出现在实现或者保留它的评价手段上。争辩双方都可以诉诸同样的价值观，赋予它们不同的解释。另外，元价值能够表达对十分迥异的制度的评价，给予它们一种内在价值。不过，如果具体价值不同，那么与这种价值相关的美德在类别上也不同。

在这一点上，我们愿意提出一个非常规范的声明，这一声明绝不是没有实践基础的。我们接受自由和生命的普遍价值最普遍的解释作为与公民美德相关的价值。这个解释可以总结如下："所有人的平等自由"（equal freedom for all）和"所有人的平等生活–机会"（equal life-chance for all）。在这个解释中自由和生命的普遍价值与平等的条件价值结合起来了。这样一个普遍价值的解释需要每个与"共同物"制度的建立有关的人参与其中。最后，我们接受哈贝马斯的这一观点，理性话语是达到"共同物"的最优（最好）过程——只有这种话语能为对立价值的深思熟虑和争论提供一个程序正义的基础。这样我们要增加第四个价值，交往理性（communicative rationality），把它添加到能建立普遍制度的具有内在价值（善）的价值清单上。这样，我们的两个问题可以重新表述如下：如果所有的公民都把内在价值归结为基于共同分享的自由和生命的普遍价值的制度，归结为平等的条件性价值和交往理性的程序性价值的话，所有公民都应该能够娴熟运用的公民美德是什么？主要的公民美德与下面的价值有关：彻底宽容（radical tolerance），包括公民勇气、团结、正义、**实践智慧**的理智德性以及对话理性。让我们简要地讨论一下每一个美德。

1. 如果一个人同意把生命价值解释为"所有人的平等生活-机会"，那么他就应该认可**人的所有需要**，带着对每个需要同样的认可——除了那些把他人仅当作手段来需要以外。后者所说情况的一些例子是那些使压迫、统治、暴力和残暴等做法成为必要的需要。后面的需要必须从认可中排除，因为如果我们认可它们，我们就会被禁止承认所有具体的要求。对人的全部需要（除了前面提到的）的认可等于认可大量的生活方式。所有带有以上限制性条款的生活方式都应该被视为善的并且因而受到尊重。这并不意味着我们不能批判生活方式：它们可以并且必须被批判。当然，只有首先给予承认，才能进行批判。批判——与相互认可结合在一起——伴随着对围绕价值进行的理性对话程序的接受。我们将认可不同生活方式的美德和乐于与其拥护者进行理性的价值对话，指认为"彻底宽容"的美德。宽容是自由主义的一个传统价值，本身是所有的民主政治都必须维护的消极自由的先决条件之一。当应用到不同生活方式共存的时候，自由主义的宽容只意味着我按照自己的方式追求幸福，你按照你自己的方式追求幸福，彼此之间没有关系。不过，认可带来了一个更深切和复杂的意思：在其中，**我们**关心其他人的其他生活方式是什么——当然，我们自己不按照这种方式生活。"认可"因此成为一个

积极的范畴，一个坚定而自信的东西。它暗示着与其他人保持积极的关系而不侵犯其他人的消极自由，不受干扰的自由。彻底的宽容并不容忍武力——统治的暴力。那些已经获得彻底宽容美德的人，会为生活方式的认可而斗争，并且他们会挑战不公正的法律，因为不公正的法律使他们的生活方式不被认可。取消歧视同性恋的法律就是一个例子。然而，如果碰到充满暴力和统治的生活方式的话，支持彻底宽容美德的人会请求立法反对使用这种暴力：这里婚内强奸就是一个例子。这两个例子都证明了彻底的宽容不能拘于"这与我无关"的姿态，而是暗示了相反的姿态："我在乎"这样一个事实。

2. 公民勇气是为一项事业，为不公正的牺牲者，为我们相信是正确的甚至反抗压倒性不平等的意见说话。公民勇气的美德引导我们去冒险：冒着失去我们的安全位置，即我们在政治和社会组织中的成员资格的风险，冒着被孤立，以及冒着使舆论对我们不利的风险。一个拥有公民勇气的人没有惹祸，他并不是为了反抗而反抗。他出于对民主的信仰，怀揣着正义终将实现、不同意见终将被其他人接受、美好的目标能有机会实现的希望行为。但是即使不是这样，拥有公民勇气的人也会支持他的立场，除非他被别人说服，认为他错了。使人相信公民勇气不是件容易的事，因为他不可避免地引发这样一个疑问，是否仅仅是出于方便或者疲倦他才改变了主意。公民勇气是一种传统的民主美德，这种民主美德的例子在现代文学和电影中比比皆是。易卜生（Ibsen）的史塔克曼（Stockmann）（来自《人民公敌》[*The enemy of the people*]）是一个拥有公民勇气的人，而诺拉（Nora）是拥有同样美德的女性楷模。像《西方来客》（*The Man Who Came from the West*），《打破自由平衡的人》（*The Man Who shot Liberty Valance*）或者《十二怒汉》（*Twelve Angry Men*）这样的电影，对通俗想象力产生了巨大影响，这正是由于它们的拥护者是公民勇气的倡导者。在前面的两部西方电影中，呈现出两种对立的勇气：使用武力的勇气（勇气的传统特点）和理性捍卫价值甚至是压倒性观点的勇气（公民勇气）。在《十二怒汉》中，正像在易卜生的戏剧中那样，不是赤裸裸的武力，而是更极端的歧视的力量受到了公民勇气的挑战。

公民勇气的美德比集体行为更重要。然而每个集体行为的参与者作为个人都在冒险。公民勇气是那种用非暴力不合作运动取代使用武力运动中所需要的勇气，在这种运动中不需要军事美德。

3. 第三个公民美德是**团结**。这是左派的传统美德，一个多世纪以前，在社会民主等级中占有一席之地，并且是在工人阶级运动中比较普遍的唯一美德。团结的美德包括两种不同的团结。其中一种是指在一个党派、运动或者阶级团体内部实践的团结。第二种是感受到的而非实践形式的团结，它需要一个同情或移情，甚至是一种兄弟般的感觉，能延伸到所有的被统治阶级和民族中，并且最终渗透到全体人类中。怀有这种无所不包的兄弟般情感的批评家，经常带着一定程度的轻蔑态度指出，它只是一个彻底的善的廉价代替品，那些赞成失败者或全体人类的人对那些急需帮助的人根本无法提供任何帮助。针对团体内团结的批评家指出，它能引起无意识的甚至是消极的结果。团体内团结是一个成问题的美德，因为它也可能是恶习。法西斯主义者把团体内的团结等同于敬畏。在这样一种气氛下，一个人越反对那种美德，他的优点就越显著。然而即使我们摒除了过去的历史经验并且只看现在，我们也不得不承认这两个批判的观点都已经完全丧失了其重要性。我们中的许多人都乐于对遥远国家中的遥远的运动表达团结，而不对我们自己社会中活跃的团结运动付出举手之劳。此外，有许多人压制他们自己的意见，而由于他们对团体内团结的忠诚而支持他们认为是非正义或者不公平的决定。

显然，团结的优点需要重新界定。一个人不能用重新定义团结的优点来排除它和公民勇气之间的冲突，但是他仍能摒除内在于这一传统和明显的公民美德中的主要分歧。我们所寻找的那种团结必须被附加同样的彻底宽容或者公民勇气的价值。像他们一样，这种团结必须渗透着生命和自由的普遍价值，渗透着平等的有条件的价值和交往（推论的）合理性。我们心目中的那种团结与团结的传统价值有关系，正如彻底宽容与宽容的传统价值有关系一样。除了在概念上包括统治、暴力、武力

（总之，把其他人仅当作手段）的生活方式以外，彻底宽容要求认可所有的生活方式。同样，团结的美德暗示了准备把友爱转化成对那些团体、运动或其他意图减少政治和社会机构的暴力，统治或者武力水平的集体行为的支持上来。显然，团结也能扩展到那些使用暴力手段的团体中，但是除非他们是为了自卫而使用暴力，并且除非他们毫不隐瞒地表现出一旦对方乐于倾听，他们就乐于通过协商和对话解决冲突的明确意愿。团结的美德由此被界定下来了，不包括对团体内的**无条件的**支持（就此而言，也不包括对任何其他组织或运动的无条件的支持）；相反它**排除**了无条件的支持。此外，上述这一资格条件在团体内部和为了所有团体的成员作为整体进行调解，而减少了统治、武力和暴力运动，则不仅为自己，而且为人类，扩展了自由和生活-机会的范畴。马克思曾经为与无产阶级的团结辩护，因为他相信，无产阶级的解放会带来全人类的解放。我们可以否认马克思思想的某些方面，然而他思想的主旨本身仍然应该捍卫。我们中几乎没有人仍坚持单一社会阶级是人类自由的支撑者这一观点了。我们总是需要通过使用阶级、团体或者运动的评价规范来发现它对全体人类解放的贡献。然而，由于团结被赋予这些团体和运动，它就是一种公民美德。如果这样一种评价并不先于赋予团结的行为，那么团结的美德就只保留了其传统和模棱两可的特色。

如上所述，公民美德与政治领域有关系，但是它们并不只在这一领域活动。这在彻底宽容和公民勇气方面十分明显，但是在团结的问题上就不太明显了。然而，团结的美德也应该在面对面的关系中，在日常生活和其他几个领域中实践。实践团结的美德需要积极互相帮助的姿态。无论什么时候我们熟悉的人成为统治、暴力、武力或者任何一种不公平的受害者，我们都必须以公民勇气来支持受害者。实际上，我们必须做得更多：我们必须用劝告来支持受害者，用团结的姿态给予受害者庇护来反抗压迫者。那些没能给予这样支持的人不符合团结美德的要求。团结在某种程度上作为彻底宽容或者公民勇气，是一个属于**生命品质**的美德。

4. 正义是最古老的公民美德，并且不需要任何重新定义。如果公民勇气和团结失去了与正义的联系，就会被纳入错误事业的范畴，就会失去目标。在一个人以公民勇气支持某人或某事之前，在他与事业和他人团结在一起之前，他首先必须给予判断，并且这个判断必须是正义的。正义的判断需要偏袒和不偏袒的组合。把正义的价值投入其中的偏袒价值不应该被悬置，相反应该得到加强。但是对人、团体、制度的偏袒有时候必须被悬置。个人感情和既得利益必须被推到幕后。初步的判断也必须被悬置，否则它们很容易加深偏见。自知之明也是一个正义判断的条件。为了悬置既得利益、个人附属物或怨恨、偏见，等等，一个人必须首先知道，他要坚持什么。正义判断也必须是见闻广博的。一个人只有在获得发言机会的时候才能摒除意见和辩解的理由。

5. **实践智慧**或者谨慎也是一种传统美德，它在应用规范的时候被调动起来。在行为开始之前，一个人必须找出应用于特殊案例的规范以及如何更好地践行。实践智慧，也就是行为中的正确判断，是在实践中学到的，如果学得好的话，它就会变成一个好的性格特征，也就是说，一种美德。最近某些理论家已经开始质疑现代生活中实践智慧的重要性。如果规范或者规则已经被视为好的和正确的，那么所讨论的实践智慧就被调动起来了，然而，它与主宰现代生活的规范争论过程无关。实践智慧不是在关于规范的深思熟虑和争论中被调动起来的理智德性，这无疑是真的。我们不能只依靠智慧来决定一个规范或者规则是好是坏，是对是错。然而如果在深思熟虑或者争论的过程中，某种规则和规范被证实是好的、正确的，比其他的更好或者更正确，那么我们到一定时候就必须应用它们，并且正是在应用的过程中，我们更需要实践智慧的美德。这在政治实践中尤其重要，在政治实践中我们向来必须做出政治**决定**，有时候几乎不考虑或者只做简单的考虑。让人能做出好的决定的理智德性不能被另外一个在现代获得声望的理智德性所完全取代。

6. 现代好公民突出的理智德性，是参与理性对话的美德，是准备参与到这一对话之中的美德。没人能为他自己或她自己确定善或正义的规范或规则是什么，正义制度是什么或者可以是什么，而且没人有权利把他对这些的特定观点强加给其他人。把自己的观点强加给他人只能明目张胆地或至少暗地里通过使用武力实现。明目张胆地使用武力暗示着专政，暗地里使用武力则暗示着家长式制度。专政和家长式制度在不同的程度上都与自由和生命的普遍价值，与"所有人平等的自由"和"平等的生活-机会"的普遍规范相抵触。为了不辜负这些规范，需要程序正义。如果与制度、社会安排、法律等有关系的每个人都参与到一场关于这些制度、社会安排和法律的**权利或正义**的对话中来，这一程序就是正义的。程序正义需要每个相关人士为进入理性的对话做好**准备**。这个准备不是内在品质，尽管它像所有的美德那样都是建立在某些内在品质基础上的。通过实践，乐于参加理性对话的美德与其他美德一起得到了加强。但是理性对话实践的普遍化，已经假设了这一美德在一个国家相当多成员中的在场（presence）。

现在让我们总结一下我们这里提出的观点。如果我们同意"共同物"（common thing），也就是**国家**，应该包括制度、法律和社会安排（这种社会安排受到自由和生命普遍价值的影响，受到平等的条件价值和交往理性的程序价值的影响），那么我们就必须实践与这些价值相关的公民美德。我们必须从自身发展出公民美德的彻底宽容，包括公民勇气、团结、正义、实践智慧的理智德性以及对话理性。这种美德的实践使"城市"获得了其原本的意义：城市就是其公民的总和。不管其他男女在这些公民美德之外发展出了其他什么美德，都有利于他们自己的美好生活。公民美德为所有人的美好生活做出了贡献。

第二部分 实 践 派

　　南斯拉夫实践派是最早形成的东欧新马克思主义流派，是东欧新马克思主义之中，乃至整个 20 世纪的新马克思主义之中人数最多的一个流派，它兴起于第二次世界大战之后苏南冲突所引发的对斯大林主义的批判和对自治社会主义的实践探索之中。实践派的主要代表人物有加约·彼得洛维奇（Gajo Petrović）、米哈伊洛·马尔科维奇（Mihailo Marković）、普雷德拉格·弗兰尼茨基（Predrag Vranicki）、米兰·坎格尔加（Milan Kangrga）、斯维多扎尔·斯托扬诺维奇（Svetozar Stojanović），此外，还包括米拉丁·日沃基奇（Miladin Životić）、扎高尔卡·哥鲁波维奇（Zagorka Golubović）、柳博米尔·达迪奇（Ljubomir Tadić）、布兰科·波什尼亚克（Branko Bošnjak）、卢迪·苏佩克（Rudi Supek）、丹柯·格尔里奇（Danko Grlić）、瓦尼亚·苏特里奇（Vanja Sutlić）等。彼得洛维奇的代表作有《哲学与马克思主义》（1965）、《哲学与革命》（1971）、《〈实践〉的宗旨》（1972）、《革命思想》（1978）、《马克思和马克思主义者》（1986）等。马尔科维奇的代表作有《人道主义和辩证法》（1967）、《实践的辩证法》（1968）、《当代的马克思》（1974）、《科学的哲学基础》（1981）、《自由和实践》（1997）、《千年之交的社会思想》（1999）等。弗兰尼茨基的代表作有《马克思主义史》（1961）、《人和历史》（1966）、《马克思主义与社会主义》（1979）、《社会主义的抉择》（1982）、《作为不断革命的自治》（1985）、《历史哲学》（1988）等。坎格尔加的代表作有《卡尔·马克思著作中的伦理学问题》（1963）、《伦理与自由》（1966）、《历史的意义》（1970）、《人和世界》（1975）、《伦理学抑或革命》（1983）、《伦理学：基本问题与走向》（2004）等。斯托扬诺维奇的代表作有《当代元伦理学》（1964）、《在理想和现实之间》（1969）、《在社会主义中寻求民主》（1981）、《历史与政党意识》（1988）等。

　　在 20 世纪 50 年代初南斯拉夫政界和理论界对斯大林主义的批判中和自治社会主义的探索中，一些年轻理论家积极研究和阐发马克思的异化理论、国家消亡、消灭旧式分工、建立自由人的联合体等思想，形成了具有人道主义倾向的学术团体，后因创办著名的《实践》杂志，这一学术团体被命名为"实践派"。在20世纪60年代中期至70年代中期这十几年间，实践派以《实践》杂志（1964—1974）、科尔丘拉夏令学园（1963—1974）以及从1966年开始采取《实践》立场的《哲学》杂志为论坛和学术平台，组织了一系列的国内和国际哲学会议，同20世纪国际学术界著名的马克思主义理论家进行直接的交流，围绕着"进步与文化"（1963）、"社会主义的含义与前景"（1964）、"什么是历史"（1965）、"创造性与物化"（1967）、"马克思和革命"（1968）、"权力与人性"（1969）、"黑格尔和我们的时代——纪念黑格尔诞辰200周年"（1970）、"乌托邦与现实"（1971）、"自由与平等"（1972）、"资本主义世界与社会主义"（1973）、"技术化世界中的艺术"（1974）等主题，举办了一系列高水平国际学术会议，布洛赫、马尔库塞、弗洛姆、列菲伏尔、哈贝马斯、戈德曼、芬克、阿克谢罗斯、费彻尔、吕贝尔、赫勒、马尔库什、科西克、科拉科夫斯基等著名理论家先后参加会议。由此，实践派很快获得了很高的国际声誉，南斯拉夫哲学第一次在国际哲学论坛上取得一席之地。1974年，《实践》杂志停刊，科尔丘拉夏令学园停办，实践派作为一个紧密的学术团体最终走向解体，此后，实践派的成员主要是作为单独的哲学家参与国内外哲学界的学术活动，其中很多代表人物一直活跃到21世纪初。

实践派致力于在当代历史条件下阐发马克思的实践哲学思想。20世纪众多理论家从不同侧面关注和论述马克思关于人的实践和劳动异化的理论，相比之下，实践派围绕着马克思的实践、人的创造性本质、自由和决定论、对象化劳动和异化劳动等重要问题，对马克思的实践哲学做了最为深入的探讨。他们还从实践哲学基本的人道主义立场出发，对当代人类社会的物化和异化现象、现代性的全面危机等做了深刻的批判，对现存社会主义的改革做了深入的探讨。在实践派的理论中，人道主义伦理学思想，特别是对于现代性的文化危机的伦理批判思想，占据重要的地位。本文选收录了马尔科维奇、坎格尔加和斯托扬诺维奇在伦理学方面的几篇代表性作品：马尔科维奇的《马克思主义的人道主义和伦理学》《作为道德基础的历史实践》《一种批判的社会科学的伦理学》；坎格尔加的《马克思主义伦理学的可能性》《社会主义与伦理学》；斯托扬诺维奇的《马克思的伦理学理论》《马克思思想中的伦理潜能》）。

马尔科维奇致力于解释马克思实践思想的人道主义特征，他在《人道主义和辩证法》《实践的辩证法》《当代的马克思》等著作中，反复强调，当今马克思主义的基本哲学问题是如何使辩证法具有人道主义特征，使人道主义具有辩证法特征，从而将人和人的实践置于辩证法的核心。他也是从这一基本立场出发来阐发马克思主义伦理思想的。他的《马克思主义的人道主义和伦理学》一文驳斥了那种认为在马克思主义框架中不可能有伦理学的观点，强调马克思主义具有一种人道主义的规范伦理学，其核心概念是消灭异化，使人摆脱异化的道德状态，恢复人的自由和全面发展，恢复实践的创造性。《作为道德基础的历史实践》强调，伦理学不是建立在神学基础上，也不是建立在一个独断的、教条地假定的绝对标准的基础上，我们必须将人类历史作为道德的一个可能的基础，而使人类历史成为可能的则是人类独特的活动，即实践，因而，历史实践构成了道德的根基。《一种批判的社会科学的伦理学》一文专门探讨科学家和科学研究的伦理问题。马尔科维奇认为，那种所谓的价值无涉、价值中立的科学研究概念具有误导性，科学家必须正视异化问题，持一种批判的科学观，在这种意义上，一种具有人道主义价值取向的批判的社会科学伦理学尤为必要。

在实践派理论家中，坎格尔加一直从事伦理学研究，特别是对马克思的伦理思想的研究，他早在1963年就发表了《卡尔·马克思著作中的伦理学问题》一书。他的《马克思主义伦理学的可能性》和《社会主义与伦理学》两篇文章围绕20世纪学界一个重要问题，即以马克思主义的伦理学是否可能的理论争论而展开。坎格尔加认为，这一争论中存在的主要问题在于偏离了马克思主义的本质特征和价值追求，无论是那种认为马克思主义伦理学是可能的，还是那种坚持马克思主义伦理学是不可能的，这两种观点都停留于传统的伦理学基本前提的框架内，把伦理学作为一种科学来对待，因此，人们谈论的不是作为人的对象性关系的真实性的伦理学和主体的道德行为，而是关于科学与伦理学、道德行为的关系问题。他认为，在这种意义上，必须否定马克思主义伦理学的可能性问题。然而，坎格尔加指出，很多马克思主义理论家忽视了马克思对于资本主义的批判，特别是马克思的异化理论对于现实的道德批判。在这种意义上，马克思的理论中包含着丰富的伦理思想，这种伦理学不是科学，不是那种无生命的和无活力的道德理论，它要求改变现实，扬弃人的异化和物化，因而，"对马克思而言，存在着这样的可能性，即作为革命的-批判的活动的历史实践本身就成为道德立场"。在这种意义上，马克思主义的伦理思想与社会主义的实践是紧密相连的。

斯托扬诺维奇的《马克思的伦理学理论》《马克思思想中的伦理潜能》两篇论文也直接回应学界关于马克思主义是否有伦理学的争论问题。他明确表明，那种认为马克思的思想不包含伦理学的论断是站不住脚的，马克思本人并不反对道德，而是反对资产阶级的道德说教和伦理主义。斯托扬诺维奇认为，马克思最重要的理想主要包括：人的个性成为自由的、社会化的、创造性的、全面的、完整的、自主的、有尊严的；这种理想要体现为异化的消除、社会的不平等，特别是阶级的不平等的废除、国家的消亡等。基于这些理论，他强调，马克思的著作包含着丰富的人道主义-伦理学内容，可以而且应该用来发展一种规范伦理学。在这种意义上，马克思的伦理思想强调现实变革，强调对资本主义社会及其道德的人道主义批判和变革，并且把人设想成完全有道德义务去实现社会主义的人。

从上述简要的概括可以看出，实践派的伦理思想具有鲜明的特点：一方面，他们特别重视马克思的基本思想和价值观念，致力于挖掘马克思理论中的伦理思想资源，阐发人道主义的伦理思想；另一方面，他们强调马克思思想的实践性和批判性，坚持对现代人类社会的普遍异化和现代性的普遍文化危机进行深刻的人道主义的道德批判。

延伸阅读文献：

Mihailo Marković, *The Contemporary Marx*, Nottingham: Spokesman Books, 1974.

Mihailo Marković, Gajo Petrović, *Praxis: Yugoslav essays in the philosophy and methodology of the social sciences*, Dordrecht, Boston and London: D. Reidel Publishiing Company, 1979.

Milan Kangrga, *Etički problem u djelu Karla Marxa*, Beograd: Nolit, 1980.

Svetozar Stojanović, *Between Ideals and Reality*, New York: Oxford University Press, 1973.

Morris B. Storer. (ed.) *Humanist Ethics: Dialogue on Basics*, New York: Prometheus Books, 1980.

米哈伊洛·马尔科维奇、加约·彼得洛维奇:《实践——南斯拉夫哲学和社会科学方法论文集》,郑一明、曲跃厚译,黑龙江大学出版社 2010 年版。

米哈伊洛·马尔科维奇:《当代的马克思——论人道主义共产主义》,曲跃厚译,黑龙江大学出版社 2011 年版。

米哈伊洛·马尔科维奇

马克思主义的人道主义和伦理学①②

[南斯拉夫] 米哈伊洛·马尔科维奇

马建青 译

本文旨在从马克思哲学中隐含的人道主义的一般假设出发，结合现代伦理学的方法论成果，探讨建立一种伦理学理论的可能性。

根据这一目的，本文分为五个部分。第一部分简要阐述了马克思哲学人道主义的主要原则；这一部分为本文的其余部分提供了总的哲学基础。第二部分包含了对伦理学概念的探讨，并解释了后续的概述与当前哲学文献中那些被当作马克思主义伦理学的理论之间的差异。第三部分讨论了元伦理学问题，如各种伦理学概念的含义，道德判断与其他陈述的意义区分，以及解决伦理学问题的方法。第四部分论述了人道主义伦理学与历史唯物主义的关系；它试图对这样一些有争议的问题表明立场："经济决定论"是否排除了自由选择和道德责任；道德阶级性的论述是否意味着道德相对主义；马克思主义伦理学是否遵循目的证明手段（the-end-justifies-the-means）③ 的原则。第五部分讨论了规范伦理学的一些问题，分析了马克思的人道主义理想。

一

（1）如同在任何其他人道主义哲学中一样，在马克思的哲学中核心

---

① 本文译自 Mihailo Marković, Marxist Humanism and Ethics, *Science & Society*, Winter, 1963, Vol. 27, No. 1（Winter, 1963），pp. 1-22。——译者注

② 本文为 1962 年 5 月作者在密歇根州底特律由辩证唯物主义哲学研究会、人格主义组织（personalist group）和创造性伦理学学会联合主办的"伦理学与辩证唯物主义"研讨会上提交的论文。

③ 此术语可意译为"只要目的正当，便可不择手段"。——译者注

问题是：人在宇宙中的位置。一方面是他与自然，另一方面是他与其他人以及整个社会的关系是什么、应该是什么。

（2）人的基本特征是相对自由的实践活动，是从事创造性工作、对周围环境进行有目的改造的能力。

（3）有目的的实践概念意味着，存在一个独立于人及其心灵的对象世界。换句话说，我们能够进行稳定的、有组织的活动这一事实预先假定了，存在着稳定的、有规律的对象，它们具有确定的、相对恒定的属性和关系。这些对象的**存在**先于我们的实践。然而，我们**对它们的认识**是我们实践经验的结果，是对这种经验进行描述和解释的结果。

（4）人类实践如此频繁地在主体间不断取得成功这一事实只能通过这样一个假设获得合理的解释：在所有这些情况下，实践都是以对世界相应部分的客观、可靠的描述为指导的。原则上，人类对世界的控制和客观认识的增加都是没有限制的。

（5）然而，由于是人为的，因此知识的每一个要素都包含着主观的、人的要素：它取决于人的神经系统的特性、语言的特性、相关具体实践的特性、支配着经验数据解释的先入之见的特性，等等。

此外，为了理解这个世界，人不只对这个世界进行思考和描述。为了满足他的某些需要，他还建构了并不存在的、他计划创造的对象的概念。

这些对未来的预测可能纯粹是不现实的，像梦一样。只有建立在知识的基础上，这些预测才有机会实现。

（6）没有任何其他种类的知识能像科学知识那样客观和可靠。无论**过去**和**现在**是什么，人们都可以通过使用科学方法（即用明确的、可公开交流的术语表达我们的经验和思想；运用逻辑推理形式；检验全部经验归纳）获得最好的认识。通过使用科学方法，人们也可以很好地认识事件在未来所可能具有的不同进程，以及各种不同进程实现的可能性。

另一方面，我们更倾向于实现这些选择中的哪一个——无论它的可能性有多大——取决于我们人类的基本需求，取决于我们如何看待什么样的人类生活和社会适宜于人。

（7）对人类知识的批判性审视表明，知识和人类价值都是随着时间的推移而发展着的，并在不同的历史发展阶段和不同的地点采取不同的形式。由此可见，在探索、发现和批判的语境中，我们的方法应始终是动态的、历史的。

每当我们将我们不断流变的信念和标准冻结起来时，我们必须意识到我们已经特意引入了简化程序。

（8）各种社会现象是物质因素（如经济结构、社会分层、政治和法律制度）和文化因素（如科学、艺术、宗教、道德）不断相互作用的结果。在大多数情况下，社会物质生活的发展起着决定性的作用，至少是间接地起着决定性的作用。

要想理解任何文化成就的全部意义，只有通过考察它的整个历史背景，包括其产生的物质条件及其在社会实践中可能产生的后果。

（9）虽然所有的知识和评价都是相对于地点和时间条件，相对于人类文化的发展程度而言的，但另一方面，某些要素（真理、价值）在历经不同的时代之后幸存下来，而且具有持久的人类意义。这些人类的（非绝对的）常量构成了所有知识和评价的基础。

（10）为了确立一般的真理和价值，我们使用抽象术语。无论抽象术语在理论上和实践上多么不可或缺、多么卓有成效，都应该始终铭记的是，这些术语在它们所涵盖的具体事例下隐藏了或是更大或是更小的变化。为了避免出现这样的后果，应始终以一种具体的方式来构想一般术语，同时铭记抽象概念可运用于上的具体对象、这种运用得以可能的条件，以及与此使用有关的实际后果。

（11）当我们分析对象时，我们将其简化，并倾向于画出十分清晰的分界线。我们必须意识到这一简化过程，并以随后的综合过程来补充分析，即重新建立作为一个整体的不同（往往是相对立的）要素之间的连续性。暂时进行清晰的区分，然后通过发现共同点和转换情况使区分模糊起来，是可控性研究的一个重要的辩证调节原则。

（12）自然和社会过程都受规律调节。然而，在这些规律排除了任何偶然事件和人类自由的任何可能性的意义上，它们并不是严格的。规律应被解释为趋势，是物和生命有机体最可能的行为模式。就某个相关规律而言，一个单独的事件可能会成为偏离（偶然）的，因为（a）普通参照系之外的更强大的规律的作用，（b）有关系统的初始条件的变化，（c）系统内部一个可变因素的作用。

（13）生活在一个既有秩序又有偶然的世界里，人能够作为一个自由的主体来行动，只要他：（a）意识到两类决定因素——**外部的**决定因素（客观条件、自然和社会规律）和**内部的**决定因素（性格特征、利益、信仰），这些因素限制了他选择和行动的可能性；（b）准备抵制外部和内部的强力，并做出最符合其基本信念和价值观的决定。

（14）尽管科学和技术取得了各种各样的成就，但当代人类的状况远非令人满意。它的大多数消极方面都可以通过异化概念得到概括。对一个人来说，异化意味着：无法控制自己通过体力和脑力劳动生产的产品；不可能参与自由选择的、具有创造性的工作；将所有丰富的生活还原为占有物品的虚假需求；与其他人疏远，建立起剥削、嫉妒和仇恨的关系，而不是相互的信任和爱。

质言之，异化意味着从人所能是和所应是的整体中分离出来。因而，人道主义观点表达的最高价值是：消灭异化（disalienation），彻底摆脱一切形式的奴役和贫困，包括政治的与生态的、物质的与精神的、外部的与内部的奴役和贫困。

二

道德是一种客观的社会现象，它首先是由一套约束社会共同体成员行为的规则（规范、标准）构成的，其次是由一套实际的行为习惯构成的。因此，道德可以成为各门科学实证研究的对象。心理学研究的是人类道德行为的心理机制。人类学描述和解释实际存在于各种共同体之中的道德体系。社会学研究一定道德的社会条件。历史学研究一定时代道德的形成、发展和消失等。

与哲学的其他主题一样，哲学从整体的角度研究道德，包括道德的形式、维度、关系。它不仅要分析和解释它是什么，而且要评价和提出它应该是什么。因此，伦理学既有理论任务，又有实践任务。伦理学的理论任务是：澄清道德话语的基本概念，确立道德评价的一般标准和解决道德问题的方法，解释道德与其他各种社会现象的关系，研究各种道德学说的哲学假设和适用条件。伦理学的实践任务是，通过批判现存的道德，提出适合于特定时代人类社会的道德理想，促进人类生活在道德上的改善。

许多哲学家肯定会反对关于伦理学主题的这种观点，认为它过于宽泛。但是，也许他们的整个哲学观念都太狭隘了。事实上，在整个哲学史上，哲学家们都曾以这样或那样的形式关注过所列举的全部问题。在这里更重要的是，这些问题仍然非常重要，但没有人重视，而这些人本应更关注这些问题的——特别是科学家、政治家或记者。

除了分析道德理论的语言之外，拒绝接受伦理学的所有其他任务，是基于这样一种假设，即哲学对所有可能的伦理学理论和道德体系都是中立的，对它们的评价不感兴趣，而且哲学一般来说太纯粹了，不会对道德问题采取任何立场。这样的态度对于一个人道主义哲学家来说是不能接受的，特别是对于一个追随马克思的人来说是不能接受的，因为他不仅要解释和理解世界，而且要改变和改善世界。虽然他可能非常赞成对明晰性的要求，特别是赞成反对任何形式的蒙昧主义，但他也不觉得将这些琐事精确化会有很大的收获。因此，他会拒绝考虑任何使他只有一种可能选择——牺牲所有那些真正有趣的、与人类生活直接相关的哲学问题——的困境。在与各种形式的异化做斗争的过程中，他将不会忽视这种特殊的异化：理论家的异化，他已经完全把以前用来作为手段的东西看成他的目的；他已经把他的主题的所有丰富性和复杂性还原为只是一个无聊且相当无味的层面；他已经使自己与所有其他同时代的、从各种角度来攻击他的领域的科学家相异化——故意将自己封闭在他的元伦理学纯洁的象牙塔之中。

三

任何当代理论都应该回答的最重要的元伦理学问题是：（1）什么是一般"价值"，特别是"道德价值"？（2）"善""正确""应该"等基本伦理术语的含义是什么？（3）伦理判断的具体特征是什么？它与其他类型的判断有什么不同？（4）解决道德问题的方法有哪些？

（1）价值概念是哲学的基本范畴之一。不仅伦理学、美学、政治学、法学的基本概念都是价值概念，如"善""美""进步""公正"，甚至在逻辑学和认识论的基础上，我们也能找到某些价值要求，如清晰、精确、确切、简单、充分、客观、完整、简洁等。真理本身就是关于某种判断或某种理论的认知价值。

价值概念总是意味着与评价主体——无论是个人（在这个意义上我们可以谈论个人的价值）还是社会群体（家庭、阶级、国家等）或一般的人——的关系，在这种情况下，我们至少可以谈论某个特定时期的普遍价值。说 x 是相对于一个特定主体的价值，意味着 x 是一个对象（一个事物或一种状态或一种活动），它具有的属性使它能满足特定主体的某些（认知的或情感的或两者的）需要。

道德价值的特殊性在于：（a）它们构成了一种特殊的对象——人类的某些行为模式。（b）它们是相对于整个人类或在相当长的时期内非常大的群体（整个共同体、社会阶级）而言的；几乎没有哪个人会拥有不同于其他个人和国家的纯个人道德价值。（c）道德价值是能满足人的某种特定需要——对社会和谐、协调、社会认可某些类型的行为和阻止其他类型的行为的需要，最重要的是，也许是每个人根深蒂固的需要，拥有一套人们应该据此生活的标准——的那类活动。

如此来看，道德价值在客观和主观的绝对意义上既不是客观的，也不是主观的。它们本身并不属于绝对本质的范畴（只有在特定的人类道德准则中才会体现出来）。它们是相对于人而言的。在一个没有人的世界里，任何东西都不会是好的或坏的；这对所有其他的价值也同样适用。另外，道德价值并不纯粹是主观的和任意的，并不会因人而异；就它们能满足某些深刻的社会需要而言，它们是人与人之间的、客观的。

（2）最常用来表达道德价值的术语是"善""正确""应该"（这些术语的用法较广；这里我们只考虑它们在道德话语中的含义）。它们都有一个共同的意义内核，这在上一段已经阐述过。它们的不同之处仅在于，当我们将某一行为定性为"善"时，强调的是相关对象（行为）的质；当我们称其为"正确的"时，强调的是它符合从公认的道德准则衍生而来的规则；而在说"应该"做某事时，强调的是行动，而且我们试图直接（而不仅仅像以前的情况那样间接）鼓励某种实践活动。

（3）在谈到伦理判断与其他陈述之间的意义差异时，我们应该区分不同层面的意义。这个问题可以分为三个不同的问题：（a）伦理判断表达的是什么样的心理状态？（b）它们所指定的对象是否是某种特定的对象？（c）它们的主张有什么实际功能，预期效果如何？一些伦理学家的分歧在于，他们只强调意义的各种维度（描述性、情感性、规定性）中的一种。采用辩证法构建的理论将倾向于（a）把所有这些层面作为一个复杂现象的不同方面加以考虑，（b）既避免在这些不同层面之间，也避免在伦理判断（和一般的价值判断）的意义与包括认知判断在内的所有其他陈述的意义之间划出不容更改的界限。

因而，解决之道在于，伦理判断在前面提到的三个方面的意义上都与认知陈述不同，但差别不是太大；它们之间有一种连续性。所以，（a）肯定有一种特定的心理过程与伦理判断相关联：它们表达了我们对某一类行为的情感态度——我们赞同或不赞同，我们对某一类行为的偏爱，我们的责任感、内疚感，等等。（b）存在一种特殊的社会、文化对象：伦理表现与之相关的道德价值。遵守做出的承诺、照顾孩子和老弱病残、忠于国家和朋友等都是这样的对象——在主体间被认可的行为模式的意义上。另外，（c）伦理判断还具有一种特定的实践功能：它们不仅能传递信息，而且，在更大程度上，试图唤起别人的认同感和责任感；它们倾向于鼓励或劝阻别人以一定的方式行事。

然而，伦理判断和认知判断不应被理解为泾渭分明的。不仅有许多过渡的情况，很难被归为纯粹的伦理陈述或纯粹的认知陈述；而且前者并不只表达我们的情感态度，后者也不只描述外部的事实。问题的关键是，只要我们有一个道德判断，并且知道在其中做出这个判断的社会（有其道德准则），我们就可以对这个判断所指向的人类行为方式做出**可靠的描述**。这说明，对于社会成员以及所有对社会存在的历史文化条件足够熟悉的人来说，一个伦理判断除了其他方面外，还传达了一定数量的关于被评价的人类行为的信息。另外，特别是在社会科学和日常生活中，有许多很好的描述性陈述包含着道德评价的因素。比如，"在 X 国，百分之三的地主拥有百分之五十五的土地，而百分之七十八的农民只拥有百分之十六的土地"，"在达豪毒气室的入口处，门上写着'洗澡间'"，"现在 X 上方的放射性程度是正常的三百倍"。伦理判断的特殊性在于，在这里只是有限的东西——对某种人类实践的心照不宣的谴责——在那里是用特殊的道德术语明确地说明和强调的。

（4）如何解决道德问题？

不难看到的情况是，对手间共享一些基本的道德原则，进而共享一些基本的评价标准。差不多很容易就可以表明，相对立的道德判断中的某一个与公认的基本规范相矛盾，而且它必须被放弃——除非主张它的人宁愿放弃他的一个或多个基本价值。

许多伦理学家，特别是那些随情感主义潮流而动的伦理学家认为，在对手甚至都不同意基本原则的情况下，道德问题的解决在原则上是不可能的。有一种富有诱惑的观点认为，马克思主义者应该赞同这样的观点。如果每一种道德都是某一社会阶级特殊利益的反映，那么属于不同阶级的人必然会在基本价值上产生分歧，也不可能解决他们在具体问题上的分歧。

但是，马克思主义者不应该持有这种被简单化的观点。就普遍陈述而言，某种谨慎性和灵活性恰恰是辩证思维的本质。大多数经验性的概括只在统计学上是真实的——必须始终允许有例外和偏差。此外，像所有其他事物一样，阶级应该被解释为过程，被解释为不断变化的对象，这意味着总有一些个人在物质上或意识形态上放弃一个阶级而加入另一个阶级——这一点对知识分子尤其适用。所以，无论宏观上接受什么，都不排除微观上的各种可能性。即使对于属于敌对阶级的对手来说，解决道德问题也始终是这样一种可能性。

这里应该使用的方法是，**探讨**有关的特定道德判断所导致的**后果**，以及这些特定道德判断背后包括基本原则在内的全部原因所导致的**后果**。对立双方会追问，在不同的情况下行动时，或在特定条件下判断人的各种行为时，各自应该采取什么样的道德态度；当他这么做的时候，可以达到如下几种结果中的任何一种：

第一，自然会期望每个对手都能更好地理解其对手口头声明的含义。他们每个人可能都会发现，在他表达自己的判断和规范的句子中，有必要加上某些限定条件。而且可能会发现，他们会考察不同的情况；也会发现，尽管他们的言论有明显的分歧，但他们的潜在的道德态度基本是一致的，这种态度在不同的社会条件下以不同的规范表现出来。

第二，在考察过程中，某个对手可能会经历难以忍受的冲突，此冲突存在于他对某些基本（或多或少抽象）规范的信念与他对某些被描述的或实际经历的行动类型的直接道德反应之间。一个人可能会**扮演**一个愤世嫉俗者的**角色**，或者一个利己主义者的**角色**，或者一个清教徒的**角色**；一个人可能会试图捍卫一个自由放任社会的基本道德或完全的个人主义，或手段证明目的的原则。**抽象地讲**，在进行纯粹的理论讨论时，他可能会确信他是在真诚地扮演自己的角色，他完全专注于他所说的话。**具体地看**，仍可能发生的是，当面对他必须决定如何行动的特殊情况时，他会发现完全不可能按照自己的准则行事，也不可能为任何人如此行事辩护。这种情况可能发生在任何一个已经接受了某种道德或假装以某种口头形式接受了这种道德的人身上，而没有在他自己的生活中、在他自己的直接道德经验中受到实践的挑战。

在决定道德问题时，这种直接的道德经验所起的作用与观察在决定认知问题时所起的作用相类似。诚然，前者要更为易变。但这并不意味着我们应该低估一致性的程度，此处的一致性要比抽象的口头声明领域中的一致性大得多。无论如何，在解决基本原则上有分歧的对手之间的道德问题时，诉诸道德经验是迄今为止最有希望的方法。正是在这种对各种特定行为的直接道德反应的具体层面上，无论是对当代世界现存的人与人之间关系的批判，还是关于未来世界的伦理理想，马克思主义人道主义者都期望得到非常有力的支持。

四

在着手讨论马克思人道主义理想的最重要内容之前，有必要回答这样一个问题：凡是接受马克思的历史唯物主义基本思想的人，是否能清晰明确地、始终如一地谈论一般的理想，特别是伦理理想。批评马克思主义的人重申，这两者是不相容的，在马克思主义哲学的框架内不可能有真正的伦理学理论，理由如下：

（1）决定论的概念本身就排除了选择自由和道德责任。没有后一种假设，就不可能建立起一种道德理论。

（2）道德以特定社会的经济条件为基础的观点，往往将道德上的正确与经济利益联系起来。那么至少可以说，这样的道德理论只适用于生活中的一部分。道德被视为财产利益的问题。更糟糕的是，道德上的"权利"被这种观念完全否定了。

（3）关于道德与文化上层建筑的其他形式一起反映社会阶级利益的论点，引入了一种完全的相对主义。道德的普遍人性特征以这种方式被否定；个人的道德问题被抹杀。在这几套相互冲突的道德标准中，哪一套更可取这个问题现在可以还原为如下问题：哪个社会阶级更具有革命性。这种看问题的方式接近希特勒的观点，即凡是能促进德国人民利益的，就是正确的。

（4）道德从属于政治，最终导致对古老的马基雅维利原则的接受：目的就是手段。当然，这一原则与一般意义上的道德是不相容的。

这种论证的结论似乎是，在马克思哲学的基础上，不可能有伦理理想和真正的伦理学理论。由于对马克思思想整体的表述是不正确的，因而这种论证和结论都是错误的。然而，可以肯定的是，在许多马克思主义著作中，甚至在马克思、恩格斯和列宁的著作中，也有一些过于僵化和片面的表述（特别是当它们脱离了理论和历史背景时）。这些都会引起人们的强烈批评。令人痛心的是，即使是现在的一些马克思主义者也无视马克思著作中的一切细微差别、限定条件、反面实例，更不用说普遍忽视他的早期手稿，而这些手稿为他的整个哲学奠定了足够宽广的人道主义基础。

伦理学与历史唯物主义之间的明显冲突可以通过以下方式轻松解决：

（1）马克思主义的决定论概念的意义不同于此概念的通常之义，前者要比后者更为灵活。从《资本论》和其他著作中可以清楚地看出，马克思（以及恩格斯在《反杜林论》和《路德维希·费尔巴哈和德国古典哲学的终结》中）把社会规律仅仅视为**趋势**。虽然它们限制了人类活动的可能性，但仍然留下了几种或多或少具有可能性的选择。人们要通过自己的实践活动来选择和实现其中的一种可能性或另一种可能性。在《关于费尔巴哈的提纲》中，马克思指出，在谈到历史环境和教育对人的决定作用时，人们不应忘记环境是由人改变的，"教育者本人一定是受教育的"[①]；马克思的这种观点在这里是至关重要的。对于马克思来说，人是一种积极的、相对自由的存在（在部分受物质决定、部分受历史决定的范围内是自由的）。只要他对各种运行的、相互中和的因素的认识和控制能力得到了提升，这种自由就会增加。因此，一个正常的成年人对自己的行为负有道德责任是毫无疑问的，他在行动之前对各种可能的选择及其后果的认识越多，就越是如此。

（2）恩格斯本人在他的最后几封信中表示，他担心马克思及其对经济因素重要性的一再坚持被误解了。他解释道：首先，经济因素只是在归根结底的意义上是决定性的社会因素，它直接或间接地决定着其他一切社会现象（这里的"决定"一词又应在灵活的、统计的意义上理解）。其次，各种形式的社会上层建筑有其自身的、相对独立的发展逻辑，并能反过来影响生产力和生产方式的发展。在这样一种修正的形式中，这

---

① 参见《马克思恩格斯文集》第1卷，人民出版社2009年版，第500页。——译者注

是一个相当健全的观念，任何一个严肃的社会学家都几乎不愿意拒绝它，尽管其可能会要求在方法论上要更严谨，会要求更多的经验证据，认为马克思赞成将道德价值与经济利益统一起来是愚蠢的。事实恰恰相反。在马克思看来，一定程度的物质财富只是一种手段，是使人类摆脱其他一切形式的苦难的必要条件。马克思的最终目标是每一个个人都过上自由的、创造性的生活，他们在感觉和精神上是富足的，而不是仅仅在物质商品数量上是富足的。

（3）马克思之所以如此强烈地强调道德的阶级性，主要是出于强烈的实践需要，即对他那个时代的现行道德理想（例如，自然权利的思想——包括私有财产权、神圣法，等等）进行抨击。此外，马克思从来就没有要求自己必须发展出一套完整的道德理论，也没有要求自己必须阐述被全部伦理学理论所共有的全部陈词滥调。因此，他很自然地只是坚决主张他认为是新的和具体的东西——他对意识形态的批判，他的论点是：每个社会中盛行的道德反映了统治阶级的利益，并充当着其存在条件合理化的手段。

然而，毫无疑问，马克思并没有把人的本质仅仅归结为阶级性。他区分了"在任何情况下都存在的、在形式和方向上能为社会条件所改变的固定驱动力"和"只因某种社会组织而产生的相对驱动力"。他将追求最大经济利益的驱动力列为第二类。在《资本论》中批判边沁的功利主义时，他说："想根据效用原则来评价人的一切行为、运动和关系等等，就首先要研究人的一般本性，然后要研究在每个时代历史地发生了变化的人的本性。"① 在《反杜林论》中，人们可以发现，有一节在谈到道德领域的永恒真理时就是沿着这个思路展开的。在恩格斯看来，这些永恒真理是非常罕见的，但它们是存在的。因此，谈论一整套超越阶级和时代局限，并且以各种各样的、有时是伪装的形式在道德的一切历史形式中重新出现的道德规范，是十分符合马克思主义的。例如，规定了对子女、父母、朋友、共同体的基本义务的规范；倾向于摈弃撒谎、

---

① 参见《马克思恩格斯文集》第5卷，人民出版社2009年版，第704页，注63。——译者注

欺骗、偷窃、杀戮的规范；倾向于为性关系提供某种基本秩序的规范；等等。

一套道德标准中那些关于某一阶级的具体利益和需要的内容，只构成道德的一个层次。然而，这些要素之所以特别有趣，只是因为它们赋予道德以具体的特征。马克思主义者之所以避免谈论普遍的人类道德，是因为那些普遍的价值本身并不是孤立存在的；它们总是具有特定的形式，是与许多具有阶级性变量的规范结合在一起的。

然而，这两者在社会发生危机和衰退的所有时期都会发生冲突。至少有两种症状可以表明这种冲突。（a）统治阶级的成员不再履行他们自己的道德——出现了普遍的道德败坏、愤世嫉俗、伪善；（b）出现了一个强大的反对派，它从普遍的人道主义角度批评统治阶级和现有的社会制度；此时一种新的道德已经出现，它再次包含了一般道德所具有的全部特征，**外加**下降的阶级的一些最重要的具体道德要求，领导革命运动的新阶级的新道德要求。

这种观点并不意味着历史相对主义。在任何特定的阶级斗争中的任何时刻，其中的某个阶级或许会希望更加进步，这不仅是出于经济或政治的原因（为建立一个具有更合理的生产制度、更多的经济和政治自由的社会而斗争），而且出于道德的原因。一个真正进步的阶级是以全人类的名义说话和行动的；它的道德包含了统治阶级无法实现的一切人类普遍理想。重要的是，面对这种道德的任何一个普通的、智力正常的和诚实的人都会接受它，至少是默默地接受它，只要与他进行的讨论不是仅仅在抽象的层面上展开的，而是以具体的方式展开的，即对各种情况和各类行为做出描述，并要求立即做出道德反应，随后对这些反应进行分析。当然，只有当新道德的代表实践他们自己的更高标准时，这一切才会成立。否则，他们自己就会成为愤世嫉俗者和伪君子。结果，他们将根本没有机会去说服别人相信他们所谓的新的、更高的道德价值。一个普通人首先期望看到更高的道德实践的例子，而不仅仅是在理论上接受道德教育，这是绝对正确的。而对于哲学家来说，发现理论宣言和实践行为之间，以及普遍的历史趋势和特殊的偏离之间的一些新的差异，是不足为奇的。就他宁愿谈论一般趋势而言，他可以有把握地断言，真正进步的阶级继承了长期的人道主义传统的一切成就，包括一切普遍的人类道德要求。

从这个角度看，不难解决弥合个人的人道主义愿望与他对一个阶级的忠诚之间可能存在的裂缝的问题。当一个阶级真正进步时——除了其他外，这还意味着它为实现它那个时代的人道主义理想而奋斗——冲突是不可能出现的。个人的目标和他所属的社会组织的目标之间将完全一致。如果他不能把心思放在某项事业上，而他已被告知，这项事业是他的阶级的目标，他就必须用各种可能的方法来解决这个难题。在一段时间内，他可能会认为自己很可能是错的，并试着去做一个忠诚的人。这意味着，要么是他对自己太没自信，要么是他对自己的阶级的领导很有信心。但是，如果他想维持个人的完整性，这种情况不能持续太长时间。一旦他失去信心或怀有强烈的道德义务感以一种与他的阶级的大多数成员不同的方式行事时，他就别无选择，只能按照自己的信念行事。如果他错了，他以后会意识到这一点——但他也可能是对的，并通过他的行动帮助事情向好的方面转变。无论如何，如果他所属的阶级是保守的或反动的，或者有一个糟糕的、无法胜任的领导层，而这个领导层又倾向于以一种道德上错误的方式行事——那么就不存在忠诚的问题。人们必须依靠他个人的道德义务感。马克思、恩格斯和列宁都是怀有这种态度的活生生的例子——他们在很年轻的时候就抛弃了自己的阶级，而在他们获得关于历史发展规律的足够的认识之前，道德的原因无疑起到了决定性的作用。

可以看出，人道主义的道德观肯定了道德在不同层面上发挥着多元的作用：（a）在一个由阶级、民族、组织和个人组成的，利益重叠且多少对立的社会中，它的作用是使生活中出现某种必要的和谐和相互合作。（b）它使一个社会阶级的需要和目标合理化。此外，一个社会占据统治地位的道德是为最有影响力的阶级的生活模式提供证明。（c）毫无疑问，道德在个人的生活中起着异常重要的指导作用；它提供了一套标准，没有这套标准，他的人生目标将很难实现；甚至更重要的是，遵守这些标准是精神满足和幸福的最深层的根源之一。

（4）我们生活在一个充斥着革命和战争、焦虑不安的时代，在这个时代里，政治相对于所有其他形式的文化活动而言，占据着越来越重要的地位。事实上，无论是在资本主义国家还是社会主义国家，为了实现眼前的政治目标，道德要求以及法律规定、科学的客观性、艺术表达的自由等往往会被舍弃。而事实上，一些马克思主义者（虽然绝不仅仅是马克思主义者）一直表现得好像他们接受了"目的证明手段的原则"。

马克思主义人道主义既反对这一原则，也反对使道德（以及科学、法律和艺术）永远从属于政治的做法。被压迫的社会群体的政治解放斗争只是人类解放的一个方面。尤其是文化革命和道德革命的重要性无疑不亚于一个社会的政治重建。诚然，道德本身作为特定阶级利益的体现，是带有政治色彩的。但另一方面，任何一个自称以全人类的名义发声的政党，在政治斗争中都必须遵循道德价值。它当然也不能忽视目标的道德价值和手段的道德价值具有多么密切的联系。高尚的目标只能由高尚的人去实现。毫无疑问，使用不好的、有损人格的手段，会导致使用手段的人道德沦丧。人们会发生改变，他们的实践活动是决定其意识演变的最重要因素。在这种情况下可能发生的事情是，在一定的时刻之后，几乎没有人还在为以前的目标而奋斗。最终产生的东西很可能与最初的想法大相径庭，而且大多在道德上还不如最初的想法。

这并不意味着友好的劝说仍然是政治斗争的唯一合法手段，也不意味着从道德的角度来看暴力和革命在原则上是不被允许的。这是荒谬的，只是因为，即使我们不考虑任何更高的目标，在很多时候，唯一在道德上好的行动选择就是对那些对弱者和无助者使用暴力的人使用暴力。强调目标和手段相统一的结果只是，在两种情况下都必须使用相同的道德标准。任何不同的态度在道德上都是站不住脚的，也是自欺欺人的。这些考察的结论似乎是，人道主义的伦理学理论与对历史唯物主义主要论题的充分灵活和现代化的解释是完全一致的。

五

在马克思人道主义传统的规范伦理学理论中，关键概念是消灭异化。正如我们已经指出的那样，异化在一般情况下意味着不能成为人所能成为和应该成为的存在——一个自由的、创造性的、充分发展的、社会化的存在。人所疏离的存在不应该被视为本体论意义上的存在——作为人的固定本质或固定本性，人曾在过去、也许在原始社会中占有过，尔后又丢失了。那要么是一种糟糕的形而上学，要么是凭借经验对原始社会的错误理想化。

如果作为一个描述性或解释性的概念，人的一般本质是由历史上人类行为的（统计学上）不变特征所构成的。这是经验科学——人类学、历史学、社会心理学等——的概念。当在社会学和伦理学的框架内谈论异化时，人的本质是一个规范性概念、一种价值，是在人应该是什么的意义上成立的。这两者是紧密相连的。为了具有现实性和适用性，任何关于人**应该**是什么的观念都必须建立在对人的发展的**现实可能性**所做的客观评估之上，而这种客观评估反过来只能建立在对人的现实状况的可靠知识之上。

人实际上是一种实践的存在。他倾向于改变他周围的环境，而各种环境决定了他的活动形式是创造性的还是破坏性的，或者只是枯燥的例行工作。人实际上是一种理性的存在，他的行为是有目的的，而且他有理由相信他所做的事情会带来预期的结果（尽管他可能是错的，或者他的愿望可能是坏的）。另外，他实际上是一种社会性的存在。他只能生活在社会中，即使当他的利益与整个社会的利益发生最尖锐的冲突时，他也会试图通过各种理性化的形式——政治、伦理、哲学等——起码使它们获得暂时的统一。创造意识形态不是为了欺骗他人，而是真心希望社会能够合法化。此外，在对现实的人的本质的任何描述中，都可以补充说明，人是一种发展迅速的存在。他发展了自己的知识，他为了满足自己的基本需要而使用越来越适当的物质对象，他发展了越来越复杂的文化需要，他创造了越来越复杂和有效的组织形式，等等。最后，人实际上始终是自由的（在相当有限的意义上）。很难想象哪种人类社会，在其中，人们——至少在某些情况下——还不知道行动的可能性不止一种，还没有从选择的强制性力量中解放出来。

与当代社会的客观描述相结合的这种经验概括，为分析社会和人类状况进一步发展的各种可能性提供了基础。这种分析的结论有：(a) 如果当今的军备竞赛无限期地继续下去，现代文明的毁灭将是可能的，甚至是非常可能的。(b) 如果官僚成为新的统治阶级，如果科学技术的发展独立于一切人道主义的考虑，就会出现一个类似于赫胥黎和奥威尔想象的社会。(c) 如果生产资料私有制被消灭，各种形式的生产者的自治代替国家，一个群体间没有对抗性冲突的社会就会出现。这种预测是很一般的经验假设。

马克思主义的人道主义的典型特点是，它是以这种科学的考察为基础的。在这种观念中，事实与价值、知识与理想之间并无差别，只要人们把**真正可能的**东西作为一种价值、作为一种理想，并且知道它是可能的。它仍然具有价值的特点、理想的特点，因为它是人们在其他选择中**选择出来**的对未来的推断。这是马克思思想中经常被误解的一个内容。这种哲学本质上是一种**行动主义**哲学。马克思的决定论不是宿命论；他的共产主义不是无论人们如何行事都必然到来的东西，而是他们必须为之奋斗并花费巨大努力和牺牲的。它的前提条件是他们必须选择这样做；他们不是完全受盲目的外力所支配的自动机器。

当然，这种选择不仅基于知识，而且基于某些价值考虑。只有当一个人对当代社会中人的生存的所有这些消极方面，即马克思的"异化"一词所指涉的方面深感不安和不满时，他才有可能接受人的彻底解放的理想。这些方面是：

（1）人无法控制他自己的物质和精神活动的产物。这种产物（无论是金钱、教会、国家、政治组织等）不是满足他的需要的手段，而是变成了目的本身，一种凌驾于他之上的陌生的、未知的力量，一种奴役他而不是由他支配的力量。

（2）人不是参与创造性、刺激性的工作，不是履行自己所能履行的各种社会职能，而是被迫在枯燥的自动的工作中耗费自己最大的努力，只是为了获得物质生活资料。

（3）人不可能实现他的各种潜能，不可能发展和实现各种更精致的需求。他的存在仍是片面的、贫乏的、动物性的。他仍然停留在动物的基本需求的水平上，他的需求是吃、睡、性满足和最原始的娱乐活动。

（4）在为更多的财产和权力而斗争的过程中，人与他的同伴疏远了。剥削、猜忌、冲突、嫉妒、仇恨支配着他与他人的关系。

所有这些趋势在道德层面上都促成了一种狭隘的道德，制定这种道德是为了使有限的、基本上是自私自利的生活方式合理化并为其辩护。为了给它一个更广阔的客观基础，人们会在想象的超绝力量中，在上帝身上，而不是在人身上寻找它的根源。但是，异化的人基本上是一个利己主义者，因而他永远不会遵守教会强加于他的受限制的道德；他往往是一个伪君子，一个严重的人格分裂者。

当某人深感需要反抗人的如此堕落之状时，他的批评和他关于未来的理想都不是一种武断和暂时的反应；它们是基于一些非常古老的、根深蒂固的、至少**在抽象层面**几乎是被普遍接受的人类评价。人们更愿意用如下形式将其在口头上表达出来：在其他条件不变的情况下，自由总比被奴役好，创造总比破坏好；既能满足个人目标又能满足社会目标的行为总比只追求前者而忽视后者的行为好；生活在和平中总比生活在战争中好，生活在相爱和友谊中总比生活在相互仇恨中好，生活在和谐状态中总比生活在孤立状态中好；人们拥有平等的权利比拥有不应得的特权更公正，而且，所有人或大多数人享受某些物品比少数人享受某些物品更公正；一个人发展他的能力比他忽视这些能力更合理，更有可能使他过上幸福的生活；等等。

马克思的人道主义理想与这种根深蒂固、暗自假定的偏好是完全对应的。未来的人应该把自己从对外部自然需要的依赖和盲目社会力量——自己的产品——对自己的奴役中解放出来。未来的人应该发展他的实践活动的创造性形式，把自己从强加于他的、使他受辱的劳动中解放出来。他应该停止对物质产品和人的生命的破坏，这种破坏尤其发生在战争时期。他应该使他的个人利益与其他人以及整个社会的利益相统一。他不应该有任何经济、政治和文化特权——这意味着废除阶级和种姓的区别，尽管这并不意味着个人之间的完全平等。未来的人不应该剥削他人；换句话说，他永远不应该把一个人视为手段，而应该永远将其视为目的。他不应该拼命地去**占有**尽可能多的东西，而应该努力**成为**尽可能充分发展的人、尽可能丰富的人。因此，他设法发展他所有的潜能，他所有的人类感觉，并在与世界的各种关系中确证他的个性。

　　青年时期的马克思曾表达过这种伦理理想。在现代文化中，它仍然是无与伦比的。马克思终其余生为它奠定了科学的基础，说明只有通过无产阶级的解放和废除生产资料私有制，才能实现人的彻底解放。而这又不是单纯的梦想、乌托邦，而是历史发展的必然结果，如果人们朝着这个方向行动，这个"如果"会让整个世界变得不同。轻轻放下它的那些人声称伦理学与马克思主义是不相容的。那些深知这种"马克思主义"如果没有它就与马克思哲学没有多少共同之处的人，有理由声称，几乎没有任何其他当代哲学为伦理学理论的发展提供了如此坚实而灵活的理论基础。

作为道德基础的历史实践①

[南斯拉夫] 米哈伊洛·马尔科维奇

马建青 译

人道主义的选择

一旦某个人道主义者拒绝了道德具有神圣起源的观念，他似乎基本上也就有如下四种选择：

（1）一种**静态的、非历史的相对主义**在任何经验主义、实用主义或结构主义的理论中都有例证。从这个角度看，每一个特定的社会、每一种文明都有一套规则，这些规则调节人与人之间的关系，并保持必要的社会凝聚力。这些规则系统是不同的、不可通约的道德范式——就像巴什拉（Bachelard）的不同的理性主义类型或库恩的科学范式或列维·施特劳斯的表达特定社会结构的"代码"。这种类型的理论可以对每一种特定的范式进行客观研究，但排除了谈论人的普遍道德的可能性。道德体系是不能比较的，所有道德上的"善""正确""应该"或"真实"的概念都是相对于特定体系而言的，评价一种道德比另一种"更好"是没有意义的。

（2）如果这种相对主义不能使我们满意，因为它倾向于使一般的"人和历史"的观念失去任何意义，那么我们可以转向一种康德哲学式的或现象学式的**绝对主义**（absolutism）。在这里存在某种关于人及其实践理性的超验概念；某种非历史的和自主的善良意志、某种普遍的道德

---

① 本文原文题目为"Historical Praxis as the Ground of Morality"，译自 Morris B. Storer (ed.), *Humanist Ethics: Dialogue on Basics*, New York: Prometheus Books, 1980, pp. 36-51。——译者注

法则——"绝对命令"——为所有的道德提供基础。那些像席勒一样并不认为**先验**（a priori）形式、**经验**（a posteriori）内容是同一的人，可能会把道德价值投射到一个特定的、合法的王国中，那个王国存在于物质世界和人类意识两个领域之外。

（3）在一个历史飞速进步的时代，那些认为形式义务伦理学和关于价值"本身"的价值论这种静止的观念并无多大价值的人，可能更倾向于黑格尔的**历史绝对主义**。一个家庭、一个民族、一个文明内部的任何特定的道德秩序，以及作为一种意识形式的道德本身，都只是绝对精神发展的客观阶段。这种观点为比较和批判各种道德体系，看到它们的内在局限性，将一种道德体系判定为仅仅是另一种道德体系的特定时刻提供了可能。然而，**绝对精神**的基本假设意味着历史的缺失，意味着在未来创造新道德形式的不可能。如果这个体系声称绝对真理，它就不得不是封闭的：所有真正的发展都发生在过去。

（4）作为黑格尔思想的合法继承人，马克思留下了大量尚未清晰阐述的思想。如今构成官方马克思主义意识形态基础的那些思想提供了一种**历史的、却是相对主义的**道德观。根据这种道德观，道德在历史上有一个真正的发展。从客观的角度来看，历史——不仅是过去，而且是未来——是社会生产力的增长过程，是日益丰富和自由的社会经济形态的演替。但是从更主观的角度看，历史是一部阶级斗争的历史。每个阶级都有自己的植根于本阶级的客观物质生活条件的道德。过度强调人的阶级性，不愿看到每个个体和阶级中普遍的人的因素，会导致向相对主义的回返。这不仅在第二国际和第三国际的马克思主义正统思想中是明显的，而且在阿尔都塞的马克思主义结构主义中也很明显。正统的马克思主义者和结构主义的马克思主义者都无法在未来看到黑格尔在过去所确立的东西：一般来说，即人的总体化过程，他的逐步丰富和解放的过程，而是把历史解释为一系列的生产方式，这些生产方式被社会断裂——革命和文化（"认识论"）隔阂分割开来。

可以说，虽然马克思本人对这种相对主义的解释负有很大的责任（请考虑马克思的《关于费尔巴哈的提纲》的第六条："人是社会关系的

总和。"①），但他也为提出一种人道主义的、真正历史的、超越了要么是错误的绝对主义要么是错误的相对主义的困境的道德观做了必不可少的贡献。

在黑格尔的《精神现象学》中，人被理解为一种普遍的自我意识；这种关于人的观点被这样一种观点超越，它将人理解为一种**实践的**存在，他超越了任何预想的限制，创造了他的历史、他的物质生活条件、社会形态和道德。

作为实践存在的人的观念——伦理学的基础

如果我们不想给伦理学一个神学基础，如果我们更不想把它建立在一个独断的、教条地假定的绝对标准的基础上，我们就必须将人类历史作为道德的一个可能的基础。然而，如果把历史仅仅看作事实的集合，或者仅仅看作几个破碎的、不可通约的系统构成的系列，我们就会很容易再度陷入一种相对主义的实证主义——这就是发生在教条主义马克思主义身上的事情，无论是早期社会民主党的马克思主义，还是在后来的正统马克思主义。

人们不得不问，作为一个整体的人类史到底是不是一个**有意义的**过程。在回答这样一个困难且复杂的问题之前，人们可以先问一个更简单、更一般的问题：是什么构成了任何一个生命过程的意义？雅克·莫诺（Jacques Monod）的回答是：**目的性**（teleonomy），即物种保存和繁衍这个独特的、首要的目的。人们可以追问：是什么让这个基本的设计"有价值"？为什么物种保存要比物种消失更好？为什么繁殖要比单纯恢复已经达到的数量**更好**？

关于这个问题的唯一答案是：这里所说的"更好"或"更坏"不仅仅是一个主观偏好的问题，它指的是一种趋势，而这种趋势恰恰是定义

---

① 《关于费尔巴哈的提纲》的第六条相关内容原文为："人的本质不是单个人所固有的抽象物，在其现实性上，它是一切社会关系的总和。"参见《马克思恩格斯文集》第1卷，人民出版社2009年版，第501页。——译者注

生命的一个必要部分。当然，不是所有的个体和物种都能生存和繁殖。但是，当它们这么做的时候——它们是有生命的。同样，我们还应该补充说，生命涉及维持和增加秩序与结构的复杂性的趋势：对于一个生物体来说，一个秩序性和复杂性较低、朝向相反方向的变化过程是"坏的"，因为它导致生命的毁灭；因此，从否定性价值的角度来看，它可以被描述为一个退化的过程。

就人类历史而言，可以比拟的问题是：历史发展的首要目标是什么？对于不是作为单纯的生命有机体，而是拥有**独特的人类**生命的人来说，哪些客观条件是他的生存和发展所必需的？在历史进程中实际发生的许多事情都不属于这样的条件：饥荒、洪水、地震、屠杀、毁灭。使人类历史成为可能并——在过去几千年的爆炸性发展中——成为独一无二的，是一种特殊的人类活动——实践（Praxis）。实践是**有目的**的（先有一个有意识的目标）、**自我决定的**（在各种可能性中自主选择）、**理性的**（始终遵循某些一般原则）、**创造性的**（超越给定的形式，并把新奇的东西引入既定的行为模式）、**累积性的**（以符号的形式储存更多的信息，并把它们传递给后代，使他们能够在已经取得的成就的基础上继续发展）、**自我创造的**（在这个意义上，在接触到越来越多的信息后，在受到新的环境挑战后，年轻的人类个体发展出新的能力和新的需求）。实践是人的类特性的一种新的高级形态。它保留了遗传不变性、自我调节性、合目的性。但它远远超越了它们。可塑的遗传物质将被社会环境以无数不同的方式塑造；自我调节将变得越来越自觉和自主，物种的基本目的（telos）——保存和繁殖——将被一个全新的基本目标所取代：创造一个丰富的、全面的、越来越复杂和美丽的环境，需求越来越丰富的人能进行自我创造。人的许多活动显然不符合实践的要求，也不具有人类历史的特性。奴隶、农奴或现代工人的重复性工作，与其说是创造性的工作，不如说是海狸建造大坝的活动。

当人们在讨论生命基本的内在的目的性时，可能会提出这样的问题：所有这些创造和自我创造**好**在什么地方？回归尽可能自然的环境，揣着最低的需求，过简单的有机的生活，不是更好吗？和前面的情况一样，答案是：一个不同的**目的**是可能的，但它不会是人类历史的**目的**。人的诞生就是从简单的、有机的、重复的、狭隘的、**自然的**世界向复杂的、文明的、不断发展的、广阔的**历史**世界，从需求和能力的贫乏向目标和生活表现日益丰富，迈出的巨大一步。

这样的判断仍是**基于事实的**。从到目前为止的讨论可得出，**事实上**，人和人类历史的具体特征是实践。当一个人致力于支持、阻止或倒转历史上创造力日益增长的趋势时，就会采取一种基本的**规范性**立场。这就是伦理学中的一个关键分歧点。

致力于提升人在历史中的创造力，将实践作为基本的价值原则，也就是主张它**应该**是普遍可及的，应该成为每个人的生活准则。这又意味着，鼓励人们去发现既定社会形式、制度和行为模式的根本局限性；意味着尝试和探索新的隐秘的可能性，关于一种不同的、更丰富的、更复杂的、自我实现的生活的可能性，并以理想的形式将它们表达出来，研究实现这些可能性的策略。这种伦理取向显然是**批判的**，**致力于解放的**。

因循守旧、**维系现状**的做法包含这样一种倾向，即为精英阶层保留实践，并将绝大多数人谴责为低劣的、不具有人类特征的活动形式，用**接受力**替代创造性，并将解放理想谴责为乌托邦。它抵制进一步的解放进程，但至少倾向于保留已经达到的自由水平。

对历史采取**倒退的**规范态度意味着，致力于倒转历史趋势，恢复已被破坏的主-奴社会关系。奴性被当作创造性的替代品；一方面是以征服和统治为荣，另一方面是以服从和耐心的、忠诚的忍受为荣。

这三种对待历史的基本态度是互不相容的。只有为了确定它们是否被一贯地采取，以及它们是否能在实际生活中持存时，它们的倡导者之间的对话才有意义。如果是这样，那么价值判断上的不一致就无法被克服。

假设我们把历史中**实践的普遍化和持续性**作为我们的基本规范立场，那么问题是：它还包括什么，如何进一步分析它？讲人**是**而且**应该**是实践的存在意味着什么？

（1）与传统的唯物主义和经验主义的观点不同，人不仅是外在的自然和社会力量的反映，而且是教育的产物；他不仅是特定经济结构的上层建筑，而且是**主体**：他在特定状况的制约下创造他自己，重塑他的环境，改变以一定规律存在的条件，教育教育者。另一方面，与黑格尔的观点不同，人不仅被设想为一种自我意识，而且被构想为一个主体-客体（subject-object），他不仅受现存精神文化性质的制约，而且受物质生产水平和社会制度性质的制约。然而，正因为他既有主观层面又有客观层面，既有精神力量又有物质力量，所以他不仅能够理解自己的局限性，而且能够在实践中克服这些局限性。

（2）人当然是一个**现实的**、经验的存在。如果一种伦理学理论只是将完全脱离经验现实、没有任何根据的规范强加于人，那么它将变得毫无意义。当然，利用复杂的操纵手段和野蛮的力量可以把某些义务和责任强加给一个社会，但真正的道德不能以这种方式产生。它必须是自主的，而且只有现实的（个人或集体）主体才能为自己制定道德法则。另一方面，从规范的本质的角度来看，道德规范绝不只是对现实存在的反映。就像每一种实践活动一样，道德始于对现实经验存在的局限性的认识，始于对我们习惯的、常规的活动方式的局限性的认识。规范可能已经存在于我们习惯的行为中，但这些规范要么是通过武力、通过社会公开的强制所产生的威胁强加给人们的**法律**规范，要么是在社会化过程中无意识地接受并像任何条件反射一样盲目遵循的**习俗**。道德意味着，在不同的选项中进行有意识的、自由的选择，这种选择超越了我们现实存在的、直接的、自私的需求——它表达了我们潜在生命的长远需求和倾向。

人的潜能不是直接观察到的经验存在的一部分，但它属于一个人或一个社会的**现实**，是可以通过经验检验的。潜能或倾向概念远非一个模糊的形而上学概念，而是可以通过具体规定其得以表现的条件（前提是可以通过特定的方式来生产这些条件，并且能够检验倾向是否实现）将其付诸实施。

（3）无论是在现实性还是在潜在性方面，人首先是一个独特的个人，他有着极为独特的能力、力量和天赋。人也是一个特殊的社会存在：只有在一个共同体中，他才成为一个人，把自己的能力发挥出来，占有许多前人创造并积累下来的知识、技能和文化，发展出许多社会需要：归属、分享、被认同和尊重。特性（particularity）的层次有若干：一个人属于一个家庭，属于一个职业群体、阶级、民族、种族、世代、文明。

这就是所有相对主义者停下脚步的地方：作为一种特殊的存在，人必定有特殊的道德；不可能有普遍的评价标准。提出这种普遍标准的哲学家，要么像康德在他的超验伦理学中一样不得不消除历史，要么像黑格尔一样不得不把历史解释为一种潜在的普遍精神的实现过程；二者都会导致绝对主义。只有当绝对精神被人的类存在的普遍观念所取代时，问题才可解决。正如我们所看到的那样，这种普遍性不仅是精神的，而且是实践的，它不是以**抽象的**方式存在，而只是作为具体的生命个体的基本潜能而存在。这种关于人的普遍本质的**描述性**概念是由一系列相互冲突的一般倾向构成的；有的促进发展、创造与社会和谐，有的引起冲突和破坏。从历史实践的角度看，前者被评价为"善"，并进入人的本质的**规范性概念**。这个概念不是固定不变的，因为，与黑格尔的观点不同，历史是一个开放的过程。这种观点并不像黑格尔那样是绝对主义的：人继续发展，在未来可能会发展出不断更新的道德形式。然而，人们不必重新陷入相对主义。历史中的发展是连续的；前人的实践产品和经验转化与融入后人仍然是可能的，而且存在着跨时代的不变性。因此，我们有充分的理由认为，尽管特定时代和文明之间存在不连续性，但存在着一种普遍的人类知识，存在着一种不断发展的物质和精神文化，存在着一种通过所有不同个人的生命和特定共同体的生命而不断发展的人的类存在。

在历史的某个特定时刻，可能有一种理论比其他先前的或并存的理论能更好地将这种已积累的知识、已获得的人类财富表达出来。在将来，这个理论也需要修正，但在目前，这个理论的提出者有充分的理由认为，他的观点比他的反对者的观点更正确。他可能是错误的，但这一定可以通过更好的论据获得证明。在同样的意义上，一种伦理学可以被看作对历史上可能已经实现的美好生活、社会和谐与团结——也即道德实践——的更好表达。这种伦理学虽然拒绝声称其绝对有效性，但它确实可以表明，它超越了以前所有伦理学理论的局限性，从而将它们作为特例纳入其中。

理想的共同体实践

一旦我们已经确定了人的特殊本质及其历史的构成，我们的下一步将是阐明一个理想的社会，在这个社会中，实践将成为普遍的原则，即每个人都有平等的机会以有目的的、自我决定的、理性的、创造性的方式行事。

这里的理论背景与上一节的理论背景不同。在那里，我们考察了现实历史，但只从历史中抽象出那些重大的创造性活动在其中产生的间隔和共同体——无论是在物质生产领域，或者在制度设立领域，还是在文化领域。人们清楚地认识到，大部分历史时空被枯燥的和重复性的工作、非生产性的冲突或愚蠢的休闲所填满。然而，那些自由创造的时刻是人类和人类历史所特有的。

现在我们转到另一个理论背景：每个人的实践条件的最大化意味着什么样的社会状况、什么样的人际关系。我们必须牢记需要考虑的三个主要事项：

首先，一方面，归属于一个共同体是任何的自我发展和个人潜能实现的必要条件；另一方面，它对每个人的实践施加了若干**限制**。为了保护每个人的权利，必须有一些通过民主的方式确立下来的公共生活**规则**。诚然，在实践的本质上，一个人的行为不仅是为了发挥自己的能力和肯定自己，而且是为了满足他人的需要。然而，社会必须承认和保护最低限度的基本需要，而不用依赖于个人的首创精神。这些规则既不是法律的（因为它们没有得到国家暴力的支持），也不是道德的（因为它们是外在的，无论在多大程度上表达了一般意志，但它们在某种程度上可能是异在于个人意志的）。

为了满足整个共同体的基本需要，一定量的**劳动**（work）是必要的。当然，在生产力达到很高的水平时，社会必要的劳动量将大大减少。它也将非常丰富和人性化，以至于它将**趋向于**与实践相一致。然而**劳动**与**实践**之间存在着明显的概念上的差异。前者不可避免地涉及一定的外部秩序和等级组织结构，这与实践是格格不入的。

另一个限制是，创造性活动可能必需的那些物品是**稀缺**的。在任何可以想象的社会中，高质量的物质产品、文化表演、空间、时间和健康环境都是稀缺的。太多的自我肯定会限制他人；另一方面，太多的自我约束会限制和削弱自己。

其次，普遍的实践观念本身（自康德以来，几乎没有争议的是，只有那些规范才是可以被普遍化的伦理规范）意味着，在某些重要方面，共同体的所有成员必须是**平等的**。所需要的平等概念既不是个人财产和收入的平等，也不是单纯的机会平等。如果具有不同遗传禀赋的个人得到平等的待遇（为父母和教师提供同等数量的时间，期望他们做同等种类和数量的劳动），那么最初的不平等只会被固定下来，甚至会被加剧。

这就是为什么在一个理想的实践共同体中，人们必须在孩子出生后立即采取社会措施以实现真正的平等，而不是很晚才在正式教育和工作领域采取这些措施。除了父母自己提供的任何东西之外，社会必须提供最佳的条件，以便发现和实现每个孩子最有创造性的倾向。在一个基于统一的思想和生活方式的社会中，一个人由于被摧毁了自我认同而与他人相同，与此相反，在理想的共同体中，所有人都能平等地创造他们的自我认同，同时保持彼此的不同。

只有当涉及对实践的限制时，这些限制才会以一种与实践相异在的方式被实施，即把所有成年的成员都视为相同的。公共生活的规则平等地适用于所有人，而且，当要通过投票来决定这些规则时，一人一票，不多也不少。社会必要劳动对于所有人来说都是义务，不过允许他们选择最适合自己能力、兴趣和技术的工作。不受欢迎的、不吸引人的角色可能要由所有人轮流分担。同样，关于稀缺物品，交易或任何类似安排的出发点必须是每个共同体成员的平等权利。

最后，在这些不可或缺的社会制约因素构成的框架内，一个理想的共同体在生命的任何阶段都能为每个人的实践提供最大限度的有利条件。

这就要求有机会持续地接受教育，而教育的目的不是传授技术知识和技能，以便从事必要的社会劳动，而是激发人们的潜能，使他们产生丰富的需要，使他们能关心他人的福祉。

减少社会义务劳动使人们能够更加重视自由的、创新的、发自内心的活动。

废除对经济或政治权力的任何垄断为普遍参与社会决策开辟了空间。

从理想的实践共同体的角度来看基本道德价值

理想的实践共同体往往会充分实现历史上显然是合乎人性的一切，而关于这种理想的实践共同体的愿景，构成了我们当前异化社会的伦理学基础。

在这种伦理学中，"至善"即最高的善（*summun bonum*）的观念，比其他非宗教的伦理学体系更远离真正的现实。这些体系大多与已经存在的道德相吻合，并与既定的社会安排相适应，无论它们是多么不公正。例如，从阿里斯提波（Aristippus）到伊壁鸠鲁，再从伊壁鸠鲁到边沁（Bentham）、密尔（Mill）、西季威克（Sidgwick）和摩尔（Moore），功利主义并没有对既定的社会形成真正的挑战，无论它是什么。追求快乐并计算如何实现快乐是人类习惯行为中的一个不变因素，即使是最大数量的快乐，或者是最高质量的快乐，而且是对于最多个人而言的快乐，它仍然是特定社会制度下的一种道德。责任伦理学也是如此，无论是康德的，还是罗斯（Ross）和普里查德（Pritchard）的，都是如此。责任感是形式上的，而且它可以以不同的方式指导不同的人。一个压迫性制度的辩护者或许准备将其行动的座右铭变成普遍的法律。

杜威的实用主义伦理学强调持续增长，即各种需要的不断增加和需要满足的和谐，这与传统的静态道德相冲突，但却很好地表达了任何一个现代工业社会的意识形态需要。

涉及反叛因素但以无害的个人主义形式存在的伦理学理论的范例有斯多葛派的伦理学和存在主义伦理学。它们为处于无法忍受的外部环境中的个人提供了道德解决方案。其中一种伦理学表达的理想是，实现精神独立，以及通过减少欲望、从世界的竞争和冲突中退出来实现内心的宁静。另一种伦理学则使人致力于绝对自由，无视一切束缚和强加的约束，甚至是死亡的危险。这两种伦理学对特殊情况下的个人仍然有效，但基本上是逃避主义。

以实践概念为基础的人道主义伦理学提出了一种需要彻底变革社会才能达到的幸福理念、美好生活的理念。每一个人都应该能够作为实践的存在而生活，这涉及极具革命性的道德要求：经济、政治和文化的解放，最大可能的创造性，社会团结，等等。各种伦理学理论所赞美的基本美德和终极目的，大多在这一语境下找到了自己的位置和新的意义。柏拉图的美德——智慧、勇气、节制和正义——不再与一种沉思的理性有关，而是与一种根据人的能力和需要塑造世界的理性活动有关。正如巴特勒（Butler）在理论上和约翰·斯图亚特·密尔在他自己的生活中所注意到的那样，当快乐成为目的本身时，能够获得的快乐非常少；它只是伴随着实现快乐以外的目的而产生的副产品。当斯多葛派的灵魂安宁和精神独立与任何内容几乎被清空的贫穷生活相伴时，其价值是有限的；在物质和文化发展以及社会解放的更高层次上，它成为一种完全不同的价值。那么，它的实现方式将是，放弃支配性权力和物质财富的积累，追求在健康和谐的社会环境中过上一种自由的、具有创造性的生活。在这种情况下，自由不仅仅是思想自由，也不仅仅拼命地选择过一种无根的、孤立的生活；它是一种生活方式，承认其他个人和社会的需要与利益是一个整体，在这种不可避免的限制下创造新的可能性，在其中自主选择，并切实实现所选择的方案。

雨果·格劳秀斯（Hugo Grotius）所提的自然道德法是一套基于人

的普遍本质的规则，这种自然道德法观念在每一种人道主义伦理学中都
扮演着重要的角色；但是，它需要重新做动态的解释。因为人的本质是
在历史中发展的，在每个人身上都有不同的具体表现，所以道德上的善
不是一个抽象的、静态的概念。因此，像传统伦理学中的自我实现、自
我完善等动态概念，虽然得到了新的含义，但也是不可或缺的。自我不
是一个孤立的、自私的个体，本质上是一个社会存在，因此，"自我实
现"意味着将那些不仅肯定其个人利益，而且促进社会利益的潜能发挥
出来。自我完善意味着理性的、创造的能力的发展，而不是像中世纪伦
理学中的精神上升到上帝那里。然而，基督教传统中有一个伟大的观
念，优于后来许多理性主义和人道主义伦理学家对人所做的抽象的和统
一的考察。这种观念认为，道德上的善是以自己特有的自然禀赋并在特
定的环境中尽其所能。这种个体化或个人主义的原则在传统伦理学中很
少得到尊重，因为传统伦理学以一种相当形式化的方式强调一般的原
则、规则和责任。即使在批判康德的形式主义时要求关注伦理判断内容
的黑格尔也认为，内容来自行为主体所生活于其中的特定社会的习俗、
规范和法律。这显然会导致道德上的因循守旧，这就是为什么黑格尔认
为道德的最高表现形式是国家。

在这里，我们面临着一个困境：一种极端**主观主义**的道德观依赖于
个人主体的利己主义和自我保存，而另一种相反的**客观主义**的道德观则
认为道德从属于上帝，或从属于国家（国家本身就是绝对精神的一种客
观形式），或从属于抽象的社会利益。为了解决这个困境，我们必须假
定人既是一个独特的人，又是一个社会存在，他深感应该关心某些一般
需要，而决不放弃个人的自主性和完整性。社会化的结果是，一个人使
这个共同体的价值内在化；除非他与其他成员共同成长、交流、互动，
否则一个人永远发展不出任何道德意识。然而，作为一个实践的存在，
人具有自觉批判的能力。因此，他可以认为，在现行的道德中存在着某
些一般的局限性，他不应该总是遵守它的规范。他可能是错的，并成为
社会的弃儿。但他也可能是正确的，并通过他的离经叛道的道德行为促
成新的更优道德的出现。

在一段时间内，新道德只存在于最先进的个人的实践中或以伦理学理论的形式存在。在严重的社会危机时期，当整个社会结构和统治精英的官方意识形态崩溃，人们不可抗拒地感到需要对社会结构进行调整时，新道德就会占据上风，并开始为广大人民群众所接受。

新的道德抛弃了一些传统规范，或削弱了这些规范，因为这些规范失去了以前在价值等级中的崇高地位。强调**存在**（being）而非**占有**（having）的人道主义伦理学将不怎么重视保护财产或保护其他具有资产阶级特性的制度。如下这些行为将不再被认为是正当的：为保护财产而杀人；强迫一个人偿还债务，即使这些债务是不公正的，而且涉及让他的孩子挨饿；遵守承诺，即使这些承诺是在操纵和压迫下被迫做出的；不爱而婚；不劳而获；歧视某些人，因为他们属于不同的阶级、性别、种族或教会。

这种新道德中的传统社会主义因素是，要求共同体的每个成员都应对社会必要劳动做出他自己的贡献，并且共同体应根据这种贡献的数量和质量以及个人需求的具体性质来分配所有社会产品。这种规范一方面排除了任何形式的剥削和特权，另一方面排除了任何按照继承的社会地位或财产进行的分配。社会主义伦理学也始终有充分的理由坚持团结、互助，以及救助弱者、穷人、老人、病人的原则。但是，传统的社会主义伦理学中存在着一个必须填补的空白：对有关个人自决、完整、内心和谐等道德问题的忽视。没有个人的解放，社会就不可能真正获得解放，因此，社会主义道德必须允许这样的可能性：虽然个人或某一特定共同体与任何现存的组织、机构或整个社会相对立，但它在道德上可以是正确的。实践超越任何既定的秩序，每当这个秩序变得过于狭窄，不适合有创造力的新事物时。因此，道德上的自决不仅仅是一种意志自由：它涉及个人超越社会限制和创造新的可能性的道德权利，而且它除了涉及自主的选择行为外，还涉及根据选择而采取的行动。

从这样的道德观来看，个人的完整性在道德价值中被置于非常高的位置——与将思想、意志和行动分开的资产阶级道德的双重性形成鲜明对比。一个明显的例子可以在霍布斯的伦理学中找到，他采用了基督教的道德规则，但认为按照这些规则行事是愚蠢的，因为所有人都是自私的，所以不可能遵守这些规则。那么，这种道德的可能性取决于必须保证规则被遵守的国家权威和法律。一旦霍布斯关于人的反社会性的假设被抛弃，人们就没有必要把自己分裂成平日的野兽和周日的圣人，也没有必要支持一种强制性的国家机器，以迫使人们遵守一种不可或缺的最低限度的道德。个人必须承担风险，恪守自己的道德哲学——只有这样才能满足自己真正的需要，使自己的信念、口头言语和公开行为和谐一致。

显然，人们能够以不同的方式使利己主义和利他主义成为一个统一体，从而解决内在的矛盾并恢复完整性。最佳的解决办法是也会关注他人福祉的这样一种自我肯定。通过分析可以看到，这一原则恰恰源于实践的概念；它既认为人们不应放弃自己的生命，也认为人们不应虐待和无视他人。它并不强求对每个人的爱，而是承认对另一个人的基本尊重和同情，并意识到他的需要。

若干元伦理学问题

摩尔区分了伦理学中的两个基本问题：什么事态是善的？什么行为是正确的？他倾向于将"正确"与"应该""责任"相提并论。罗斯提出了一个重要的观点，他注意到，一个人可能会有特殊的要求（遵守承诺、赡养父母），这样就会产生特殊的责任，而这种责任会超过产生最大可能善的一般责任。

当从实践哲学的角度重新考虑这些概念时，我们首先可能会注意到，道德上的善这个概念不像在摩尔那里一样无法被定义。实践是最高的内在善。因此，所有这些事态都是善的，因为它们能在特定的历史情境中最大限度地将人的潜能转化为自由地进行创造的、理性的活动。

"善""正确"和"应该"（责任）的概念是重叠的。在大多数情况下，一个人"应该"做的事情是"善"的，而当我们评价这种行动时，我们应称之为"正确"的。但是，在称其为"正确"时，我们强调的是与公认的道德"准则"的规则的一致性,而且,由于基本规则永远不可能涵盖所有的现象,也永远不可能完全公正地对待发展,因此,在有些情况下,出于道德规则的正确行动即使是好的,也可能不是最好的行动。例如,在南斯拉夫的游击斗争中,给妇女分配危险较小、费力较少的任务被认为是正确的,但对于一些强壮、有才华的妇女来说,这就减少了她们更多地行使责任的机会,最终产生了不良的社会后果。

另一方面,在有些情况下,一个人"应该"根据他的主观道德信念行事,尽管客观的分析表明该行为既不是"善"的也不是"正确"的。这不仅是罗斯所说的特殊义务情况,也包括所有那些人们深信某些道德原则在其中并不适用的情况,在这些情况下,人们有一种直接的道德洞见,认为运用这些原则是错误的。当"应该"被客观地解释为在**一种**情况下每个人"应该"做什么时,"应该"与"善"之间的这种不一致可能会减少。因为保持人格完整也是客观责任和社会利益的一部分,所以它可能会凌驾于其他考虑之上,使本来错误的行为变成正确的行为。然而不一致主要来源于主观评价和客观评价之间的不一致;一个行为主体认为他应该做的事情不需要与真正的善相一致。这种不一致不可能总是能被消除的,尽管在基于实践理念的伦理学中,主观与客观的区别不像其他哲学思潮中那么尖锐。

诚然,道德是一种**客观的**社会现象,是一套规范行为的规则,是人们可以用符号形式表达出来并进行科学研究的。但这不是神圣秩序的客观性,也不是绝对精神的客观性。这些规则是人类历史实践的产物。它们被应用于**我们**所知道的具体境况,而不是**本身**。从我们关于这种境况的信念而不是境况本身出发意味着,这将取决于我们的道德责任是什么。我们不可能知道一个行动的所有后果,尽管这些后果是可以通过经验研究而被掌握的。我们更不能肯定行动主体的所有动机和意图。人们从伦理学前提中推导出道德判断所凭借的实践理性是不可靠的——自亚里士多德以来我们就知道这一点。

然而道德评价并不是一个完全**主观的**问题——只是一种情感宣泄,或者说是一种与理性和任何道德原则完全无关的真正的个人选择。作为在共同体中被社会化的成员，一个人总是会做出道德判断。因此，他可以为自己的判断提出理由，并且会用客观的逻辑规则从某些一般的道德规范中推导出这种判断。即使在考察动机这个最主观的行为因素时，人们也可以通过与行动主体沟通，将他的报告与从他的生活史和行为中得到的其他可靠数据进行核对，与其他行动主体在类似情况下的报告进行比较，从而达到对动机的可靠评估。

因此，伦理判断的主观性和客观性构成了一个统一体，在这两个范畴之间不存在只有一方的情况，也不存在硬性的界限。

分析与**综合**、**先验**与**经验**之间的界限也同样模糊不清。这些概念仍然有效，但只有以无法接受的简化作为代价，它们才会变得鲜明。

全部道德判断都是**综合的**，因为它们告诉人的现实活动的某些特征。即使是基本的伦理原则，也不仅详细说明了伦理术语的含义，而且描述了历史实践显然具有的人的属性。然而，一旦人们选择这些属性并建构起一种**规范的**实践概念，那么就可以通过分析得出某些规则。

在某种意义上，所有这些规则都是**先验的**：它们在逻辑上先于伦理分析和评价。但这里所讲的**先验**既不是康德意义上的，也不是现代分析哲学意义上的。道德规则并不独立于任何经验，不是一套决定意志的永恒的、必然的公设，也不是一套为道德话语所使用的语言任意设下的前提。如果从**历史的**视角来看道德的话，任何规范或原则不可能不是从实践经验中产生的，通过形成那些习惯和风俗，它们在很长一段时间内成功地维持了社会的凝聚力，协调了人与人之间的关系，释放了人的力量以从事伟大的创造性的活动。在这个意义上，道德规则可以被认为是**经验的**。然而，在每一个历史时刻，道德思想和经验的可能性恰好是由这些规则和原则的存在所决定的；**在这个意义上**，它们是**先验的**。

现在如果拒绝倾向于使伦理判断成为绝对的**先验论**和通常导致相对主义的**经验主义**（a posteriorism），那么问题就来了，是否有可能解决属于不同伦理体系的伦理判断之间的冲突。有什么东西可以与经验理论中的真理相提并论吗？

答案是：有。

但是，首先，我们必须明确区分价值冲突与相关事实的不一致、用于描述境况的理论框架的不兼容、替代语言的不协调。在对相关的经验证据、理论范式的使用（或至少从一种范式转换到另一种范式的方式）以及特定语言的隐含逻辑达成共识之前，任何围绕相冲突的伦理问题进行的争论都是浪费时间。

在实际解决伦理冲突方面，我们可以采取两种策略。一个是探索相互冲突的判断的基础，另一个是用直接的道德经验来检验这些判断。

理论审视的方法是，要求对方证明其判断的合理性，并对所给出的理由质疑，直到三种情况之一发生为止。（1）在实践理性中某种逻辑错误可能会被发现，这意味着其中一个判断从其所属体系的角度来看是错误的。（2）两个判断都是从其前提中被正确地推导出来的，但前提表达的是完全不相容的历史态度。在那些试图倒转历史、取消已经达到的解放水平的人和那些支持历史的进一步发展、继续进行人类解放的人之间，不可能持续存在理性的对话。在这种情况下，冲突就会一直得不到解决。（3）那些至少是不完全拥有一些基本的共同需要、相同的文化传统、在反对第三方上有着相同利益的对手之间的对话，可能会导致他们建立一种更一般且包含另一种理论作为其特例的理论，也可能会导致他们发现两者的综合，发现崭新的、更一般的、包含了相冲突的两种价值的合理内核的价值原则。

检验伦理判断的方法类似于检验事实理论。在这两种情况中，各种后果都将被推导出来，然后被拿去跟经验核对：一种是普通的实证经验，另一种是价值经验。（杜威把和谐满足的经验作为正确行为的检验标准是正确的。厌恶和恐怖的经验通常伴随着一种恶的行为。）在缺乏实践检验的情况下，人们也可以模拟处于争论中的伦理判断会产生某些后果。即使是在纯粹的口头话语中，想象和描述一个人必须根据自己的判断采取行动的各种情况，也有助于阐明和更充分地理解这种判断的意义。如果至少有一个对手，不得不在意料之外和不寻常的情况下实际运用他的抽象判断，而不准备接受其蕴涵并决定放弃它，冲突就会得到解决。

　　坚信可能通过理性的方法解决伦理判断所依据的那种基本假设，在罗斯那里已经得到了很好的阐述。他承认，在各种文明中存在着种类繁多的道德规则和评价，但他相信这些都是**中间原则**（media axiomata），而不是终极规则。如果环境不同，对各种相关事实的了解有限，即使基本需要和利益相同，道德评价也必定是不同的。

　　事实上，绝大多数人都会同意——**在其他条件是平等的情况下**——生命比死亡更好，创造比破坏更好，自由比奴役更好，社会团结比野蛮的利己主义更好，物质财富比贫穷更好，发展比停滞更好，独立比被统治更好，尊严比屈辱更好，自治比他治更好，正义比滥用更好，和平比战争更好。存有争议的问题是这些普遍价值的**等级**问题，特别是在**其他条件**实际不平等的情况下。当生命的代价是丧失尊严时，生命不一定比死亡更好；当和平导致自由的丧失时，和平不一定比战争更好。

　　这种人道主义伦理学不需要任何相对主义，能完全公正地对待历史的多样性。而且它确保了令人满意的客观性，同时拒绝任何形式的教条主义和绝对主义。

一种批判的社会科学的伦理学①

[南斯拉夫] 米哈伊洛·马尔科维奇

曲跃厚 译

一

科学家和技术工作者的社会责任问题，在 20 世纪后期成为现代文化的主要问题之一。它起源于这样一个事实，即科学和技术本身成了问题。一个世纪以前，甚至最激进的知识分子在争论所有现存体制时也不愿挑战科学。例如，像皮萨列夫（Pisarev）及其追随者这样的俄国虚无主义者，就攻击了所有传统价值——从唯心主义哲学、基督教和道德到国家和家庭。他们确信，专制和无知是万恶之源，前者必须通过革命来推翻，后者则必须通过科学来克服。屠格涅夫（Turgenev）的《父与子》（*Fathers and Sons*）里的英雄们就相信，在未来社会中，科学可以解决所有问题并治愈所有疾病。这种乐观主义现在已经消失了。今天的某些年轻人（他们甚至不必是温和的反对派，更不用说是虚无主义者了）倾向于认为，正是科学本身成了问题，而且是一种需要治疗的疾病。当然，启蒙运动的精神仍很活跃，而且在所有社会中，在意识形态上，最强烈的社会潮流之一乃是以相信科学及其最终结果为基础的：对自然的主宰、物质财富、社会生活的有效组织。另一方面，人们对科学发展之日益增长的各种意蕴的怀疑也在增长，如科技发达的社会中人的关系之意想不到的恶化，寻求最终可能导致人类集体自杀的破坏的意图，日益增长的控制和操纵个人的机会，大量利用科学家及其各种方法

① 本文原文题目为" Ethics of a Critical Social Science"，译自 Mihailo Marković, *The Contemporary Marx*, Nottingham: Spokesman Books, 1974. pp. 92–109。——译者注

和设备用于镇压目的，以及对消费的病态的沉迷，后者可能导致大多数必要资源的浪费和自然环境之不可避免的污染。

这是一种新情况，是一种要求科学家做出迅速反应的情况。如果宇宙、星球上发生了某些可以回溯到其自身的异化形式的产品的重要事件，那么他们必须千方百计地找到一条解决这个问题的途径。他们要么可以把异化接受为一种自然的事态，并继续在创造知识的责任和运用知识的责任之间画出一条明显的界线；要么可以反抗异化，反抗那些信息知识生产者所处的地位，他们既不关心研究的基本目标及其智力产品在其中获得最终意义的知识语境，又不被允许参与关于这些相同产品使用的决策过程。

如果他们接受了后一种选择，那么科学家就必须改变他们关于其任务的本质的根本假定，就必须用一种**批判的**科学观及其方法论来代替那些先前占统治地位的实证的科学观；其传统的超然和冷漠（detachment and aloofness），就必须让位于对所有为了非人的目的而滥用科学发现的一种十分严肃的关注。

然而，如果他们接受了前一种选择，科学家就可能继续坚持一种狭隘的职业分工，并通过科学的客观性和与义务无关的借口来逃避他们的责任。他们可能试图采取以这样一种观点为基础的防卫姿态，即要么研究本身是价值无涉的和在伦理上中立的，要么各种发现将缺乏客观性并具有一种占统治地位的意识形态特征。

这种观点并不具有悠久的历史。直到 19 世纪末，对现实的批判评价都被认为是科学研究的一种合法功能。以下两种哲学观念构成了评价的终极标准。一种观念是**自然秩序**和人的**自然权利**的观念。它起源于古代的斯多葛（Stoic）哲学，并在 17 世纪和 18 世纪通过博丹（Bodin）、阿尔特胡修斯（Althusius）、格劳秀斯（Grotius）、霍布斯、莱布尼茨、康德等人得到了特别的发展。另一种观念则是随着启蒙运动而出现，并在 19 世纪占统治地位的更为晚近的进步的观念。从自然秩序和进步的观点看，它使得人们对任何一种现实的经济状态、政治状态和法律状态采取一种批判的态度成为可能。当然，这些观念是模糊的，是由各种朴素的、片面的或不可证实的假定来支撑的。它们不仅被用于批判的目的，也被用于辩护的目的：例如，资本主义经济被认为是一种最符合人性并可以带来迅速进步的经济秩序。因此，对这些观念的强烈抵制和对从科学中排除所有价值判断并把科学研究还原为对事实状态的描述和解释的坚定要求，部分是日益增长的方法论严密性的结果，部分也是一种铲除所有社会批判的科学基础，并把评价、规划和基本决策归入政治领域的保守倾向的表达。然而，关于自然秩序和进步的这种可疑的概念并没有被任何其他规范范畴所代替。在 20 世纪 30 年代和 40 年代占统治地位的哲学流派——逻辑实证主义——把所有价值命题都理解为毫无认知意义的情感的纯粹表达，结果，哲学完全脱离了活生生的社会问题，失去了其前瞻的、批判的和指导的作用，并被还原成了对语言的逻辑结构的研究。相反，科学被解释为对给定的、在经验上可观察的现象的研究，它至多可能确立一定的规则并从它们中推出某些可能的现象。而根据需要、感情或道德标准做出的所有评价，基本上都被认为是非理性的和应该被抛弃的。

在某些历史时期和条件下，对科学的伦理中立性的这种强调具有一种进步性。马克斯·韦伯（Max Weber）正确地坚持认为，在科学研究和教学之有限自由的条件下，伦理中立性的原则可以通过允许一个学者把他自己从统治集团之不道德的目标中解脱出来而保留他的荣誉与尊严。在这些情况下，而且在这个意义上，价值无涉的科学才可以起到一种进步的、去神秘化的作用。

但是目前，主要的社会危险似乎不是来自如此之多的专制的、权威的统治，而是来自一种精神真空，它被信仰权力和成功、被一种消费的意识形态、被一种对手段的效率的几乎病态的沉迷（伴随着对目标的问题、合法性和人道性的兴趣的致命缺失）所充斥。在这样一种历史境遇中，在这样一种精神氛围中，伦理中立性的原则便起着一种十分神秘的、制度支撑（system-supportive）的作用。由于它对任何一种长期规划的冷漠，对任何一种彻底的社会变革观的根本怀疑，因此价值无涉的科学只能导致异化权力的增长和强化，导致在现存历史结构的**框架中**对自然过程和历史过程的更有效控制。"纯粹的"、实证的、零碎的知识，总是可以以一种对统治精英来说最方便的方式被接受、解释和运用。一个这种科学在其中受到宠爱的社会，仍然缺乏其潜在的批判的自我意识。

二

事实上，价值无涉的科学研究的概念本身是误导的。一定的价值和规范总是会出现在任何一种社会研究中；问题只是在于：它们属于哪一种价值和规范。某些认知价值乃是科学方法的基本要素：明晰性、准确性、灵活性、丰富性、概念图式的解释力、推理的精确性、理论的可证实性和可应用性，等等。这些要素相辅相成，但又不必彼此结合。不同的方法论取向具有不同的优先性模式。在分析方法、现象学和辩证法之间进行选择，接受经验主义、理性主义或直觉，倾向于说明的方法或理解的方法，不仅意味着接受一定类型的语言，即一种思维方式和一套描述的、认识论的与本体论的假定，而且意味着赋予某些认知价值对其他价值的优先性。

除了认知价值以外，非认知价值也总是蕴含在社会科学家的理论预设和方法论预设之中，无论它们如何假装是中立的。例如，社会功能主义者假定，社会是一个稳定的系统，其各个组成部分是高度整合的，每一个部分都有一定的**功能**并有助于系统的**维护**。系统的适当功能取决于关于其基本价值的一致。对系统的成功运作来说，社会秩序乃是根本的条件。最后，任何偏离这一秩序的东西都是无用的、反常的、病态的。相反，马克思主义社会学家则假定，我们所有人都生活在一个从物化的人的活动到自由的人的活动，从阶级束缚的社会到无阶级社会的转变时期，因此，所有社会系统或多或少都是**不稳定的**，即具有明显**分裂的**倾向，具有许多显然无用的体制，并被**冲突争论**与**阶级斗争**所撕裂。对一个病态的社会的背离和持异议远不是病态的，而可能是**革命性的**，是一种明智的显现。在此，我们明显地对现存社会的整个价值体系有了一种态度上的冲突。功能主义通过坚持稳定、和谐与秩序，试图维护这一社会体制。马克思主义则通过假定一种结构的、革命的社会变革的必然性，通过倾向于一种批判的、反叛的立场，寻求消解那种价值体系所声称的合法性，并表明至少它的某些基本假定不具有普遍的人的特征，而是表达了特殊的统治集团的需要和利益。例如，私有财产、经济竞争、劳动本身（无论它是否被异化）、秩序、公民的顺从、国家的统一、表达各种观点的自由但又没有参与决策的自由等，这些价值实际上只是一些在一定时期和一定特殊条件下为了某些人的价值。没有任何限定地维护它们（无论是明确地还是模糊地），都不符合科学的客观性和普遍性。的确，个别的科学家属于一个特定的国家和社会集团；他们一直是在一种特定的传统和社会氛围中受教育的。因此，那些培养年轻科学家的人的最艰巨、最负责的任务，就在于帮助他们克服这种狭隘的批判的精神视野，并认识到科学是一种**普遍的**人的产品。

事实上，某些普遍的伦理价值就蕴含在那些构成了科学方法之真正基础的客观性和合理性的概念之中。盖格尔（Geiger）在坚持认为学术技能和学术良知之间有一种密切关联的时候是十分正确的，**客观性**预设了专业研究规范应用中的一种基本的诚实，对任何一种个人既得利益的无情排斥，整个符号活动过程中的一种合作精神（舍此，交往就是不可能的），赋予真理对群体忠诚的优先性，摆脱理性主义的、社会的、宗教的和意识形态的束缚。科学研究的客观性取决于一定的社会条件，而这些条件又取决于一整套其他的价值的贯彻，如一个社会对世界的其他部分的开放性，政治和文化宽容的一般氛围（它并不排除反对迷信和偏见），**信息的自由流动**（包括自我表达的自由、讨论的自由、旅行的自由、研究任何一个在科学上感兴趣的问题的自由），相对于其他社会领域特别是政治领域的**科学的自主性**，有利于反权威态度的社会氛围（它意味着，科学中的唯一权威是一种以知识和能力为基础的权威，社会中的唯一精英是精神和情趣的精英），等等。相反，交往的任何障碍，对各种竞争的哲学研究方法和方法论取向的任何意识形态敌视，对那种把控制和审查强加给科学研究与出版物的权力，以及试图把忠诚的拥护者提升为科学权威的权力的任何垄断，都在很大程度上降低了客观性并导致了科学工作的一种一般退化。

还有另一种客观性的社会条件，它很好地表明了它和人道主义的关联。当科学工作是少数人的特权，而且一般来说在职业分工中仍处于一个严格孤立的领域时，"客观性"往往意味着职业专家们一致同意的东西。然而，在相应程度上，即在更多的人在其业余时间获得了必要的教育，并对科学产生了一种浓厚兴趣的程度上，特别是在社会科学中，经过训练的观察者的群体、理论的构建者们和批评家们得到了实质性的扩展，而且关于各种材料和理论的客观有效性的社会判断更具批判性和准确性。

类似的分析对科学合理性的概念来说是可能的。所有合理行为都是承载价值的：它存在于为了达到一定目标而挑选最合适的选择之中。在大多数情况下，目标是未经考察的、心照不宣地被假定的（tacitly assumed），被括在括号之间的（put between brackets），这就造成了这样一种幻想，即工具的、技术的合理性是价值无涉的，而且在伦理上是中立的。当然，情况并非如此。许多来自高度合理化的生产过程的新产品，只是对生产者来说才是更有利的，在满足人的需要方面并无优势。对那些在真正的合理性概念中被遮蔽了的价值的考察，揭示了所有科学研究的终极目标的问题。现在，这一点当然已经变得很清楚了，即本世纪无数科学努力中的某些努力在某种程度上被误导了，许多基本的人的需要被忽视了，大量惊人的物质、知识和人的能量被消耗了，以满足各种附加的和人为诱导的需要；而一般来说，科学要求的却是一种明确表述的、批判的自我意识和一种新的人道主义取向。

三

在理论上，构建这样一种新取向的关键问题是证明这样一个论断，即它的基本伦理规范具有一种普遍的特征。

有三个理由可以证明提出这一论断是合法的。

第一，哲学史和文化史表明，那些公认的伟大思想家对诸如自由、平等、和平、社会正义、真、美这样一些基本价值具有一种高度共识。这种共识本身尽管并没有证明任何东西，但却表明了人生的某些规范的普遍特征。

第二，批判的哲学人类学提供了一种关于人、关于人的本质能力和真正需要的理论，据此可以推出包括价值等级问题在内的所有价值思考。这一理论显然不仅包括一种**陈述的**成分，而且包括一种**规范的**成分。例如，前者蕴含在对这样一种观点的理论证明中，即普遍存在着各种潜在的倾向（如运用符号和交往的能力、解决新问题的能力、发展自我意识的能力，等等），在有利的社会条件下，这些倾向在增长的一定阶段内得到了实现，如果缺乏适当的条件，它们又可能被浪费和耗尽。规范的成分蕴含在人之本质能力的选择中，蕴含在**真正的**需要和**虚假的**需要的区分中。这种规范成分的普遍性可能是有效的，如果这一点能够得到表明的话，即如果其他情况相同（*ceteris paribus*），那么所有正常发展的人类个体在匮乏和苦难、群体活动、性吸引力等某些至关重要的生存境遇中，在结构上实际都有着类似的情感需要和偏好。

第三，当代的人道主义的心理学从对心理学中健康的、自我实现了的人的研究中推演出了普遍的人类价值。在此，主要的方法论要点是，健康**在操作上**是可以定义的，而且不需更高级的抽象概念的帮助。亚伯拉罕·马斯洛（Abraham Maslow）通过以下经验上可描述的特征定义了健康的、自我实现的人类的概念：对现实的认识更清醒，对经验更加开放，人的日益整合，更多的自发性，坚定的认同感，更多的客观性，创造性的恢复，融合具体性与抽象性的能力，民主的性格结构，爱的能力，等等。① 另一方面，所有病态的心态特征都是人以及作为一个整体的机体的自动平衡（homeostasis）的分裂。这种研究方法允许人道主义心理学家用事实问题即"健康的人类的价值**是什么**"来代替"人的价值**应该**是什么"这个问题。

---

① Abraham Maslow, *Toward a Psycology of Being*, New York: Van Nostrand Reinhold, 1968, p. 157.

　　这三种研究方法即历史的、哲学的和心理学的研究方法，都允许我们以一种有意义的方式谈论批判的社会科学之普遍的人道主义基础。

　　从这些一般的思考可以推出，至少下列三种可供选择的观点是对社会科学家开放的：（1）为给定的社会中的官方意识形态担当辩护者；（2）试图只是以认知规范为指导进行研究，并把任何一种伦理原则或经济的、政治的和文化的渴望降为背景；（3）根据一种普遍的人道主义观点从事批判的研究。

　　不难解释，为什么许多社会学者担任了辩护者的角色。在最好的情况下，他们可能认同官方的意识形态，认同统治精英的渴望和目标。在最坏的情况下，他们可能保持一致，因为他们认识到接受或拒绝扮演那一角色的代价：一方面是很高的社会地位，另一方面便是遭到拒斥。无论其动机如何，这些决定使其工作服从意识形态要求的学者都不得不违反科学方法的标准，这些标准和真理相关，因而具有普遍的客观有效性。另外，所有意识形态都是虚假的理性化；作为有限的、特殊的利益的表达，无论愿意与否（nolen volens），它们都以一种神秘的方式解释各种社会关系，只是它们自命创造了科学真理。

　　这种最恶劣的滥用，可以通过那些自身对伦理中立性和意识形态中立性承担了义务的学者来避免。这种类型的研究方法有几个变种。在下述情形中存在着明显的差别：一类学者逃进了纯科学的保护伞（secruity），同时又在压迫性的社会中默默地拒斥官方价值体系；对一类受到挫折和怀疑的先前的反叛者来说，任何承诺都毫无意义；一种特殊的商品、知识和理智技能的所有者，任由任何一个准备给他钱的人所摆布；政府或公司的雇员以其社会功能而自豪，但在与意识形态的教条相反时又试图在政府或公司指定给他的任务中实际地生产"实证的"知识；最后，和布莱希特（Bertold Brechet）的"思想家"（"Der Denkende"）一样，知识的承载者，像布莱希特的人物赫尔·肯纳（Herr Kenner）一样，不可能是战斗的，他既未说出真相也不服务于任何人；他"只有一种美德，即他具有知识"。所有这些不同态度的一个共同特征是：为了运用知识而逃避责任。

不过，没有哪个学者能再忽视这种责任了。在历史上，对科学努力的最大滥用即核武器的发展立刻遭到当代一些主要科学家的一系列反对：爱因斯坦和西拉德（Szilard）的信件，弗朗克（Franck）的报告，1945 年 7 月 17 日给美国总统的请愿书，后来的帕格沃什（Pugwarsh）会议的正式名称是"科学和世界事务会议"，是世界各国科学家讨论裁军和世界安全问题的一系列会议①，科学家们越来越多地参与到和平与环境运动以及联合国和联合国教科文组织各种文化活动中。知识分子的一种新的国际协同已经在近几十年间出现。一种批判意识正在发展，它倾向于超越国家、种族、阶级或宗教的界限，并采取一种人道主义的观点。这种新的和自发的理智普遍主义之最广泛的表达之一，是在伯特兰·罗素和阿尔伯特·爱因斯坦签名的第一次帕格沃什声明中出现的："我们不是作为哪一个国家、大陆或宗教的成员在发言，而是作为人类、作为其受到质疑的人这个物种的成员在发言。"

"我们当中的大多数人在感情上不是中立的，但是，作为人类，我们必须记住，如果东方和西方之间的问题是以任何一种使任何人——无论是共产主义者还是反共产主义者，无论是亚洲人还是欧洲人或美洲人，无论是白人还是黑人——满意的可能的方式被决定的话，那么这些问题就必定不是由战争决定的。

"……作为人类，我们诉诸人类——铭记你的人性，忘掉其他东西。"②

四

许多学者在他们面对这种普遍的人道主义诉求时都感到不安，并有充分的理由保持警惕。首先，一种普遍的观点可能如此抽象，以至于它并不能证明任何**特殊的**观点或主张。它在理智上和道德上是可以应付自

---

① 因第一次会议在加拿大新斯科舍省的帕格沃什村举行，而得名帕格沃什会议。——译者注

② Russell and Enstein, *Appeal for the Abolition of War, Sept.* 1955, in Grodsius and Rabinowitch (eds.), *The Atomic Age*, New York and London: Basic Books Inc., 1963, pp. 535-541.

如的，在一定程度上也是不负责任的，它掩盖了所有问题，并扮作一个"中立的"、站在"人类"的高度指责所有方面的大法官（universal judge）的形象。确实，某些特殊观点可能比其他观点更符合普遍利益以及人的发展，即自我实现的需要；进而，在实践中，它甚至不可能不在每一种特殊情况下采取一种特殊立场来促进这些普遍利益。在某些条件下，它可能包含了对所有方面的指责；在另一些条件下，它又可能赞成并积极地支持那个既为其自身目的，又为作为一个整体的人性而斗争的方面。我们需要的是一种**具体的、历史的**普遍主义，而不是一种抽象的、超验的**普遍主义**。

其次，在历史上正如在字典中一样，人道主义往往与博爱、宽容、仁慈、善良和行善主义（dogoodism）① 联系在一起，以至于许多社会改革者和革命家可能不愿诉诸这一标签，即使是在他们客观地或主观地具有一种普遍观点的时候。鼓吹抽象的普遍主义和人道主义的宽容，可能是占统治地位的权力的意识形态，这样，它们就可能使对现存的社会关系的激烈批判中立化，并使好战的行动主义转向各种无害的、温和的或福利的努力。实际上，一种具体普遍的人道主义观点和这样一种表面化的、打折扣的（watered-down）概念毫无关系。

从古希腊文化开始，**普遍的、人道的**和**批判的**精神就以各种方式结合在了一起。例如，在赫拉克利特看来，人如果只是依靠其个人经验和愿望的话，他就只能生活在他的个人世界的牢狱中。思想允许他把握逻各斯（logos）即所有存在的普遍结构，这样他就进入了一个和所有有思想的人共有的世界之中。于是，人就克服了其先前的状态，并发展为**觉醒了的**存在物。在柏拉图、斯多葛派哲学家和许多其他古典思想家那里，人们都发现了三种伟大观念的一种类似的融合：（1）存在的普遍结构；（2）这种普遍性不是严格地外在于人的，而是可以为人所发现和拥有的；（3）从一种现存的、个别的状态转变为一种潜在的、普遍的状态

---

① dogoodism（行善主义）常常被用于贬义，一般译为"不切实际的社会改革主义"或"空想社会改革主义"。这里的含义是强调行善，故译为"行善主义"。——译者注

具有一种批判的特征：在人的批判思想（理性和情感在其中融合了）①
使他觉醒，使他自身自由，使他成为真正的人之前，人生活在梦想、洞
穴和牢狱之中。现代人道主义决定性地超越了古代版本的地方在于其**历
史性的**特征，因而更加强调人的**实践的**维度。和一个活动的个体一样，
普遍的人是随着时代而发展的，现实的人类和潜在的人类之间的分离，
在每个历史时期都采取了不同的形式；而且，批判的目的不仅仅是唤醒
人，而是在实践上克服任何一种人在其中仍不能实现其自身并可能堕落
的社会状况。

最后，某些当代学者，甚至在包含着批判时，或正是这个原因而对
人道主义的这种拒斥态度的第三个理由在于这样一个事实，即某些人道
主义者未能满足方法论的科学标准，甚或假定了一种明显的反科学的立
场。在此，人们应该区分两种抨击实证科学的人道主义者，其动机和论
据是完全不同的。一种起源于传统的人性，它们总是表达了对知识的实
际应用和作为一种价值的效率的冷漠。这种冷漠在古希腊人和劳动的关
系中，在他们关于**理论**（*theoria*）的意义主要在于它是达到完美人性的
一种方式，而非实现某些实际目标的一种手段这种信念中有其根源。在
西塞罗（Cicero）那里，**人性**这个语词是指那些可以通过适当的教育，
在每个个体中得到发展的真正的人的特性。这就是在中世纪的大学里，
在文艺复兴时期以及后来，人道主义研究的目的总是为一个给定的社会
塑造精神能力并发展必要的文化基础的原因。许多世纪以来，尽管人性
为欧洲社会创造了理智精英，但作为一个研究领域，它们从工业革命和
迅速发展的技术取向的科学开始，便失去了其统治作用。不过，竞争从
未消失。人道主义者在抽象科学和具体科学之间（nomothetical and
ideographic sciences）做出了明确的区分，他们断言，关于人类社会，寻
求科学规律没有意义，那种寻求说明规律的方法必须被一种理解的方法
所代替，形式的方法和定量的方法是无效的和误导的，等等。"实证主
义者"回应说，所有真正的科学研究都必须遵循明确表述的方法论规

---

① 希腊思想有一种强烈的理智气质，但又与当代科学之冷酷的、算计的合理性相去甚
远。对柏拉图而言，真正的哲学**情感**是所有哲学的根基。

则，依赖于认真工作并提供主体间可检验的结论。相反，人道主义者则倾向于任意的方法论规则，依赖于不可证实的精神才智（直觉、想象、理解，等等），并提供可疑的和主观的结论。

实证科学的维护者们确实是一种很片面的和简单化的科学范式的囚徒，除了其关于价值的朴素性之外，这种范式的缺陷还在于它不能说明科学研究之启发的和创造的方面。但是，当他们批判各种在科学和人性之间引入一种分裂的企图时，他们又是有意义的。自然科学和社会科学之间的区别只是一种程度的区别。任何一种关于社会状况（它乃是一种批判的社会理论的主要之点）之理想潜能的观点，都会要求对实际状况、其总的趋势和最可能的未来结果进行最严格的考察。没有这样一种具体的研究，一般的批判的人道主义研究方法就仍然是危险的、模糊的和不确定的。缺乏对事实和给定社会状况的规律的认识，表明了对各种限制的无知，在这些限制中，可能的社会行动的目标都有成功的机会。

来自左派的对实证科学的批判有着不同的动机，但又常常遭遇人道主义和科学之间关系的同一种二分法（dichtomous approach）的问题。法兰克福学派的成员，特别是霍克海默尔（Horkheimer），以"否定的辩证法"的名义拒斥了任何一种实证的理论建构。其论据是，所有实证理论都有一种支持系统的功能。因此，辩证的社会理论的职责只是批判一种给定的社会现实和所有业已提出的科学理论。存在主义者提出的一个类似的论证认为，确立一个社会的科学规律就是决定其形式功能和永恒性的条件；这样，科学便有了一种含蓄的保守功能。

这一论据的力量在于这样一个事实，即它涉及某个在大多数情况下实际上发生的事情，尽管它的发生只是因为大多数学者的确接受了支持系统的各种角色。科学方法论本身并不妨碍一个学者确立一种描述系统中**解构的**趋势的规律。马克思关于平均利润率下降的规律就是一个经典的例证。实际上，科学客观性的要求对一个社会学者提出的义不容辞的义务是，既要确立一个系统的生存功能和规范功能的条件，又要确立其质的变化和新系统的出现的条件。首先，它只是表明，科学的理论建构无须扮演一个辩护的角色；其次，辩证法家并非只会否定地批判。的确，"否定的辩证法"这个语词似乎是误导的。辩证的批判思想的否定性在于发现一个给定系统的本质性局限以及克服这一局限的途径。这种双重否定导致了一个新的系统，而且在这一辩证过程中不存在任何可能妨碍我们描述这一新系统的东西（在黑格尔看来，这乃是综合的阶段）。当然，批判思想的过程不会止步于新的系统。一系列相继的、在由批判理论所表明的方式中被设计出来的步骤，把目前的实际状况和对整个给定时期之理想的历史机遇的展望联系起来了。没有这一中介，对理想未来的人道主义展望就仍只是一个信仰或希望的问题。人道主义需要科学，以便超越其乌托邦和任意性，即将其理论渴望转变为一种实践。

五

一旦学者们承担责任并接受了一种人道主义伦理观，他们自己就不仅承担了表明对社会实践的方式的义务，而且承担了直接参与那种实践的义务。其义务的性质显然是依现代科学发展所创造的那些问题的真正本质而定的。

最紧迫的任务是用一切手段来压制并消除现存的、非人道的技术。这首先意味着为裁军和一种新的反污染的技术而奋斗。

更宽泛的任务是对反对现存知识的滥用承担义务，因为那些创造知识的人不仅具有一切权利，而且有责任关心其实际的应用。

正如我们已经熟悉了滥用知识的某些最坏的形式一样，人们有时又可能认同早期阶段的研究的病态的特性。"病态的"在此意味着研究各种非人的目的，如摧毁人的生命，破坏我们的自然环境或统治人的心灵。充分意识到研究的目的而又参加这种研究，显然是不道德的。的确，某种研究的实用目的并不必然是已知的，或可能与其结果之后来的运用无关；但是，当它是已知的或可能是已知的时候，又另当别论了。在这些情况中，拒绝服务乃是一个学者的道德义务。只有当他在针对人性的各种犯罪的科学准备中，在违反人权时，或者在对人渴望自由和发展之有条理的心理学解构中拒绝成为一个同谋（accomplice）时，他才能维护其道德完美并避免理智堕落。拒绝为这些目的而运用人的知识和技能，可以采取不同的形式，从公开的反抗，如遵循歌德的劝告"蔑视权力，决不弯腰"，到更消极的抵抗，如遵循布莱希特的赫尔·肯纳（Herr Kenner）的名言："不为权力服务，但又不断然说'不'。我虽无宁死不屈的风骨，但我必须要比当权者活得更长。"

对科学家来说，现在正是提出职业叛逆（professional disobedience）并抵制滥用各种策略的时候，这些策略还要求对其组织的特征进行一种变革。迄今为止，他们已经将其自身组织成各种学会以促进知识，或组织成类似商会的各种协会以维护其职业利益。现在，正是组织起来与滥用（和浪费）科学知识进行长期斗争的时期，而且由于这种滥用是国际规模的滥用，它只能通过一个世界性的学者组织才能受到相对有效的抵制。

无疑，这样一种组织对另一些目的也是必需的：保护那些由于其伦理态度而受到迫害的学者，特别是因揭露这样一些罪行而受害的学者，如批判分析各种制度，挑战官方意识形态，消解体制和魅力型领袖的神秘性，或公开揭示人民有权了解那些塑造了其生活的异化了的政治力量、经济力量和军事力量这一事实。

确实，个人的道德力量不可能依任何组织的存在和效率而定。组织可能有助于动员舆论，并表达集体的协同性。个人不是孤立的，这固然很好。但是，即使人是孤立的，也必须做出道德的决定。伦理规范完全是社会的，而决定采取与之相符合的行动并承担这种行动所包括的所有风险却是个体的和纯自主的。有一些减少人的脆弱性并增加必要的自主性的条件。它们都与个体意识和生活方式中的这些变化，以及更大意义上的自我认同和自决有关。下面三个条件似乎有着基本的意义：

（1）批判地重新考察那些在教育过程中强加给我们的价值和生活角色，并建构一种新的、一以贯之的、基本的生活取向的终极目的。没有这样一种批判的和自我整合的努力，一个学者就会缺乏道德信念的力量。和任何一个个体一样，他将在其意识中发现引导其行为的各种规范；但作为一个学者，和其他个体不同的是，他往往会认识到这些规范既缺乏统一性又缺乏合理的基础，它们来自不同的源泉，并构成了其意识生活中的各种异化的、可疑的力量。这样一种原初的道德意识的侵蚀，导致了实用主义的或逃避主义的行为。没有一种新的、自由接受的、为一种坚定的方向感奠定基础的世界观，一种自律的道德义务及其所有相伴随的冒险，是不可能的。

（2）从诸如权力、财富、非必需的消费品、无意义的头衔和荣誉或虚伪的情谊这些错误的、虚假的需要中解放出来。所有这些需要的特征是，它们不仅浪费时间并产生了各种经常性的焦虑，而且使人产生了依赖和脆弱。一种道德行动中所包括的自由，包含了准备接受来自这种道德行动所指向的那种权力的各种打击。由于大多数虚假需要的满足依赖于现存的权力，报复就成了轻而易举的事情。自由要付出的代价是很高的，而不愿付出这种代价就等于放弃了自由。斯宾诺莎之所以是他那个时代最自由的人之一，是因为他是通过打磨各种光学镜片来维持生活的。那些为了政治影响而渴望提升和获得各种机会的学者，那些太急切想过上更舒适的生活，享受公费旅游，并千方百计地维持虚假友谊的学者，是不可能为了道德义务而坚持自由的。

（3）把职业的、科学的活动提高到实践的层次。虚假的需要是真正的需要的替代品，它们对于提供一种精神空虚的生活是必需的。当一个学者以他的研究为目的本身——这一目的使他实现了其最大的创造愿望和潜在能力——在这种程度上，他能够以一种简单的、健康的、提供了最大程度的必要独立性和道德自主性的方式来谋划他的生活。

还有其他一些条件值得提及，如广泛的科学旨趣和文化旨趣、面向变革、对新的社会需要的认识、职业才能，等等。尽管它们既不是必要条件也不是充分条件，因为一种道德行动中所包括的自由不可能由它们来决定，但它们却创造了一种自决的障碍在其中明显减少了的个人境遇。

六

除了其作为知识和技术的生产者的责任以外，科学家们还有一种作为教育者要培养下一代的特殊责任。

那些只能传递信息和传授常规技能的教师，在不远的将来可能成为多余的人：他们将集体地被教学机器所替代。另一方面，学生们总是需要和教师保持活生生的联系，教师能做各种机器永远也做不了的事情，因为它们不是一些常规的事情，而且不可能被程序化。这些事情包括：

（1）把零碎的知识置于更广泛的背景之中，以表明其在各种历史条件、社会条件和心理条件——知识就是在这些条件下产生的——中的联系、中介、地位，表明知识借以产生的科学方法，表明其对未来的研究和社会实践的意蕴。教师所提供的这种广泛的背景不是被预制的（prefabricated），它可以在不同的方向中被构建，它来自教学过程中双方的对话，它不仅取决于教师的知识和文化背景，而且取决于学生的特殊兴趣。

（2）对知识的创造性解释。纯粹地传递知识，即使是当知识在其所有复杂性中被复制的时候，应该为这样一种尝试所替代，这种尝试根据一种特殊的、个人的哲学观赋予了那些知识在其中借以被表达的符号形式以新的意义。

（3）唤醒学生的理智好奇心，拓宽其精神视野，发展其批判思维的能力。为了培育心灵开放的、创造型的、具有一种历史感的青年知识分子，一位优秀的教师不仅必须教他们用"怎么样"和"什么是维持事物发展的最佳手段"的方式来研究问题，还必须教他们用"为什么""要达到什么目的""主要的局限是什么""怎样克服它们"的方式来研究现实。

为了成为一个成功的教育者，一个学者必须有人格，即不只是成为一个有知识和有文化的人，还必须成为一个完整的、有特点的、对实现其信念而勇于承担义务的人。如果这些信念有点乌托邦或太现实了，是会得到学生原谅的。学生不能原谅的恰恰是思想、语言和行动之间的不一致。

因此可以推出，一个为了理想而生活的教授将拓展其活动以超越相对狭窄的学术领域的局限，并成为全球共同体中的一个积极分子。这种需要不一定包含严格意义上的政治义务，因为它可能是由任何一种实践的首创精神（practical initiative）构成的，这种精神导致了对社会的一种理智的和道德的改革，并有助于创造一种新的、更适合时代需要的文化。

这种公共活动在把一个社会的思想理论与具体实践联系起来的过程中成为一个重要环节。为了使给定的社会现实达到其理想的历史潜力的水平，一个民族之最优秀的思想家需要一种巨大的集体努力。没有这样一种努力，或者其主要学者持逃避责任和遵奉主义的立场，一个民族或阶级就不可能达到其理想水平，并将止步于停滞和衰退的阶段。

一个学者-教师在双重意义上有机会影响最重要的社会过程的进程：一方面通过他的直接活动，另一方面通过他对那些想要改变世界的人的间接教育。其同时包括改变外部条件和改变自我。

这种活动在盲目的历史决定论的链条中是一个断裂，而且完全值得被称为"创造历史"，或简要地被称为"实践"。

米兰·昆格尔加

马克思主义伦理学的可能性①

[南斯拉夫] 米兰·坎格尔加

衣俊卿 译

我提出马克思主义伦理学的可能性这一问题——对于我们当中的一些人，特别是那些对此不甚了解的人而言，或许这个问题的提出不仅是多余的和不必要的，而且甚至那种提问的方式本身就是站不住脚的——在我们看来，它切入了我们当代哲学的和实践的，也就是日常生活的关切、问题、窘境的实质，并且对于我们为那些我们运用各种步骤、做法、活动、关系、方式、观点和方针也明显无法获得充分的与合理的解答的问题寻求可靠的标准、原则和答案，也具有根本的意义。如果是这样的话，那么就完全值得，也有必要去搞清楚所提出的问题具有什么样的分量、意义和含义，它是具有某种普遍的意义，还是只具有想象的、人为地虚构的、不存在的意义。然而，即便我们赞同和坚持这后一种可能性，还是有足够的理由提出这一问题。也就是说，鉴于在我们这里（而且并不仅仅是在我们这里），当涉及一些基本的伦理学问题时——这些问题是从马克思主义的立场加以审视和理解的，正是**在这里**整个问题——非常容易误入歧途，在某些地方甚至已经近乎于偏执，因此，从这个方面来看，也存在着重新审视这些问题，并提出独特的解决方法的迫切任务（这些任务按其自己的结论的规定性、意义和重要性而需要艰巨的和严肃的哲学工作。）

因为——我们将坦诚地和开诚布公地说——让我们感到惊讶的正在于，那么多马克思主义哲学家和理论家，以及具有同样想法的其他人，

---

① 本文原文题目为 "Mogućnost marksističke etike"（塞尔维亚-克罗地亚文），译自 Milan Kangrga, *Etički problem u djelu Karla Marxa*, Beograd: Nolit, 1980, str. 267–288。——译者注

很快地，甚至过快地转身就忘记马克思和恩格斯，以及列宁在自己的全部生涯和著作中，几乎没有中止地、那么经常地指出的东西，以及成为马克思整个学说本质的东西，构成所有严肃的哲学-理论工作的必要条件的东西，即对所有问题和题目，特别是对资产阶级理论和哲学，及它们的命题的**批判**的态度。因此，基于这一基本要求，马克思在本质上与对资产阶级理论的各种机械接受和"进一步的重建"格格不入，因此根本不考虑那种新的思想堆积和由此必然引出的结论的前提。

对于那些——实际上非常松散地——通过那种相似的途径成为马克思主义者的人而言，按惯例通常总是会必然出现，并且时刻会重新出现的是，在当代资产阶级理论的潮流中漂浮，在其死胡同中徘徊（这些理论在今天——顺便说一下——根本上，或者已经毫无例外地受实证主义哲学倾向和科学的影响），他们在最好的情形中也不过是立足于更老的历史和哲学成果，然而，马克思的思想才是占主导地位的立场。由此，在事实上，这样的理论家远没有能够令人信服地"丰富"或"发展"马克思主义，他们似乎都落后于资产阶级的"创新性"，因为这种状况证明他们没有达到所提出的任务的思想水准，他们所宣称的东西无论对于马克思主义，还是对于马克思的思想，都是在帮倒忙。

正是这些原因，迄今为止，几乎在整个马克思主义文献中，通常涉及马克思哲学中的伦理现象时，我们所遇到的都是坚定不移地确立马克思理论前提的**本体论的和人本学的**问题，由此必然使所有更加全面地和更加深刻地理解这一伦理问题的尝试都**外在于**马克思的本质的和原初的历史思想的**视域**。结果总是在任何情况中都停留于纯粹**道德主义**的框架之中，这一道德主义从康德开始就一直存在于认识论的范围内。由康德提出的道德主义立场在所有的伦理学家之中，一直到今天都是不断持续存在的，同时也是富有争议的观点，而且在康德之后**各种新的道德主义**（在这种情形中，也包括"马克思主义的"道德主义）依旧存在，它们一方面建立在康德所提出的问题的**基本理论前提和文献基础**之上，另一方面则**低于**康德本人的伦理学和他的历史知识的**水准**。这是所有那些旨在建立一种伦理学的马克思主义尝试的命运（无论是基于什么视域，采取什么形式：作为**科学**，或者作为**哲学"领域"**，或者甚至**把**整个马克思的学说，以及马克思主义**等同于伦理学**），甚至也是那些"实践性的"现实努力的命运，这些现实努力旨在为**政治运动**的直接需要提供价值，因而也是伦理的–道德的解释或者知识，由此，甚至社会主义和共产主义的概念也获得了**独有的**道德的–政治的色彩和外观。然而，这同样也是站在马克思主义立场之上，处于马克思主义的框架之中，只是处于对康德的**可笑的模仿**的范围内。因为，康德（在他那里，可以说，所有伦理学都是作为伦理学）提出人的问题，在最显著的**人的境遇**中寻找或主张人的道德性，这种主张虽然是理想性的，但却是对现存的和给定的东西的间接的否定，而我们已经到了这样的地步，甚至对一种"社会主义伦理学"的人的内涵的诉求都完全无影无踪，结果典型资产阶级实用主义意义上的伦理的–道德的要素直接进入了日常经济和政治诉求或者社会诉求之中。

然而，我们在这里感兴趣的是另一个问题，即马克思主义伦理学是否可能的问题。

一、马克思主义伦理学可能吗？

关于马克思主义伦理学的可能性的问题，隐含地包含在各种尝试的理论基础之中，这些尝试一方面只是为了在一般意义上理解真正的马克思的思想，特别是其与伦理学的关系，而另一方面则涉及稳固的和可靠的（"理论的"和"实践的"）标准问题，凭借这些标准可以从马克思主义的立场出发对特定的现象、事态、事件、情境、人们和行为做出与马克思的整个科学的精神和思想相符合的**评价和价值判断**。在这种意义上，很多马克思主义者明确地尝试去首先证明，**马克思主义**也有自己的**伦理学**，因此努力建构并使之体系化，而从另一方面在某种意义上也蕴含着显而易见的推论，即存在着某种基本的和基础性的马克思主义的**伦理原则和规范**，这些原则和规范**在内涵上**与资产阶级的（在资产阶级伦理学中制定的）伦理原则和规范根本不同。同样还存在着一些理论尝试，要把整个马克思主义，因此也把马克思的科学理论本身等同于伦理学，按其本质把它理解为和解释为纯粹的伦理学学说（由此而特别坚持强调所谓的马克思的"先知精神"，在这一精神中穷尽了马克思的全部革命思想)[1]。然而，一些马克思主义者则与此相反，坚持认为马克思主义伦理学是不可能的，直到今天我们还在这两个极端之间的圈子里打转：马克思主义的伦理学是可能的——马克思主义的伦理学是不可能的！

因此，在开始分析上述问题之前，我们必须**更加确切和充分地**把握这一问题，否则的话，我们就永远也无法走出这些矛盾交错的迷宫。因此，与**马克思主义的**伦理学是否可能的问题相关，我们还需要提出**马克思的**伦理学是否可能的问题，或者更好的是提出：**在马克思的思想视域中伦理学是可能的吗**？也就是说，考虑到迄今为止的马克思主义理论整体（顺便说一下，这个理论是特定"实践"的可靠的"表述和反映"），我们自己在这里可以使自己回想起马克思关于他本人不是"什么马克思主义者"的声明，因为今天我们可以看到马克思关于自己的时代和他之前的时代所充分论述的内容！在这种意义上，我们可以同那种马克思主义立场争论**马克思主义的伦理学**是可能的还是不可能的问题，因为在我们看来，"马克思主义的"概念在这里反映的是停留于资产阶级思想视域里所提出的这一问题的水平和方面，而对马克思本人而言，在他的思想轨迹中，这一问题是在一种完全不同的维度中提出的，而这正是我们在这里想加以阐述的。

现在我们进入问题的实质！问题究竟何在？当我们确定马克思主义伦理学是可能的，马上就会提出问题：根据什么，在哪方面，为什么它是**可能的**？在相反的方面：根据什么、在哪方面，为什么它是不可能的？如果我们稍加思考这一提问的方式和与此相反的观点的断言及其对这些问题的回答方式，我们就会立即看到，问题的要点集中在"**马克思主义的**"上面，而作为**伦理学的伦理学**本身则是某种已经给定的东西，某种没有争议的和**不会出现争议的**东西。因此，按照不同的立场，对马

---

① 特别参见：Marximilien Rubel, Introduction à l'éthique marxienne, 刊载于 Karl Marx, *Pages choistes pour une éthique socialiste* , Paris 1948。

克思主义伦理学的可能性的否定或者肯定，也就是在这样一种意义上提出问题：**马克思主义的**伦理学会是一种什么样的伦理学？更加准确地表达：为了**区别于**资产阶级的伦理学，马克思主义的（或者像人们经常称呼的那样，社会主义的或共产主义的）伦理学按其形式和内容应当是什么样子的**伦理学**？这也就意味着这样一点：**继续停留于伦理学基本前提的框架中**，探寻马克思主义伦理学的一种可能的特征，即区别于资产阶级伦理学的特征。

当然，我们在这里可以马上提出批判性的解释，说明我们的命题只涉及关于马克思主义伦理学的可能性的确证，而不涉及关于马克思主义伦理学不可能性的理解！但是，我们不能自欺欺人，因为那一解释只是一个貌似正确的命题，关于马克思主义伦理学不可能性的理解只是旨在显示一种科学的马克思主义伦理学，或者一种哲学地建构起来的马克思主义伦理学是如何不可能的，后者也是那些把哲学等同于科学的马克思主义者的命题，以及那些否定存在任何马克思主义哲学或者马克思的哲学的人的命题。如果我们充分理解，就会发现，这是同样的立场，因为在这一情形中，哲学也呈现为科学。由此可见，在这里关于作为伦理学的伦理学的难题主要在于它的科学性，在这方面它被否定或者确证是有可能的。关于伦理现象的本质问题，在马克思的思想轨迹中集中于对这一现象的历史思想的和实践的对象性前提的批判和质疑（以便确定这一现象的阶级的和社会的条件和制约性），这一问题在这里被错误地变成一个伦理学作为一种**关于已经存在的道德关系**的理论（或科学）是否具有科学规定性的问题（也就是，并不询问人的关系是否必然地和总是必定以道德关系的形式出现），结果这个问题被以现存的形式而承认，只有在这种意义上才可能或者才需要加以理论的和科学的阐述、争论、解释和建构，因此被科学的方法和手段所证实。这样一来，康德在自己的《实践理性批判》（*Kritika praktičkog uma*）中由自己的哲学超验主义框架里提出的作为根本问题的东西，在这里被置于经验的-学科的基础之上：被哲学地加以解释的（康德）或者被理论地（经验科学地）加以解释的关于主体道德行为的可能性问题。因此，这里谈论的不是关于作为

人的对象性关系的真实性的伦理学和主体的道德行为，而是关于**科学（或哲学）**与伦理学和道德行为的**关系**问题。

如果现在在这里还是强调在科学或者理论内涵中把"道德**行为**"只是理解为道德评判（判断、评论、评价、价值判断等），那么我们就必然会遇到这样一个问题：科学的道德判断（因此也是价值判断，或者用更"时髦的"表述：道德陈述）是可能的吗？也就是，它能够是科学地设定和陈述的吗？而如果以这样的方式加以辩解和改变的立场也冠以马克思主义的名义，那将是最好的证明，说明那种"马克思主义"已经背离了马克思（而且在这种意义上，也背离了黑格尔的思想，黑格尔也远远高于这种本质上属于认识论的立场），并且只是停留于资产阶级的提问方式的框架内，这一立场的典型做法是把道德**行为**混同于关于道德行为的道德**判断**，而把关于**真正的行为**及其人的意义的问题改变为关于行为的科学的**道德评价（陈述）**问题。**这样一来，就把评价本身理解为道德行为**（这一点对于更为新近的资产阶级伦理学尤为典型）。在这种意义上，一种马克思主义伦理学的可能性问题已经与那种旨在改变现存，并且其伦理意识的目标是在人的自觉的实践中铲除给定的非人道的现存的人的对象化行为无关——而把这一问题仅限于科学本身，后者作为纯粹的理论或者沉思，想以自己特有的标准去讨论这一道德实践在多大程度上具有普遍性，而**在这一实践之外**提供其科学地编造的抽象的原则和标准。那种建立在这一基础之上，坚持这一路线的科学的-实证主义的建构必然要导出这样的结论：一种科学的马克思主义伦理学是**不可能的**，因为理论之外的"实践"由于其自身在科学上的"不可把握性"（这意味着也是不可理解性）对这一理论而言只是一种道德实践，后者自身的"情感""感觉""愿望""不确定性"经常要求某种无法科学地（逻辑地）加以**证明**的东西，某种按照现存的（自然的和社会的）"规律"无论如何也无法归类的东西，因而这些东西总是被排斥在具有确定性和进步性的特定科学框架、定义、规定性等之外。而由于这一点，必须否定马克思主义的伦理学，这也就是否定马克思主义伦理学具有科学尊严，普遍否定其"严肃性"和客观的价值。如果连那种对科学的（理论的）意识而言只是作为道德实践的实践也不能满足和适应于科学的原则，那么十分明显，必须否定（马克思主义的）伦理学的可能性，因为这样的伦理学无法成为科学。因为，一种不能够承担确定与把握可观的、普遍的和必然的规律、原则或道德行为规范的科学或理论或哲学科学学科，怎么能够成为伦理学呢？

二、作为科学的马克思主义伦理学是不可能的

这样我们的讨论走到这样一个地步，即作为科学的马克思主义伦理学**是不可能的**。在这一点上，这是**完全确切的**。然而，同样确切的是，并不是因为，从这一种和这样的实证主义和科学主义（也包括现代马克思主义的实证主义）的立场来看，那种实践不符合科学的基本原则，而是因为这种科学的原则正是由于**作为科学的原则**而不仅不适用于道德的实践而且不适用于**作为改变世界和使人自身人道化的真正的人的实践**，这些科学的原则的存在只是用于理解、解释或者理论的沉思性的"反映"。这样一来，这些科学的原则只是反思、解释和描述已经存在的东西，而**无论如何都无法成为改变现存的方式**，因为理论总是只趋向于观察已经给定的东西，而对于思考所有那些**尚未给定的东西**缺少兴趣，因而所有那些尚未存在的东西的渴求对"具有精确性的"科学而言都是纯粹的做梦，是"逻辑上无法证实的"愿望、渴求、纯粹的激情，这些东西"没有任何自己的根基的"，**因为它们在当下和现存中没有根基**，因而在科学理论的探索中也没有根基。由于科学把自身之外的实践拒斥为"科学无法把握的"东西，所以这一认为"无个性的道德材料"不适合于作为一种伦理学的组成部分的科学本身，并没有看到这些不过是同一个立场的两极，并且由此那些现存的道德关系借以如此展开和发生的东西，独立地和孤立地，属人地和有意义参与地，都对自身宣布自己的评价。因为，这些道德关系在多大程度上**在科学之外**发生，科学就在多大程度上外在于这些道德关系而开展，它在一种与人相异化的、非人的和反人道的环境中，面对人的这种处境完全中立化，自愿采取绝对的和抽象的客观主义立场，因而它在完全抽象的关系，即基于无根基性和不可

理解性而自我展现的关系中固守这种抽象的矛盾立场。正如马克思所言："说生活还有别的什么基础，科学还有别的什么基础——这根本就是谎言。"①

而这是科学本身的**伪真理**和它的基本立场，并且正是因为如此，科**学预先脱离了"实践"，并不寻求**作为真正的人的活动的**实践本身的真理性**，相反，对科学而言，"真理"在于实践本身与科学（或科学的意识）的一致性和相适应，因而，要努力在实践面向科学意识的关系中去寻找真理，在**关于实践**的科学评价的正确性和准确性中去寻找真理。由此一来，对**科学**而言，关于人在其中生活与活动的实践，包括非真实的（虚假的、虚幻的、无价值的、无意义的、非人性的、异化的）实践，只要科学对之做出了准确的评价，就获得和达到了真理，科学所知道的只是这样的实践。按照这种方式，科学实际上与真实的和非真实的**实践**都无关，因为对科学而言，实践本身从未出现，也从未呈现出真理或者虚假的形式，而只是涉及关于现存的东西的认识的可能性或界限的问题。这样一来，关于人的存在的**真正本质和真实性**的问题就转变为**真实的认识**问题，而实践就完全等同于认知的意识之外的东西。正是在这种意义上，如马克思所言，科学有"别的基础"，而不是以生活为基础，对它而言，真实的生活问题是**不同的或中立的**问题，因此，科学不去询问真理的对象问题或者对象性关系的真理性问题，而是询问意识本身的认识性和反思性关系的准确性问题。按照这种方式，关于现实存在的真理和必然性的问题及其意义问题只能转变为对于业已存在的作为真理的东西的把握和认知，而其自身的历史前提的真实性问题转变为科学的"评价"问题（在当下的语境中是转变为"道德评价"的问题），而这在根本上意味着存在的和应如何存在的也应当变为已经如此的存在的和给定的存在！由此一来，在科学的方面，所有一切都最终被只是引向对现存的经验的解释和重构，也因此而引向实证主义，后者的起点和终点、范围、视界与本质性前提——就是现存。

---

① Marx, Karl i Engels, Friedrich, *Rani radovi*, Izbor. Kultura, Zagreb, 1953, str. 255.（参见《马克思恩格斯文集》第 1 卷，人民出版社 2009 年版，第 193 页。——译者注）

与这种把现存视作"真理"的科学的认知相反，还存在着另外的，或者相反的观点，**伦理学**的观点从自己的方面提出了推翻和消灭现存的诉求（假设），因此，它不是，也不愿意只是谈论业已存在的东西，而主要是谈论**应当存在的东西**。科学无法讨论应当存在的东西，因为这些东西尚未存在，科学的对象只能存在于业已存在和过去存在的东西的视域之中，停留于现存的"坚实的土壤"之中，应当存在的东西无法科学地建立，这从科学的角度是可以理解的，而由此推论伦理学——**是不可能的**！或者换言之，伦理学**的确是可能的**，但不是作为科学，而是作为某种其他不同的东西，因而它能够探索和寻找自己的根基和领域——**在科学之外**。至于在哪里，在哪些方面，以及如何探索和寻找，那是"它自己的事情"！

这样，伦理学同时既是可能的（**在科学之外**），也是不可能的（**作为一种科学**）。如果我们能够很好地这样理解，那么我们将看到，可以在这样的提问框架中讨论伦理学（讨论它的可能性和不可能性），而不是在一般意义上讨论**伦理学**，也就是，当我们**在一般意义上讨论伦理学**时，我们讨论的不是伦理学，而是——科学！因此，在这种意义上，我们讨论的不是关于伦理学的可能性和不可能性，而是关于"在科学之外"和"作为科学"的伦理学。因此，这是在谈论科学本身！因而，仅仅按照科学，伦理学的确是不可能的，科学在这里是它的最终的标准和原则。

令人感到奇怪的是，对于这种立场变成非批判性的这一点怎么成了可以理解的，而我们怎么能够对此加以理解，而不提出唯一的一个具有决定性的问题：**依据什么科学本身是可能的**？

然而，在这里我们不想更深入、更宽广地思考这一问题，因为这会使我们偏离我们的主要问题，此外，这一问题需要做多方面的**专门的**研究，我们在这里无法进行。但是，如果提及一下我们前面的阐述，那么我们至少要看一下根据我们的想法我们必然要走的**途径**，以便能够理解作为特定历史的和人类的立场的科学的重要前提。例如，当我们询问：依据什么科学本身是可能的——那么这首先是科学本身从来没有提出过的问题，并且这从来没有阻止科学作为科学，因为这个问题已经超越了科学**自己的**边界（也就是给定的东西）。因为，科学正是因为这一点而是科学，对它而言，**给定的东西**就是它的**对象**，因而，科学的对象任何时候都不会是人的社会历史**关系**，而正是后者建构了给定性，对给定性而言处于基础之中，可见：正是由于**使给定性成为可能**，人的这种历史的和实践的活动（实践）构成了使科学成为可能的前提和基础。科学作为沉思或理论，其对象是**被创造出来的**东西，但对科学而言，这是已经取得完整形式的给定的东西，因此，对科学来说，作为人生产出来的对象已经转变为**众多事物之中的现成的事物和关系**。因而，正是实践的对象性的、感性活动的、历史的自由的、创造出来的人的关系的历史性，由此也正是创造物质世界和精神世界的生产本身，使科学本身和它的对象，以及科学的方法和手段成为可能。然而，科学不懂得（当然这也不是它的事情），"周围的感性世界绝不是某种开天辟地以来就直接存在的、始终如一的东西，而是工业和社会状况的产物，是历史的产物，是世世代代活动的结果"①（这是马克思在《德意志意识形态》中对费尔巴哈的批判）。这样一来，由于科学只是在给定的方面把自己的对象视作和理解为现成的东西，而没有理解为对象化的、感性的、**生存的活动**，因而必然会陷入悖论和矛盾之中，把自己的前提（实践）置于自己的研究之外，当作与自己"不相关的"（尽管它本身就是人的实践活动的形式之一），因此，它无法认识到**正是因为如此**，那一"科学之外的"实践对它而言只是作为**道德的实践**，因而，构成科学基础的那一实践也像科学一样变成了同样的**抽象性**。由于这样确定了真实的道德实践的抽象性和无法用科学加以确定的特征，科学同时确定和证实了自身的抽象性，由此也确证了科学自身根本立场是站不住脚的。因为科学把作为它的前提的人的活动本身视作科学上不可靠的东西，因而归结为纯粹的道德上的不确定性，并在这种意义上将之理解为给定的，但是，科学没有意识到，这样它就确认了自己的立场的不可能性、不确定性和非真理

———————

① Marx, Karl i Engels, Friedrich, *Rani radovi*, Izbor. Kultura, Zagreb, 1953, str. 310.（参见《马克思恩格斯文集》第1卷，人民出版社2009年版，第528页。——译者注）

性，因为它是与人无关的立场。

显而易见，关于马克思主义伦理学的可能性和不可能性的问题**不能够表述为伦理学与科学的关系**问题，因而，作为科学的伦理学的可能性和不可能性问题——就是**一个伪问题**！而这一点康德就已经懂得并且清楚地表述出来，他准确地确定了**理论理性**（也就是理性）的界限，借助理论理性我们只能达到一般的认知，并且会到达无法解释的二律背反，而道德问题和人的问题必须交到**实践理性**的领域，在那里实践理性可以加以把握。在这种意义上，从历史的和哲学的视角来看，我们的阐述和批判切中要害，激怒了科学和现代实证主义获得关于伦理的根本问题的最终发言权的哲学的和历史的奢望。然而，也还不是这样！例如，应当看到，正是康德提出问题的方式使这种关于道德（道德规范）问题的科学立场成为可能，并被明确规定下来，因此，这种立场还停留在康德思想的视域之中。因为，正是由于如此，康德**只是从与理论理性绝对对立的**关系中确定和理解自己的实践理性，或者换言之，把人的实践，因而也是人的实践关系的问题，设定为道德的问题，后者**在本质上**与"应当如何"相关联，与关于是什么（抽象的存在）的理论领域完全对立，康德强调理论的和实践的、现存的给定性和道德，也就是科学和伦理学**相互的不相称性**。在某种意义上，这存在着**不可克服的二元论**，按照这种理论，理论不是实践的，而实践也不是理论的。一言以蔽之，这实际上意味着：当人行动时，他是无意识的，而当他有意识时，他是不行动的！如果现在我们像科学所做的那样，把人的异化和无意义状态视作直接的事实，而直接把这种事实当作科学的对象，那么，对我而言，同样"直接明白的"是，我必须分别单独地考察和研究人的**行为**，并单独地考察和研究人的**意识**。首先统一的存在和需要在这里要一劳永逸地分割成绝对对立的两极，然后才能够对二者进行分别的和单独的把握。这是所有异化现象的根基和前提，并且一直是科学的根基和前提。把有意识的行动转变为关于行动的意识，现在从理论的和科学的立场也可以换一种方式加以表述：当我行动时，我只是在意识中行动，因而在这种意识的行动之外不存在任何真正的行动，并且由此推论，真正的行动本身只是作为理论家或者科学家的行动。因此，只有科学在真实地行动，因为它只研究"事实"，即现存的东西，而不研究应当成为的东西。然而，正如我们所见，事实正是处于自我矛盾的和无法把握的科学本身之中，因而是受人的意识限制的事实，因而这种人的异化生活的事实是以这种形式被把握的。

可见，由此我们可以确认，作为一种科学的马克思主义伦理学是不可能的，或者，换一种说法也是一样的，一种关于道德或者道德关系的可观的（马克思主义的）理论是不可能的。我们已经认识到，关于伦理学的这种不可能性**正是从科学本身的立场出发**加以确证、阐述和论证的。由此又出现了另一种可能性，根据这种可能性作为一种科学的伦理学又是可能的。曾经存在过，即便在今天依旧存在着这样的努力，不仅要确证一种马克思主义的科学的伦理学的可能性，而且要创立这样的伦理学。因此，我们将考察一下这样的立场。

三、作为科学的马克思主义伦理学是可能的

这无论如何都构成一种自相矛盾：我们先是从科学本身的立场出发确证伦理学的不可能性，而后来又从同一立场出发确证它的可能性！这的确是自相矛盾的，但是，这是科学本身的自相矛盾！因为，正如它从自己的视角出发，作为自己理论的结果，使任何一种伦理学，尤其是作为一种科学的伦理学变得不可能，它同样从自己的视角出发，不仅使这样的伦理学成为可能，接受这样的伦理学，而且寻求和要求这样的伦理学作为自己的补充。

也就是说，既然在科学本身和它的科学性（也就是理论性）那里，人用以征服世界的作为整体的实践，他的人化、占有和理论化，一言以蔽之，他的人道化被转变为关于实践的意识，也就是在特定的自然科学和社会科学的视野中被转变为关于实践的理论（这是处于理论和实践的分离状态之中），那么这些科学中的每一种科学都必须要"研究"一个其自身不可能是自足的单一特殊领域。就其必须从思考、研究和确定的抽象化的与"抽出来的"对象的整体中限定及具体化自己的研究内容而

言，这种单一的特殊领域是自足的。但是，由此而来，其自身同时又是不自足的，因为它自觉地聚焦于有限的、狭窄的、单一的研究方面，然而，我们可以有无数的、无穷多的这样的科学领域，对于这些领域中的每一个领域，每一个人都有理由基于自己的限定和抽象而倾向于增加第二个"相近的""相关的"方面，甚至可以提供第三个……由此一来，这些领域原则上是无数的。从这样的立场来看，关于所有这些单独地和分别地获得的"对象"的**科学的、理想的整体知识**，就在于对所有可能的科学领域的彻底的和全面的综合（知识大全）。这样，依据科学或者整体知识的科学性，每一种特殊的科学都不仅要聚焦于作为自己研究对象的"知识领域"，而且要借助其他领域和"对象"而关注自足的知识。

在这种意义上建立一种伦理学，也被认为是可能的，是作为一种关于道德行为的科学或者理论。因而，这种伦理学的"对象"是道德行为本身（或者道德，或者道德关系，或者道德感，或者"道德评价"）。道德理论通过从这些"道德实体"中确定自己的对象，并以自己特定的方式加以确立和研究而使自身专门化，因此我们拥有多种关于道德的特殊认知科学领域。这样一来，可能有一个一般的道德理论，然后有道德哲学或者作为关于道德的理论的伦理学，进而有道德社会学、道德心理学、道德社会心理学、一种规范伦理学、价值伦理学、关于善（至善）的伦理学、实质伦理学或者形式伦理学，等等。

如果我们想在这里停下来，转而去思考上述所有的种种可能性，那么我们将走得太远，那的确是以自己的这种方式提出和思考问题的理论伦理学领域。在这里，我们不仅不能这样做，而且这也不是，**并且不可能**是我们想要表述和探寻我们在这里为自己的任务所确立的问题时所选择的**路径**，我们的问题在于，作为科学的马克思主义伦理学是可能的这一断言正确吗？因为，为了从马克思主义立场出发着手和可能着手去思考、分析和批判上述各种道德理论或者如此构想的伦理学，必然需要首先弄清楚作为科学或者道德理论的马克思主义伦理学本身的问题。正是由于回避了这个**根本问题**，马克思主义作家和理论家（包括一些马克思主义的批评家）——不管是把作为一种科学的马克思主义伦理学视为可能的，或者试图建立这样的伦理学的，还是批判地对待特定的资产阶级道德理论或者伦理学范畴以便能够坚持自己的马克思主义立场的——在我们看来，也**正是从马克思主义的立场看来**，都是**空洞无物的**。这些马克思主义者的尝试之所以都陷入空洞，是因为他们不明白，追随资产阶级理论家就必然停留于他们提问题和解答问题的框架之中。这样，一方面，出于各种理由（理论的、政治的、宣传的理由等），他们通常都没有深入或者至多表面上看似乎深入问题本身，而常常是避开了这一问题，他们无论如何想要表明，不仅资产阶级社会有能力在自己的羽翼下产生一种伦理学，开创一种真正的道德理论，而且马克思主义作为最先进的现代阶级——建设一个新社会并为之战斗的无产阶级——的理论，也同样能够做到。另一方面，对资产阶级伦理原则和所谓资产阶级伦理学进行的价值的（"内容的"）批判，其本身又构成了自己的作为关于道德新理论的马克思主义伦理学的前提，后者确定，并且去阐释新的价值，提出新的，无论内容上还是形式上都不同的伦理的或道德的标准、规范、任务、原则，等等。这样一来，甚至那些马克思主义者本人都没有预料到发生了和正在发生着令人难堪的事情——他们停留在**这样的**立场上——无论如何也没有意识到。他们以这种方式**只是延续着**资产阶级的**理论传统**，后者只是后黑格尔的哲学科学的、历史观念的迷茫和徘徊的表达，因此，这是一种伴随着资产阶级关于存在和思想的视界的意识目标与思想枯竭而产生的思想迷失的直接表达，在其中可以发现，并且一直在展现着资产阶级时代人的衰落、迷茫和无力感。

这一历史的、社会的、人类的和思想的境遇，过去一百年资产阶级时代的人在其中所处的，并且至今依旧**在本质上以同样的方式所处的**这种地位，自己存在所采取的所有其他不同的、更加严重的，在今天已经具有了自杀特征的异化形式，这种导致自我毁灭成为资产阶级时代的人的唯一可能的出路的异化形式——在黑格尔关于（康德和费希特的）道德体系的批判中就已经在哲学上加以预见，对此后来的资产阶级哲学家和理论家**小心翼翼地迂回躲避**，以便避免遭遇和直面自己时代人的处境的**无目的性**这一公开的事实，而正是在这种时刻，许多人编造出自己的抽象的和苍白的、学究式的和学院派的、无生命的和无活力的——**道德理论**，后者至少是在非人性的荒漠中为理想的人性创造出和保留最后的一片绿洲。

然而，人的这一**理想的幽静角落**，最后被压缩到纯粹的思辨冥想之中，根本无法思考自己真实的、行动的、实际的、人的历史的不可能性，以及自己处境的荒诞性，理论分析越是数量不断增多和范围不断拓宽，越是不断升华和不断走向精粹，在关于"道德实体"的科学"研究"之中越是走向细化和深入，就越是进一步失去对象化活动的、人的思想的力量、深度和强度。而那种只有通过不断地否定、废除和改造现存的无意义才能够达到的真正的人的生活和为了人的意义而进行的实际斗争越少，关于**现存给定的生活**的理论（在这种意义上为道德理论）就越多。他们采取所有可能的方式去寻找伦理原则，后者能够最好地、最准确地、最正确地、最充分地阐述和解释，并且亲自引领现存的道德的（即人的）关系，或者通过理论和科学为这一**现存的生活**和这种现存的人的关系传播**最合适的**道德实践原则与规范，并且**适应**这些原则与规范，采取某种伦理学的形式，后者按这种方式会得到赞许。这样，在根本上就不想对关于现存状况的（道德的）**意识**做任何改变和改革，以便至少使得这种现状得以改善，变得让人更加可以忍受。这种做法本质上与那种最人道的努力相冲突，后者可以在体现于道德理论或道德科学或道德哲学之中这种和这样的道德意愿之中发现。因为，这种做法正是一种**非人道的立场**，它承认这种现存就是人的**真实的**和**真正的**生活，由此得出结论，这种生活是人们需要的和应当坚持的，而全部（道德的）任务和（人的）思想就在于为这种异化的和虚假的关系找到真实的理论的、道德或伦理的原则与规范。这一关于道德性的整个理论反思正是建立在各种诉求的自相矛盾的基础之上，它没有意识到自己的反人性的前提，同样也没有意识到从这种理论前提引出的后果。

甚至马克思主义理论家也**采取同样的途径**在创建科学的伦理学的意义上建立一种道德理论，他们因此也停留于这种历史的和理论的自相矛盾之中，因而不仅无法从资产阶级的思想视界中走出来，而且也在一般意义上停留于资产阶级世界的矛盾本性和自相矛盾的前提之中。

当然，可以看到，在马克思主义**世界观**和资产阶级**世界观**之间还是存在着本质的差别。因为，资产阶级伦理学寻求并在理论上确证使现存秩序及其思想-伦理表达获得正式许可的范畴、原则与规范，而马克思主义伦理学则致力于科学地和理论地寻求、确证和阐释**新的**伦理道德范畴、原则与规范，以及那些真正可以成为新的（社会主义的或共产主义的）社会和新型的、未来的人基本特征的价值。然而，问题在于，对马克思主义理论家而言，**从哪里得到**这些新的道德的或伦理的原则、价值、标准，等等。在理论上，这些东西——或者可以在**现存的道德关系**中"寻找"，或者可以作为在未来所应具有的东西加以**构想**。

在第一种情形中，其所依据的立场并没有区别于资产阶级伦理学的立场，还是停留于现存的状况的框架内，或者在更坏的情形中，可以变成纯粹的对现实的**辩护**，从而把马克思主义道德理论或道德哲学降格为具有官僚主义特征的教条主义的、苍白的和狭窄的**道德理论**。这种"社会主义道德"的理论我们都十分熟悉（这种理论更多地来自日常实践而不是理论探索，因为关于这些问题很少，或者几乎没有任何写作、理论的和哲学的研究）！如果这些新的（社会主义的或共产主义的）道德原则不是在那些业已存在的东西中，而是在未来应当成为的东西中去寻求和确证（或者在"未来的共产主义社会"中寻求和确证，这同样也是把问题推至遥不可及）——那么，这也同样地滑入了纯粹的道德主义，后者以抽象的、"恶的无限"（黑格尔语）的形式提出和确立那种不可理解的道德理想。如此一来，我们又一次回到了资产阶级立场，这一立场从康德的"应当"（Sollen）获得自己的经典表述，因此是建立在现实生活和思想观念的二元论基础之上，资产阶级时代的人的存在的形式就是在这种二元论中展开的：在实在和观念之间的抽象冲突之中，真实的实在与自己的作为意义的真实性相分离，这种生存的意义只能通过否定现存和革命地变革当下的、资本主义社会的途径才能获得。

因此，并不偶然，迄今为止所有建立一种马克思主义道德理论的实际尝试都停留于康德提问方式的框架之中，并且很多马克思主义理论家

（其中包括几乎所有的第二国际理论家，以及所谓的"伦理社会主义者"，如 E. 伯恩施坦、K. 考茨基、K. 福伦德［K. Vorländer］、H. 科亨［H. Cohen］、P. 纳托尔卜［P. Natorp］、康拉德·施密特［Conrad Schimidt］等）甚至非常明显地以康德来补充马克思，并且在这里看到了解决这一问题的唯一的途径。这对**他们本人而言**，在逻辑上当然是一致的和不矛盾的，也的确是他们由之出发的根本的和唯一的前提，并且他们必然会被这样的研究问题的方式所"支配"，而这一方式的形成就在于，马克思的哲学概念和他的全部著述被宣布为一种科学或者是一种"正确的科学的哲学"。也就是，概括地说，这也是 20 世纪后半叶和 21 世纪初众所周知的占主导地位的前提设定，它看待所有问题都是从科学和科学性的方面，并以其为标准而加以审视，同时，它对马克思的科学和哲学，进而对整个马克思主义来说，也是衡量的标准，是作为唯一可能的和能站住脚的前提，用以自我捍卫和维护，抵御各种批判者。

采取这种方式，马克思的科学和它为了改变现存世界而进行的真正的及始终不渝的战斗所具有的革命激情与意义开始丧失，或者已经完全丧失。由于马克思主义在这里**只是**被理解为关于世界的**新的解释**或者新的**世界观**，并主要理解为关于社会和历史的新理论（由此马克思主义甚至又被主要理解为社会学，因此被降格到关于"历史唯物主义"和社会学关系的伪问题，这种观点在今天，特别是在我们这里依旧"活跃"），这样一来，马克思主义独有的和如此与众不同的"革命的方面"就变为"保守的"**伦理的-理论的**"辩护"，这种辩护特别需要一种伦理学来从事。由此我们一方面获得了关于社会和历史的科学（即"历史唯物主义"，它被视为"辩证唯物主义在社会和历史领域的应用"），另一方面获得了关于自然的科学（作为特殊的自然科学方法论的辩证唯物主义），在第三个方面则获得了关于应当成为的东西的科学（如我们已经看到的那样，它是自相矛盾的），关于所谓的马克思科学（进而是马克思主义的或社会主义的伦理学）的"革命的因素"的科学，等等。

然而，所有这一切归根结底都是在给定的（资产阶级的）框架中漫游和徘徊，没有展示出任何真正新的和充满希望的路标，即便不能完全展示出一种新的方向，至少应当，也有必要超越这种自我封闭的视界。除此以外，那些持这种立场的马克思主义者一直不具备真正的哲学素养，而如果我们想真正回答这一问题并将之付诸实践，那么我们就要准确地回答这样的问题：马克思是以什么名义，在什么基础上提出变革现存世界和社会的要求，进而提出关于未来应当生成的东西的要求（我们现在最常见的是将之称为社会主义和共产主义），同时又不会滑入纯粹的道德主义、抽象的号召、先知精神、乌托邦主义，无止境的坏进步、末世论主义、目的论、空谈主义。如果不尝试着深入马克思哲学的本体论的和人本学的前提与基础，以及深入人的本质规定性，以探索马克思的真正的思想，那么就很难轻松地回答这个根本的和决定性的、对于我们在任何意义上都是十分紧迫的问题，对于这一问题一直是"悬而未决"，人们以各种极为不同的方式加以把握，而面对这样的问题我们不能不停地请出科学，每次遇到更大的困难都把科学当作广受欢迎的"解围之神"（deus ex machina）。因为这些问题与那些变成常识性的科学理解相比，要复杂得多，深刻得多，也更加包含人的复杂性，而科学理解在任何问题上，包括在人类事物上，都要不顾一切地运用等式和数学符号，而且只运用这些东西！

社会主义与伦理学①

[南斯拉夫] 米兰·坎格尔加

衣俊卿 译

我们所写的这一主题，其标题本身就表明，我们必然要研究道德与社会现实之间关系的意义和特征问题，然而这是一个只有当我们自己拥有了**社会主义**现实的时候，才会以独特的哲学问题呈现出来的问题。也就是说，在那个时候我们将面临着那样的历史境遇，它会要求我们去重视马克思的相关立场观点，这些思想展示出解决这些紧迫问题的可能性，并且这些问题今天在当代马克思主义思想中甚至成为一些更具争议性的问题。人们甚至并没有注意到马克思那些鲜明地、十分清晰地和完全明白地加以表达的观点，这些观点在马克思的整个理论科学中无论如何都绝不是次要的或者顺便提及的，而是产生于他的完整的、历史地阐发的思想意图，并且通过具有重要意义的运动而开创了社会主义。这正如人们在对待道德问题的理论态度上经常展示的方式，他们找不到到达马克思的划时代思想和革命关切的正确途径。因此，我们在这里将努力至少可以指出某种途径，以逼近马克思所提出的关于道德现象与社会主义社会运动的预想的精神和意义。

康德在自己的《实践理性批判》（*Kritika praktičkog uma*）序言的注释中写道：

"一个曾想对这本书表示某种责难的评论家，当他说：这里面没有提出任何新的道德原则，而只是提出了一个**新的公式**，这时他比他自己也许想要表达的意思更为切中要点。但是，谁想过还要引进一切道德的

---

① 本文原文为塞尔维亚-克罗地亚语，译自 Milan Kangrga, Socializam i etika, *Praxis*, 4-6. 1966, str. 472-491。——译者注

某种新原理并仿佛要首次发现它呢?"①

马克思表达过相近的意思,他强调,人类不是在开始一项**新的**工作,而是在**实现**过去的思想(在我们现在的语境中,也是实现过去的**伦理**思想)②。

我们引证康德和马克思的这两处论述,并不是要表明他们从一个革命时代的趋势和精神中所获得的观点在实质上与思想上是一致的,而是要尝试把握这些思想在何种方式上与我们这里所思考的关于道德和社会现实的关系问题,也就是**社会主义道德**问题相关。这是非常必要的,因为我们常常会碰到那些阐述或者"建构"所谓的社会主义道德或者马克思主义伦理学的倾向、理解及尝试,它们与这些哲学思想及其意义深远和内容丰富的观点根本不相容。在我们看来,这里所谈论的不相容性的出现是由于对道德性的本质的不理解,这个问题没有被作为真正的问题而加以对待,在讨论中把重心都放到"社会主义的"道德,因而也纯粹是**肯定的现象**上,而把道德和道德性概念完全视作不证自明的,并且是没有问题的概念。或者,更简要地说,在"社会主义道德"的标题下,人们理解的是一种在根本上具有**全新品质**的道德,这种新的道德在理论上和实践上都区别于迄今为止所有道德形式,因此,在一般的意义上,区别于迄今所有(阶级的)的道德,甚至只要这种道德获得了"社会主义"的限定,就体现出超越性、优越性和主导地位,并且因此而存在着自己独特的道德性。这是一种阶级性标准的分类,而不是关于道德性本质本身的问题。这从其自身的角度来看,首先正是因为根本没有达到任何真实历史的、思想的–实践的转折,而不过是继续人们习以为常的东西,从而把这一切实质上并不成熟的立场观点导入无法解决的矛盾和明显的困境之中。从另一方面来看,这种完全是非批判地采纳和理论建构的界定方法本身的基本方法论错误(而且不仅仅是方法论错误,还是历

---

① I. Kant, *Kritika praktičkog uma*, Kultura, Zagreb, 1955, str. 12. (参见康德:《实践理性批判》,邓晓芒译,人民出版社 2002 年版,第 8 页,注释①。——译者注)

② Vidi K. Marx, Pismo Rugeu septembra 1843. ——Rani radovi, Kultura, Zagreb, 1953, str. 40. (参见《马克思致阿尔诺德·卢格(1843 年 9 月)》,载《马克思恩格斯文集》第 10 卷,人民出版社 2009 年版,第 10 页。——译者注)

史的-思想的错误）就在于非反思的、缺少分析的，因此也是没有思考的理解和断定，好像既然资产阶级社会拥有道德，或者所有其他社会形态的社会拥有道德，那么社会主义社会或共产主义社会（在这被理解为特定的社会要素或完成了的运动，无论是作为一种理想还是理想的未来社会形态）就一定有和必须有**自己的道德**。然而，这种见解只是部分准确，也就是说，在那种意义上，人们想以此确认一种实际的社会主义社会是如何从资产阶级社会形态和资产阶级世界整体的羽翼下建立起来的，因此最终导致社会主义得以实现的社会产生适合它的现存状态，并作为其表达的那种道德。

这一**事实**无论如何都是无可争议的，因为正如无法否认，随着一场（在我们的语境中是南斯拉夫的）社会主义运动的自觉力量的增强，必然会铲除特定的生活与意识的形态和方式、关于世界和人的观念、行为、需要、希望，等等，这些东西，从社会主义的世界观来看，都应当被归入恩格斯所说的历史博物馆。这里涉及那些由于普遍的社会经济落后和个人之间社会交往形式的低层次发展而长时期没有消亡的社会组织中的历史阶级，作为这样的阶级，他们总是处于贫困之中，因而是一种社会学的和社会心理学的合适研究课题，需要研究如何使这一阶级获得客观地给定的社会阶层划分所确定的恰当的地位，它愿意开创社会主义，并且正因如此，它必须考虑这些历史地继承下来的要素和设想。在那种意义上，对这些要素和设想当然不能按照其现实性和直接的肯定性加以确认，而必须把它们理解为自己的**否定性**，进而理解为进一步发展进步的阻碍和需要加以克服的障碍。从这样的视角来看，那种强调把"现实"作为可能的尺度的做法，其失算从根本上就在于这样一点，客观主义-实证主义地把现实理解为抽象的必然性和不可改变的"规律"，而不是历史地-批判地看待现实（关于这一点后面还要加以阐述）。在我们从马克思那里学来的关于社会主义的设想中，这一（社会）现实失去了神圣性的光环，不再是凌驾于人之上的"更高的力量"和可能的活动的尺度,① 因为自觉的人类活动（实践）遵循自己的尺度，依靠人和为了人而追求特定的历史目标和意义。毫无疑问，这并不是某种主观唯意志论或者任意性意义上的活动，而是一种社会主义运动自身的历史任务和历史责任意义上的活动。

然而，我们在这里想强调与我们的问题相关的问题，也就是这样加以理解的关于一种道德的事实性问题——第一，驳斥一般的道德观点本身，第二，就**马克思的立场**进行争辩，也就是说，既涉及马克思的哲学的基本前提，也涉及这一哲学所具有的，最内在地和最直接地包含的本质性的、**革命的**意向。因此，我们尝试简要地对此加以说明。

对康德而言，正如对马克思而言，指出事实的或现存的**状况**和与之相适应的**道德**，都并非没有意义的，甚至所采用的方法本身，也同时指向了必然性和必要性，因而也表明了对现实及其道德加以改变、废除和超越的必要性与任务。道德的立场（对康德而言：这显然是人性的立场）在道德上只有在这样的意义上才能确立起来，即**反对**现存的、给定的和特定的社会现实，从而使道德的基础建立在实际存在和应当存在之间的矛盾或张力之上。然而，这是**真正的**伦理道德立场的**唯一**的可能性和现实的（理论的和实践的）前提。因为，伦理道德立场在首要的意义上与现实存在的东西关系不大，而更多地与应当成为的东西关系密切（这个"应当成为"是伦理道德立场的真正的本质），而这也正是这一立场的强有力的方面和软弱的方面：强有力体现在它始终警醒地坚持和激发起推翻与超越现存状态的要求，而软弱则体现在只是停留于抽象的诉求，因此停留于道德思想、道德意识和道德精神本身，而无法像上述我们引证马克思的立场所要求的那样，进一步走向这一思想的积极的**实现**。

而马克思则没有走到那一步，像黑格尔那样，从自己的视角出发去创立、确立，特别是建立一种新的道德，由此，也就没有所谓的"社会

---

① 马克思强调："首先应当避免重新把'社会'当做抽象的东西同个体对立起来。个体是**社会存在物**。"（K. Marx: Rani radovi, Kultura, Zagreb, 1953, str. 230. ［参见《马克思恩格斯文集》第 1 卷，人民出版社 2009 年版，第 188 页。——译者注］）

主义道德"，对他而言，最重要的是使现存的状态革命化，在这种现存社会状态中，由于异化已经成为根本性的前提，所以社会关系并非直接地和清晰地作为人性的关系而出现，而是作为道德关系而出现，并且，正是这些（社会的）关系凌驾在个体之上，而不是个体驾驭这些（外在于他们的、拜物教的、物化的）关系。

然而，当说到马克思并没有创立任何一种（"新的"、社会主义的或共产主义的）道德。并且基于他的哲学立场，不可能有任何作为科学的伦理学、理论体系或者哲学领域时，这从一种典型的道德的（道德主义的）立场，也可能被这样理解，似乎马克思和他的支持者捍卫某种赤裸裸的非道德主义或者反道德主义，换言之，某种**道德或伦理虚无主义**。马克思令人信服地指出克服和超越那种纯粹的道德主义的途径，以及克服和超越他与之经常接触的道德虚无主义的抽象极端。马克思与这两个极端都没有关系，但是，这并不意味着要把马克思的观点理解为一种常识性思维，这种常识性思维无法走出一些抽象的对立框架，例如：利己主义——自我牺牲，主观主义——客观主义，个人主义——集体主义，宗教——无神论，乐观主义——悲观主义，决定论——非决定论，人性本善——人性本恶，道德主义——非道德主义，因循守旧——打破墨守成规，等等。因为，马克思把自己的思想提升到这样的高度，在这个层次上，对马克思而言，存在着这样的可能性，即作为革命的-批判的活动的历史**实践**本身就成为道德立场（在这一立场中，道德的肯定的形式和否定的形成都会成为问题），在异化的人的世界中，这一实践本身就显现为真正的历史的和思想的基础、根源、尺度与限度。在这种意义上，马克思的这一思想无论如何都非常具有教益，而这一思想常常被一直以自己的非批判的愿望来寻求马克思的哲学或理论支撑以建立马克思主义的规范伦理学的那些马克思主义理论家所遗忘或者回避。马克思是这样表述的：

"……共产主义者既不拿利己主义来反对自我牺牲，也不拿自我牺牲来反对利己主义，理论上既不是从那情感的形式，也不是从那夸张的思想形式去领会这个对立，而是在于去揭示这个对立的物质根源……共产主义者根本不进行任何道德说教……共产主义者不向人们提出任何道德上的要求，例如你们应该彼此相爱呀，不要做利己主义者呀等等；相反，他们清楚地知道，无论利己主义还是自我牺牲，都是一定条件下个人自我实现的一种必要形式。因此，共产主义者并不……要为了'普遍的'、肯牺牲自己的人而扬弃'私人'……他们知道，这种对立只是**表面的**，因为这种对立的一面即所谓'普遍的'一面总是不断由另一面即私人利益的一面产生的，它绝不是作为一种具有独立历史的独立力量而与私人力量相对抗，所以这种对立在实践中总是产生了消灭，消灭了又产生。"①

马克思的这一思想立刻引导我们联想到黑格尔关于兴趣（利益②）、热情，以及它们与道德的关系的那些著名论述，因此，这些论述值得我们在这里提及，因为这是真正的思想基础，甚至马克思也是在这个基础之上形成自己关于道德的见解。

例如，黑格尔在自己的《哲学全书》第 474 节的注释中，阐述了下列观点：

"没有一件伟大的事情是没有热情而被完成的，它也不能没有热情而被完成。只有僵死的，甚至虚伪的道德才肆意非难热情的形式本身。"
紧接着这一点，黑格尔在第 475 节中又写道：

"**主体**是满足冲动的**活动**，即形式上的合理性的活动，也就是把就其为目的而言的内容的主观性转变为主体在其中自己与自己结合起来的

---

① K. Marx-F. Engels: Die deutsche Ideologie, str. 227-228. （参见《马克思恩格斯全集》第 3 卷，人民出版社 1960 年版，第 275-276 页。——译者注）

② 塞尔维亚文中的"interes"与德语的"Interesse"或英语的"interest"为同一个词，在这些语言中，该词都既可以翻译为"兴趣"，也可以翻译为"利益"，而在中文中，"兴趣"和"利益"则常常被当作两个不同的词。这种情形给我们的翻译带来了一些困难。通常我们在翻译中涉及马克思和恩格斯经典著作与西方古典著作时，都会采用现有的权威的中译本。但是，我们发现，由于马克思强调的基本立场为唯物史观，所以涉及马克思关于私人的"Interesse"，通常被译为"私人利益"，而黑格尔的基本哲学立场为客观唯心主义，所以涉及黑格尔关于私人的或主体的"Interesse"，则通常被译为"私人的兴趣"或"主体的兴趣"（如本文中引证的《精神哲学》）。鉴于这种复杂情况，我们在本文的翻译中，除了在引文中我们尊重经典著作的权威性译本外，在其他的论述中，则根据语境分别译为"利益""兴趣"或"兴趣（利益）"。——译者注

客观性的活动。如果把冲动的内容作为事情与使之实现的这种活动区别开，那完成了的事情就包含着主观个别性及其活动的因素，这就是**兴趣**。因此，没有什么东西是没有兴趣而完成的。"

"一个行动是主体的一个目的，而它同样地是实现这个目的能动性。一般说来采取行动只是由于主体按上述方式甚至是最不谋私利地在行动这种情况，就是说，只是由于他的兴趣。"①

如果我们这样阐发黑格尔的这一思想——这一思想在这里对我们而言，也准确地阐述了马克思的私人利益概念，以及它与普遍利益之间的关系——那么，所说的正是这样的看法，即主体处处都必须积极能动地展示自己的利益，以便能够普遍地达到某种能动的状态，这样一来，在涉及道德，在我们的情景中是涉及社会主义道德或者一种马克思主义伦理学方面，就会产生出某种有意义的推论，这些推论在思考我们的问题时无论如何都值得考量。因为不管是何种道德立场，因而也不管是何种道德科学或者伦理学体系，一句话，不管是何种道德立场本身，如果不考虑使一个主体在总体上可以成为自己之所是，因此成为能动的热情的负荷者和特定目标的实现者的这些强制、兴趣（利益）和热情等范畴，就会陷入黑格尔称之为没有主体本身的能动参与的"关于自然赐福的乏味的幻觉"的立场，而不管是谁拥有了——作为给定状态——的这一赐福。

因此，可以看出，在关于道德范畴方面，黑格尔和马克思在这里表达了本质上相同的思想。

黑格尔强调那种普遍兴趣（利益）的抽象性和非能动性，它是从主体的兴趣（利益）抽象出来的，而主体的兴趣（利益）通常都会转向行动，因而也转向道德行为。这样他就表明了道德本身的一种自相矛盾性，这种行动要求实现道德，但是与此同时又偏爱这种抽象的普遍性，为了责任而强调责任，从而排斥和废除了主体的真实的生命力，而这种生命力正是道德应当严肃对待的，道德应当把这种生命力作为最有价值

---

① G. W. F. Hegel: Enzuklopedie der philosophischen Wissenschaften, Hamburg, 1959. Str. 384–385. （参见黑格尔：《精神哲学》，杨祖陶译，人民出版社 2017 年版，第 291–293 页。——译者注）

的东西加以珍视。

随后马克思从自己的角度表达了相同的思想，这就是，私人利益和普遍利益之间、作为私人的人和作为普遍的人之间的对立只是**表面的**，因为两个方面是彼此相互生产和相互废除的。

然而，当在上述意义上谈到利益（兴趣）时，我们就又来到了一个对我们而言更值得讨论和更加重要的问题上，这个问题与社会主义的开创有直接的关系。这个问题在最一般的意义上可以表述如下：

如果按照人们所阐述的方式废除或排除那种与普遍利益相对的，因而也与社会主义利益相对的主体利益，我们能够设想社会主义——在道德上被理解为目标和宗旨的那个社会——的实现吗？因为，正如我们从马克思的立场可以看出，那种"普遍的"利益无论如何也不是与私人利益相对立的，不是某种具有独立历史的"独立的力量"，不可能是孤立的，外在于和异化于能动的主体利益，因而也外在于那些社会主义的目的和宗旨借此得以实现的充满活力和生命力的主体。因为，一种利益产生了并使另一种利益成为可能，或者一种利益废除了，或者使另一种利益成为不可能，这里不存在任何抽象的普遍构造，并不像人们常常喜欢思考和坚持认为，并且被科学所证实的那样：存在着某种——像马克思所说的——历史的必然性，特别是社会经济的必然性，其自身像某些"特殊的人"，能够不可避免地引导社会主义和共产主义的实现。也可以说，在我们所讨论的同一个前提下，对社会主义而言，可以**不存在利益**，正如当代历史经验所表明的那样，这种社会主义不仅在自己的蜕变形式中，而且常常在体现自己的精髓和本质的公开行为中，对一种很好地理解的主体利益和人类思想表现出毫无兴趣。然而，即使这一实际上表现为日常的可能性得不到尊重，但在此基础之上，每个人的内在生命力都应得到确认，因为这涉及他本人和他的追求方向，甚至涉及他赞同或者反对的引导他的个人利益的特定方向，在这种情况下，世界上不存在那样的力量，即那种外在地强加给个人的，作为他的目的和思想的抽象的普遍性，他会准确地辨别出，这种力量不是他的力量，因为它不是产生于他本身。因此，如果人们想要通过那种其自身已经作为某种神奇的存在的抽象道德来理解和引领社会主义，用这种普遍的、客观的和必然的规律性排除人，甚至反对人，反对人的利益和真正的思想，那么我们必须提醒人们注意：马克思在讨论社会主义和共产主义时，事先已经预测到这种道德根本不具备历史的可能性①。

这里所讨论的存在与思维的统一，同时也应当意味着存在与需要的统一，作为哲学的，同时也可以说是马克思从德国古典唯心主义，特别是费希特和黑格尔那里继承的历史立场的真正的基础和前提，在这个基础之上，可以解答这里成为讨论中的首要问题的道德问题，而在我们的语境中，则是解答一种社会主义道德的可能性和规定性的问题，也就意味着解答社会主义和伦理学的关系问题。

马克思重建自觉的存在，因而也是重建存在与思维的统一、存在与需要的统一的思想努力不再是在黑格尔绝对知识的**哲学的**（理论的）视界中展开，在黑格尔那里，在迄今为止的历史的现实运动之后，正是这一关于现存的（资产阶级的）世界的本质的绝对知识的自觉的完成、终结和无所不包的大全的完成，那种需要在存在之中终止、完成，并完全宁静下来，而存在现在以这种方式转变为完全肯定的现存和给定的东西（例如，现实中的国家作为伦理观念的实现）。相反，马克思的这一理论努力是从哲学的**实现**的视角来加以展示和审视的，因此，涉及黑格尔那种完成了的、自我封闭的、科学理性化的、制度化的世界知识或者知识世界，它在本质上只能是作为异化了的人的自我活动的劳动的世界，而哲学本身也定位于单纯的理论或纯粹的沉思的形式。对马克思而言，存在与需要的统一正是那种划时代的-批判的立场，这一批判立场汇集了人的思想和可能性世界之中的历史的-人类的本质精神，由此这种需要通过自己的活动而从抽象性回到了存在，与其分立的、特殊的伦理-道

---

① 马克思指出："首先应当避免重新把'社会'当做抽象的东西同个体对立起来。个体是**社会存在物**……因此，人是特殊的个体，并且正是人的特殊性使人成为个体，成为现实的、**单个的**社会存在物，同样，人也是**总体**，是观念的总体，是被思考和被感知的社会的自为的主体存在，正如人在现实中既作为对社会存在的直观和现实享受而存在，又作为人的生命表现的总体而存在一样。可见，思维和存在虽有**区别**，但同时彼此又处于**统一**中。"（K. Marx：Rani radovi, Kultura, Zagreb, 1953, str. 230. ［参见《马克思恩格斯文集》第 1 卷，人民出版社 2009 年版，第 188-189 页。——译者注］）

德理论领域一起构成另一种不同的或者自由的，而不是业已存在的真正的和原初的历史可能性。由此，正是这种需要与存在相结合，成为那种杰出的人类的历史萌芽，那种否定性的、辩证的力量，具有原动力的和不安宁的，任何时候都不会满足于自己和他人的精神，那种对一切的开放性，对在作为人类在时空中创新的人的存在和人的世界之中的所有一切的开放性。这同时也是向所有作为人性的尺度的东西的"回归"。

正如从上文引证的马克思的论述中，我们可以看出，马克思在那里强调，共产主义者不宣扬任何道德，正如他自己所讲的那样，他旨在揭示道德存在的条件的消失，即道德作为抽象的社会形式和虚假的人之可能性得以存在的条件的消失。因此，马克思并没有走到那种极端，没有否定、抛弃或消除作为一条红线贯穿于整个人类历史，表现为对人内在的和人与他人以及整个世界的关系之中人性追求（诉求）的所有那些积极的伦理思想，相反，马克思正是希望这些伦理思想能够**现实化**（实现），而不是只停留于思想之中，停留于理念和理想之中，而要体现在现实中，在作为唯一的联系和纽带的社会关系和人的关系本身之中，也就是说体现为人性本身（而人类被篡改扭曲的社会关系迄今为止只是外在于人、凌驾于人之上的关系）①。

然而，关于这一实现的原则，关于真善美的原则，特别是关于这些关系的意义的原则，马克思并没有在科学方法论中寻找，也没有在现实的存在状态（也就是"给定的现实性"）中去寻找，没有在人的现存道德之中寻找，因为这种道德只是人在意识中对自身由之产生的现实状态的被动的描绘和沉思，相反，马克思是在有意义地和有目的地进行改变和超越的实践中寻找这一原则和尺度，由此既要超越这一现存的状态，也要超越其适用的道德，以便能够普遍地成为历史的和革命的实践。在道德上作为对现存的不满，其自身包含着"应当是"的维度，作为对不

---

① 例如，在谈论原始的共产主义时，马克思这样评价原始共产主义者："他具有一个**特定的、有限制的**尺度。对整个文化和文明的世界的抽象否定，向**贫穷的**、需求不高的人——他不仅没有超越私有财产的水平，甚至从来没有达到私有财产的水平——的非**自然的**简单状态的倒退，恰恰证明对私有财产的这种扬弃绝不是真正的占有。"（Rani radovi, str. 226. ［参见《马克思恩格斯文集》第1卷，人民出版社2009年版，第184页。——译者注］）

同于现存的东西的永不停息的预料、渴望和希求，这可以成为，并且在任何地方都的确是**激励行动和行为**的首要的和必要的**推动力**，否则，就会走向反面，堕入纯粹的道德主义（在价值评价、价值判断或评估方面），甚至堕入纯粹的伪装、伪善、善辩、欺骗和自我欺骗，或者把自己外在的追求自我实现方面的无能和消极被动内在化，这也就是——在这里最为重要的问题是——停留于旧的世界、社会、关系、生活方式等框架和前提条件之内，把现存的秩序确证、断定，直接或间接地承认、理解和解释为唯一可能的形式或者符合人性的人类生存方式。"社会主义的"概念作为通常的和现存的道德的形容词，无论在其本质上，在其意义上，在其内容上，在其精神上，还是在其起源上，都与资产阶级道德没有区别，都不过是以另一种名称对资产阶级道德延续和保存，因而，这些内容对我们而言没有什么用。

我们对于道德现象的本质的观点——对此在这里值得强调一下，因为常常会遇到误读和误解——并不是要证明**道德行为的无效**，而是要揭示道德的历史的-社会的**局限性**，这意味着道德还停留于旧世界（如马克思所说的"史前史"）的框架之中，在那里，理想和行动，以及思考出现在作为共同体的个别性和个人化存在的人的社会性和人性的总体之中，进而，作为实践的存在的人的这种杰出的历史诞生和生存，被分化为不同部分的、相互分离的"领域""方面""要素""理论研究领域"，等等，在这些领域之中，一个领域在意识形态上表现为"道德的"。当我们说"意识形态"时，是在生存的虚假的意义上使用的，它存在于——在涉及我们的问题的意义上——作为道德存在的特定的人那里。然而，人按其本质不是道德的存在（像康德认为的那样），换言之，人迄今甚至按其本质还依旧是道德的存在，如果我们从旧的、资产阶级社会的前提，也就是从那种封闭性的视界去加以把握、认识和感知，那时候人的人性不可避免地只能展现为和表现为理想性的道德性，人以此来

弥补和补充自己作为人的存在的非现实性，而这正是异化①。因此，首
要的问题不是承认或不承认某个人的**道德尊严**，问题主要在于，这样的
人通常被称为"道德人格"，依据这种人格或许可以推测这样的可能性，
即与此同时，某些人格被认为是不道德的。这样的认知不仅是非常成问
题的，而且正是这个限定表明在其自身的意义上就是站不住脚的，而且
表明在哲学的和历史的出发点上，这种见解就是以新时代的资产阶级世
界为出发点，在这里人格范畴本身——它意味着作为人的人——只不过
是从道德的-伦理的意义上构想出来的，是戴着有色眼镜的（这里借用
康德的说法）。

因此，我们讨论的并不是要废除道德立场，以及选择我们的生活和
我们的世界整体的具体条件，而是讨论道德立场的——**不充分**，甚至是
在具备最纯粹的**道德**追求和最始终如一的**道德**品格的条件下的不充分。
因为，即便我们在下列意义上达成一致，即这一点正是道德的普遍性，
正如在我们自己的这个历史时刻，或者再"具体一些"：在我们的这个
环境之中，在我们的当代运动和发展之中的道德追求，或者道德行为，
或者坚定的道德品格，或者道德选择，等等，这其中除了私人的道德完
整性（"内在性""自觉性""原则性""不妥协性""纯粹性"，等等）
的维持，没有什么能够保证这一热情会使个体"不顾一切代价和不惜一
切地"成为那样的道德个体——正如黑格尔阐述的那样，并且从另一个
方面来看，是被历史的经验和我们今天的现实处境所确证的。

道德立场在其本质上，甚至按其规定性——就是**自相矛盾的立场**。
一个人想要在现实中成为什么，想那样地确证和行动，他就必须把自身
提升为另一个不同的自我，就必须否定目前自己所是的自我，那他就恰
好必须不再只是成为一种道德立场，就必须不再作为某种应当成为的不
同的东西的纯粹想法。在行动中，进行道德行为的想法被终止了，因为

---

① 马克思写道："每一个领域都用不同的和相反的尺度来衡量我：道德用一种尺度，而
国民经济学又用另一种尺度。这是以异化的本质为根据的，因为每一个领域都是人的一种特定
的异化，每一个领域都把异化的本质活动的特殊范围固定下来，并且每一个领域都同另一种异
化保持着异化的关系。"（K. Marx, Rani radovi, str. 242. ［参见《马克思恩格斯文集》第 1
卷，人民出版社 2009 年版，第 228 页。——译者注］）

其本身关于"道德的"和"不道德的"是具有开放性的，因而包含着所有可能的含义、可能性和趋势。这个道德假设在多大程度上蕴含着否定现存的方法（从道德的立场来看，这已经直接地把现存的理解为非道德的），这一否定也就同时在多大程度上只是停留为抽象的，因为停留为关于外在于人自身的东西的道德评价的对象。人由此还停留为他的所是和从前的所是，在他那里什么也没有实质地发生改变。这同样的过程也发生在马克思所批判的黑格尔那里，对此马克思说道："这种扬弃是对思想上的本质的扬弃，就是说，**思想上的**私有财产在道德的**思想**中进行自我扬弃。而且因为思维自以为直接就是和自身不同的另一个东西，即**感性的现实**，从而认为自己的活动也是**感性的现实的**活动，所以这种思想上的扬弃，在现实中没有触动自己的对象，却以为实际上克服了自己的对象。"①

这种在道德思想中对现存的非道德的状态的扬弃被理解为**真实的**改变，这正构成道德立场本身特征的**虚幻性**。在我们时代（特别是我们社会和我们的运动）的革命条件下，这种情况，当其中还没有汇聚那么多珍贵的、真实的人的能量时，只是被称为和理解为幼稚，这是因为这一追求起码还没有与现存妥协或者至少不想与现存妥协，尽管对其而言，基本的缺陷在于它完全由现存状态所安排，还停留于现存状态的框架之中，最终也不过是对这种状况的抽象的反抗。由此，这种立场是完全不可接受的，因为它没有回应现实，无法称这种道德行为是革命的，因为在本质上这种立场无论如何都不是革命的。

革命是否定现存的实践活动，是对现存的真实的–批判性的超越，因而是向人的存在的一种新的地平线的穿越，这意味着一种新的生活的意义真正在行动中实现，作为对真正的人的可能性的开启和发掘。这种立场不同于那种是什么的立场，而是一种可能成为什么和应当成为什么的立场（自由的立场），将此作为历史和人的世界的唯一正确的起源，这一立场不再是道德（道德领域本身）的可能性，而是道德的超越，这

---

① Rani radovi, str. 274.（参见《马克思恩格斯文集》第 1 卷，人民出版社 2009 年版，第 215-216 页。——译者注）

种超越不可遏制地倾向于道德自身的实现。革命作为对与现存不同的东西的激进坚持——这意味着始终不渝地渴望向人的世界（人的本质）的回归，在那里汇集着某种真正的属人的东西，人作为人而存在，换言之，这意味着总是依据未来而重新存在——这些都不会和不可能是在现存条件的框架内和基础上的纯粹的道德改良。

的确，今天人们常常把改良称之为革命，或者在这些改良中看到了从资本主义和平长入社会主义的可能性。马克思和恩格斯也设想过这种可能性，尽管他们没有把它称之为改良主义，而是认为这种所谓的"和平长入"并不是在所有的情形中都必然是政治武装革命，因为无产阶级也可以通过其他手段把资产阶级赶下台。然而，他们由此总是坚持强调对现存资产阶级社会结构进行深层变革的必要性，以便这种变化在涉及本质问题——即作为现代社会异化之表征的工人阶级自我扬弃异化的问题时不会变得不彻底和表面化。然而，无论如何，总是需要分析具体的情境，考量真实的力量，评价特定社会运动的真正发展趋势，准确地界定"革命"和"改良"范畴及其二者的关系。涉及我们的具体的和现实的社会经济和政治情境，无论如何值得注意的是以革命的方式来命名改革（铁托多次如此表达）的做法，因为如此正是要走向激进的变革，因而是使迄今为止的我们社会共同体的政治和社会经济生活管理，以及现存状态革命化，正是在它们的一些本质性的物质基础和精神基础、基本条件和基本框架之内存在着内在的尚未充分表达出来的紧迫要求，即进一步推动社会主义的进步和运动发展，以建立社会关系和人的关系的新形式。正是因为这些关系的特征成为核心的、决定性的和关键的问题。除此以外，这——这也非常明确地是我们的（经济的、社会的、政治的和文化的）改革的革命行动——清醒地保持着关于我们的革命飞跃和高涨的起源的意识，以及真实的需要和期待，希望我们迄今为止由于各种原因而有高潮也有低谷的革命能够**继续坚持**自己的社会方案，处于自己的社会-人的地平线上，保持在相应的思想水准上，因为这一革命并没有通过单纯的政治革命和武装斗争而**结束**，正如马克思非常清晰地阐述的那样①。

由此，作为道德的人（或者道德人格）的公民，意味着——如同我们在上述注释的引文中见到的那样——一方面作为利己的个人，即被归结为市民社会的成员的个人而存在，与此同时，从另一方面看，这种政治解放又是基础，是出发点，是框架，是根本性的限度，是思想，是唯一的视角，由此也足以使自己的人性以抽象性和人类性的形式来实现——而从道德的角度看，就是对自我异化的一种形式的确证。但是，那并不意味着任何别的东西，不过是**在**市民社会、世界和生活方式**本身之内**理解自己作为一个人和自己的可能性，因此道德追求（即需要成为的东西）在自己最终的结果和自己最后可以达到的范围内只能涉及**那一**社会和**那一**世界道德改善的要求，以及要求**那个**作为市民的人"不要过分地表现为利己的"，等等，但是如此一来，无论如何人只能停留于给定的历史的、社会的、人类的框架之中。对此，马克思刚好有相应的论述："理性在作为非理性的非理性中就是在自身。一个认识到自己在法、政治等等中过着外化生活的人，就是在这种外化生活本身中过着自己的真正的人的生活。因此，与自身相**矛盾**的，既与知识又与对象的本质相矛盾的自我肯定、自我确证，是真正的**知识**和真正的**生活**。"②

因此，我们不能够——自觉或不自觉地，有意或无意地——让自己停留于作为非理性的非理性中，特别是如果这一非理性在自己多种多样的表现中被赋予不同的称谓，甚至被理解为社会主义性质的，在这里对我们而言，无法求助于关于"我们处于非理性中"的认知，也无法求助于抽象的自相矛盾的道德立场，这里指的是那种道德要求，即同样完全停留于"应当如何"才会变得不同的**论断**。只有坚忍不拔地和积极地以

---

① 马克思指出："**政治解放**当然是一大进步；尽管它不是普遍的人的解放的最后形式，但**在迄今为止的世界制度内**，它是人的解放的最后形式。不言而喻，我们这里指的是现实的、实际的解放。""任何解放都是使人的世界即各种关系**回归**于人自身。政治解放一方面把人归结为市民社会的成员，归结为**利己的**、**独立的个体**，另一方面把人归结为**公民**，归结为法人。"（Rani radovi, isto, str. 51 i 65.［参见《马克思恩格斯文集》第 1 卷，人民出版社 2009 年版，第 32、46 页。——译者注］）

② K. Marx, Rani radovi, str. 273.（参见《马克思恩格斯文集》第 1 卷，人民出版社 2009 年版，第 214 页。——译者注）

各种方式进行反对非理性的斗争，才能够从非理性中走出来。道德私人化伴随着安静的修辞的确一度处于人类思想的边缘。然而，在开放的情境中，当事情本身已经在自己的本质中真实地、历史地激进化，那么就变得十分清楚，从一种社会运动（在国内的或者国际的尺度上）已经清晰地展现出的进步趋势来看，问题就不再是那么简单，不完全是那么恰当，甚至事情本身已经不再那么"真实地"停留为自身，因为我们常常很快就被引导到这样一个方向，在这个方向上，真正走向工人阶级解放，同时在历史的和理论的意义上也意味着人作为人的解放的道路就被封闭和终止了。

因为革命思想和人类真正的追求——二者本质上为同一个东西——同官僚化体制和生活系统之中转瞬即逝、昙花一现的政治活动相比，一直是，现在是，而且将来也会是更加强大、更加真实的，那么我们当代运动的根本任务首先是批判地净化自己的**观念**立场，这一思想观念不能是来自那些被偷偷地塞入的，意识形态的谎言、偏见，甚至是苍白无力的自我标榜的自由的和战斗的思想，这种思想观念只能使事情的真正状况，也就是社会主义的事实状况变得模糊不清。在这里，我们有必要提及马克思的著名论断："理论在一个国家实现的程度，总是取决于理论满足这个国家的需要的程度。"① 我们的马克思主义理论是否能够集中于满足我们国家和我们南斯拉夫工人阶级的需要，还需要时间和我们直接的社会主义发展来证实。这一点迄今为止还没有在足够的范围内得到"证实"，因为那些经常借助各种各样的大众传媒来引导公众舆论的人，到现在并没有令人信服的说明和在行动上证实，究竟想要什么和最终到底要确立什么——除了那个人们已经明显周知的：自己的一点尊严。这一"大众传媒"的成果之一是我们在所有层面上和所有极其不同的领域中症候性的"文化沉默"，在这种沉默中，的确"一切皆有可能"。这种状况持续如此之久，以至于没有创造出工人阶级，即直接的生产者本身，因此也包括所有那些在自己为社会主义而斗争中具有无产阶级意识和自我意识的人在其中成为**基本主体**的那种公众舆论、那种社会政治氛

---

① 参见《马克思恩格斯文集》第 1 卷，人民出版社 2009 年版，第 12 页。——译者注

围、那种文化形式和那种人际关系。

　　而至于"道德尊严与道德诚实",最为可信的一点也就是:**只有**当我们预先真正在行动中为之斗争,**那样**我们才能够坚持和维护它,因为我们获得这种道德尊严和诚实不会是某种被赠予的礼物,更不会是从那些其本身不具备和不需要道德尊严与诚实的人那里获得,尽管这些人也常常满嘴都是社会主义。他们想必是在假设没有人作为人而存在,社会主义也是可能的,或者更为常见的是,他们通常什么也没有假设,而只是相反——活着。

斯维多扎尔·斯托扬诺维奇

马克思的伦理学理论①

[南斯拉夫] 斯维多扎尔·斯托扬诺维奇

马建青 译

一

在马克思主义和马克思学的历史上，人们很容易将关于马克思的解释区分为两种。一种可被称为非伦理学的，另一种则是伦理学的。我遵循的是后一种解释。在我看来，马克思的著作中有相当多的伦理学内容，而人们可以从这些内容出发提出一种马克思主义规范伦理学。何况目前还不存在这样的伦理学，至少没有一个令人满意的、配得上马克思名字的伦理学。为什么呢？

人们通常会列举若干原因，而我能认可的是其中的政治原因，即斯大林主义阻碍了发展真正的马克思主义伦理学的工作。然而，在我看来，根源要深得多，而人们可以在马克思自己的著作中找到这些根源。我将努力表明，除非消除这些著作中包含的一些理论障碍，否则创造马克思主义评价性伦理学的努力是不会成功的。

二

在试图阐释这一论题时，有必要考虑两个问题：充当对马克思进行完全非伦理学解释的基础是什么？那些声称马克思的著作没有伦理学内容、实际上**不可能**有这种内容的人通常给出的理由是什么？

---

① 本文原文题目为 "Marx's Theory of Ethics"，译自 Nicholas Lobkowicz(ed.)，*Marx and the Western World*, University of Notre Dame Press: Notre Dame, Indiana, 1967. pp. 161–171。——译者注

首先，一个事实是，马克思本人写道，他已经超越哲学的领域，进入"真正的实证科学"的领域。因此，他认为自己是科学社会主义的创始人，而不是空想社会主义的创始人。其次，存在一些所谓的马克思反伦理和反道德的言论。比如：

（1）"共产主义对我们来说不是应当确立的状况，不是现实应当与之相适应的**理想**。我们所称为共产主义的是那种消灭现存状况的**现实**的运动。"①

（2）"共产主义者根本不进行任何**道德**说教，施蒂纳却大量地进行道德的说教。共产主义者不向人们提出道德上的要求，例如你们应该彼此互爱呀，不要做利己主义者呀等等；相反，他们清楚地知道，无论利己主义还是自我牺牲，都是一定条件下个人自我实现的一种必要形式。"②

（3）"法律、道德、宗教在他们（无产阶级）看来全都是资产阶级偏见，隐藏在这些偏见后面的全都是资产阶级利益。"③

（4）"**道德**就是'**行动上的软弱无力**'。它一和恶习斗争，就遭到失败。而鲁道夫甚至还没有提高到至少是建立在**人类尊严**这种意识之上的独立道德的观点。相反，他的道德是建立在人类软弱无力这种意识之上的。他是**神学**道德的代表。"④

无论是马克思主义的解释者阵营，还是非马克思主义的解释者阵营，通常会引用上述文本来支持他们关于马克思的著作是非伦理学的观点，这些人包括维尔纳·桑巴特（Werner Sombart）、贝内德托·克罗齐（Benedeto Croce）、卡尔·考茨基、麦克斯·阿德勒（Max Adler）、鲁道夫·希法亭（Rudolph Hilferding）、一些新康德主义者、列宁、吕西安·

---

① *MEGA*, I, 5, 25; cf. *The German Ideology*, trans. by R. Pascal, New York 1960, p. 26. （参见《马克思恩格斯文集》第 1 卷，人民出版社 2009 年版，第 539 页。——译者注）

② *MEGA*, I, 5, 25; cf. *The German Ideology*, trans. by R. Pascal, New York 1960, p. 227. （参见《马克思恩格斯全集》第 3 卷，人民出版社 1960 年版，第 275 页。——译者注）

③ *MEW*, Ⅳ, 472; cf. K. Marx–F. Engels, *Selected Works*, Moscow 1955, vol. I, P. 44. （参见《马克思恩格斯文集》第 2 卷，人民出版社 2009 年版，第 42 页。——译者注）

④ *MEGA*, I, 3, 379; cf. K. Marx–F. Engels, *The Holy Family*, Moscow 1956, p. 265. （参见《马克思恩格斯全集》第 2 卷，人民出版社 1957 年版，第 255–256 页。——译者注）

戈德曼（Lucien Goldman），等等。

这种解释导致的后果是，要么马克思主义伦理学的支持者们没法做任何工作，要么不成功地在达尔文（考茨基）、达尔文和康德（路德维希·沃尔特曼［Ludwig Woltmann］）、康德（一些新康德主义者）等人身上寻求对马克思伦理学的补充。

<h1 style="text-align:center">三</h1>

认为马克思的著作适合于伦理学解释的阵营包括：爱德华·伯恩施坦、马克西米利安·吕贝尔（Maximillian Rubel）、卡尔·波普（Karl Popper）、约翰·刘易斯（John Lewis）和尤金·卡门卡（Eugene Kamenka）等人。然而在该阵营内部，一些成员认为马克思的学说是纯粹的伦理学，不是科学的学说；而另一些成员则认为马克思的学说部分是伦理学，部分是科学。我本人同意后一种观点。再次要注意的是，这些成员既有马克思主义者，也有非马克思主义者。这个阵营的主张依据如下一些马克思的文本：

（1）"基督教的社会原则颂扬怯懦、自卑、自甘屈辱、顺从驯服，总之，颂扬愚民的各种特点，但对不希望把自己当愚民看待的无产阶级说来，勇敢、自尊、自豪感和独立感比面包还要重要。"①

（2）（在关于第一国际的演讲中，马克思提到）"私人关系间应该遵循的那种简单的道德和正义的准则"②。

（3）"旧唯物主义的立脚点是市民社会，新唯物主义的立脚点则是人类社会或社会的人类。"③

（4）（马克思辩护的是）"这样一个联合体，在那里，每个人的自由

---

① *MEW*, IV, 200. （参见《马克思恩格斯全集》第 4 卷，人民出版社 1958 年版，第 218 页。——译者注）

② *MEW*, XVI, 13; cf. Marx-Engels, *Selected Works*, vol. I, P. 385. （参见《马克思恩格斯文集》第 3 卷，人民出版社 2009 年版，第 14 页。——译者注）

③ *MEGA*, I, 5, 535; cf. Marx-Engels, *Selected Works*, vol. II, P. 404. （参见《马克思恩格斯文集》第 1 卷，人民出版社 2009 年版，第 502 页。——译者注）

发展是一切人的自由发展的条件"①。

此外，马克思的著作中充满了伦理语言。例如，在《共产党宣言》中，马克思非常频繁地使用了这样的语词："赤裸裸的利害关系"和"冷酷无情的'现金交易'""压迫""人的尊严变成了交换价值""无耻的、直接的、露骨的剥削""无情""现代的资本压迫""从属""工人群众……是……奴隶"等。如果有人说这些主要是马克思的政治著作，而不是科学著作，我可以很容易地引用《资本论》来给出回答。②

从马克思的早期著作到晚期著作，也就是说，无论在马克思所说的哲学阶段还是科学阶段，他都是历史上最伟大和最激进的人道主义思想家之一。而且，他是欧洲伟大的人道主义–伦理学传统的继承者。他认真接受了西方伟大的民主革命的理想，并在此基础上对资本主义社会进行了猛烈的、公正的批判。当然，他并没有停留在这些理想上，而是努力发展和深化它们，并进一步将它们具体化。这一切都得到了许多重要的非马克思主义思想家的肯定和赞扬。一个马克思主义者对马克思的人道主义的和伦理学的理想的敬意，很难说能比——例如——卡尔·波普在他的《开放社会及其敌人》中所表达的敬意更多了。③

马克思最重要的理想是，人的个性成为自由的、社会化的、创造性的、全面的、完整的、自主的、有尊严的。具体表现为他的这些观点：异化的消除、社会特别是阶级的不平等的废除、国家的消亡等。简言之，在我看来，马克思的作品包含着丰富的人道主义–伦理学内容，可以而且应该用来发展一种规范伦理学。

四

然而，尽管有这些合理的、来自原文的引文，一些解释者还是坚持

---

① *MEW*, IV, 482; cf. Marx-Engels, *Selected Works*, vol. I, P. 54. （参见《马克思恩格斯文集》第 2 卷，人民出版社 2009 年版，第 53 页。——译者注）

② 例如，参见《资本论》第 1 卷第 1 章第 4、7 和 13 节。

③ Karl Popper, *The Open Society and Its Enemies*, 4th ed., London 1962, vol. II, ch. 22.

认为，马克思的学说在伦理学上是空洞的，而且必然如此。在试图评论这种主张之前，我们必须先谈谈另一种主张：即马克思声称自己只是一个科学家，并发表了一些（据说是）反伦理的言论，尽管他的著作包含伦理学的内容。关于这种主张，我只能看到两种可能的解释。

其一，要么马克思没有注意到自己思想的伦理学内容。

其二，要么马克思所说的"科学"是某种与他的非伦理学解释者们会想到的、"价值中立的"科学完全不同的东西。据此，他所谓的反伦理、反道德的言论，其实只是针对道德说教和某种伦理语言的使用。

在我看来，对于马克思这种有才能的人来说，第一种选择似乎是非常不可能的，特别是如果我们考虑到他的著作中伦理学内容的范围。然而，在我看来，有若干理由可以说明为什么会是第二种选择。首先，马克思**一直**使用评价性语言，包括具有伦理性质的语言。如果他认为这与"真正的实证科学"的领域是不可调和的，那么当他想进入这个领域的时候，就会努力停止使用这种语言。其次，马克思从来没有像他的非伦理学解释者所假定的那样，明确地或隐晦地在评价性陈述和认知性陈述之间做出过区分。最后，我们决不能忘记，他是黑格尔的追随者，而黑格尔拒绝康德的二元论，主张**是**与**应该**的统一。

在我看来，当进入科学阶段时，马克思只是在评价性陈述的独立使用（来自认知性陈述）的合法性问题上改变了主意。换句话说，他当时并没有试图避免使用它们，当且仅当他认为它们可以得到认知性陈述的逻辑支持时。再补充一点，他认为，认知性陈述在科学中占据主要地位，而评价性陈述占据从属地位。

我认为，在马克思那里，**隐含的**元价值论和元伦理学观点是认知主义的。因此，他可以继续使用评价性和伦理学的语言，同时相信他仍只是在科学领域。许多马克思主义者正确地写道，马克思的著作中包含了相当多的支撑某种规范伦理学的材料，但他们错误地认为，尽管如此，他只是一个科学家。他们和马克思一起犯了认知主义的错误。然而我们不应忽视这样一个事实：在马克思的时代，在哲学家和科学家的理论自觉中，认知主义观念直至那时仍是占主导地位的，因为在近半个世纪之前，人们才开始了第一次现代的、系统的元价值论和元伦理学研究。只有在我们这个世纪，哲学家们才相当清楚地区分了评价性陈述和认知性陈述，并发现了它们相互关系的本质。

除一个文本外，我们都可以很容易地按照我所说的将上面第二部分所引用的马克思的所有文本解释为反道德说教的（antimoralistic），而不是反道德的（antimoral）。但是，被排除在外的那个文本——"法律、道德、宗教在他们（无产阶级）看来全都是资产阶级偏见，隐藏在这些偏见后面的全都是资产阶级利益"——的整个上下文表明，它只是针对资产阶级道德而不是道德本身。我还认为，马克思的非伦理学解释者所引用的马克思的其他文本或可能引用的文本都可以被解释为对我论点的证明。此外，如果有任何反面的例子，它们也不会破坏我的主张，而是指明了马克思在某些场合犹豫不决。

马克思所反对的道德说教有两个主要特点：

第一，所使用的道德语言独立于认知语言，而且，与认知语言相比，它的首要意义在于批判现存的道德，同时宣扬新的"真正的"道德；

第二，相信可以通过这种方式实现重大的道德变革和改革。

与实践中的道德说教相对应的是理论中的伦理主义。空想社会主义本质上是道德说教和伦理主义。众所周知，马克思一开始主要是一个强调道德教化的人道主义思想家。他的思想信奉的是自由主义，之后才是社会主义。很快，他就想要成为一个与空想社会主义相对的科学社会主义者。

无论如何，马克思对道德说教的厌恶根本不能通过他的个人道德特征获得解释，譬如，不能像卡尔·波普所说的那样："马克思没有提出一种明确的道德理论，因为他讨厌说教。他对那些通常讲一套做一套的道德说教者深感不信任。"① 因为马克思虽然反对空想社会主义者的道德说教，但至少对一些空想社会主义者的个人品德是尊重的，只是因为他想用科学的社会主义代替道德说教的社会主义。与空想的、道德说教的

---

① Karl Popper, *The Open Society and Its Enemies*, 4th ed., London 1962, vol. II, ch. 385.

社会主义不同，马克思努力遵循两个原则：

其一，只有在他认为伦理语言可以得到认知语言的逻辑支持时，他才会使用伦理语言，并且完全把伦理语言放在次要地位。

其二，他没有把希望寄托在道德说教上，而是坚持认为需要改变导致不道德的社会条件；为了获得有关这些条件的知识，他投身于对现存社会现实及其支持力量、趋势和规律、最终变化的可能性和载体等的科学研究。这是理解现存不道德秩序存在原因的唯一途径。空想社会主义试图主要考虑的是结果而不是原因。这就是为什么它是无力的、徒劳的和天真的。

在这样的背景下，不难理解为什么认知语言对于马克思来说具有头等重要性。他首先要努力表明，社会主义取代资本主义既是必然的也是合法的。对于他来说，对资本主义现实的伦理学批判只是次要的。而且，在伦理学上**明确地**证明社会主义作为他的事业是正当的这个事情对于他来说是最不重要的。这些都误导了他的一些解释者，他们得出错误的结论，认为在马克思的理论中必定没有伦理学思想的位置。

在马克思那里，唯一隐含的元伦理学的认知主义具有双重误导性。有些解释者没有注意到这一点，而且考虑到马克思关于其学说具有完全科学性的说法，他们就被误导了，认为它没有也不可能有任何伦理学内容。对于这些人，即使他们是马克思主义者，我们也毫无理由指望他们在马克思的基础上努力发展出一种规范伦理学。

而其他被误导的人则认为，在马克思那里有**科学的**规范伦理学的基础。他们花费了大量的时间和精力以期建立一种"科学的马克思主义规范伦理学"。因为包括马克思主义规范伦理学在内的规范伦理学不可能是一门科学，所以所有这些努力都注定要失败。但在我看来，仍有可能**利用**其他一切相关的科学知识并将其作为伦理陈述的认知前提或根据，进而制定出一套马克思主义的规范伦理学。

五

马克思思想的主要特点是行动主义（activism）。其内核包括如下这些范畴：实践、自由和人作为人的自我实现。这种行动主义的基本原则是某种**温和的**历史决定论，可表述为："人们自己创造自己的历史，但是他们并不是随心所欲地创造，并不是在他们自己选定的条件下创造，而是在直接碰到的、既定的、从过去继承下来的条件下创造。"①

马克思主义者应该开始做的工作是，认真考虑、发展和论证这种介于极端的历史决定论和极端的非决定论之间的中间立场。虽然在马克思之后的马克思主义中人们更多是复述这一（可能是方便的）方案，但在其他一些哲学流派中人们已经写出了关于历史决定论和自由的严肃而详尽的著作。当然，不能说他们解决了问题，而只能说他们离问题的解决更近了一步。只有不知道这是永恒的哲学问题之一的天真的人才会期待问题的最终解决。

遗憾的是，马克思并没有始终如一地持**温和的**历史决定论观点。他的一些文本揭示了，存在于温和决定论倾向和极端决定论倾向之间的内在冲突和张力。我们必须记住，马克思属于 19 世纪的科学，在那个时代，自然科学的严格决定论仍是理论的典范，也是方法论的典范。

六

马克思正确地强调了人们的经济地位，特别是阶级的经济地位对其道德的影响。事实上，人们的道德观往往是他的经济-阶级的利益在意识形态上的合理化。如果今天我们试图洞悉不同人所具有的形式相同的、抽象的道德观，以确定表达不同社会利益并将不同社会利益合理化的不同内容，那么这至少部分是由于马克思的影响。马克思的居于统治地位的道德是统治阶级道德的思想也是卓有成效的。在我看来，所有这些思想对于伦理学特别是道德社会学都是重要的。也许现在它们已经是老生常谈。如果是这样的话，那是马克思的功劳。

然而，马克思讲到了经济"基础"决定道德"上层建筑"，其中的

---

① *MEW*, Ⅶ, 115; cf. Marx-Engels, *Selected Works*, vol. I, P. 247. （参见《马克思恩格斯文集》第 2 卷，人民出版社 2009 年版，第 470-471 页。——译者注）

一些话被夸大了，以至于恩格斯认为有必要在他最后的几封信中警告说，人们不应该从字面上理解这些话。

有些马克思主义者似乎认为，他们可以同时做两件事：一方面，接受这种**极端的**经济决定论表述，另一方面，坚持推进发展马克思主义规范伦理学的工作，并假定它有可能产生重大影响。然而，一个人不可能两者兼得。如果道德**完全**依赖于经济条件并由经济条件决定，那么道德和伦理陈述的塑造和改造功能将无用武之地。对人们的道德生活施加影响的唯一途径就是改变他们的经济地位。

七

马克思关于社会主义必然性的一些论述是如此强硬，以至于它们接近于宿命论，例如以下几个论述：

> 但资本主义生产由于自然过程的必然性，造成了对自身的否定。①

马克思赞许地引用了一位《资本论》评论家的话：

> 所以马克思竭力去做的只是一件事；通过准确的科学研究来证明社会关系的一定秩序的必然性，同时尽可能完善地指出那些作为他的出发点和根据的事实。为了这个目的，只要证明现有秩序的必然性，同时证明这种秩序不可避免地要过渡到另一种秩序的必然性就完全够了，而不管人们相信或不相信，意识到或没有意识到这种过渡。马克思把社会运动看做受一定规律支配的自然史过程，这些规律不仅不以人的意志、意识和意

---

① Cf. Wright C. Mills, *The Marxist*, New York 1962, p. 67 (*Manifesto*). （参见《马克思恩格斯文集》第 5 卷，人民出版社 2009 年版，第 874 页。——译者注）

图为转移，反而决定人的意志、意识和意图……①

在接下来的段落中，马克思持温和的决定论观点，将社会"规律"视为"趋势"，同时又持极端的决定论观点，认为社会规律的运行具有"铁的必然性"："问题本身并不在于资本主义生产的自然规律所引起的社会对抗的发展程度的高低。问题在于这些规律本身，在于这些以铁的必然性发生作用并且正在实现的趋势。"②

"一个社会即使探索到了本身运动的自然规律——本书的最终目的就是揭示现代社会的经济运动规律——它还是既不能跳过也不能用法令取消自然的发展阶段。但是它能缩短和减轻分娩的痛苦。"③

恩格斯将自由定义为"对必然的认识"，这种从黑格尔那里接过来的定义只与马克思的极端决定论的段落相一致。很容易就可以证明，这种关于自由的定义是站不住脚的。只有在马克思的温和决定论中，真正的自由才是可能的。让我很简要地说明我在其他地方详细论证过的内容。温和决定论认为，历史上存在不止一种可能性，但历史可能性的数量是有限的。那么，自由意味着能够在它们之间进行选择并实现所选择的可能性。

让我们暂时假定，对于马克思的论述来说，严格的决定论是真实的。换句话说，我们假定社会主义是不可避免的，因为，无论在促进这种必然性的实现方面，还是在使这种必然性变得更加困难方面，人们所能做的可以说是极少的。那么，一种相应的规范伦理学的意义何在？

我将理所当然地认为，这种伦理学的功能应该是：（1）在道德上为不可避免的社会主义辩护，（2）在道德上责成人们实现社会主义。马克

---

① *MEW*, XXIII, 26; cf. *Capital*, Moscow 1955, vol. I, p. 18（Afterword to the 2nd German edition）. Italics are mine—S. S.（参见《马克思恩格斯文集》第5卷，人民出版社2009年版，第20-21页。——译者注）

② *MEW*, XXIII, 12; cf. *Capital*, Moscow 1955, vol. I, p. 8 ff.（Preface to the first German edition）. Italics are mine—S. S.（参见《马克思恩格斯文集》第5卷，人民出版社2009年版，第8页。——译者注）

③ *MEW*, XXIII, 15; cf. *Capital*, Moscow 1955, vol. I, p. 10. Italics are mine—S. S.（参见《马克思恩格斯文集》第5卷，人民出版社2009年版，第9-10页。——译者注）

思曾说过,人们根本不可能在社会主义的必然性上增加什么东西或拿走——可以说——任何东西;如果马克思说得很对,那么人们应该而且能够完成第一部分(1)的工作。即使是绝对必然的东西,也仍然可能有好有坏。但是,只有当人的活动能够对所发生的事情产生影响时,这项工作的第二部分(2)才有意义。从道德上讲,责成某人去做某事,只有在人们有能力去做的范围内才是合理的。然而根据马克思的上述引文,人们对历史进程能做的事情**极少**。因此,他们几乎不用为历史进程担负起道德责任。

在我看来,由此可得出结论,因为马克思的学说(它的某些部分)是严格的决定论,所以它阻碍了在伦理学上发展它自己的工作。对于一个严格的决定论者来说,鼓励人们在道德上致力于社会主义的实现是没有多大意义的。然而马克思主义的规范伦理学,就其马克思主义的本质而言,必须做到这一点,此外,它必须主要是一种社会伦理学。

正因为马克思有时认为,无论人们怎么做,社会主义都是不可避免的,所以他并不觉得有必要试图给社会主义一个**明确的**伦理学理由。他更不想向人们提出努力实现社会主义的道德义务。这就误导了他的一些解释者,使他们认为他的著作是而且必然是没有伦理学内容的。卡尔·波普①、以赛亚·柏林②(Isaiah Berlin)、H. B. 梅奥③(H. B. Mayo)和其他一些人也被误导,认为马克思把历史必然性与道德标准相提并论。

让我们稍作停顿,谈谈波普的解释,他的解释是这三种解释中最有说服力的。他引用的唯一支持这一解释的文本是恩格斯的如下这段话:

> 现在代表着现状的变革、代表着未来的那种道德,即无产阶级道德,肯定拥有最多的能够长久保持的因素。④

---

① Op. cit., chapter 22.
② Isaiah Berlin, *Karl Marx*, London 1948, p. 140.
③ H. B. Mayo, *Democracy and Marxism*, New York 1955, p. 231.
④ 参见《马克思恩格斯文集》第 9 卷,人民出版社 2009 年版,第 98-99 页。——译者注

首先，我们根本不清楚恩格斯在这里是否把历史必然性视为道德标准。但是，即使他这样做了，也不能说明马克思会这样做。更重要的是，波普没有引用马克思的话，而我相信他做不到这一点，只是因为在我看来，马克思并没有明确或隐晦地讲过这种性质的话。塔克①（R. Tucker）正确地否定了波普的解释，提醒我们说，马克思首先得出了一个良善社会的观念，后来才使人们相信它具有必然性。当然，这种反驳本身并不是令人信服的。波普仍然可以坚持认为，在马克思的第二阶段，他是一个伦理的历史决定论者。但是，我相信，波普也不能证明这一点。我想补充的是，**从心理上讲**，社会主义具有伦理合理性这种思想使马克思相信社会主义的必然性，而不是相反。马克思是一个极其乐观的思想家，也是一个特别主张进步的思想家。然而，**从逻辑上看**，道德标准和历史必然性对马克思来说是相互独立的。

但是，让我们回到本文的主要论题上来。马克思主义规范伦理学应该要求并在道德上迫使人们通过自己的一切努力来实现社会主义。然而要做到这一点，它必须放弃马克思的极端决定论的表述。此外，我认为，与其谈论社会主义的必然性，不如把社会主义视为一种**强烈地趋向于实现自身的现实的历史可能性**，这才更容易被接受。今天，甚至人类的生存都不能被认为是不可避免的，更不用说社会主义了。社会主义会不会实现，**完全**取决于人和人的行动。只有这样的马克思主义学说才可能把人设想成**完全**有道德义务去实现社会主义的人。

---

① R. Tucker, *Philosophy and Myth in Karl Marx*, Cambridge, Mass. , 1961, p. 21.

马克思思想中的伦理潜能①

[南斯拉夫] 斯维多扎尔·斯托扬诺维奇

罗跃军 译

一

一种至少与马克思之名相称的马克思主义伦理学尚需被建构。这一问题的出现是由于马克思思想自身的内在障碍造成的呢，还是或许只能归因于诸如马克思的追随者不成熟那样一些外在因素呢？安东尼奥·拉布里奥拉（Antonio Labriola）写下的这段文字说明一些马克思主义者甚至还没有理解马克思主义中的伦理问题：

> 今后，伦理学和理想主义（idealism）就在于，使科学思想为无产阶级服务。如果这种伦理学通常在歇斯底里和愚蠢的感伤主义者看来不够道德，那就让他们离开并从宣扬利他主义的高级牧师斯宾塞那里借来利他主义，他将为他们提供有关利他主义模糊乏味的定义，这样就会满足他们。②

考察那些解释马克思主义伦理学并不存在的理由是更加全面评估马克思哲学的前提条件。评估一种思想体系的标准之一就是它具有包含人类所有关键问题的能力。要是在社会生活的道德维度前无能为力，那它就不够完备。

以实现最彻底的人道主义理想为目标的一种革命运动怎么会仍然缺

---

① 本文原文题目为 "The Ethical Potential of Marx's Thought"，译自 Svetozar Stoyanović, *Between Ideals and Reality*, New York: Oxford University Press, 1973, pp. 137–155。——译者注

② *Essays on the Materialistic Conception of History* (Chicago, 1908), p. 75.

乏一种成熟的伦理学呢？时至今日，马克思主义者争论更多的是他们的伦理学处于发展状态的原因，而不是去努力发展它。对此通常有两种解释——一种是社会政治的，另一种是社会心理的。

工人运动、社会民主制度以及共产主义者的状态通常被视为第一个原因。事实上，如果"社会主义的最终目的是微不足道的，运动就是一切"①，那就很难为伦理学找到一个位置。

至于第二个原因，马克思主义伦理学的缺乏经常会归因于社会心理因素，因为马克思主义者在革命行动时期倾向于延迟积极方案的制定。对于这一点通常会补充评论道，尽管马克思在 1844 年的确打算创作一本关于伦理学问题的著作，但他本人并没有充足时间来就伦理学进行写作。不管怎样，马克思将他的时间用于他认为更为重要的事情上。如果马克思没有时间，当然不能说他的众多追随者也没有时间。尽管如此，迄今为止我们还没有发现一种令人满意的马克思主义伦理学。显然，必须要在马克思思想自身内在的某些理论障碍中找到一种更全面的解释。

在马克思主义和马克思学的历史中，对于马克思存在着两种相互抵触的阐释——伦理学的和反伦理学的（a-ethical）。我认为马克思的思想包含着伦理观念，这能够作为一种马克思主义伦理学的出发点。但是马克思也为相反的——反伦理的——阐释提供了理由。这一含混之处为任何以马克思主义为导向的道德哲学制造了困难。除此之外，仍然还有一个巨大的障碍，即马克思关于历史决定论的理解。

二

那些声称马克思的著作完全没有伦理内容的人有什么样的证据呢？

马克思断言他从空想的领域进入"真正的实证科学"②的领域。相对于以前存在的道德化的空想社会主义，他努力建立一种科学的社会主

① Edward Bernstein, *Evolutionary Socialism* (New York, 1961), p. 202.
② *The German Ideology*, Part Ⅰ, p. 15.（参见《马克思恩格斯文集》第 1 卷，人民出版社 2009 年版，第 526 页。——译者注）

义。那些认为马克思思想反伦理阐释的支持者通常会提到以下或相似的段落：

> 共产主义者根本不进行任何**道德说教**，施蒂纳却大量地进行道德的说教。共产主义者不向人们提出道德上的要求，例如你们应该彼此互爱呀，不要做利己主义者呀等等；相反，他们清楚地知道，无论利己主义还是自我牺牲，都是一定条件下个人自我实现的一种必要形式。①
>
> 共产主义对我们来说不是应当确立的**状况**，不是现实应当与之相适应的**理想**。我们所称为共产主义的是那种消灭现存状况的**现实的**运动。②
>
> 法律、道德和宗教在他们（无产阶级——作者注）看来全都是资产阶级偏见，隐藏在这些偏见后面的全都是资产阶级利益。③
>
> **道德**就是"**行动上的软弱无力**"。它一和恶习斗争，就遭到失败。而鲁道夫甚至还没有提高到至少是建立在**人类尊严**这种意识之上的独立道德的观点。相反，他的道德是建立在人类软弱无力这种意识之上的。他是**神学道德**的代表。④

在 1864 年 11 月 4 日写给恩格斯的信中⑤，马克思抱怨马志尼主义者（Mazzinists）迫使他将"义务和权利"以及"真理、道德和正义"插入共产国际章程的序言中，但他把它们加到不会造成任何损害的

---

① "Die Deutsche Ideologie", Part Ⅲ, *Werke*, vol. 3, p. 229. （参见《马克思恩格斯全集》第 3 卷，人民出版社 1960 年版，第 275 页。——译者注）

② *The German Ideology*, Part Ⅰ, p. 26. （参见《马克思恩格斯文集》第 1 卷，人民出版社 2009 年版，第 539 页。——译者注）

③ *Communist Manifesto*, p. 44. （参见《马克思恩格斯文集》第 2 卷，人民出版社 2009 年版，第 42 页。——译者注）

④ "Die Deutsche Ideologie", Part Ⅲ, *Werke*, vol. 3, p. 213. （参见《马克思恩格斯全集》第 2 卷，人民出版社 1957 年版，第 255-256 页。——译者注）

⑤ Karl Marx and Friedrich Engels , *Selected Correspondence* (Moscow, 1956), p. 182. （参见《马克思恩格斯文集》第 10 卷，人民出版社 2009 年版，第 215 页。——译者注）

地方。

在 1877 年 10 月 19 日写给左尔格（Sorge）的信中，马克思抱怨有些人"想用关于正义、自由、平等和博爱的女神的现代神话来代替它的唯物主义的基础（这种基础要求人们在运用它以前进行认真的、客观的研究）"①。

把马克思理解为一位反伦理的思想家的有维尔纳·桑巴特（Werner Sombart）、贝内德托·克罗齐（Benedetto Croce）、卡尔·考茨基、麦克斯·阿德勒（Max Adler）、鲁道夫·希法亭（Rudolf Hildferding）、新康德主义者和吕西安·戈德曼（Lucien Goldmann）等人。他们中的一些人认为伦理立场的缺失是马克思思想的一个弱点，因此通过达尔文（考茨基）、达尔文和康德（路德维希·沃尔特曼［Ludwig Woltmann］）或者康德（新康德主义者）来补充马克思的伦理思想。

三

与上述这些人相反，有整整一批理论家认为马克思的思想包含伦理内容，其中包括爱德华·伯恩施坦、马克西米利安·吕贝尔（Maximilien Rubel）、卡尔·波普（Karl Popper）、约翰·刘易斯（John Lewis）、尤金·卡门卡（Eugene Kamenka），等等。我将再次引述非马克思主义者和马克思主义者的话语。在后者中既包括那些认为马克思学说是纯粹伦理的和非科学的，也包括那些主张马克思学说仅在众多维度之一中是伦理的，而在其他方面是科学的。

他们也依靠来自马克思的很多段落，比如：

> 对宗教的批判最后归结为人是人的最高本质这样一个学
> 说，从而也归结为这样的绝对命令：必须推翻使人成为被侮

---

① Karl Marx and Friedrich Engels , *Selected Correspondence* (Moscow, 1956), pp. 375–376. （参见《马克思恩格斯文集》第 10 卷，人民出版社 2009 年版，第 420 页。——译者注）

辱、被奴役、被遗弃和被蔑视的东西的**一切关系**。①

基督教的社会原则颂扬怯懦、自卑、自甘屈辱、顺从驯服，总之，颂扬愚民的各种特点，但对不希望把自己当愚民看待的无产阶级说来，勇敢、自尊、自豪感和独立感比面包还要重要。②

旧唯物主义的立脚点是"**市民**"社会；新唯物主义的立脚点则是**人类**社会或社会化的人类。③

马克思为之辩护的是"每个人的自由发展是一切人的自由发展的条件"④ 这样一个社会。在同一文献中，他经常使用伦理化的表达，比如"赤裸的私利和冷酷无情的现金交易""压迫""个人尊严的堕落""无耻的、直接的和残酷的剥削""不为他人着想""现代的资本的奴役制""屈从""工人大众就是奴隶"，等等。马克思的《资本论》（尤其是第一卷第Ⅳ、Ⅶ和ⅩⅩⅢ章）也通篇都是有着伦理色彩的表述。

下面这段摘自《哲学的贫困》中有关资本主义的段落也是如此："这个时期，甚至像德行、爱情、信仰、知识和良心等最后也成了买卖的对象，而在以前，这些东西是只传授不交换、只赠送不出卖、只取得不收买的。这是一个普遍贿赂、普遍买卖的时期，或者用政治经济学的术语来说，是一切精神的或物质的东西都变成交换价值并到市场上去寻找最符合它的真正价值的评价的时期……"⑤

在《哥达纲领批判》一书中，马克思比较了资本主义、社会主义和

---

① Marx, in Bottomore(ed.), *Early Writings*, p. 52. （参见《马克思恩格斯文集》第 1 卷，人民出版社 2009 年版，第 11 页。——译者注）

② Karl Marx, *Friedrich Engels: Historisch-kritische Gesamtausgabe (MEGA)* (Berlin, 1932), 1/6, p. 278. （参见《马克思恩格斯全集》第 4 卷，人民出版社 1958 年版，第 218 页。——译者注）

③ "Thesis Ⅹ on Feuerbach", in Marx and Engels, *Selected Works*, p. 30. （参见《马克思恩格斯文集》第 1 卷，人民出版社 2009 年版，第 502 页。——译者注）

④ *Communist Manifesto*, p. 53. （参见《马克思恩格斯文集》第 2 卷，人民出版社 2009 年版，第 53 页。——译者注）

⑤ Marx, *The Poverty of Philosophy* (New York, 1963), p. 34. （参见《马克思恩格斯全集》第 4 卷，人民出版社 1958 年版，第 79-80 页。——译者注）

共产主义体制对社会产品的分配，展现了共产主义源自社会平等原则分配方式的优越性。

不过不需要再引用马克思著作中的章节了。马雷克·弗里茨汉德（Marek Fritzhand）① 和尤金·卡门卡（Eugene Kamenka）② 在他们的著作中对马克思详加引用和分析，我认为这明确证明了马克思的思想具有一种伦理维度。从他最早期到最后阶段的著作，马克思都是作为伟大的欧洲人道主义−伦理传统的继承者进行写作的。许多非马克思主义的思想家也承认这一点。

面对这么多与之相反的证据，为什么一直都有马克思思想的阐释者声称马克思的思想是反伦理的，而且认为他并非偶尔如此，而是他的思想在本质上就是反伦理的？在这一点上，正如我们所看到的，这些阐释者参照的是马克思关于他的著作的科学性和他有关道德思考的一些论述。作为最终的证据，他们通常引述马克思对于历史决定论的理解——不过我们将在下一部分中处理这一主题。

马克思相信他自己学说的科学性，当然完全不可能据此就得出这一学说没有伦理色彩的结论。关键在于马克思没有把"科学"理解为"与价值无关的"（value-free）智识活动，这是某些马克思学家在谈论"科学"时所想到的。马克思从来没有在认知陈述和价值陈述之间进行某种区分，这一区分会把后者置于科学王国之外。我们从不应忽视这样的事实，马克思是黑格尔的一名学生，而且黑格尔因为坚信是（the Is）和应是（the Ought）、实然（of Sein）和应然（Sollen）之间的统一而拒绝接受康德的二元论。

关于马克思反伦理阐释的支持者引用的段落中没有哪一段能有说服力地证明道德观念是外在于马克思思想内容的。反之，有许多段落所证明的恰恰相反。即使**不得不**按照这样的方式进行理解，也没有马克思的哪个单独段落表明了他强烈反对道德，但有相当多的段落确定无疑地表达出他对道德观念**说教**的强烈憎恶。乍看起来似乎我们上文已经引用过

① *Myśl Etyczna Młodego Marksa* (Warsaw, 1961).

② *The Ethical Foundations of Marxism* (London, 1962).

的这一段落好像在这一方面是一个例外："法律、道德和宗教在他们（无产阶级——作者注）看来全都是资产阶级偏见，隐藏在这些偏见后面的全都是资产阶级利益。"但是上下文分析表明这一段是对资产阶级和它所求助的道德的强烈反对，而不是反对道德本身。

马克思为什么反对道德说教？这不能根据他个人的道德特质进行解释，就像卡尔·波普试图做的那样，波普写道："我认为，马克思避免一种明确的道德理论，是因为他憎恨说教。由于对那些经常是说一套、做一套的道德家极端不信任，马克思不愿意明确阐述他的伦理信念。"[1]举例来说，马克思不反对某些乌托邦社会主义者的个人道德标准。尽管如此，他仍批评了他们，因为他想要以科学的社会主义超越道德化的社会主义。

对马克思而言，道德说教者的假设在于，一种要求人们改变自己的意识的道德命令，会真的改变他们的意识。说教者是"行动中无能为力"的化身。这一原因促使马克思决定选择对现存社会进行科学调查并依靠那些对从真正根基上改变这一社会感兴趣的力量。他全心全意地投入以下工作中：确定资本主义的规律性和那些维系它的力量，寻求超越资本主义的可能性和趋势并且探索发动这样一场革命的行动者的身份。因为不相信道德说教的功效，马克思坚持对导致邪恶的社会状况进行彻底变革。他的人道主义既不是道德化的，甚至也不是以道德为主的，尽管它确实包含着道德的维度；反之，它是实践的和革命的。这种人道主义力图揭示非人道的社会秩序的起因，并不把结果放在关注的首要位置上，不像仍保持着天真和软弱无力的乌托邦社会主义那样。马克思的人道主义，与其说依靠道德的感染力和影响，不如说依靠那些更为基本的东西——工人阶级的**利益**。马克思学说的任务是促进唤醒工人阶级对自身利益的意识。

马克思的知识分子立场没有超越道德价值；但它是反道德说教的。每个道德主义者都优先进行道德判断（而不是对现实进行考察）并希望这一判断本质上能推动人们改变现实。实践的道德主义与理论的伦理主义相一致。

---

① *The Open Society and Its Enemies* (Princeton, 1950), pp. 385–386.

马克思的确对资本主义进行了道德判断。可是，对他来说最重要的是对资本主义的性质进行科学调查。与道德主义者相反，马克思对与真正社会利益不一致的道德判断的功效不抱幻想，而且，尽管他从人道主义的立场对资本主义进行评价，但他觉得没必要对进行这些判断所依据的原则进行认真阐述和详尽说明。在这方面，马克思是一位批判者，也是一位伦理批判者，但他不是一名系统化的伦理理论家。尽管如此，对那些力图建构一种马克思主义伦理学的人来说，难道详细阐释、条理化、评价并运用马克思的道德原则是不可能的吗？这项任务仍处在开始阶段，并且没有谁在这方面比我们已经提到的弗里茨汉德做得更多。

马克思主义者是卡尔·马克思明确的反道德主义和反伦理主义立场的继承人。一种马克思主义伦理学不可能把推动个体在道德方面完善自身作为它的首要任务。一种马克思主义伦理学必须是革命运动的伦理学。这样一种伦理学在道德革命中找到了希望，但它只是作为社会的，甚至更广泛地说，是整个人道主义革命的一个方面。所有这些都要求一种马克思主义伦理学必须同古典规范伦理学区分开来。而且，应当认识到马克思主义者在面对社会伦理学，而不是个体伦理学的问题上，最有可能做出新的贡献。即便如此，他们仍然绝对不能忽略诸如生命意义、幸福、爱与恨、友谊等这些个体的伦理问题。

四

在理解历史决定论的同时，马克思也为人类实践、自由和自我实现留下了一席之地，这由他的许多文本所证实，下面这些段落就说明了这一点：

> 人们自己创造自己的历史，但是他们并不是随心所欲地创造，并不是在他们自己所选定的条件下创造，而是在直接碰到的、既定的和从过去承继下来的条件下创造的。[1]

---

[1] "The Eighteenth Brumaire of Louis Bonaparte," in Marx and Engels, *Selected Works*, p. 97. （参见《马克思恩格斯文集》第 2 卷，人民出版社 2009 年版，第 470-471 页。——译者注）

历史不外是各个世代的依次交替。每一代都利用以前各代遗留下来的材料、资金和生产力；由于这个缘故，每一代一方面在完全改变了的环境下继续从事所继承的活动，另一方面又通过完全改变了的活动来变更旧的环境。①

如果斗争只是在机会绝对有利的条件下才着手进行，那么创造世界历史未免就太容易了。另一方面，如果"偶然性"不起任何作用的话，那么世界历史就会带有非常神秘的性质。这些偶然性本身自然纳入总的发展过程中，并且为其他偶然性所补偿。但是，发展的加速和延缓在很大程度上是取决于这些"偶然性"的，其中也包括一开始就站在运动最前面的那些人物的性格这样一种"偶然情况"。②

不过，马克思仍是 19 世纪科学领域的成员，这一时代自然科学的严格决定论仍旧是所有自然科学学科理论上的和方法上的典范。也应当考虑到，在他的历史哲学中，马克思的导师黑格尔把人当作客观精神（the objective spirit）的工具。所有这些都对马克思产生影响，这使他偶尔会走到绝对决定论的极端：

我的观点是把经济的社会形态的发展理解为一种自然史的过程。不管个人在主观上怎样超脱各种关系，他在社会意义上总是这些关系的产物。③

但资本主义生产由于自然过程的必然性，造成了对自身的否定。④

---

① *The German Ideology*, Part I, p. 38.（参见《马克思恩格斯文集》第 1 卷，人民出版社 2009 年版，第 540 页。——译者注）

② Marx's letter to L. Kugelmann of April 17, 1871; in Marx and Engels, *Selected Correspondence*, p. 320.（参见《马克思恩格斯文集》第 10 卷，人民出版社 2009 年版，第 354 页。——译者注）

③ *Capital*, "Preface to the First German Edition," vol. I, p. 10.（强调是我加的——斯. 斯.）（参见《马克思恩格斯文集》第 5 卷，人民出版社 2009 年版，第 10 页。——译者注）

④ *Capital*, p. 763.（强调是我加的——斯. 斯.）（参见《马克思恩格斯文集》第 5 卷，人民出版社 2009 年版，第 874 页。——译者注）

马克思赞许地引用了《资本论》其中一名评论者的评论，这位评论者写道：

> 所以马克思竭力去做的只是一件事：通过准确的科学研究来证明社会关系的一定秩序的必然性，同时尽可能完善地指出那些作为他的出发点和根据的事实。为了这个目的，只要证明现有秩序的必然性，同时证明这种秩序不可避免地要过渡到另一种秩序的必然性就完全够了，而不管人们相信或不相信，意识到或没有意识到这种过渡。**马克思把社会运动看做受一定规律支配的自然史过程，这些规律不仅不以人的意志、意识和意图为转移，反而决定人的意志、意识和意图……**①

在接下来的段落中，马克思既支持严格的决定论，社会规律据此以"铁的必然性"运行着，同时也支持一种更加温和的决定论形式，这种决定论将规律视作"趋势"；"问题本身并不在于资本主义生产的自然规律所引起的社会对抗的发展程度的高低。问题在于这些规律本身，在于这些以铁的必然性发生作用并且正在实现的趋势"②。在《资本论》第三卷③中，马克思再次提出规律只是作为一种趋势发生作用；它的作用，只有在一定情况下，并且经过一个很长的时期，才会清楚地显示出来。

> 一个社会即使探索到了本身运动的自然规律——本书的最终目的就是揭示现代社会的经济运动规律——它还是既不能跳过也不能用法令取消自然的发展阶段。但是它能缩短和减轻分

---

① *Capital*, "Afterword to the Second German Edition," p. 18. （强调是我加的——斯.斯.）（参见《马克思恩格斯文集》第 5 卷，人民出版社 2009 年版，第 20—21 页。——译者注）

② *Capital*, p. 8. （强调是我加的——斯.斯.）（参见《马克思恩格斯文集》第 5 卷，人民出版社 2009 年版，第 8 页。——译者注）

③ *Capital*, vol. III, pp. 234—235. （参见《马克思恩格斯文集》第 7 卷，人民出版社 2009 年版，第 266 页。——译者注）

娩的痛苦。①

于是，在马克思的著作中就有两种相互交织、相互冲突的主题。当人们是历史进程的主体时，历史的过程独立于人的意识和意志。当人是创造性的存在时，历史只能沿着唯一可能的方向发展。当人们对历史事件施加影响时，他们只能对历史事件发生的进度产生影响，而不可能对它们的总体过程产生影响。不可否认，对马克思来说，这种统治人类的盲目的历史力量的规律是我们尚处在人类史前史的标志。但到了共产主义社会，联合起来的人类将决定历史的进程。

作为一名哲学家和历史研究者，马克思必须得说明决定论和自由之间的关系。人类思想史的专家清楚这就是所谓的永恒哲学问题之一，在马克思之前答案的基本**类型**就已被概述过了，而且每一个答案都有着自身强有力的论点和论证的模式。没有意识到这一点的马克思继续摇摆于两种互相排斥的立场之间。

因此，从马克思那里分化出两种不同的趋向，这两种趋向沿着马克思主义的历史蔓延至今。第二共产国际的大多数马克思主义者把马克思理解为一位严格决定论的理论家。与此同时，这样的一位马克思只能被视作一名反伦理的思想家。很自然，那些认为伦理学的缺失是其弱点的马克思主义者不得不从其他哲学，首先从康德哲学那里寻找马克思思想的补充来源。

列宁把自己置于西方社会民主制度的对立面，他被马克思作为创造革命的-历史的思想家这一概念所吸引。但是，必须要指出列宁没有注意到马克思历史决定论理解中的内在张力。而且，列宁本人重申了共产主义是历史的必然这一观念，而同时又保持着活动家的姿态。尽管列宁在理论上经常措辞严厉地使用决定论的语言，却在实践中坚定地主张革命意识和创造力。也许没有任何社会运动比共产主义运动更坚决地坚持认为它自身目标的必然性，同时又坚持有组织的战斗者为这一目标而战

---

① *Capital*, vol. I, "Preface to the First German Edition," p. 10. （强调是我加的——斯.斯.）（参见《马克思恩格斯文集》第5卷，人民出版社2009年版，第9-10页。——译者注）

斗的激进主义。

社会主义的必然性这一信念对国际工人运动产生了各种各样的心理影响。社会民主派更愿意消极期盼资本主义逐渐到达它的最后危机，而列宁主义者以强大的自信积极实现资本主义的灭亡。为了打消其追随者的疑虑，并使自己的对手变得软弱无力，斯大林主义者巧妙运用了社会主义的必然性这一概念的心理效果。

五

假定马克思偶尔关于极端决定论的陈述是真的，社会主义是一种历史的必然性，人们只能加速或减缓它的到来：在这种情况下，一种马克思主义的伦理学是可能的吗？

这样一种伦理学的任务，和其他事物一起，将从道德上激励并使人们感到有责任为社会主义奋斗。然而，伦理学理论家的这一努力仅对那些能够影响历史进程的人才有意义。但是在我们广泛引用的马克思文本中谈到人类对历史进程的影响十分微弱，因此，人类对这一进程的结果几乎不负任何责任。

这也导致少数阐释者——卡尔·波普[1]、N. B. 梅奥（N. B. Mayo）[2]、乔治·路易斯·克莱恩（George L. Kline）[3]以及其他人——得出结论，认为马克思把历史必然作为其伦理标准。既然波普的表述是最充分详尽的，那么在此呈现并评估他的陈述似乎是最自然不过的了。

波普把马克思的立场描述为"道德实证主义"，或甚至更准确地描述为"道德未来主义"，但他又立即补充道："我断言，如果马克思看到道德未来主义意味着承认未来的强权就是公理，那么，他肯定不会以道德未来主义的形式为道德实证主义辩护。"[4] 作为其阐释的证据，波普引用了恩格斯的下述段落："……现在代表现状的变革、代表着未来的那

---

[1] *The Open Society and Its Enemies.*

[2] *Democracy and Marxism* (New York, 1955), Chapter 7.

[3] *European Philosophy Today* (Chicago, 1965), p. 132.

[4] *The Open Society and Its Enemies*, p. 393.

种道德，即，无产阶级道德，肯定拥有最多的能够长久保持的因素。"①
但是，首先，这个段落不能证明对恩格斯来说历史必然是一种伦理标
准。其次，即便说历史必然是一种伦理标准，这是恩格斯的，而不是马
克思的观点。波普没有引用马克思，也不可能引用马克思，因为在马克
思的著作中没有任何段落足以证明这样的一种阐释。他把斯大林主义内
含的伦理标准强加给马克思：在历史中取得伟大胜利的，根据这一事
实，就是道德的。

罗伯特·塔克（Robert C. Tucker）② 理由充分地否定了波普的阐
释，指出马克思最初的结论是属人的社会这一理念（the idea of a human
society），只是后来才得出坚信这一社会必将到来的结论。在这一点上，
我们或许也应注意到塔克所提供的另一个相当有说服力的反证：谁会对
现存社会厌恶到如此程度，以至于使马克思完全依靠坚定的理智信念就
认定这一社会必将消亡并让位于共产主义，这一点几乎令人难以置信。
在我看来，共产主义的人道主义基础的观念引导着马克思**在心理上深信
共产主义是不可避免的**，而非相反。作为一位伟大的乐观主义者，他坚
信革命进程将必然通向一个**属人的**社会。尽管如此，这两件事情——历
史的必然性和共产主义的人道主义正当性——在他的**思想逻辑**中是相互
独立的。

不过，由于偶尔的绝对决定论的内容，马克思的思想对于它所支持
的事业造成了特别的影响。对于一个有能力建构一种关于革命行动的伦
理学说的马克思主义者来说，他必须拒绝接受马克思严格的决定论。这
样的决定论把人的自由排除在外，而这一自由是道德和伦理的**存在理由**
（*ratio essendi*）。

许多马克思主义者接受了马克思决定论思想的一种较为温和的变
体。但是，现在到了认真处理这一立场的形成、发展并辨明其正当合理
的时候。在马克思主义中，这种观点一直只被以差别极小的各种变体重

---

① *Anti-Dühring*, p. 104. （参见《马克思恩格斯文集》第 9 卷，人民出版社 2009 年版，
第 98-99 页。——译者注）

② *Philosophy and Myth in Karl Marx* (Cambridge, 1961), p. 21.

申着，然而，其他那些非马克思主义的哲学家写出许多有重大意义的研究历史决定论和自由问题的著作。当然，不能说他们解决了这一问题，但毋庸置疑的是，他们在解释这一问题并论证他们的立场上取得非常大的进步。

决定论较为温和的变体来自这样一种假设，即每一种历史状况在其内部都孕育着不止一种可能性。然而，与那些受到存在主义影响的马克思主义者所认为的相反，可能性不是无限的，因为可能性的框架由达到的历史水平所限定。人的自由就在于从这些可能性中选择一个可能性并致力于实现它的力量。只有当人拥有这种选择权时，他才能在道德上对历史进程负责。只有以对未来的相对开放这一信念为基础，一种革命行动的伦理学才成为可能。

不过，即便当得出一种马克思主义伦理学必须背弃马克思偶尔的绝对决定论这一结论的时候，也丝毫不必认同波普所写的，"'科学的'马克思主义死亡了。但它的社会责任感和它对自由的热爱必然继续存在"①。如今，在自然科学和社会科学中僵化的决定论（rigid determinism）已经被超越。但是，即使科学没有解释历史的必然性，它仍然有能力确定历史的可能性和趋势。

社会主义是这些真正的可能性和趋势之一，但很难说是一种必然性。它是否会被实现取决于人类。只有把社会主义视为一种可能性的这样一种马克思主义才能在伦理上让人们感到自己有责任去实现社会主义。

自马克思的时代以来，至少发生两次根本性的改变。首先，一种新形式的阶级发展初期阶段——国家主义——被创造出来，这是马克思没有预见到的一种形式；其次，人类积累并掌控着的毁灭力量达到了即使连人的存在都不能被认为是确定无疑的程度，更不要说历史沿某一特定方向的运动了。现在，人类不仅有可能从史前史跳跃到真正的历史之中，还有可能跳跃到反历史（de-history）之中。要是人类一直试图完成的是一项西绪福斯的任务，那会怎么样呢？甚至更糟——要是石头摧毁

① *The Open Society and Its Enemies*, p. 397.

了西绪福斯，因而，如果荒谬的消失仅是以虚无的胜利为代价产生的，那又会怎么样呢？

六

马克思继承了此前人道主义伦理的丰富思想，伟大的民主革命理想和其他事物一起，在这些思想中找到了它们的道路，接着马克思又将这些思想激进化、使之发展并具体化。马克思著作的人道主义伦理基础由扬弃异化、自由、社会平等和正义、消除剥削、社会阶级的消失、国家的消亡、创建生产者自治联合体等概念组成。如今，令人满意的社会政治伦理学不可能绕开这些价值观念。

马克思对伦理学的贡献必须要通过这些价值观念的激进化和具体化去寻找，而不是通过一种基本伦理标准的构想去寻找。时至今日，许多马克思主义者一直试图在马克思著作中寻找证实这样一种标准，但徒劳无功。

首先，他们在消灭剥削和无产阶级的利益中找到道德标准。但是，一个不怎么具备分析能力的人都能看出这些原则不可能起到这样一种作用。

马克思的剥削概念包括的只是道德现象很少的一部分，而正是由于这个原因，消除剥削不可能成为一种伦理标准。某些马克思主义者努力从更广泛的意义上来理解剥削，将其理解为一个人**为了对自己有利**而利用另一个人的**所有情况**，这种理解虽然避免了上面提到的危险，却引入了另一种同样的危险——极度模糊。此外，伦理学，尤其是一种马克思主义伦理学，不可能仅仅要求人们消除一种每个人都利用他人的状况，而是必须要求的反而比这更多，而且是积极的东西。

列宁习惯于说："我们说，我们的道德完全服从无产阶级阶级斗争的利益。我们的道德是从无产阶级阶级斗争的利益中引申出来的。"① 可

---

① *Works*, in English（Moscow, 1950）, vol. 31, p. 266.（参见《列宁选集》第 4 卷，人民出版社 2012 年版，第 289 页。——译者注）

是，当被推荐为一种道德标准时，无产阶级的利益有着不可避免的缺陷。首先，利益这一观念是极端模糊的，甚至马克思本人都坚决拒绝接受所有的功利主义伦理学。一些理论家在无产阶级当前利益和历史利益的区别中寻找解决办法。人们普遍认为马克思明显偏重后者。对马克思来说，无产阶级的当前利益甚至不是一个无条件的积极伦理观念，更别说是一种基本的伦理标准。无产阶级的历史和无产阶级运动确实证明马克思对无产阶级当前利益持一种批判态度是多么正确。

但是，把无产阶级的历史利益作为一种伦理标准就会无意识地陷入恶性循环。对马克思著作的分析证明作为有别于无产阶级当前利益的历史利益**按照释义**包括上面列举的所有人道主义伦理观念的实现，因此又一次地向我们提出了最初的问题：这些伦理观念中的哪一个才是能够充当至高无上的伦理标准基础的最高伦理观念呢？

列宁陷入的循环论证比这还要明显得多，他试图将**共产主义**道德定义为"是为摧毁剥削者的旧社会、把全体劳动者团结到创立共产主义者新社会的无产阶级周围服务的"①。我引用西斯金（Shishkin）的话加以说明："马克思主义–列宁主义在实现共产主义的斗争中发现了共产主义道德的最高标准。"② 但是，在斯大林主义的影响下，这些伦理学家走得甚至比列宁"更远"，他们将无产阶级的历史利益等同于他们自己的共产党政策。

最近，一些马克思主义者在扬弃异化中寻找最高的伦理标准。这当然代表着理论的进步，因为扬弃异化概念要比消除剥削或实现无产阶级利益这些概念更为根本和复杂。但是，这一努力同样没有产生任何令人满意的结果。

我们在之前曾分析了马克思关于扬弃异化的概念。在形式层面，扬弃异化意味着超越人的本质和人的存在之间的矛盾。在内容层面，扬弃异化者是充满创造力的、完整的、自由的、社会化的和全面发展的人。

---

① *Works*, in English (Moscow, 1950), vol. 31, p. 268.（强调是我加的——斯. 斯.）（参见《列宁选集》第 4 卷，人民出版社 2012 年版，第 290 页。——译者注）

② *Osnovy Kommunisticheskoi Morali* (Foundations of Communist Morality)(Moscow, 1955), p. 95.

换句话说，当我们分析像扬弃异化这么复杂的概念时，我们会发现这一概念中包含着多重价值观念，这又一次产生了我们在开始时遇到的问题：这些价值观念中哪一个才是最根本的，并能使其充当基本的伦理标准呢？

即使乍一看，"创造力"和"整体性"就是不能令人满意的，因为我们需要的是以精确标准来判断一个人，即便是充满创造力和完整的人，何时是道德的，以及他何时是不道德的。再说，自由不可能作为一种道德**标准**，因为它是一种道德**预设**。道德判断将道德责任设为前提，而道德责任把自由设为前提。此外，自由本身从属于一种伦理评价（有着对自由的滥用和利用），它因此不能成为这样一种评价标准。

这就意味着上面提到的观念中只剩下两种——社会化和人的潜能的全面发展。在此前引用过的著作中，弗里茨汉德在进行详尽分析后，选取了这两个原则——社会化和人的自我实现——作为马克思著作价值论的基础。但他没有在马克思那里找到一种基本价值，能够在这两种原则发生冲突时作为由经验得来的法则。准确来说，马克思是某种伦理的完美主义者：他支持所有人的潜能的实现，只要它不损害人的社会性。但是，利己主义的自我实现和不压制个体性的社会性之间的界限在哪里？作为"一切人自由发展的条件"的每一个体的自由发展在哪里终止，而威胁他人的个体的发展从哪里开始？我们怎么才能制定出一条原则，从而能够以这条原则为基础将自由个体对于社会的义务和威胁人类自由的社会化这两者区分开来呢？

不过，即便马克思不能帮助我们解决根本的伦理标准问题，但他仍确实阐明了有关个体伦理观的一些重要思想。这一事实应当在建构一种马克思主义伦理学时善加利用。当然，一个马克思主义的伦理理论家不能长久停留在确定并将马克思对伦理学的贡献系统化这一工作上。即使他将他的领域扩展到其他伟大的社会主义思想家，这无疑是必要的，但他仍然不会更接近一种**充满活力的**伦理学。没有什么能够替代对革命运动道德实践的批判性分析。

第三部分　波兰新马克思主义

波兰新马克思主义是 20 世纪 50 年代末开始在波兰兴起的由批判的知识分子或非正统的马克思主义者组成的马克思主义理论流派或学术团体。波兰新马克思主义的主要代表人物无疑是在国际上影响力极大的莱泽克·科拉科夫斯基（Leszak Kołakowski）、亚当·沙夫（Adam Schaff）、齐格蒙特·鲍曼（Zygmunt Bauman），以及博格丹·苏霍多尔斯基（Bogdan Suchodolski）、马雷克·弗里茨汉德（Marek Fritzhand）、布罗斯瓦夫·巴奇科（Bronisław Baczko）等。科拉科夫斯基的主要著作有：《理性的异化——实证主义思想史》（1966）、《走向马克思主义的人道主义——关于当代左派的文集》（1967）、《马克思主义的主要流派》（三卷本，1976—1978）、《形而上学的恐怖》（1988）、《经受无穷拷问的现代性》（1990）、《自由、名誉、欺骗和背叛——日常生活札记》（1999）等。沙夫的主要著作有：《人的哲学》（1961）、《马克思主义与人类个体》（1965）、《历史与真理》（1970）、《作为社会现象的异化》（1977）、《结构主义和马克思主义》（1978）、《处在十字路口的共产主义运动》（1981）等。鲍曼的主要著作有：《作为实践的文化》（1973）、《立法者与阐释者——论现代性、后现代性与知识分子》（1987）、《现代性与大屠杀》（1989）、《现代性与矛盾性》（1991）、《后现代伦理学》（1993）、《生活在碎片之中——论后现代道德》（1995）、《后现代性及其缺憾》（1997）、《流动的现代性》（2000）、《共同体》（2001）、《个体化社会》（2001）、《被围困的社会》（2002）、《门口的陌生人》（2016）、《怀旧的乌托邦》（2017）等。

波兰新马克思主义的理论演变是同第二次世界大战后波兰的历史发展紧密交织在一起的。1956 年之前是波兰新马克思主义理论生涯的第一个阶段，此时，波兰新马克思主义理论家主要是以正统马克思主义者的身份存在的。1956 年波兹南事件的开始标志着波兰新马克思主义开始形成。受 1956 年波兹南事件的触动，科拉科夫斯基逐步转向人道主义马克思主义。到 20 世纪 60 年代初，沙夫也从认识论和语义学的研究转向马克思主义人类学。1968 年"三月事件"标志着波兰新马克思主义进入第三个发展阶段。由于立场激进，科拉科夫斯基被华沙大学解职，此后移居英国；鲍曼则因 1968 年波兰的大规模反犹运动而流亡英国。尽管如此，流散在各地的波兰新马克思主义理论家仍然保持着旺盛的理论生命力。波兰新马克思主义的理论关注点主要有三个。第一，致力于对马克思主义的重新阐释和构建，认为马克思思想的出发点是哲学的人道主义；第二，基于马克思主义的人道主义对教条主义和意识形态展开批判，对当代人类社会的弊端和文化危机展开批判；第三，通过对人的存在、人的地位、人的异化等问题的批判性分析，阐述社会主义改革思想。而所有这些理论主题都渗透着波兰新马克思主义关于道德问题的哲学思考。

本文选收录了鲍曼和科拉科夫斯基在伦理学方面的部分代表性作品。

鲍曼的伦理学是围绕现代性反思而构建的。一方面，他揭示了现代性逻辑作为普遍化的和抽象的理性机制对个体道德能力的限制，对社会文化的破坏；另一方面，他试图发展一种所谓的道德现象学，将道德行动的来源理解为先于社会化的过程，推动道德的重新个人化。鲍曼的批判无疑是深刻的，但他的解决方案似乎面临着独断论的风险。在某种意义上，伦理批判思想构成了鲍曼全部理论学说的主体部分，他不仅写作了《现代性与大屠杀》《后现代伦理学》《生活在碎片之中——论后现代道德》等多部具有重大影响的伦理学专著，而且还发表了很多阐发伦理批判思想的文章。本文选收录了鲍曼的《道德的社会操纵：道德化的行动者，善恶中性化的行动》《无伦理的道德》《个体的伦理》《不确定性时代的道德前景如何?》《后现代的智慧与无力》五篇文章。《道德的社会操纵：道德化的行动者，善恶中性化的行动》指出，道德不是来自教化，而是先于社会化进程。因为道德不能被理性化，所以现代性的社会组织要对它进行压制，或者将它操纵为无关紧要的东西。《无伦理的道德》认为，现代性的"伦理时代"并不意味着道德的终结，而是意味着后现代的"道德时代"的到来，因为后现代的居民被迫面对他们的道德自主性，也面对他们的道德责任。《个体的伦理》指出，道德的个体化是资本主义内在逻辑发展的必然产物，因为流动的现代性打破了人与人之间的紧密纽带，休戚与共的共同体正无情地走向灭亡，而个体不得不独立出来，做出选择，塑造自己的生活方式。《不确定性时代的道德前景如何?》阐明了矛盾性是道德的自然栖息地，是孕育道德的唯一土壤，也是道德自我承担责任与倾听无言需求的唯一领域。《后现代的智慧与无力》认为，虽然后现代思想家接受了社会的无序状和碎片状，但是后现代没有提供多少按照后现代智慧行动的机会，因为它不仅导致了个人的道德良知和判断力的衰落，而且导致了整个社会的道德判断和责任的无根基状态。因此，关键在于，恢复个体的道德良知，尽管它是脆弱的。

科拉科夫斯基也是从现代性反思的角度来提出自己的伦理学思想的。在他看来，现代性危机表现为"禁忌的消失"，进而表现为人类道德纽带的消解。虽然他也意识到通过恢复道德力量来推动现代文明的自我防卫、自我调整和自我治愈是很难的，但他仍没有放弃寄托于作为价值源泉的道德个体身上的希望。他认为，掌握着行动权的理性的道德个体应该对自己的行为担负起全部责任。本文选收录了科拉科夫斯基的《为什么我们需要康德?》《论美德》《责任和历史》《政治中的不合理性》四篇文章。《为什么我们需要康德?》认为，人性是一个无法从经验事实中合理地推演出来的道德概念，若不承认这一点，人们便没有任何好的理由去挑战当下的奴役制及其意识形态。显然，在这一点上，康德的先验道德论能提供理论依据。《论美德》认为，真正的美德是天然的技艺，是从我们自己的生活体验及其冲突需求中学来的，是从善良和沉思的人的社会中学来的。《责任和历史》力图证明，道德责任与历史决定论是可以一致的，因为前者并不能从已经发生的历史事实中合理性地推导出来。《政治中的不合理性》指出，如果从技术的角度来定义合理性，那么政治中的不合理性并不是一个有意义的话题，但如果从康德关于人是目的本身的观念出发来定义合理性，那么它对于将政治自由和奴役之间的区别看成一个合理性的问题具有重要的意义。

总体来看，波兰新马克思主义的伦理思想具有三个特点。第一，与布达佩斯学派一样，他们的伦理思想属于人道主义的伦理学，强调人作为目的而非手段的价值预设，特别是强调个人的道德潜能的现实化；第二，他们的伦理思想直接或间接地继承和发展了马克思的伦理学遗产，尽管这一点并不总是特别明显；第三，他们的伦理思想是一种经过反思的现代的或后现代的批判的伦理学，意在通过现代性的道德批判为人类的未来开出道德之路。

延伸阅读文献：

Zygmunt Bauman, *Modernity and the Holocaust*, Cambridge：Polity Press, 1989.

Zygmunt Bauman, *Mortality, Immortality and Other Life Strategies*, Cambridge：Polity Press, 1992.

Zygmunt Bauman, *Postmodern Ethics*, Oxford：Basil Blackwell, 1993.

Zygmunt Bauman, *Life in Fragments：Essays in Postmodern Morality*, Oxford：Basil Blackwell, 1993.

Zygmunt Bauman, *Does Ethics Have a Chance in a World of Consumers?* Cambridge, MA：Harvard University Press, 2008.

Zygmunt Bauman and L. Donskis, *Moral Blindness*, Cambridge：Polity Press, 2013.

Leszek Kolakowski, *Toward a Marxist Humanism*, New York：Grove Press, 1969.

Leszek Kolakowski, *Freedom, Fame, Lying and Betrayal：Essays on Everyday Life*, Boulder：Westview Press, 1999.

Leszek Kolakowski, *Modernity on Endless Trial*, Chicago：The University of Chicago Press, 1990.

齐格蒙·鲍曼：《现代性与大屠杀》，杨渝东、史建华译，译林出版社 2002 年版。

齐格蒙特·鲍曼：《后现代伦理学》，张成岗译，江苏人民出版社 2003 年版。

齐格蒙·鲍曼：《生活在碎片之中——论后现代道德》，郁建兴、周俊、周莹译，学林出版社 2002 年版。

齐格蒙特·鲍曼：《个体化社会》，范祥涛译，上海三联书店 2002 年版。

齐格蒙特·鲍曼：《共同体》，欧阳景根译，江苏人民出版社 2007 年版。

莱泽克·科拉科夫斯基:《走向马克思主义的人道主义——关于当代左派的文集》,姜海波译,黑龙江大学出版社 2013 年版。

莱泽克·科拉科夫斯基:《经受无穷拷问的现代性》,李志江译,黑龙江大学出版社 2013 年版。

莱泽克·科拉科夫斯基:《自由、名誉、欺骗和背叛——日常生活札记》,唐少杰译,黑龙江大学出版社 2011 年版。

齐格蒙特·鲍曼

道德的社会操纵：道德化的行动者，善恶中性化的行动①

[波兰] 齐格蒙特·鲍曼
郑　莉　译

我相信阿马尔菲（Amalfi）欧洲奖这项极高的荣誉是颁给《现代性与大屠杀》这本书，而不是颁给其作者的。正是以这本书的名义，而且更是以此书的中心思想的名义，我满怀感激与欣喜地接受你们这些专业人士的赞誉。我对这本书所赢得的荣誉表示高兴，原因有几个：

首先，这本书是从跨越迄今为止仍然横亘在我们习惯于称为"东欧"和"西欧"之间的、深刻而似乎不可逾越的断裂的经历中产生的。书中的某些观点及其中心思想，既是在我家乡华沙的大学里酝酿的，也是在英国的同事们中间酝酿的；在我流亡的岁月里，英国是我的第二故乡。这些观点肯定没有断裂，只因它们确信我们共有的欧洲经历、我们共享的历史，这种统一虽可能遭到误解甚至暂时被埋没，但终不会断。这就是我在书中提出的我们共同面对的属于所有欧洲人的命运。

其二，如果没有我一生的朋友和伴侣——珍妮娅（Janina），这本书也没有写成的可能。她的那本《晨冬》（*Winter in the Morning*）回忆了多年来人类的邪恶，为我开启了我们通常拒绝注视的视野。自从我读了珍妮娅总结的她在人造的地狱内部之轮回中所得到的那令人悲哀的智慧之后，《现代性与大屠杀》的写作就变成了一种智力的逼迫和道德的责任。她写道："残酷的极致是在毁灭受害者之前剥夺他们的人性。抗争

① 本文译自 Zygmunt Bauman, The Social Manipulation of Morality: Moralizing Actors, Adiaphorizing Action, *Theory, Culture & Society* (SAGE, London, Newbury Parkand New Delhi), vol. 8 (1991), 137-151。该文亦收录在《现代性与大屠杀》一书的附录中，最初由杨渝东博士翻译，本文在原有翻译的基础上，重新校译了原稿。在此对杨渝东博士表示感谢。——译者注

的极致是在非人的条件下坚守住人性。"而我书中力图揭示的主旨正是珍妮娅这种痛苦的智慧。

其三，书的主旨本身——即讲述我们这个自信的、富裕的、美妙的世界，以及这个世界与人类的道德动力之间危险的游戏，所具有的深藏不露且不光彩的一面——似乎与更为广泛的关注产生了共鸣。我想，这就是受人觊觎的阿马尔菲奖授予蕴含此主旨的本书的意义所在。当然，事实也是如此，深孚众望的阿马尔菲评委会全心全意地致力于道德与实用问题的研究，正如本书的主旨所示，道德与实用相分离是我们的文明进程取得的最蔚为大观的成就和最令人胆寒的罪行的基础，而它们的重新结合则意味着我们这个世界同自己令人生畏的力量做出妥协的可能。因此，我后面的发言就不仅仅是重复本书的主旨，而是从人们希望能留在我们共同事业之核心的话语中所发出的一个声音。

德性是来自教化，还是天然拥有？这种困境对古罗马和今天的我们来说同样严峻。道德是教化来的吗，还是就居于人类存在的道德性当中？它是缘起于社会化的进程，还是在所有的教化开始之前就已经"到位"了？它是社会的产物，还是如马克斯·舍勒坚持用另外一种迂回的方式解释的那样：同情心——所有道德行为的实质——是一切社会生活的前提条件？

这个问题常常因纯粹的学术趣味而不被考虑；有时它也会被置于毫无意义和多余的问题当中，这些问题是由不可思议但又众所周知的猜想和形而上学的好奇心所引发的。而当社会学家明确地问及它的时候，它又被假定在很久以前就已经被霍布斯与涂尔干以一种毋庸置疑的方式回答了，并从那时起，已经通过常规的社会学实践转变成一个非问题了。至少对社会学家来说，社会是人类一切事情的根源，一切人类事情都是通过社会学习而产生的。而对这个问题，我们几乎没有机会进行切实的讨论。我们所关注的一切，在被讨论之前就已经解决了：它的解决为我们创立了建构独特的社会学话语的语言。在这种语言中，除了以社会化、教与学、系统的前提条件和社会的功能来谈论道德外，不可能以其他方式谈论。而且，维特根斯坦提醒我们，除了能被言说的我们什么都不能说。用社会学语言所支持的生活方式不包括未经社会认可的道德。在这种语言中，不被社会认可的就不能说成是道德的。而对不能谈论的则注定要保持沉默。

所有的话语都界定了它们的主题，都要守护其界定的独特性以保证话语的完整，并通过反复重申而再生产它们自身。倘若继续沉默下去不会有太大风险的话，我们可能就会止步于这种毫无价值的观察，并让社会学在它惯常选择的语言和僵化中前行。这种风险实在已经被奥斯威辛、广岛和古拉格逐渐而无情地提升得太高了。或者，还不如说，是当奥斯威辛那些战败的刽子手被审讯、惩罚和判刑的时候，古拉格和广岛事件的那些胜利的刽子手所面对的问题把这个风险加大了。阿伦特，以她无与伦比的洞察力和富于挑战的精神，对这些问题的真正蕴涵进行了阐述：

> 在那些被告因"合法的"犯罪而遭到的审判当中，我们所需要的是，当人们用来引导他们的一切是他们自己的判断，而该判断又恰巧完全同那些他们必须当作周围人之一致观念的想法相抵牾的时候，他们仍然能够明辨是非。而且当我们知道少数"自大得"仅仅相信他们自己判断的人，无论如何不同于那些坚守旧有价值或者受宗教信仰引导的人的时候，这个问题就更加严峻了……那些极少数仍然能够明辨是非的人就真的仅仅依凭他们自己的判断行事了，而且他们是如此的自如；没有任何应该遵守的规则，可以把他们面对的特殊情况纳入其中。

因此，必须提出这样的问题：如果那些现在被押上法庭的人赢得了战争，他们中会有人因为良心的负罪而感到痛苦吗？最恐怖的发现就是答案一定会是断然地"不会"，而且我们找不到证据说明为什么不会是这样的答案。既然那种未经社会认可的善恶区分已被勒令消失或者不予理睬，那么我们也不能严厉地要求个人采取道德的主动性。我们也不能让他们肩负道德选择的责任，除非这个责任事实上（*de facto*）已经在社

319·

会规定的选择中预先就确定了。而我们一般不希望这样做（也就是说，要求个人把他们的道德决定建立在他们自己的责任之上）。毕竟，如果这样做的话，就意味着容许存在削弱社会立法权力的道德责任；而且，除非被势不可挡的军事力量所废止，否则什么样的社会愿意放弃自己意志的权力？的确，对于那些保守着古拉格秘密的人和那些秘密地准备轰炸广岛的人来说，如果他们去旁听审判奥斯威辛的刽子手的话，也不是一件轻松的事。

哈里·雷德纳（Harry Redner）留意到，也许正是因为有了这种困难——

> 很多现在仍然还在延续的生活和思考立足于这样一种假设，即奥斯威辛和广岛事件从来没有发生过，或者就算发生了，那也是在很久以前、遥不可及的地方发生的事件，今天已无须我们多虑了。

纽伦堡审判所陷入的法律困境在彼时彼地得到了解决：它被看作局部出现的问题，为某种特殊的和病态的事件所独有，这些问题不会越出它们那画地为牢的边界，并且一旦想要逃出控制，马上就会被制止。对我们自我意识的彻底修正没有出现过，也没有被深思熟虑过。多年来——或者可以说直到今天——阿伦特的呼声一直响彻荒野。在那时，她的分析所遇到的愤怒源于使自我意识无可指责的企图。只有那种认为纳粹的罪行与我们、我们的世界和我们的生活样式全无干系的解释，才为人们所接受。这种解释可谓有一箭双雕的作用：既谴责了被告，同时也赦免了胜利者世界的罪过。

于是要争论那些"既不是变态也不是虐待狂"的人，那些"过去和现在都是可怕的正常"的人（阿伦特）所犯罪行——在众目睽睽的社会欢呼之下，或被人们所默认——随之而来的边缘化是故意的还是无意的、是计划中的事还是疏忽使然，是徒劳的。事实是半个世纪前的隔离从未终结；而一排排带刺钩的铁丝在多年之后反而变得更粗了。奥斯威辛作为一个"犹太人的"或者"德国人的"问题，作为犹太人或者德国人的私人财产，已经沉入历史。尽管它成了"犹太人研究"中的显学，但已被欧洲历史学的主流限定为注脚或者粗略阅读的篇章。有关大屠杀的书则也要在"犹太人主题"的大标题下加以评论。这种习惯的影响在犹太人组织的对任何、哪怕是尝试性地将犹太人遭遇的、并且是犹太人独自遭遇的不公正"挪为己用"的企图的强烈抵制中得到强化。犹太国家急切地希望成为这种不公正的唯一监护者，说白了，也就是唯一合法的受益者。这种并不光彩的结盟有效地阻止了将它描述的"犹太人的独特"经历转变为一个关于现代人类处境的普遍问题，进而转变为公共财产。另一方面，奥斯威辛被当作只能以德国历史的非凡旋律、德国文化的内在矛盾、德国哲学的谬误或者令人费解的德国人的威权民族性格来解释的事件——带有同样浓厚的狭隘化、边缘化的色彩。最后，也可能最不可思议的是既将罪行边缘化，又免除现代性之罪咎的双管齐下的策略，这一策略是使大屠杀成为一类不可比较的现象，并把它解释为很久以前在"正常的"文明社会中遭到压制，但是德国软弱的或者不完善的现代化进程没有能够充分驯服或者没有能够有效控制的一种前现代力量（野蛮的、非理性的）的爆发。有人希望这种策略是最好的自我保护方式：毕竟，它间接地重申并强化了理性战胜情感的现代文明的病因学神话，以及在这种胜利中道德的历史发展取得了一种确定无疑的进步的附属信念。

　　所有这三种策略的组合结果——不管是有意的还是下意识的——就是众所周知的历史学家的困惑，他们一再抱怨无论他们怎么努力，也无法理解这个世纪最壮观的一幕；他们已经非常巧妙地写下了它的故事，并将更为详尽地继续写下去。绍尔·福里德兰德（Saul Friedländer）对"历史学家的麻木"感到遗憾，在他的（也是广为接受的）观点中，这"源于完全异质现象的同时性与交互性：救世主般的狂热与官僚结构，病态的突发奇想与行政的清规戒律，发达工业社会中的无政府态度"。由于被我们自己参与编织的边缘化叙事之网纠缠着，我们看不见我们注视的一切；我们唯一能记录下来的就是图画中令人目眩的异质性，我们的语言表述中无法共存的事物在现实中共存了，以及如我们叙事所说，属于不同世代或者属于时代因素的交糅混杂。它们的异质性也不是一个发现，而只是一个假设。而正是这种假设在可能会出现理解或者寻求获得理解的地方产生了惊惧。

1940 年，在黑暗的中心地带，本雅明（Walter Benjamin）凭借对历史学家持续的麻木和社会学家超脱安闲的平静的判断，留下寥寥数语，它们至今还没有被适时听到："这种震惊不可能是真正的历史理解的起点——**除非是这样一种理解，即它所产生的历史观念是站不住脚的。**"站不住脚的是我们的——欧洲人的——历史观念，比如人性的提升压制了内在于人的兽性，又比如理性的组织压倒了令人厌恶的、残忍的、转瞬即逝的生活的残酷。站不住脚的还有现代社会作为一种明确的道德化力量的观念，把现代社会的制度作为文明化力量的观念，以及把现代社会的高压控制作为脆弱的人性抵挡动物性情感泛滥的一道大坝的观念。我的这篇文章，连同它所评论的这本书所做的贡献就是：揭示后一种观念站不住脚。

但是，让我们先来重复一下：证明从各种标准来看都属于社会学话语的常识性假设是站不住脚的困难，大都源于社会学叙事语言的内在特质。因为所有的这些语言在佯作描述它的对象之时就对之进行了诠释。所有不遵守社会认可规则的行为被界定为不道德的行为，就此而言，社会的道德权威是自我证明的同义反复。只要受社会谴责的一切行为都被界定为恶，那么受社会认可的行为就永远是善。要从这种恶性循环中退出来并不容易，因为一些假设道德冲动有前社会起源的观点已经由于违背了语言理性规则——语言允许的唯一的理性——而受到了先验的谴责。运用社会学语言是一个决定，需要接受这种语言所生成的世界图景，同时默认以这种方式——所有对现实的指涉都是指向如此生成的世界——编排随之而来的话语。社会学生成的世界图景复制了社会立法权力的成就。但是，它还不局限于此：它淹没了阐述另外一个观点的可能性，这种立法权力的成就就在于使这种观点无声无息。因此，这种语言的限定性力量为居于社会统治结构中的分化、隔离与压制的力量做了补充。当然，它也从那种结构当中衍生出了合法性与说服力。

从本体论角度看，结构意味着相对重复，事件的千篇一律；从认识论角度看，它也因此意味着可预测性。无论何时我们遇到一个可能性不随机分布的空间时，我们就谈到了结构：一些事件比另外一些事件更有可能发生。在此意义上，人类的栖居地是"结构化的"：随机性的大海中一座规律性的岛屿。这种不确定的规律性是社会组织的成就，也是它关键的标志性特征。所有的社会组织，不管是**有目的性的**还是**极权化的**（例如，通过压制或者贬低所有其他分化的并由此具有潜在分裂特征的领域而划出相对同质性的领域，使它们不相关或者根本无关宏旨），都使其各组成部分的行为服从**工具性的**或者**程序性的**评价标准。而更重要的是，它会导致其他所有的标准失去合法性，并且首当其冲的就是使其各部分的行为对一致性的压力保有弹性，并相对于（vis-à-vis）组织的集体目标保有**自主**（从组织的观点来看，这种反抗使它们变得不可预测，并可能失去稳定性）。

在以压制为标记的标准当中，位置的荣耀被道德的驱动力所维持，道德的驱动力是最明显不过的自主的（并且从组织的优势地位来看是**不可预测的**）行为之源。道德行为的自主性是终极的、不可化约的：它避开一切将它编纂成规章法典的行为，如同它不服务于任何外在于它的目的一样，它也不和任何外在于它的事物建立联系；也就是说，没有一种可被监控、被标准化、被典籍化的关系存在。20世纪最伟大的道德哲学家伊曼努尔·列维纳斯（Emmanuel Levinas）告诉我们，道德行为仅仅是由作为一张**脸**的他者，也就是作为一种没有力量的权威的他者的存在而驱动的。他者不以威胁将有惩罚或者许诺将有奖励而提出要求；他的要求不带约束力。他者不能做任何事情；恰恰是他的无力将我的力量、我的行动能力展现为责任。为这种责任所做的一切就是道德行为。不像害怕惩罚或者为获得许诺的奖赏所驱动的行为，它不带来成功或者有助于生存。因为它的无目的性，它排除了所有他律性法律或者理性观点的可能性，它对"向上的努力"（*conatus eescendi*）保持缄默，并由此避免了对"理性利益"做判断，躲过了工于算计的自我保全的忠告，也即忽略了通向"有"（there is）的世界和通向依附与他律世界的双子桥。因此，列维纳斯坚持认为，他者的脸是对努力存在下去施加的限制。它因此也提供了终极的自由：针对所有的他律之源、针对所有的依附、针对存在的天然持久性的自由。道德是"恢宏大度的时刻"。"有些人玩赢不了的游戏……有些事情有人做得毫无理由，那样就好……脸的观念是没有理由的爱的观念，是没有理由的行动的实施。"正是它这种亘古不变地没有理由，使得道德行为不能被迷惑、引诱、取缔和常规化。从社会的观点来看，康德的**实践**理性因此也无可挽回地成为**非实践性**的……从组织的观点来看，道德激发的行为终究是无用的，不仅如此，它还具有颠覆性：它不能被驾驭着朝向任何目的，同时也为一统的愿望加上了限制。既然道德不能被理性化，那么它必须被压制，或者被操纵变为无关紧要的东西。

组织对道德行为的自主性的回应是工具理性和程序理性的他律性。法律和利益挪走并取代了道德动力之无奖无惩的性质：行动者面对着这样的挑战，即以行动的目标或者规则所确定的理由来使他们的行为合理化。只有这样思考与讨论的行动，或者适合于这样描述的行动，才被允许归入真正的**社会**行动，即**理性**行动，亦即具有**社会行动者**的明确特征的那种行动。同理，不符合追求目标或者程序规则之标准的行动就被宣布为非社会的、非理性的——并且是**私人的**。作为社会化行动的组织方式的必然结果，它包括了道德的私有化。

因此，所有的社会组织会对道德行为的破坏性和解除管制的影响予以中和。这种结果是通过一系列互为补充的安排得到的：（1）延伸行动与它的结果之间的距离，直至超过道德冲动能够触及的范围；（2）从道德行为的潜在对象类别中，即潜在的"脸"中，将某些"他者"排除；（3）将行动的其他人类客体分解为功能上具有特殊品质的聚合体，保持分离以使没有机会再组合那张脸，并使安排的每个行动的任务都免于道德评价。在这些安排之下，组织不鼓励非道德的行动；像一些诋毁者急于控诉的那样，它也不倡导恶；不过它也不鼓励善，除了它的自我激励以外。它仅仅使得社会行动**无善无恶**（最初，**无善无恶**是指教会宣布为中性的事物）——从技术的（目标指向或者程序的）而不是道德的价值来评价，既不善也不恶。同样道理，它使得对他者的道德责任的最初角色——强加在"生存的努力"之上的限制——失去了效力。（人们不禁会猜测，那些在现代社会的初期就把社会组织理解为计划和理性的进步的社会哲学家，正是将组织的这种性质在理论上提升为人类之不朽性，它超越了个体男男女女的终有一死，并使之成为私人的、不具有社会意义的东西。）让我们一个个地检视这些既构成了社会组织，同时又使社会行为中性化了的安排。

首先是把行动的结果移出道德限制所能及的范围，这乃是将行动连接到命令与执行的等级中所取得的主要成就：行动者一旦因一连串的中介者传递而被置于"代理的地位"，并与意识的意向性来源和行动的最终结果相分离时，他们就很少有做出选择的那一刻，也难得关注他们行动的结果；更为重要的是，他们几乎从不把他们所注视的一切理解为他们行动的结果。因为每个行动既是**中介化的**，也是"恰恰"**正在中介化的**，通过把事实解释为道德中立行为的"始料不及的结果"，或者至少是"非预期结果"，对于其间存在的因果联系的怀疑也就被令人信服地免于考虑了——即当作理性的一次失误，而不是道德的失败。因此，社会组织也可以被描述为一台使得道德责任飘忽不定的机器；责任不专属于任何一个人，因为每个人对于最后结果的贡献实在是太微不足道或者太片面了，以至于不能被公然归入一种因果功能的解释。责任的分解与在结构层面上分散的剩余结果，就是阿伦特所辛辣描述的"无人的统治"；而在个体的层面上，这使得作为道德主体的行动者在面对任务与程序规则的双重力量时无话可讲、无可置辩。

第二种安排最好的描述就是"将脸抹去"。它将行动目标置于一个他们依其自身能力无法挑战作为一种道德需要源泉的行动者的位置；也就是说，在将他们从这样一类存在驱逐出去的过程中，可能会遇到作为一张"脸"的行动者。这种手段的应用效果覆盖范围相当广泛。从明确无误地将公认的敌人从道德保护中驱赶出去，到只能以技术的、工具的价值对行动资源进行评价并依其对目标群体进行分类；一直到将陌生人从人们日常的相遇中赶走，而在这种相遇中陌生人的脸作为一种道德要求可能变得清晰可见并熠熠生辉。在每一种情况中，对他者道德责任的限制性影响被悬置起来，并且变得失效了。

第三种安排摧毁了作为一个完整自我的行动目标。这个目标已经被拆分为各种特征：道德主体的整体性已经被削减为部分或者特质之和，而在这些部分与特质中没有一个可以令人信服的归于道德的主体性。因此行动被指向集合中特定的单元，忽视或者避免与富有道德意义的结果相遇的时刻。（如果这就是社会组织的现实，那么可以猜测，它在哲学还原论的假设中得到清晰表述，并在逻辑实证主义那里得到发扬光大：要证明实体 P 能够被还原为实体 x、y 和 z，就需要推论出 X "不是别的，只是" x、y 和 z 的集合。难怪道德是逻辑实证主义还原论者热忱的第一批受害者。）可以说，狭隘的目标行动对人类对象的整体性的影响被视而不见，而且由于这种影响不是行动意图的一部分而免于道德的评价。

我们对社会组织所具有的道德中性化的影响进行了研究，迄今为止它一直是用自我意识的非历史的和治外法权的语言来进行的。事实上，人类行动的中性化似乎是任何超个体的社会整体的一个必然的构成性行动；也是所有社会组织必然的构成性行动。不过，如果真是这样的话，那么我们对道德的社会来源的正统观念进行挑战与反驳的企图本身，也并不能为最初激发对伦理关怀的探究提供答案。将社会视为一种善恶中性化的机制，的确为人类历史四处盛行的残忍提供了一个更好的解释，胜于有关道德的社会起源的正统理论；尤其是它解释了为什么在战争，或者十字军东征，或者殖民运动，或者群体纷争的时期内，正常的人类群体所完成的行动，如果分派给他们分别来做，则很容易归因于刽子手的变态人格。而且它仍然没有考虑到我们这个时代令人震惊的新奇现象，比如古拉格、奥斯威辛或者广岛事件等。有人认为我们这个世纪的这些焦点事件确实是新奇的；有人还倾向于（有理由地）怀疑，这些事件表示某些新的典型的现代特征，它们不是人类社会的普遍特征，也不被过去的社会所拥有。这是为什么？

其一：最明显也最平庸不过的新奇性在于，技术的破坏性潜力的纯粹规模今天已经被用来为中性化的行动服务。此外在今天，这些新的令人生畏的力量受到管理过程日益科学的有效性的支持和煽动。很显然，现代社会发展的技术只能把已经在所有社会规范和组织的行动中显露的趋势推向深入；它目前的规模所表现得只是一个量变。虽然有一种观点说，量的积累到一定程度会产生新质——不过这样的观点似乎已经在我们称之为现代性的时代中成为过去。当然，由于中性化的权宜之计，把**技术**（techne）的领域作为处理非人的世界的领域，或者是把人的世界的领域当作一个非人世界的领域来处理，一直以来都被看作道德中立的。然而如汉斯·约纳斯（Hans Jonas）所说，在被现代技术去除了防备的社会中，"行动所必定要关切的善与恶同行动相距甚近，在实践过程本身中如此，在实践唾手可得的范围内亦如此……行动的有效范围是很小的"，因此不管是深思熟虑还是未经思考，行动的可能结果的范围也是很小的。但是，在今天"人类的城市，原本是非人类世界的一块飞地，却扩展到了整个自然界，并侵夺了它们的地盘"。行动的结果在时空上的影响同样广泛而深远。约纳斯认为，它们已经变成累积性（cumulative）的，即它们超越了所有的空间或者时间的定位，并如很多人担心的那样，会最终超越自然的自我恢复的能力，并在利科（Ricoeur）所谓的灭绝（annihilation）当中结束。不像那种寻常的破坏，这种灭绝可能被证明是在创造性的变革过程中的一种清理场所的操作，它没有给新的开端留有余地。善恶中性化的永恒的社会技术使得这种新的发展得以产生并成为可能，据我们观察，这种新发展的范围和效力增长到行动在广阔伸延的时空中被用来为可憎的道德目标服务。因此，行动的结果可能被推到它们确实无法挽回或者不可修复的地步，而在此过程中没有引起人们的道德疑虑或者起码的警觉。

其二：随同新的、前所未闻的人造技术的力量一起出现的是自我限制的萎缩，几千年以来人类一直把这种限制施加在他们对自然以及他们相互的控制之上：众所周知**"世界的除魅"**，或者用尼采的话来说就是**"上帝死了"**。上帝，首先意味着对人类潜能的一种限制：一种约束，将人**可以做的**（may do）施加在人**能够做的**（could do）和**敢做的**（dare do）之上。被假定为万能的上帝对什么被允许做和敢做什么画出了界线。戒律限制了作为个体的人的自由；戒律还为人类聚在一起组成社会、可以立法施加了限制；它们同样提出了在为世界的原则进行立法和操控中人类能力所固有的局限。而排除并代替上帝的现代科学则完全移走了这个障碍。但是，它也产生了一个空缺：至高无上的立法者和管理者的位置，世界秩序的设计者和管理者的位置，现在都令人不安地空缺着。这个职位必须得到填补，否则……上帝被废黜了，但王位还在。在整个现代时期王位的空缺对所有的空想家和冒险家而言都是恒久的诱惑。能够包容一切的秩序与和谐的梦想一如既往非常鲜明，并且现在似乎比以往任何时期都要更接近这个梦想，比以往任何时期都更唾手可得。现在，实现和捍卫这个梦想已经完全取决于世人。世界变成了人类的花园，但只有园丁的警惕才能防止它堕落成杂芜的荒野。现在是由人类，而且是人类独自来确保河流流向正确的方向，雨林不侵占花生应该生长的地方。现在也是由人类独自去保证法律秩序的透明性不被陌生人所模糊，社会和谐不被难以驾驭的阶级所破坏，民族的共处不被外来种族所玷污。因此，无阶级社会、种族单一社会、伟大的社会现在就成为人类的使命——一个紧迫的任务、一个生死攸关的问题和一种责任。一度为上帝所保障而后又丧失了的世界和人类使命的明晰性，必须尽快恢复，现在要以人类的才智来恢复它，使之仅仅建立在人类的责任（抑或不负责任）之上。

正是将人类手段增长的潜力与不受限制地决定把这种力量应用于人为设计的秩序这两者结合，才给人类的残酷打上了独特的**现代**印记，而使得古拉格、奥斯威辛和广岛事件成为可能，甚或不可避免地发生。大量迹象表明这种结合已经结束了。这种结合的消逝被一些人理论化成现代性的成熟；有时候，它被说成现代性一个始料未及的后果；有时候，被说成后现代社会的到来。无论持何种说法，分析者都同意彼得·德鲁克（Peter Drucker）的简要结论："社会不再有救了。"人类的统治者有诸多可以并应当执行的任务，但设计完美的社会秩序不在其中。世界大花园是由数不清的小块土地组成的，每块小土地都有着自身的小秩序。在一个满是博学的和频繁流动的园丁的世界里，似乎也没有多余的空间留给最高级的园丁——园丁的园丁。

此时，我们还无法将那些引致大花园坍塌的事件的清单清理出来。然而，无论何种原因，我认为大花园的坍塌从哪种角度来说都是个好消息。但这意味着它为人类共处的道德许诺了一个新开端吗？它又以何种方式影响了我们先前有关社会行动的中性化探讨的话题呢？尤其是有关现代技术的兴起所带来的潜在灾难性层面的话题？

有得必有失。由拯救所引发的威胁和寻求拯救所导致的种族灭绝都已经逐渐消失了，伟大园丁的离去和伟大园艺观的消散使这个世界变得**更安全**。然而，这本身还不足以使世界变成一个**安全**的地方。新恐惧取代了旧恐惧；或者，应当说是随着它们从近来被驱逐或正在消退的其他一些恐惧的阴影中浮现，一些更古老的恐惧则盛行起来。因而，人们倾向于同意约纳斯的预言：我们主要的恐惧现在越来越与技术文明自身无法预料的动力机制特征所带来的大灾难威胁有关，而不是与统一规格的集中营和原子弹爆炸有关——这两者都需要阐明宏伟蓝图，尤其是进行有目的、有意识的决策。我们现在的世界之所以摆脱了白人、无产阶级和雅利安民族的使命，只是因为这个世界已经不再受任何其他结局和意义的影响，并因此已经变为只服务于其自身的再生产和扩张之目标的世界。正如雅克·埃鲁尔（Jacques Ellul）看到的，现今技术之所以有发展，**因为它在发展**；技术手段被应用是因为它们的存在，而且在另一个价值混杂的世界里，不去使用技术已经创造或将要创造的手段，仍被认为是不可饶恕的罪行。如果我们能这样做，那究竟为什么我们不做呢？如今技术并不被用于**解决问题**；而正是某种特定技术的可利用性将人类现实前后相继的部分重新定义为亟待解决的问题。正如维纳（Wiener）和卡恩（Kahn）所说，技术发展创造出了超出需求的手段，而寻找需求则是为了满足技术的能力……

不受约束的技术统治意味着因果决定论取代了目标和选择。实际上，除了对技术自身所确立的可能性进行冷静评价外，似乎想不出任何智识上或者道德上的参照点可以对技术选择的方向进行评价、衡量和批评。当目标逐渐消失在问题解决的流沙中时，工具理性就会大获全胜。

随着残存的最后一丝意义被抹去，技术万能的道路变得畅通无阻。也许有人愿意重复瓦莱里（Valéry）在世纪之初所写下的警句："人们可以说，我们所能知道的就是，所有我们能够做到的，最后就是反对我们自己。"我们已经被告知并且相信，解放和自由意味着将他者与世界其他地方的人的权利缩减为一个目标：其效用以它提供满足的能力开始和结束。比其他任何已知的社会组织形式组织得更为彻底的社会，已经向不受挑战或不受约束的技术规则屈服，它已经抹去了他者那张人性的面孔，并由此把人类社会性的善恶中性化推向一个史无前例的深渊。

但是，这只是显现出来的现实的一面，是"生活世界"的那面，它超越了个人的日常生活。正如我们之前简要提及的，还有另一面，即技术潜能及其应用的变幻不定、无规则和反复无常的发展；这种发展，在工具力量不断上升的情况下很容易悄无声息地通向"临界质量"的状态——在这种状态下，技术创造的世界却无法被技术控制。正如现代技术之前的现代绘画或者音乐或者哲学，它必然会达到其逻辑的最终目标：确立其自身的不可能性。为了防止出现这样的结果，约瑟夫·魏泽鲍姆（Joseph Weizenbaum）坚持认为，至少要出现一种新的伦理学，这是一种关于疏离和疏离结果的伦理学，一种用技术行动在不可思议的广延的时空范围内产生的后果来衡量的伦理学。这种伦理学不同于我们已知的其他任何一种伦理学：它可以越过社会竖立起来的中介行动的障碍以及人类自身的功能退化。

这样一种伦理学极有可能是我们这个时代的逻辑必然性；也就是说，如果已经将手段转化为目的的世界，想要避免它自己的成就所可能导致的后果，那么就会出现这种伦理学。这种伦理学是不是实际可行的前景，那完全是另一回事。谁还会比我们这些社会学家和社会与政治现实的研究者，更加会怀疑那些哲学家正确地证明了在逻辑上无懈可击、不容置疑的真理，是否在现实世界中真的可行。又有谁会比我们这些社会学家更适合于提醒我们的同胞，在必然与现实之间，以及在道德限制对于人们生存的意义与打定主意不要有道德限制而生活下去——在此之后幸福地生活下去——的世界之间，存在着鸿沟。

无伦理的道德①

[波兰] 齐格蒙特·鲍曼

马建青 译

伦理是哲学家、教育家和传教士关心的一个议题。当谈到人们对待彼此和自身的方式时，他们做出伦理陈述。不过，他们不会说，对这种行为的任何描述都应算作伦理陈述。仅仅说人们对彼此和自身的所作所为尚不意味着在谈伦理学：它至多意味着对道德行为做出属于社会学或民族学的陈述。如果描述（即被讨论的人是否赞同或反对某种行为的信息）不仅涵盖了共同的行为，而且涵盖了对其所做的共同的**评价**，那么这些陈述就属于"民族伦理学"（ethnoethics），它告诉我们被描述的人所持有的是非观，但不一定为描述他们的那些人所认同，当然也不可能仅仅因为被描述的人持有此观点的事实而被认为是可以接受的；"民族伦理学"告诉我们特定的人（民族共同体）**认为**什么是对的或错的，而不告诉我们这些信念本身是对的还是错的。哲学家、教育家和传教士会坚持认为，要做出伦理陈述，仅仅说某些人相信某件事是正确的、好的或公正的是不够的。如果哲学家、教育家和传教士关注伦理，这正是因为他们都不会把对与错的判断托付给人们自己，也不会不经进一步审查就承认他们的信念在这个问题上的权威性。

伦理学不只是描述人们的行为；也不只是描述他们认为他们应该做什么才能成为体面的、公正的、善良的人——或者更一般地说，"合乎道德的"（in the right）人。恰当的伦理陈述意味着，它们的真理性并不取决于人们实际在做什么，甚至不取决于他们认为自己应该做什么。如

---

① 本文译自 Zygmunt Bauman, Morality without Ethics, *Theory, Culture & Society* (SAGE, London, Thousand Oaks and New Delhi), vol. 11(1994), pp. 1-34。——译者注

果伦理陈述所说的和人们所做的或所相信的彼此不一致，无须进一步证明，这便意味着是人们犯了错误。只有伦理学才说出了**真正**应该做的事情，从而达到善的目的。在理想情况下，伦理学是一套法律准则，规定了"普遍"正确的行为——即在任何时候对所有的人都是正确的行为；对于所有人和每一个人而言，它区分了善与恶。这恰恰就是为什么制定道德规范需要哲学家、教育家、传教士这样的特殊人士。也正因如此，这些特殊人士，即伦理专家，才会获得对于普通人的权威，而这些普通人只是一边继续做事，一边运用他们所坚持的经验法则（往往还不至于能说清楚这些法则是什么样的）。伦理专家的权威既表现在立法方面，也表现在司法方面。他们宣布法律，他们对是否忠实地、正确地遵循了这些法规做出判断。他们声称自己能够做到这一点，因为他们能够获得普通人无法获得的知识——与祖先的灵魂对话，研究神圣的经典，澄清理性的指令。

对沉浸在普通环境中的普通人的"伦理能力"所持有的贬低性观点，以及事先赋予专家们在这个问题上说的、可能说的或希望说的权威，都做出了这样的假定：只要可以代表伦理判断的唯一证据是"人们做这种事情"的事实，那么恰当的伦理判断就是缺乏"基础"的。真正的基础必须比人们的反复无常的习惯和他们众所周知的无根据和善变的意见更牢固，更不容易被动摇。更重要的是，它们需要与日常生活的喧嚣保持一定的安全距离，这样，普通人就不会从他们处理日常事务的地方看到它们，而且也无法装作自己了解它们，除非被专家告知、教导或训练。人们的伦理无能和专家的道德权威相互解释和证明；而"具有恰当基础的"伦理假设为他们提供支持。

我们注意到，派伦理专家去工作并不完全是因为人民需要指导和保证。大多数人在大多数时候（包括伦理专家自己，每当他们从职业工作中抽出身来，忙于平凡日常的事务时），即使在没有准则和没有证明准则正当性的官方印章的情况下也能做得很好。事实上，他们需要的准则及其授权如此之少，以至于他们几乎没有机会发现它的缺失——就像我们没有注意到我们从未使用过的家庭用品被盗一样。大多数人——我们中的大多数人——在大多数时候都遵循着习惯和常规；我们今天的行为和昨天的行为一样，而我们周围的人也会继续这样的行为。只要没有人、没有任何东西阻止我们做"平常的事"，我们就可以这样没完没了地走下去。因此，情况恰恰相反：如果那些伦理专家不诉诸坚固的基础和万全的保证，如果不在理论上坚持，更不在实践中证明如下事实，即如果没有这种基础和他们所发现的保证我们就"无法前行"，或者至少我们不能像我们**应该**的那样——像真正体面的、**道德的**人应该的那样——前行，那么他们便无法保持他们的本色——他们是享有权威的专家，有资格告诉别人做什么，因为别人做错事而谴责他们，并强迫他们做正确的事。这些提议一旦被反复不断地提出，在权威的支持下，在充足资源的支持下，它们往往会变成现实——而旨在使我们"依赖专家"的训练也只能使它结出果实，使我们开始热切地、主动地从"知情人士"那里寻求可靠的指导。一旦我们不再相信自己的判断，我们就会变得容易害怕犯错；我们把我们恐惧的东西称为罪恶、内疚或羞耻，但无论我们用什么名称，我们都会觉得需要专家的帮助把我们带回确定性的舒适中。正是出于这样的恐惧，对专业知识的依赖性才会增长。但是，一旦这种依赖性生根发芽，对伦理专业知识的需求就会成为不言自明的，特别是，成为自我再生的。

因此，对伦理专家的需要几乎不取决于专家能否兑现他们的承诺（正如我们需要医学专家，不论他们提供的诊治效果如何）。它完全取决于人们在其中不能不寻求这种服务的状况。如果真有什么的话，那也是需求会越来越大，因为所交付的货物没有完全达到预期，因而不能满足人们希望它们能够满足的需要。

社会：掩饰活动

科内利乌斯·卡斯托里亚迪斯（Cornelius Castoriadis）在 1982 年指出："人类无法接受无序，而且无法把它作为无序接受下来，他们不能直面深渊。"他们做不到这一点是无法"解释"的，是无法"赋予意义"（given sense）的，即无法描述为其他事物或某种原因的结果；它本身就是生成意义的、全部喧嚣和进行解释的全部努力的源头与原因，而它本身是无意义的和不可解释的。由于从未完全成功，人类从未停止逃离无序的努力：社会、它的制度及其惯例、它的形象及其构成、它的结构及其组织，都是这种永无结果的、永不间断的逃离的面相。我们可以说，社会是巨大的和持续的掩饰活动。然而，逃离的尝试曾经得到的最好结果是一层秩序的薄膜，这层薄膜不断地被社会在其上延展开来的无序所穿透、撕裂和折叠：此无序正"不断地入侵所谓的内在性（immanence）——被给定的、熟悉的、显然是被驯化的"。而这种入侵，就像"内在性"本身一样，是一个日常的、熟悉的、但从未被完全驯化的事件：它"通过不可还原的新事物和激进的他异性的产生"，并"通过破坏、湮灭、死亡"[1] 来表现自己。

我们可以说，被称为"社会"的掩饰活动（Operation Cover-Up）总体上足够有效，对于我们人类而言，卡斯托里亚迪斯所提到的"无序""深渊""无根基"并不是作为我们忙于逃避和躲避的原始场景出现，而是被装扮成"给定状态"的破裂、一次中断、极其牢固的常态中的一条缝隙、顺畅流动的存在惯例中的一个洞孔。作为失败的信号和破产的通知，作为对可笑的野心勃勃的傲慢和随之而来的努力的脆弱发出的提醒，它闯入我们的生活。无序对于被给定的常规所标榜的承诺来说要更加可怕。社会是对恐惧的逃避；它也是这种恐惧的温床，而且它以这种恐惧为生，它对我们的控制也从恐惧身上汲取力量。

出生和死亡，新事物的进入和熟悉事物的退出，是秩序假象中的两大缺口，任何努力都无法弥补。存在被锁定在进入和退出之间短暂/狭小的时间/空间里，而且，当在它自己的界限之间游走时，它时刻被提醒这两个界限的顽固偶然性和必然性，它不能将自己编织的意义延展到足够远的地方，以包含**之前**和**之后**。从那不受监督和不受控制的**别处**，从那个**存在之外的**他处，产生了新奇和意外；而在其中，一切平常和家

---

[1] Cornelius Castoriadis, *Institution of Society and Religion*, trans. David Ames Curtis, *Thesis Eleven* 1993, 35: 1–17.

常的东西最终都会沉没。意义是无意义之海中的一座孤岛，但却是一座摇晃的、漂浮的岛屿，并没有被锚定在海底——如果那片海有底的话，情况就会是这样。没有它自己的锚，自生自长的意义之岛需要一个来自外部的支撑：在未能抛锚的地方需要一个基础。尼采说：

> 自然死亡是独立于一切理性的，实际上是一种非理性的死亡，在这种死亡中，外壳的可悲物质决定了内核存在或不存在的时间长度；在这种死亡中，相应地，发育不良的、有病的和头脑愚钝的狱卒是主宰，并指出了他的杰出的囚犯将在什么时候死去。自然死亡是自然的自杀——换句话说，最理性的存在通过附着其上的最非理性的因素而走向消亡。只有通过宗教的光芒才会出现相反的情况；因为那时是公平的，高级理性（上帝）发出它的命令，而低级理性必须服从。①

上帝的不可亵渎的理性代替了无序的非理性，因而，使短暂/狭小的时间/空间适于居住的原则超越了使它无法忍受的界限，并使这种超越安定下来。理性管理着逻辑与荒诞、秩序的自大与秩序的短暂/狭小之间的停战协议。无序被一个否认其无根基性的名字所洗礼，而存在被免除了对自身、对其目的和意义进行解释的需要。人类的秩序从来没有被迫承认：它除了自身之外，没有任何东西可以解释它的存在或它的局限性；社会在它统治的地方仍然是安全的，只要将不由它统治的东西的管理权转让出去。它甚至可以暂时将自己在放弃时的签名隐藏起来，并将自己的无能掩盖为上帝的全能，将自己的无知装扮为上帝的全知，将自己的必死性装扮为上帝的永恒性，将自己的狭隘性装扮为上帝的普遍性。

社会与宗教之间的联系没有任何偶然性。如果继续用一连串的历史事件和选择来说明这种联系，那是徒劳的。一切意义的保证书本身是无

---

① Friedrich Nietzsche, *Human All-too-Human: A Book for Free Spirits*, part 2, trans. Paul V. Cohn, Edinburgh: T. W. Foulis. 1911, pp. 286-287.

意义的，一切目的的背书人本身是无目的的，而且它们无法压制关于这种不一致的证据，一旦社会作为被告被指控为其行为的实施者和责任人时，它将输掉这场官司。

如果不能面对深渊，最好的办法就是把它赶出视线。这正是社会/宗教所要达到的目的。社会需要上帝，最好是一个人格的上帝，像你我一样的上帝，只是要更神通广大——在你我只能看到或猜到没有意义和目的的地方，他清晰地看到了秩序、意义和计划。一个像理性或历史法则一样的非人格的上帝是次佳的解决方案：无疑是次要的。"看不见的手"或"理性的狡计"或"历史的必然"都与人格的上帝分享了不可捉摸和不负责任的关键属性——但它们抛开以使其不受关注和监督的是那些顽固的、使上帝首先成为必要的存在品质：最重要的是，存在的短暂/狭隘、必死性、死亡——"最理性的存在被最非理性的元素所消灭"。在它们的作用下，死亡成为一种冒犯、一种挑战，也成为荒谬渗入生活的一个窗口；在有意义的存在所构筑的舒适而狭窄的房子里，一扇可以打开的、通向无意义的无限广阔领域的窗户。一旦它"不能被理解"，死亡就必然会被掩盖，或被视为某种文化神秘行为，或被解构①——而这被证明是一个令人痛苦的艰难任务。

没有上帝，"不面对深渊"是不容易的。那么，人们面对的是一个残酷的事实，正如亚瑟·叔本华（Arthur Schopenhauer）很早以前就注意到的那样——从仍然富有生气和充满自信的现代性中——"存在只是偶然的"：

> 如果有人冒昧地提出为什么除了这个世界外别无他物的问题，那么世界是无法从自己身上得到证明的；在自己身上找不到它存在的理由，找不到它存在的最后原因；不能证明它是自因的存在，换句话说，自为的存在。②

---

① Z. Bauman, *Mortality, Immortality, and Other Life Strategies*, Cambridge: Polity Press, 1992.

② Arthur Schopenhauer, *The World as Will and Representation*, trans. E. F. J. Payne, New York: Dover, 1966, p. 579.

那么，问题的答案是什么呢？

> 死亡是生命的结果，是生命的继续，或者说是一下子表达了生命发出的详细而零碎的指示，换言之，作为生命现象的全部努力都是徒劳的、没有结果的且自相矛盾的，远离才是一种解脱。①

当时，叔本华的声音是荒野中的呐喊；或者，毋宁说，自信能够完成上帝未能完成或不再允许完成的工作的文明仍将可以听到这类声音的场所视为荒野。19世纪的哲学成功地放逐和诅咒了叔本华的洞见。它从黑格尔的宏大的乐观的乌托邦开始，它怀着实证主义的无所不包的自信前行，它以尼采被关进疯人院结束。在那个梦幻的世纪（也许圣西门伯爵是最好的代表，他命令他的侍从每天早晨用这样的话叫醒他："起来吧，殿下，伟大的事等着您做呢！"），希望从不允许被扑灭：人们不仅会做那些打算要做的事，而且越来越清晰和无可争辩的是，正在做的事变成了不由自主地（E. M. 齐奥朗［E. M Cioran］说："现代始于两个歇斯底里的人：堂吉诃德和路德。"②）必须做的事③。上述卡斯托里亚迪斯的引文中所表达的观点的特别之处，不在于它们的新颖性（叔本华都说过，而且说得有模有样），而在于它们不再是边缘性的。过去的异议之声正在迅速成为正统。曾在被谴责的贫民窟里窃窃私语的东西，现在在城市广场上被大声地吆喝；曾在夜间走私的东西，现在在灯火通

---

① Arthur Schopenhauer, *The World as Will and Representation*, trans. E. F. J. Payne, New York: Dover, 1966, p. 637. 对于叔本华而言，黑格尔是所有试图掩饰存在的终极空虚——无根基性——的典型代表；他做出的尝试最为精致、最为标准，他试图使理性登上上帝腾出的王席，但叔本华认为他是"一个平庸的、愚蠢的、可恶的、可憎的、无知的江湖骗子，他以无可比拟的傲慢编制了一套疯狂的胡说八道的体系"。（Arthur Schopenhauer, *Parerga and Paralipomena*, vol. 1, trans. E. F. J. Payne. Oxford: Clarendon Press, 1974, p. 96.）

② E. M. Cioran, *The Temptation to Exist*, trans. Richard Howard, London: Quartet Books, 1987, p. 35.

③ 齐奥朗说：在那个时代，"甚至她（欧洲的）的疑虑也只是**伪装的**信念"。这与现在的情况大不相同："古代历史学家评论罗马时说，她不能再忍受她的恶习或他们的补救措施，与其说这是在定义他自己的时代，不如说是在预见我们的时代。"（E. M. Cioran, *The Temptation to Exist*, trans. Richard Howard, London: Quartet Books, 1987, pp. 55, 63.）

明的商场里被公开地买卖。这种差别使一切都变得不同。

面对无法面对的

现在，我们终于挺直身躯，直面"无序"。以前，我们从来没有这样做过。直面"无序"会令人十分不快和苦恼。但这一行为的新颖性——完全没有任何先例可以遵循、可以保证、可供指导——使这种情况变得完全令人不安。我们跳入的水不仅很深，而且是未知的。我们甚至未在十字路口：十字路口要成为十字路口，必须先有道路。现在我们知道，我们通过**走过**它们来**开出**道路——唯一存在的道路，也是唯一能够存在的道路。

或者，用哲学家和教育家（尽管不是传教士，不管这一类人还剩下多少）的话来说，也是一样的：没有找到也不可能找到存在的基础；而且，为奠定这种基础的努力没有成功也不可能成功。道德既没有原因，也没有理由；道德的必要性和道德的意义既不能被证明，也不能由逻辑推导得出。所以，道德和其他存在一样具有偶然性：它没有伦理基础。我们不能再为道德自我提供伦理指导，不能再为道德"立法"，也不能希望一旦我们更热心地或更系统地投入这项工作就能获得这种能力。既然我们已经使自己和每一个愿意倾听的人相信，只有当道德被置于由比道德人本身更强大的力量所建立的坚实基础上时才是可靠的——这些力量既先于道德自我的短暂/狭小的时间/空间，又比后者的存续时间更长——我们发现做到如下一点是极其困难的，甚至是不可能的，即理解为什么自我应是道德的，以及当（如果）道德出现的时候，我们如何才能认出它是道德的。

相信伦理基础**尚未**找到或**迄今**尚未建立是一回事，而完全不相信伦理基础则是另一回事。陀思妥耶夫斯基的直率之言"如果没有上帝，一切皆被允许"喊出了现代无神的（或者，也许是"后神圣"的［post-divine］）秩序建设者内心的恐惧。"没有上帝"意味着：没有任何力量比人类的意志更强大，比人类的反抗更有力，能胁迫人类自我成为道德的；也没有任何权威比人类自己的渴望和预感更值得信赖，向他们保证他们觉得体面的、公正的和恰当的——道德的——行为确实就是这样的，并在他们出错时引导他们远离错误。如果没有这种力量和权威，人们只能靠自己的智慧和意志。而所有这些，正如传教士们反复强调的那样，只能产生罪恶和邪恶，也正如哲学家们向我们如此有说服力地解释的那样，不能依靠它们来做出正确的行为或提出正确的判断。"无伦理基础的道德"这样的东西是不存在的；而显而易见且令人可叹的是，"自我奠基"的道德是无伦理基础的。

有一件事我们可以肯定：在一个已经承认自身的无根基性、无目的性、仅通过习俗这块脆弱的跳板从中隔离出深渊的社会中，无论什么道德，都是一种**无伦理基础的道德**。因此，它是不可控制的，也是不可预测的。在**社会交往**——人们走到一起又四散离开，联合起来又分崩离析，达成一致又彼此争吵，修补又撕扯将他们统一在一起的纽带、忠诚和团结——的过程中，它建立起自身，尽管它可能会摧毁自身，也可能以一种不同的方式重建。我们知道的就这么多。然而，其余的——这一切的后果——还远不清楚。

或者，这种绝望是无根据的，无知被夸大了。也许有人会说：社会的自我建构并不是新的，并不只是"新闻"而已：社会从一开始便是通过自我建构而存在的，**只是我们不知道而已**（或者，确切来说，我们设法把目光从这个事实上转移开来）。但很多事情都取决于"只是"。用卡斯托里亚迪斯的话来说，社会虽然总是自我建构的，但直到现在也一直是"自我掩盖"（self-occulating）的，此外，"自我掩盖"包括否认或掩饰自我构成的事实，从而使社会可以面对自己的自我创造的沉淀物，即作为事物的他律命令或外在秩序的结果。大概，一个他律的命令比自己未经检验的计划更容易被遵循；后果不那么难以承受，痛苦不让人深受折磨，良心的煎熬被压抑，责任的盐不会被揉进失败的伤口（每个犯罪者在接受审判时都会用手指着那些"上面"下达命令的人来为自己的清白进行辩解，他很清楚其中的差别）。"去蔽"（disoccultation）的痛苦首先来自，必须直面不能放弃也无人能替代的责任。

这种痛苦是**自治社会**（autonomous society）的困境；再次引用卡斯托里亚迪斯的话来说，所谓的自治社会也是"一个明确是自我建构的社会。这就是说，它知道它作为社会而存续的意义是它的**作品**，而且知道这些意义既不是必然的，也不是偶然的"① ——也就是说，让我们补充一下，它们既不是不可谈判的，也不是突如其来的，而且不知从何而来。对于自治社会来说，意义（也是"成为有道德的"这种说法的意义）并不显得毫无根据，尽管它们显然缺乏伦理哲学家所暗示的"基础"；它们恰好是"有基础的"，但它们的基础与它们所发现的意义是同一种东西。它们也是不间断的自我创造过程中的沉淀物。伦理和道德（如果我们坚持要把它们分开的话）生长在同一片土壤中：道德的自我并没有"发现"它们的伦理基础，而是（就像当代艺术作品必须提供它自己的阐释框架和标准，以此来判断它自身的价值）在它们建立自己的同时建立起它们。

现在，让我们看看这个面貌一新的世界，霍布斯或涂尔干曾在规范意义上讲过不受控制或受到控制的、孤独的、"反社会的"怪物，如果这个面貌一新的世界由这样一些耳熟能详且令人恐惧的东西所占据，那么会有充分的理由为人类的未来而担忧。或者，更确切地说，如果不是因为值得再次（还有很多次）重复的事实，情况将会是，改变的不是我们共同生活的方式，而是我们对如何继续实现这一非凡壮举的理解。于是我们知道，和人道秩序的他律伦理基础一样，反社会的食人魔样的稻草人也是自我掩盖社会的一种虚构（事实上，这两种虚构相互需要，相互生成，相互确证，就像自我实现的预言所做的一样）。自我创造的任务仍然像过去一样困难重重，但没有明显的理由会使它比以前**更**困难。发生变化的是，我们现在知道这项任务有多困难，并怀疑无法轻易摆脱困难：任何诡计或闭眼不看都无济于事。

---

① 卡斯托里亚迪斯称赞说，自治的出现是人类的机遇。归根结底，它所要取代的是所有他律性假设的令人震惊的非人道性："我们从中受益的真正的启示是，我们的社会是唯一真正的社会，或者说是卓越的社会，其他的社会并不真正存在，是不那么重要的，是处于不定状态的，是期待着被福音化的。"参见 Cornelius Castoriadis, Institution of Society and Religion, trans. David Ames Curtis, in *Thesis Eleven*, vol. 35, 1993, pp. 1–17.

我们不妨看看马克斯·霍克海默的说法，他尊选叔本华为"我们时代的老师"（霍克海默在 1961 年写道："当今世界更需要叔本华的思想——它面对彻底的绝望，因为它直面彻底的绝望，所以它比任何其他思想都更知道希望。"）。叔本华的——

　　　　盲目意志的学说作为一种永恒力量从世界上揭去了旧形而上学给它披上的骗人的金箔。与实证主义完全相反，它阐明了消极的东西，并对之做了思考，从而揭露了人和全部存在所共有的追求团结的动机——他们的所弃之物。任何需要都不会在任何超越中得到补偿。在这个世界上减轻它的冲动，源于不能在充分意识到这种诅咒的情况下看待它，并在有机会阻止它的时候容忍它。对于这种源于无望的团结，关于个体化原则（the principium individuationis）的认识是次要的……坚持暂存，反对无情的永恒，是叔本华意义上的道德。①

编 织 纱 幕

现代精神的一个最显著的特点是，它从来没有使自身与这种"所弃之物"和解，也没有一刻承认"无望"。在这一点上，它与前现代的、具有神学倾向的掩盖是一致的。现代的"清醒"只是局部的：谴责和否定陈旧的战略与疲惫的将军，而赞美取代他们的年轻军官的潜力、战略的需要、正确的战略最终会产生的承诺。科学的牧师取代了上帝的牧师；以进步为导向的社会要完成预定社会未能做到的事情。对最终成功的怀疑被重塑为对不完美过去的批判。过去的缺点和错误将在新的管理之下被撤销——进步运动的牧师与永恒之神的牧师的不同在于，他们不断地自我更新。现代的批判如果不能促成"积极的"方案便是不完整的；只有"积极的"批判才是可以接受的；无论多么令人恐惧和震惊，

————————

① 　Max Horkheimer, *Critique of Instrumental Reason*, trans. Matthew O'Connell et al., New York: Seabury Press, 1974, pp. 83, 82.

批判必须促成一个幸福的结局。现代批判的能量和合法性来自一个不可动摇的信念：肯定能寻到一种"解决方案"，一种"积极的"方案肯定是可能的，而且一定是必然的。回想起来，被人称赞的现代的清醒似乎更像是在魔术师的接力赛中传递接力棒。现代的清醒是以一揽子的方式出现的，其中包含了一套全新的、完全可以操作的魔法装备。

现在的魔法公式是历史和理性：历史的理性，或作为理性运作的历史，或作为理性自我净化过程的历史，通过历史进入自身的理性的历史。在这些公式中，理性和历史是一对连体婴儿，不可分割。理性作为历史而临，作为永恒的"尚未"而临，作为任何的**其他地方**和任何时刻的**"其他时间"**而临："理性"是一个奇怪的名词，总是以未来时出现——而以目标为导向的现在应该服从于理性，因为它的意义来自它要达到的目标，来自它所服务的**计划**。将临天下的理性赋予现在以意义，而现在将会参与到受时间约束的、由未来控制的努力中。用让-弗朗索瓦·利奥塔（Jean-Francois Lyotard）的话来说，现代叙事"在它要创造的未来中，也就是在一个它要实现的理念中"① 寻求它的合法性。希望的不朽似乎是由总是尚未到达的未来与总使它更接近的现在之间的不灭张力——"现在的特殊性、偶然性、不透明性与它所承诺的未来的普遍性、自我决定性和透明性之间的张力"② ——所保证的。

现代性是一个为确定目标而不断努力的过程：连接于赋予这种努力以意义的完全相同的未来。它努力确保最终的结果是它的努力不会徒劳；迫使**事先的**合法化事后能在它身上得到确证。与旧的、前现代的、神学上的自我掩盖的解释不同，现代版的自我掩盖可以从容接受变化和不确定性以及偶然性：在意义层面，它不仅包括**所是之物**和**必是之物**，而且包括**将逝之物**，因此如果它没有消失因而没有绝迹，它便无法获得理解。现代性为了掩盖存在、也是现代存在的无根基性而编织的意义，就是**创造性的毁灭**。

---

① Jean-Francois Lyotard, *Le Postmoderne Explique aux Enfants: Correspondance* 1982 - 1985, Paris: Galilee, 1988, pp. 36, 47.

② 相比之下，利奥塔说："后现代性是作为万民之尊的历史的终结。"（Jean-Francois Lyotard, *Le Postmoderne Explique aux Enfants: Correspondance* 1982-1985, Paris: Galilee, 1988, p. 39.）

齐奥朗说："由于他们到处都取得了成功，西方国家毫不费力地推崇历史，赋予它以一种意义和终极性。历史是属于他们的，他们是历史的代理人：因此，它必须是一个理性的过程……因此，他们把它轮流置于天意、理性和进步的庇护之下。"① 自称"现代性"的西方文明的局部法则能够被阐述为普遍法则，**被感觉**为普遍法则，因为西方在其中压迫人类星球其他地区的支配具有普遍性：正是他们统治的全球性使欧洲人能够将"**他们的**文明、**他们的**历史、**他们的**知识设计为一般的文明、历史和知识"②。认知的视角是由权力差固定下来的。认知的对象是虚弱的、偶然的，因为改变它的或使其偏离轨道的权力是压倒一切的。从顶点来看，处于底层的对象显得微不足道。对于殖民美国、澳大利亚或新西兰的挥舞着刀枪的"先驱者"们来说，这片土地想必是空的——历史的原点，新的起点和新的开始。

自我掩盖的具体现代形式是将世界视为尚待开发的领域；现代性首先是一种**开拓型文明**（frontier civilization）。只要尚待开发的领域仍是被允诺的、可期许的、作为起点的，它就能生存；或者，更确切地说，只要世界允许自己被理解为尚待开发的领域，最重要的是，被当作尚待开发的领域。卡斯托里亚迪斯说："西方是绝对自由观念的奴隶"，绝对自由被理解为"纯粹的任意性"，尚需内容充实的"绝对的虚无"。凡是能做的，就必须做。首先重要的是**行动的能力**，而不是行动本身——行动

---

① E. M. Cioran, *The Temptation to Exist*, trans. Richard Howard, London: Quartet Books, 1987, pp. 48-49. 如果"定义永远是神庙的基石"，那么"不再以其名义杀人的神确实已经死了"（E. M. Cioran, *A Short History of Decay*, trans. Richard Howard, London: Quartet Books, 1990, pp. 18, 172.）当一个文明停止了定义，停止了建立庙宇，停止了以神的名义进行杀戮，重新回到了防御性的战斗中——当"生命成为它唯一的困扰"，而不是成为实现文明所承诺的价值的手段时——衰落的时代便来临了（E. M. Cioran, *A Short History of Decay*, trans. Richard Howard, London: Quartet Books, 1990, p. 111.）它产生于死亡将临的意识中；没有任何事情可以改善整个世界，"没有集体改革运动，没有公民，只有软弱的和觉醒的个人"，他们"沉溺于狂热的小小的要求"。（E. M. Cioran, *The Temptation to Exist*, trans. Richard Howard, London: Quartet Books, 1987, p. 49.）果子不可能变得更多汁；不一定明天就会有果汁流出；让大家尽最大努力把果子榨到最后一滴。这样的死亡感，连同它的"人人为自己"的后果，降临到文明中，人们可以说，历史不再"属于"这种文明。

② David E. Klemm, *Two Ways to Avoid Tragedy*, in David Jasper (ed.), *Postmodernism, Literature and the Future of Theology*, New York: St Martin's Press, 1993, p. 19.

的内容、行动的目的、行动的后果是次要的。

现代生存只是表面上是以目标为导向的。真正重要的是来自"有办法"的自信——因为它相信人们能够继续尝试（没有什么失败是确定的），这促成了"历史是理性的进步"这样的自我掩盖。因此，与它的自我意识和/或自我夸耀的宣传相反，现代文明现在和过去都不是以**行动**为导向，而是以**行动能力**为导向。不过，这种能力是可收集的工具和原料的阻力（即被当作原料的东西的准备程度）的共同产物；简而言之，是力量差的产物。我们有理由认为，西方与其他国家之间的权力差额的趋平化，是以历史、进步、目标为导向的自我掩盖筋疲力尽的主要原因之一；是现代性危机的主要原因之一；是后现代性出现的主要原因之一；是越来越多的人愿意承认如下事实的主要原因之一：存在的基础是无序和荒谬，而不是预设的秩序和意义，而且它将一直保持这样的状态，我们做什么都无法改变它。

被刺穿的纱幕

现代性曾经认为自己是**普遍的**。它现在认为自己是**全球性的**。在术语变化的背后是自我意识和自信的历史的分水岭。普遍性是理性的法则，是事物的秩序，它用理性人的自治取代激情的奴役，用真理取代迷信和无知，用自我制造和彻底监督的历史设计取代漂泊的芸芸众生的苦难。与此相反，"全球性"仅仅意味着每个人在世界各地吃着麦当劳的汉堡，看着最新的电视纪录片。普遍性是一个有待实施的值得骄傲的**工程**、艰巨的任务。相反，全球性是一种对"外部"所发生之事的温顺的默许；这种承认总是带有投降的意味，即使是用"如果你不能打败他们，就加入他们"的自我安慰的热情来进行伪装。普遍性是哲学家帽子中的羽毛。全球性将哲学家们赤裸裸地放逐到荒野中，而普遍性则承诺将他们从荒野中解放出来。用克莱姆（David E. Klemm）的话来说：

在全球经济的竞争体系中建立的、最终使哲学话语变得相当无关紧要的（一个）法则是：经济利益最大化。这一法则发挥着指导和约束行动的规范作用，不是通过呼吁真理，而是通过确定生活的实际结果。按照一种经济达尔文主义的观点，法则本身就是从失败者中选择成功者。诉诸真理并不能挑战这条法则……①

换句话说，不管哲学家们说什么或不说什么，不管他们多么强烈地希望情况相反，也不管他们多么顽固地坚持，从黑格尔到哈贝马斯，历史和现代性，尤其是向其现代阶段发展/成熟的历史，是一个哲学问题——一个**有待**哲学裁决的任务（即使如哈贝马斯所认为的那样，它不知道或不愿承认）。曾被赶到理性秩序的社会岛屿的边界之外的无序和偶然性现在回来复仇了；在本来就是和有希望成为理性的——由制定的法则而不是自然法则来控制的——藏身之所内部进行统治，而当它们统治时，圣贤们就从历史创造者的高位上降落下来，转而从事卑微的法庭记录员的工作。除了羞辱之外，更令人困惑的是，这个高位在经历了从普遍性到全球化的转变（或更确切地说，揭露了普遍性实为全球化；或将普遍性工程降格为全球化的实践）之后是否能幸存下来一点也不清楚。社会不再假装是抵御偶然性的盾牌；如果没有足够强大且顽固的力量来设法小心地驯服这头自发性的野兽，社会本身就变成了无序的场所——牧群的战场和/或牧场，虽然大家都同样在寻找食物和安全的家园，但每个群体都有自己的路线。年表取代了历史，"发展"取代了进步，偶然性取代了从未出现的计划逻辑。不是哲学家们没有把无根基的、偶然的存在放在安全的基础上；确切地说，是他们手中的建筑工具被抢走了，不是为了将这些工具交给其他不那么值得信赖的人，而是为了把普遍理性的梦想放到破灭的希望和未兑现的承诺的垃圾桶中。

立法者被降职，会激起政治愤怒；立法程序被废除，会滋生哲学家的绝望。不仅是所希望的真理与权力之间的持久婚姻最终以离婚告终；

---

① David E. Klemm, *Two Ways to Avoid Tragedy*, in David Jasper (ed.), *Postmodernism, Literature and the Future of Theology*, New York: St Martin's Press, 1993, pp. 18-19.

更糟糕的是，哲学家的真理没有称心的单身汉可以嫁；似乎无法摆脱单身的命运。简而言之，没有任何力量会渴望穿上哲学家为真理的新郎缝制的"开明专制"的斗篷，尽管人们会拼命地寻找它们或在部落首领中寻找它们——今天的叛逆者还没有被揭穿为明天的小暴君（对于那些表现出后一种倾向的人，齐奥朗有以下警告："定义永远是神庙的基石"；所有"火眼金睛都预示着屠杀"；"提出新信仰的人受到迫害，直到他成为迫害者：真理从与警察的冲突开始，到叫警察进来结束"①）。受控于立法上的怀旧之情，哲学家的后现代主义（有别于后现代）话语严格遵循了所有挫败叙事的议程。可以想见的是，它是那些受到恶意指责的消息的载体，与此同时，消息本身则被竭力地反驳或轻蔑地摈弃。

在如此做的时候，哲学家们责怪现实没有上升到他们在进步的历史地平线上设定的引导性理性标准。事实上，发生的事情是，随着现代性的兴起而启动的进程，被误读为向协调的和/或引导的（普遍的）理性进步的过程，催生了许多不协调的和自我引导的（局部的、狭隘的）理性，这些理性变成了普遍理性秩序的主要障碍。在现代传奇的尽头耸立着乌尔里希·贝克（Ulrich Beck）的"风险社会"，它最多只能希望及时采取一些具有地方性和全球性风险的举措，以限制昨天还是地方性的、但具有全球破坏性的事业所留下的损害。

这种"酸葡萄"情绪在人们常说的如下观点中回荡：我们当下的时代因"前瞻性思维"能力的逐渐消失，特别是因乌托邦的衰落而受到影响和削弱。不过，人们不禁要问，这种诊断是否正确；这是不是所哀叹的、隐藏在过度一般化的命题中的这种乌托邦的衰退。后现代性是足够现代的，它依靠希望而活。它没有丧失现代性的喧嚣乐观主义（尽管哲学家们不太可能参与其中；他们在节日的餐桌下找到的碎屑太少了——后现代关于"新的和更好的"未来的具体观念并没有为他们的技能和资历留下多少空间）。后现代性有它自己的乌托邦，尽管在刺激和促成了现代人对永远不完美现实的不耐烦的这种乌托邦中，当人们未能认识到

---

① E. M. Cioran, *A Short History of Decay*, trans. Richard Howard, London: Quartet Books, 1990, pp. 18, 4, 74.

自己受训所要寻找和发现的那种东西时，也是可以原谅的。

乔·贝利（Joe Bailey）很好地描述了两种相辅相成的后现代乌托邦：一个具有自由市场的神奇治愈能力，另一个具有"技术方法"的无限能力。第一种乌托邦，即新自由主义乌托邦，将完全自由的、解除管制的市场竞争想象成天堂，这种竞争总是能找到通向财富和幸福的最短的、最便宜的途径。"基本上，社会被视为一种**自然**秩序，在其中无意形成了令人满意的社会制度。干涉、通过计划的有意识设计和社会供给的'政治化'都被看作对自发的社会秩序的危险破坏。"第二种乌托邦，即技术乌托邦，"认为社会的社会问题、政治问题甚至道德问题都可以通过技术方案解决，所有领域的进步只有通过技术变革才能保证，而我们现在生活的社会正通过技术发展加速而取得新的质的改善"。贝利总结道："这些都是重要的，而且在我看来是强有力的新乌托邦，它们在公共话语中投射进一种乐观主义。进一步，它们支配和统治乐观主义。"①

后现代乌托邦是无政府主义的——只有很少是无政府的工联主义的（anarcho-syndicalistic）。他们设想了一个有权利而无义务的世界，最重要的是这个世界没有统治者和军队，除非是为了保证在长廊上安全地散步和防止商店的购物袋被抢走。他们相信理性缺席时的智慧。他们反对设计，反对计划，反对以未来利益为名的牺牲，反对延迟满足——所有这些过去的经验法则都被认为是有效的，这要归功于这样的假设：未来是可以被控制的，是可以被限制的，是可以被迫与事先画好的样子相一致的，因此现在所做的事对以后很重要——是"孕育着后果"的。后现代智慧只承认一项计划，即所谓的"生育计划"（family planning）（这个名称是有悖常理的、充斥歧义的，属于真正的**新话**（newspeak）风格，因为它的本质恰恰是阻止家庭的产生）——一项专注于**阻止**"怀孕"的计划，专注于将行为与后果完全区分开来，仿佛新的公理与旧的公理完全相反：也就是说，与其说是行为者束缚了未来，不如说是未来束缚、制约和压迫了行为者。后现代乌托邦所想象的世界的自发性使所

———————————

① Joe Bailey, *Pessimism*, London: Routledge, 1988, pp. 73, 75, 76.

有对未来的关注成为无稽之谈，不过，对不关注未来并能据此行动的关注除外。

现代性花了两个世纪的时间将其从生活事务中隔离出去的混乱和偶然性不仅重新出现在视野中，而且是（也许是第一次如此明目张胆地出现在那里，而且是面对如此多的人）赤裸裸地出现在那里，没有遮掩或装饰，也没有使它想要穿衣的羞耻感。无根基性不再是社会竭力忏悔和赎取的有罪的、可耻的存在秘密。相反，它被誉为存在的美丽和快乐，是真正自由的唯一基础。后现代性意味着拆除、拆分和解除管制，针对的是将人类以共同的和个别的方式提升到理想状态——理性和完美、理性的完美和完美的理性——的责任机构。后现代乌托邦希望我们为这种拆除而欢呼，希望我们为放弃了作为最后解放活动的（高要求的、可拉伸的、令人烦恼的）理想而庆祝。

在一个似乎已经接受了自己的无根基性、似乎不再介意它的无根基性、并不因为缺乏控制无序的机构而烦恼的世界中，如何能够严肃地推动道德、善良、正义的事业根本是不清楚的。难怪伦理哲学变得不知所措，宁愿待在对古代文本做学术评论的令人着迷的圈子内，也不愿从事传统的、但现在越来越冒险和不受欢迎的伦理立法与伦理裁决研究。卡斯托里亚迪斯在仔细审视了当前知识界对政治左派和政治右派的思考后，发现"**知识界**的思想退步令人震惊"。

定义和立法一直是对现存现实的直接或间接批判——而当前人们不愿意这样做与批判思想的几乎完全消失相吻合并非偶然——实际上，想象、更不用说建议一种不同社会的能力，此社会不同于今天似乎无法做出合理的、可行的选择的社会。卡斯托里亚迪斯带着悲哀和愤怒得出结论："因而，对当前时期的最好界定是，向守成主义的普遍退缩"①；即使他要求为快速枯萎的社会和个人自治计划注入新的生命，他最终提出的观点与为当今知识界因麻木不仁和思想贫乏而受指责（而且有充分的理由）的观点没有什么不同："需要新的政策目标和新的人生态度，而

---

① Cornelius Castoriadis, The Retreat from Autonomy: Post-modernism as Generalized Conformity, *Thesis Eleven*, 1992, p. 31.

目前却看不到这方面的迹象。"①

被撕破的纱幕

即使它要对目前困扰和削弱所有坚定的道德承诺的"不良舆论"负责，但对不同选择的普遍的和无望的盲视看起来更像是一种症状，而不是对伦理感到厌倦和警惕的原因。伦理仲裁的缄默似乎源于，无法真正确定此前以特定的现代形式表现自身的"无序之门"的运行价值。虽然相当成功地建立了许多局部的秩序之岛，但它的运行既没有成功地将无序挡在界外（或者说挡在心灵之外），也没有确保所希望的"伦理进步"。细细想来，这剂药看起来并不比它所要治疗的疾病更讨人喜欢，也许要更不讨人喜欢。无论是在对自然的、偶然的和潜在的灾难进行有效控制的意义上，还是在社会和个人自治不断增强的意义上，"人类的普遍进步"都没有实现——而为实现它所做的努力却结出了不少毒果。萦绕在任何一个反思者头脑中的问题是，这种努力能否带来毒果以外的其他成果。在这个问题有一个合理的答案之前，"思想退步"是一个背叛或懦弱的问题而不是谨慎和责任感的问题这一点是不可能马上被弄清楚的。正如利奥塔所言："在过去的两个世纪之后，我们对意味着（与进步）相反的运动迹象变得更加敏感。无论是自由主义、生态学或政治学，还是各种形式的马克思主义，在这些充满暴力和血腥的世纪中出现的时候，都会被指控犯有危害人类罪。"

相比于其他，有两种疑虑会对西方人的伦理信心和自以为是形成更有力的打击。第一种是无法被完全消除的怀疑：奥斯威辛集中营和古拉

① 在卡斯托里亚迪斯看来，只要选择不同社会的立场没有出现，"试图确定我们是否正经历一段长长的插曲，或是否我们正在见证西方历史作为一个与自治计划有根本联系并由它决定的历史在终结之后开始，将是荒谬的"（Cornelius Castoriadis, The Retreat from Autonomy: Post-modernism as Generalized Conformity, *Thesis Eleven*, 1992, p. 31.）。然而，这种知识分子的优柔寡断，恰恰是使许多被卡斯托里亚迪斯谴责的评论家如此缄默不语的原因。人们可以评论说，为现实立法，而现实却不向所立之法靠拢，这对"自治计划"未必是个好兆头，也未必能带来卡斯托里亚迪斯心目中的不同的社会。

格集中营（正如后者，特别是近来对陌生人的怨恨重新抬头一样，其形式多种多样，从种族清洗到对外国人进行暗自窃喜的袭击，再到公开赞扬"新的和改进的"反移民和国籍法）是"通过命令实现有序化"（ordering by decree）这一典型的现代实践的合法产物，而不是反常之物；"普遍化"的另一面是分裂、压迫和向统治的飞跃，而所谓的"普遍的"基础往往是对他者不容忍的面具，是扼杀"他者"个性的许可证；换句话说，人道化计划的代价是更多的不人道。这种怀疑的触角延伸到了很深的地方——实际上已经达到了现代事业的核心。人们质疑的是，理性控制的增长与社会和个人自治的增长之间的联姻作为现代战略核心是否从一开始就欠缺考虑，以及是否能够完满实现。

第二种疑虑同样是基础性的，它涉及现代事业的另一个基本假设：现代性内在地是一种普遍的文明，实际上是漫长的、痛苦的人类史中第一个适合于在全球运用的文明。这种信念的必然结果是，世界的现代部分将自己描绘为"先进的"——作为后面其他人的开路先锋；在全球最遥远的角落无情地消除"前现代"的生活方式，可以被视为一种平等伙伴的真正全球性联合的序曲，一种由世界公民法（jus cosmopoliticum）指导的康德式的世界共和国（civitas gentium）——一个追求同样的价值观和分享同样的道德原则的自由民族联盟。所有这些密切相关的信条都经受不住时间的考验。越来越多的迹象表明，现代文明并不内在地具有普遍性，显然不适合在全球运用；它在某些地方的上升是以其他地方的破坏和贫困化为**必要**条件的———旦它没有地方来减轻国内在建立秩序和克服无序时的浪费，它将停滞不前。让我再次引用利奥塔的话：

> 人类被分为两部分。一部分面对复杂的挑战，另一部分面对古老而可怕的生存挑战。这也许是现代事业失败的主要方面……
>
> 不是没有进步，而是相反，发展——科技、艺术、经济、政治的发展——使全面战争、极权主义、北方的财富和南方的

贫困之间差距不断扩大、失业和"新穷人"成为可能······①

　　利奥塔的结论是直率的，也有谴责意味："以人类整体解放的承诺使发展合法化已经变得不可能。"② 然而，正是这种"解放"——从需要、"低标准的生活"、需求的匮乏、做共同体过去所做之事而不是"能够"做任何未来可能仍希望所做之事（"能够"超过现在的愿望）中解放出来——在哈里·杜鲁门（Harry Truman）1947年向"不发达"宣战的后面若隐若现。从那时起，世界上的"全球经济"以幸福的名义遭受了难以言喻的苦难，尽管它现在被认定为"发达的"生活方式，即现代的生活方式。他们的保持着微妙平衡的生活方式经不住认可简单和节俭、接受人类界限、尊重非人类生命形式这样一些人的谴责，现在已经毁于一旦，却看不到任何可行的替代方案。"发展"——那是真正的吉登斯所讲的猛兽，它摧毁了碰巧挡在它前面的一切物和一切人——的受害者，即"被发达部门躲避同时与旧的方式相隔绝的受害者······是他们自己国家中的侨民"③。无论猛兽走到哪里，专门技能消失了，取而代之的是技能的匮乏，商品化的**劳动力**出现在**男男女女**曾经生活过的地方，传统成为尴尬的压舱石和昂贵的负担，平民变成了资源，智慧变成了偏见，智者变成了迷信的传承者。这并不是说，猛兽在未来的、渴望被征服的受害者人群的帮助和恩惠下主动行动；它是由为寻求声望和荣耀的无数专家，工程师，承包商，经营种子、化肥、农药、工具和马达的商人，研究机构的科学家，本地和国际政治家从后面秘密地、不懈地推动的。因此，这头猛兽似乎不可阻挡，而不可阻挡的印象又使它更加不可阻挡。在全球的现代部分为了维持活力和健康而拼命寻求需要持续供给

---

① Jean-Francois Lyotard, *Le Postmoderne Explique aux Enfants: Correspondance* 1982–1985, Paris: Galilee, 1988, pp. 116, 118, 124.

② Jean-Francois Lyotard, *Le Postmoderne Explique aux Enfants: Correspondance* 1982–1985, Paris: Galilee, 1988, p. 141.

③ Wolfgang Sachs (ed.), *The Development Dictionary: A Guide to Knowledge as Power*, London: Routledge, 1992. 还请特别参阅 Gustavo Esteva, Vandana Shiva, Majid Rahnema, Gerald Berthaud 和 Ivan Illich 在这本杰出的、充满激情且论证严密的书中所做的条目。另见关于该书的精辟论述（Walter Schwarz, Beware the Rich Bearing Gifts, *Guardian*, 1992, 11 July）。

的新鲜血液的过程中，发展被全球的现代部分自然化为某种非常接近"自然法则"的东西；发展似乎已无法逃避。但是，在这种"发展"中正在发展的是什么呢？

人们会说，在"发展"之下，最明显的"发展"是男男女女们所制造的东西与他们为生存（尽管在特定的环境中"生存"会发生转变）而占有和使用的东西之间的距离。最明显的是，"发展"发展了男男女女们对他们既不能生产和控制，也不能看到和理解的事物与事件的依赖性。其他的人类行为发出长波，当它们到达人们的家门口时，就像洪水和其他自然灾害一样——它们不知从何而来、毫无预兆，也不重视远见、狡猾和谨慎。无论设计者如何真诚地相信他们是或者至少是可以控制的，无论他们如何坚定地相信他们看到了事物流动中的秩序——对于受害者（发展的"对象"）来说，变化打开了闸门，无序和偶然涌入他们曾经有序的生活。他们感到迷失了方向，而他们曾经觉得自己是在家里。对设计者来说是**不抱幻想**——对他们来说是**令人着迷**；一种令人难以置信的神秘感紧紧地包裹着曾经温馨、透明和熟悉的世界。现在，他们不知道该如何走下去；他们也不相信自己的双脚——不足以稳稳当当地站在摇摇晃晃的地面上。他们需要支撑——向导、专家、教官、发号施令的人。

但是，这并不是经济和政治话语中所理解的"发展"。在那里，发展是以消费的产品数量——通过对商品和服务的有效需求的范围来衡量的。无论从哪个方面来看，当这个范围扩大时，发展就出现了。在一个典型的冗言推理中，这表现为需求满足的进步（如耶鲁大学的罗伯特·E. 莱恩［Robert E. Lane］在耶鲁大学指出的，对于正统经济学家来说，"对某物满意是由它被购买这一事实所揭示的，不管某物可能带来的是喜悦还是悲伤，也不管一个人的时间和精力在市场之外是否有其他用途"①——因此，毋庸置疑的是，人们购买他们需要的东西，而且他们购买它是**因为**他们需要它）；这种推理掩盖了供给先于需求和商品"购买"它们自己的潜在客户这个大问题，也掩盖了需求与市场上被认

---

① Robert E. Lane, Why Riches Don't Always Buy Happiness, *Guardian*, 1993, 9 August.

为能满足他们的商品一样是工业产品这个大问题。使上述等式可信——甚至"显而易见"——的未被言明的前提是，幸福是在欲望满足之后出现的（尽管从叔本华到弗洛伊德的一系列著名思想家一再否定这一信念，但这一信念在常识中具有牢固的根基）。基于同义反复和错误前提，这个演绎推理的结论是，发展是必要的、可取的，而且在伦理上是正确的，因为它增加了人类的幸福量；在另一个循环推理中，这个结论不断被世界上"发达"地区关于收入和贸易增长的统计数字所证明。

通过考察关于——那些应该被满足的人所感觉和界定的——生活满意度的现有调查结果，罗伯特·E. 莱恩得出了一个与正统经济智慧截然不同的结论：

> 对发达经济的研究表明，正如人们所期望的那样，收入每增加 1 000 英镑，幸福感就会增加——但这只是对最贫穷的五分之一人口而言的。除此之外，随着收入水平的提高，人们对生活的满意度几乎没有增加……在美国和英国，二者之间的关系微不足道且很不稳定。富人并不比中产阶级幸福，中上层并不比中下层幸福。在贫困和接近贫困的收入水平之外，如果说金钱可以买到幸福，那么它买到的幸福非常少，而且往往根本买不到。①

收入的增加只为那些贫困的人提升了生活的幸福感；但所有的统计数字都表明，正是这些贫困的人可能并不期望"发展"能带来收入的增加；如果有什么的话，他们的队伍会壮大，而他们在新旧财富中的相对份额会下降（我们首先注意到，正是"发展"自身把节俭的生活重新变成了"物质匮乏"，由此制造了而不是解决了使自身合法化的社会心理"贫困问题"）。那些因收入增加而幸福感增加的人，扩大收益的机会最小，而那些赚得更多（花得更多）的人，却没有注意到他们幸福感的增加……

---

① Robert E. Lane, Why Riches Don't Always Buy Happiness, *Guardian*, 1993, 9 August.

最后，还有一种"蛇吃自己尾巴"的现象，随着战后重建期间蓬勃发展的经济停滞不前，昔日的高尚行为迅速从伦理学语言转化为经济学语言并被重新定义为"适得其反"，这种现象日渐明显。人们可以预料到，使**每个人**都变得现代和幸福的世界性发展的宏伟愿景，将由于如下原因而消失得无影无踪：地方保护主义的陷阱，为更多的流浪者和不安分的资本展开普遍争夺——以及各国政府为抢夺他人的工作和向国外倾倒国内失业者做出的种种努力。无论从哪方面看，没有什么可以激发人们对通过发展实现解放这一古老信条的信心，也没有什么可以让人们坚持古老的希望：在发展历程的尽头，一个有序的、设计合理和管理合理的世界正在等待着人们。

被去蔽的道德

现代性知道它要去哪里，并决心到达那里。现代精神知道自己希望到达的地方，也知道自己需要做什么才能找到到达那里的方法。如果说现代性迷恋于自我立法，现代精神是一种立法精神，那么它不是为了贪婪或帝国的欲望，而是为了傲慢和自信。全球性的帝国主义和无限制的贪欲，不过是对匪夷所思的任务的实际反映，这项任务是在无序统治的地方用魔法召唤出一种秩序，并且要靠自己的努力来完成，除了自己的决心之外，不需要任何外力的帮助和成功的保证。这项任务需要冷静的头脑和有力的双手。途中很多东西需要被摧毁，但这种摧毁是创造性的。追求和达到目标需要冷酷无情，但目标的高远使怜悯变成了犯罪，使不择手段的无情变成了人道主义。健康的光明前景要求医药是苦涩的，耀眼的普遍自由事业要求严密的监视和严格的规则，理性统治的光辉愿景禁止相信那些注定要沐浴在它的仁爱中的人的理性力量。

人们或许会说，痴迷于立法是所有文明的特征（迈克尔·翁达杰[Michael Ondaatje]在《英国病人》[*The English Patient*]中写道："这是一个有着几百年文明的世界，有上千条小路和大路"，这意味着人们可以通过沿着已铺设好的轨道和将要铺设的轨道而行进的旅行者来认识

一种文明），但只有现代性承认自己是文明，称自己为文明，并从自己
发现的命运中自觉地接受了命运（而且只是回溯性地把它的其他文明解
释为自己的低等变体，从而把自己的特性作为一种普遍的方式呈现出
来——就像启蒙运动中痴迷于教育的教师指定老太太和教区牧师为他们
在教师职业史上的前辈一样）。现代性将自己定义为**文明**——即努力驯
服自然环境，创造一个如果没有创造性的工作就不会是这样的世界，一
个人工的世界，一个艺术作品的世界，一个像任何艺术作品一样必须寻
求和建立并捍卫和保护自己基础的世界。与其他文明不同的是，现代性
通过为自己制定法律来实现立法——立法是一种天职和责任，也是一个
生存问题。

　　法横亘于秩序与无序、人类存在与动物的自由放任、可栖居的世界
与不可栖居的世界、有意义与无意义之间。法对每个人和每件事都适
用：也适用于任何人可能对其他人所做的一切。对伦理原则的不断探求
是立法狂热的一部分（可望而不可即的一部分）。人们必须被告知有**责
任**做好事，而且要把自己的责任当作善行来做。而人们需要被说服去遵
循这条责任路线，除非被教导、激励或逼迫，否则他们很难做到这一
点。现代性是，而且不得不是**伦理的时代**——否则就不是现代性了。正如
法先于一切秩序一样，伦理先于一切道德。道德是伦理的**产物**；伦理原则
是它的生产手段；伦理是道德工业的技术，善是它的计划收益，恶是它的
废物或劣质产品。

　　如果说秩序和创造是现代性的战斗口号，那么放松管制和回收利用
则是后现代性的口号。在进步故事被删除的指南的空白页上充斥着对尼
采式的"永恒回归"（eternal return）的沉思。我们仍在前行，但不再知
道去向何方；我们无法确定是直线前进还是兜圈奔跑。"前进"和"后
退"已无意义，除非它们被用于短途旅行和狭小的空间，在那里时空的
弯曲可以被暂时忘记。新事物只是对旧事物的回收利用，旧事物正等待
着复活和除尘以成为新事物。（没有必死性，而必死性不是在永远的意
义上，不是在没有回归的意义上，也不是在不可挽回的意义上；有的只
是消失的行为，它暂时被遗忘——被遗忘意味着，它被放在冷库里，在

需要的时候再被收回。但没有必死性也就没有不朽，不是永远或永恒的意义上的不朽，也不是不会衰老或身体不会衰退意义上的不朽——只有即时的不朽，在**一瞬间**的不朽，就像曾经的死亡一样被赋予了命运的无常。因此，没有什么可以赚取、获得、赢得——没有什么可以鞭策人们去努力掌握命运，征服苦难，保存短暂的事物，使过渡的事物持久。如果还没有使不朽成为可撤销的，那么必死性就不能成为可撤销的。）历史分崩离析；再一次，像现代性的黎明前一样，它更像一连串事件，而不是一个累积的过程。事情发生了，而不是互相跟随和相互约束。然而与前现代不同的是，既没有高超的头脑，也没有更高的力量来**使**它们发生，来充当它们之间不存在的纽带。

在特定片段和地点构成的时空中，实践智慧或实际知识取代了客观真理；对前行能力的关注取代了对基础的忧虑；经验法则破坏了普遍原则。在这一时空里，除了另行通知的、在限制范围内的立法之外，任何其他都是虚妄的（而且是极权主义的噩梦）。因此，除了学术界那充满怀旧之情的隐蔽之处外，伦理立法没有立足之地。

对于习惯于把道德视为伦理工业的最终产品的每个人来说（也就是习惯于这样思考道德的我们全部人来说），伦理时代（即**为道德立法**的时代）的终结宣告了道德的终结。随着生产线逐步被淘汰，商品必将无法供应。在由上帝的诫命所维系的世界和另一个由理性管理的世界之后，这里又出现了一个任由精明和狡猾所支配的男男女女们构成的世界。男男女女们被放任……放任男人，放任女人？生活又一次变得龌龊、粗野和矮小。

这正是制造恐慌的立法时代为我们准备好的。秩序建设的战略必然会催生一种没有选择的、与我们无关的政策。这始终是**我们的**文明生活样式，或者说野蛮的生活样式。这种秩序的替代物是完全的随机，而不是另一种秩序。外面是丛林，而丛林是可怕的，也是**不宜居住的**，因为在丛林里，**一切都可以发生**。但即使丛林也有法则；即使是它在自命不凡的、制造恐惧的运动中所集中体现的无序，也是由"丛林法则"所支配的。诚然，每一次建立秩序的冒险都是以自我为中心的，都是傲慢的，不能容忍其他同类的练习。但是，在建立秩序和秩序建设的时代，最难以想象，不对，无法想象的是这样一个实体世界：无论如何它是可怕的和恐怖的，在这个世界里没有"秩序"——无论它多么虚假、扭曲或反常（正如没有糟糕的老师很难想象"迷信"一样，或没有持异议的头目很难想象无纪律一样）。我们现在面对的是难以想象的：不是以另一套立法原则的名义对一套立法原则质疑——而是对原则的立法活动本身质疑。一个连丛林法则都被剥夺了的丛林，没有伦理的道德——这不仅仅是希望用一种道德取代另一种道德；甚至也不仅仅是提倡一种错误的道德，它以错误的原则为基础，或以不具普遍性的、边远地区或落后地域的原则为基础。这就是**没有**道德的社会所带来的不可想象的前景。

立法者无法想象一个没有立法的有序世界；伦理的立法者或传道者无法想象一个没有伦理立法的道德世界。用他们的话说，他们是对的。难怪人们需要付出相当大的努力来考虑用什么样的词汇构想、表达和讨论后伦理、后立法人类境况中的道德问题；更难怪这种努力会遇到知识分子的激烈反对，而且往往有强大的心理障碍需要克服。

然而，仅仅因为现代人对"没有伦理法则就没有道德"这一原理的推崇，**没有伦理的世界**似乎也就必然——同样地——是一个**没有道德的世界**。试着甩掉这种推崇的心理沉淀物，删除在道德和通过伦理立法的道德之间的等号——你很可能会想到，随着有效的伦理立法的消亡，道德并没有消失，恰恰相反——它成为自身。很可能是，由权力辅助的伦理法则，远远不是保护不稳定的道德标准免于分崩离析的牢固框架，而是阻止这些标准伸展到其真正尺寸的笼子，也是阻止这些标准通过伦理和道德的终极考验——引导和维持人与人和睦相处——的笼子。很有可能，一旦这个框架崩溃，它所要信奉和包含的内容并不会消散，相反自己会变得坚固，现在除了自己的内在力量，没有任何东西可以依靠。很有可能，随着注意力和权威不再被转移到对伦理立法的关注上，男男女女们将自由地——也不得不——直面他们自己的道德自主——也就是他们自己的道德责任的现实。很可能是，正如现代性作为**伦理的时代**被载入史册一样，即将到来的后现代时代也将被认为是**道德的时代**。

伦理法则，道德标准

尼采解释说，凡是被称为"善"或"恶"的东西，都与等级、优劣、支配和统治有关。在某些行为和善之间没有"自然的"、内在的联系（例如，"没有先验的必然性将**善**这个词和利他行为联系起来"）；这种联系需要首先被裁定才能被看到。而那些有权裁定并使裁定成立的人就会说：

> 善的判断并不源于那些被施以善的人。其实它源于"好人"自己，即那些尊贵的、有力的、位高的、高尚的人判定自己和自己的行为是好的，也就是说，他们的行为是属于最高等级的，用以与一切低下的、卑贱的、平庸的形成对立。从这种**保持距离的狂热**中他们才取得了创造价值、并且给价值命名的权利……
>
> 基本概念的等级、阶级含义往往是**尊贵**，由此又在历史的必然性下转化出含有精神高尚、精神高贵意义的**好**。这一转化又总是伴随以另外那种转化，**普通的、粗俗的、低下的**最终被**转化成坏的概念**。①

一开始就有自作主张和自我疏远的高贵姿态；傲慢和蔑视产生了高贵和平庸之间的区别，而这种区别又产生了善与恶。开始的确是一种**姿态**；也许是一种不假思索的姿态，来自那些有力量和意志宣布自己的方式值得保留的人的旺盛力量；他们对自己是什么样子并不感到内疚，也没有必要为此道歉。尼采指出，高贵的价值

> 是自发地成长和行动的，它只是为了更心安理得、更兴高

---

① Friedrich Nietzsche, *The Genealogy of Morals*, trans. Francis Golffing, New York: Doubleday, 1956, pp. 160, 162.

采烈地肯定自己才去寻找其对立面。它们的否定的概念如**低贱**、**平庸**、**坏**都是在与他们的肯定的概念相比较后产生的模糊的对照面，而它们的肯定的概念则是渗透于生命和热情之中的："我们是高贵的、善良的、美丽的、幸福的人。"①

只要它仍保持一种快乐的、无忧的、自信的和满足的姿态，高贵价值的自我肯定就没有规则可言。规则总是外在的，而且很少是肯定的：它们希望被规则所要改变的那些人与他们不同。它们源于这样两个假设："**人应该如此这般**"②；而此时此刻，他**并非**如此。但恰恰是对事物现状的满足，对自己的存在的满足，为高贵的善的观念注入了生命活力。这样的理念不需要规则；如果说有的话，它颂扬的是无规则性，是行事的**自由**（与行事的**权力**同义）。因此，我们可以说，尼采对原始的（在他看来是"自然的"、天生的、未被扭曲的）高贵的善恶观的描绘指向的是一种没有伦理的道德、善的自发性和自发的善，它反感并摆脱了一切规则法。

但是，让我们观察一下，贵族的自由是普通人的不自由；高贵和强大的自发性在低下和无力的人身上反射出来的是外在的、不受控的命运。无怪乎"卑微和低下"的人在反对道德的时候会诉诸规则：它呼唤规则、约束性的规则、束手束脚的规则——规则的强制力将弥补被支配者的无能。在所有受规则约束的道德中，在所有的伦理中，尼采发现了

---

① Friedrich Nietzsche, *The Genealogy of Morals*, trans. Francis Golffing, New York: Doubleday, 1956, p. 171. 贵族的自我肯定乐天随性，使得即使是对普通人的蔑视、它的另一张不那么讨喜的脸也变得仁慈，但却是半认真的："在所有的蔑视中，有过多的疏忽和轻浮，过多的罔顾事实和不耐烦，夹杂着本来就过多的与生俱来的愉快心情，使这种蔑视能够把它的对象转变成真正的丑角和怪物。他们不必像所有愤世嫉俗的人那样，通过对敌人察言观色来人为地构建自己的幸福。"（Friedrich Nietzsche, *The Genealogy of Morals*, trans. Francis Golffing, New York: Doubleday, 1956, pp. 171-172. ）

② Friedrich Nietzsche, *Twilight of the Idols*, trans. R. J. Hollingdale, Harmondsworth: Penguin, 1968. 即使当道德家只是面对个人并对他说："你应该如此这般"，他也不会停止使自己变得荒谬。个人在他的未来和过去都是命运的一部分，对于现在的一切和将来的一切来说，更多地表现为一种规律，一种必然性。（Friedrich Nietzsche, *Twilight of the Idols*, trans. R. J. Hollingdale, Harmondsworth: Penguin, 1968, p. 46. ）

奴隶的阴谋。尼采说，正是那些充满怨恨、嫉妒而又无能的奴隶的怀恨与愤怒，挑战并最终打破了贵族在善良、高贵、强大、美丽、幸福和受宠的诸神之间所画的等式，并推动了相反的观念，即"只有穷人、无力的人，才是好的；只有受苦的、生病的和丑陋的人，才是真正有福的"。恰恰是软弱的人、平凡的人、没有天赋的人、无力的人发明了由规则指导的道德，并继续用它作为打击贵族的真正道德的锤子。①

尼采将所有的伦理——所有受规则约束的道德——与地位卑微者和身受压迫者联系在一起，因为在他看来，与之完全相反的意志和精神的贵族对规则没有任何用处；尼采所说的贵族坚持自己，并通过对"规范"的拉平力量的无视和不屑的拒绝而成为自己——贵族自身。但是，在尼采那里，作为典范的贵族的原型是生活在围栏四立的庄园和城墙环绕的城堡中的贵族：他们在生活和思想上与民众无限远地隔绝，既不会也不需要在隔绝他们的深渊上建造桥梁，不与普通人和低下者交流，也不觉得有必要与他们交流。这样的贵族可以自由地建构它的对立面——一种自由超然的、无忧无虑的思想的纯粹投射，而不是需要实际介入的对象——并且可以敷衍了事、不假思索地去做，而不必担心错误的后果。

取而代之的现代精英却没有这样的优势。从新时代一开始，他们就被复杂的主人/奴隶辩证法纠缠和锁定，他们依靠"大众"的柔韧性来获得自己的特权，并意识到需要重申这种特权，以便大众可以继续把他们视为作为主人的精英。像旧时的贵族一样，现代精英是统治者，但与旧时的贵族不同的是，他们还必须是教师、监护人和看守人，以建立和维持他们的统治。他们的政治和经济统治必须得到精神霸权的支持。他

---

① 当然，尼采的分析并不是对伦理史的公正分析。他的目的具有党派性，因为他致力于从废墟中抢救他所谓的原始的、纯洁的、高贵的自我主张，而这种自我主张高高在上地将所有对自身的批判都视为庸俗的、卑鄙的情感表达。对于《敌基督者》的读者，尼采有如下忠告："他必须在力量上、在灵魂的**崇高**上——在蔑视上优于人类……"而他对自己所肯定的道德总结如下："什么是善？——一切能增强人的权力感、权力意志、权力本身的东西。什么是坏的？——一切从软弱出发的东西。什么是幸福？——权力**增强**的感觉——阻力被克服的感觉"。(Friedrich Nietzsche, *The Anti-Christ*, trans. R. J. Hollingdale, Harmondsworth: Penguin, 1968, pp. 114-115.）

们一刻也不能忘记大众的存在；判断失误可能会付出惨重代价，其后果是无法弥补的，放松警惕可能会导致自我毁灭。现代精英无法承受旧精英的嬉皮笑脸、孩子气、自我中心的和无忧无虑的快乐。这不再是一场游戏——不是自由流浪的游侠骑士的冒险，也不是游吟诗人的诗意幻想。统治现在是一件不能开玩笑的、极其严肃的事情。它是一项全职工作，需要高超的技能和持续的专注。

现在恰恰是精英阶层、统治者需要规则——严格的规则，最好是明确的规则、可实施的规则、有效的规则。他们需要伦理——适用于每个人和每个生活场合的一套规则；规则无处不在，深入被支配空间的每个角落和缝隙，根据情况需要，操纵或控制居住在该空间的人的每一个动作。任何事物或任何人都不可能是自足的、偶然的。统治者需要确保这一点，以使他们的统治永久化——约束和控制来自不守规矩和反复无常的大众的黑暗力量，"驯服野兽"，控制**暴民**（the mobile vulgus）。不过，他们需要一套法来呈现他们的统治秩序——这种秩序是他们的统治而不可能是其他——不是从他们自己的特殊性的角度，而是从使统治者居于统治地位、被统治者居于被统治地位，并使他们保持这种状况的普遍原则的角度。因此，他们需要一种具有完全基础的、普遍的或可普遍化的、能召唤理性权威的伦理——这种奇妙的能力是独一无二的，它对问题只做一次裁决，而且不承认申诉的权利。

与此相反，是被统治者觉得不需要规则。被统治者几乎不愿意用普遍的、大抵是可论证的"应该"来解释他们的生活。情况一直是，由统治者为着理性的要求而制定的规则，会在他们那里最终以野蛮的力量和"盲目的必然性"重新出现。被统治者更多的是感觉到自己在被冲击，而不是在游泳；是被逼迫，而不是自由行动；是"不得不"，而不是选择。在一系列的"必须"和"不可避免"中是否存在模式的问题，以及这种模式的合理性或不合理性的问题，从被统治者的角度来看，是一个纯粹的学术问题，而被统治者显然是无暇于学术消遣的。如果被统治者以自己的生活经验为基准对自己所处的宇宙进行理论化，他们最终得到的将不是一套优雅的伦理原则和道德禁令，而是一个由朝向不同目的的力量和无须质疑的必然性纠缠而成的网。

他们指定的和自封的精神指南很可能是一种幻觉：在现代，也恰好是资本主义的时代（如果不是资本主义，那么是极权主义的），"大众"选择、接受和遵从"价值"，因此他们的行为可以通过这种选择的事实来解释。这种观点认为，相比于他们曾经拥有的和能够拥有的行动自由，"大众"拥有更多的行动自由。掌握着"普通的"资源和权力的"普通的"男男女女们在他们的生活中很少面临真正的价值选择。正如约瑟夫·熊彼特（Joseph A. Schumpeter）很久以前所观察到的：

> 不管是赞成还是反对，关于资本主义成就的价值判断都没有什么意思。因为人类不能进行自由选择。这不仅因为人民群众不能理智地比较各种可以选择的途径，而总是接受人们现在正在对他们说的话。这有一个更为深刻的理由。被自己的动能所推动的经济的和社会的事物及由此形成的局势，迫使个人和集团按某些方法做他们也许想要做的一些事情——确实不是通过破坏他们选择的自由，而是通过塑造他们进行选择时的心理状态，以及缩小他们据以进行选择的可能性列表。①

伦理立法的崩溃，对于哲学家、教育家和传教士来说，是一件如此可怕的事，而对于那些始终是生活在"必须"而非"应该"、必然性而非原则中的人来说，很可能不会引起他们的注意。和以前一样，很多人更多时候是被推着走，而不是行走——即使他们是在行走，他们也会瞄准他们期望的下一个推力。和以前一样，他们很少有时间坐下来思考原则问题；生存是游戏的名称，而所说的生存通常是生存到下一个日落或下一个日落之后。事情来了就接受，走了就忘记。对于许多人来说，伦理原则并没有消失；它们本来就不存在。取代哲学家的普遍法则的是他们的灰心丧气和谆谆教诲，但这并不会改变什么。人们的道德并没有变

---

① Joseph A. Schumpeter, *Capitalism, Socialism and Democracy*, London: George Allen & Unwin, 1976, pp. 129-130.

得比以前更低；他们现在的"不道德"仅仅在一种伦理/哲学的意义上才成立：如果它被应用到他们的现实生活实践中，它就会迫使我们把他们描述为"不道德的"，正如在过去那个伦理希望很高的时代所做的。

在每天的生存斗争中沉沦的人们，从来没有能力，也不觉得有必要将他们对善恶的理解以伦理准则的形式编撰成典。毕竟，原则是关于未来的——关于这个未来应该与现在有多大的不同。就其本质而言，原则很适合"脱嵌的""无牵无挂"、自我建构、自我完善的现代个体，他们把日日吃得饱、穿得暖、有安身所的基本烦恼抛在脑后，因此可能会把时间用于"超越"这一切；原则可能有助于防止超越失控。相反，生存本质上是保守的。它的地平线是用昨天的颜料画出来的；今天的生存意味着不失去昨天确保生计的任何东西——仅此而已。生存是指事情不会比以前更糟。

随之而来的是，被生存任务压垮的人们可能做出的任何道德判断，往往是否定的，而不是肯定的：它们会采取谴责的形式，而不是劝告的形式，采取禁止的形式，而不是对策的形式。正如巴林顿·摩尔（Barrington Moore Jr）所发现的[①]，古往今来的受压迫者在道德上都是被**不公正**的经验所激发的，而不是被任何他们希望用之取代世俗形态的可能的正义模式所激发的；无论状况与他们每天和经常面对的压迫有多大的**偏离**，无论这种"习惯性"的痛苦是多么严重和不人道，无论用某种抽象的"客观"的体面原则来衡量时它是多么"不公正"，他们都认为是不公正的。道德愤慨的出现是因为将压迫的螺丝钉再往下推了一两个档次，而不是由于对每天的压迫程度的不满，这种压迫被一个有远见的完美正义计划所揭露、暴露和谴责。关于这种"大众道德"依赖于基准而非原则的观点，阿克塞尔·霍耐特（Axel Honneth）评论道，这意味着需要通过明显的"道德谴责标准"来寻求大众道德的结构：

被压迫大众的社会伦理不包含任何关于总的道德秩序的观

---

① Barrington Moore Jr, *Injustice: The Social Basis of Obedience and Revolt*, London: George Allen & Unwin, 1979.

念，也不包含从特定情境中抽象出来的公正社会的预测，而是
对直觉上认可的道德诉求所受到的伤害的一种高度敏感的感
觉……只能根据对社会事件和过程的道德不满所提出的标准来
间接地把握源于社会不公正意识的内在道德。[①]

如果我们相信巴灵顿·摩尔的开创性发现，那么大众道德在任何时
候都不同于现代哲学所说的真正的伦理学所应该瞄准的关于普遍原则的
准则。这并不意味着，"大众"对道德情操和道德敏感度很陌生，必须
接受道德教育或被迫成为道德人。它只是意味着，无论他们可能有什么
样的道德观，大体上都没有因为专家们设立善/恶相区分的异质原则而
得到加强或减少。

因此，让我们重申，伦理危机不一定预示着道德危机；更不明显的
是，"伦理时代"的终结预示着道德的终结。一个令人信服的事实可用
来支持相反的假设："伦理时代"的结束迎来了"道德时代"——后现
代可以被视为这样一个时代。不是在比追求原则和推崇普遍性的现代性
"更有道德"的意义上；不是在简化道德选择或使道德困境不那么令人
困扰的意义上；甚至不是在使道德生活变得更容易、在面对困难时更少
畏惧和更能适应的意义上。可以说，后现代只是在一种意义上是一个
"道德的时代"：由于"去蔽"（disocclusion）——紧紧包裹和遮蔽道德
自我实现的伦理乌云消散而去——直面道德问题的所有赤裸真相在现在
成为可能之事，而且成为不可避免之事，因为它们从男男女女们的生活
经验中显露出来，并不得不面对道德自我的所有不可弥补和不可救药的
矛盾性。

矛盾的是，只有在现在，行为在道德自我看来才会是负责任的选
择——归根结底是道德自觉和责任。一方面，在各种形形色色的、常常
是互为不同的声音和彼此冲突的、不断变化的忠诚——表征了"解除管
制的"、碎片化的后现代状况——组成的复调中，人们不再相信，善恶

---

① Axel Honneth, Moral Consciousness and Class Domination: Some Problems in the Analysis of Hidden Morality, trans. Mitchell G. Ash, *Praxis International*, 1992, April.

之界已被预先确定，行动的个人只需做的任务便是学习和应用某种确定的、适合某种场合的伦理原则。另一方面，存在的明显的偶然性、生活场合的偶发性及社会存在的每一个方面的不稳定性，导致了"正常"标准的快速变化，而这些标准曾经——在稳固和持久的时候——提供了衡量不公正、是否违背"正常"和"习惯"的基准，从而以一种迂回的方式确认了大众道德的稳定的和"客观的"标准。道德行为异质性的两个来源似乎都在枯竭。可以说，后现代的居民被迫面对他们的道德自主性，也面对他们的道德责任。这就是道德痛苦的原因。这也是道德自我从未有过的机遇。

个体的伦理①

[波兰] 齐格蒙特·鲍曼
张　彤　译

　　正如路德维希·维特根斯坦②所坚持认为的，"私人语言"是一种矛盾修饰法——或者说，如果一个人更喜欢拉丁文而不喜欢希腊文，**那是一个矛盾**。语言承担着一种谈话的共同体，一种集体性-内部的交往；语言是一种"生活形式"，但是是一种**可分享的生活，共同经历的生活**。显而易见，关于伦理学我们也可以如此断言。要不是为了建立个体之间相互依赖的网络，伦理的观念将毫无意义。一个单个的存在，他的生活既不受其他存在的影响，又不影响其他存在的生活，将是一个非伦理的存在——无论是好是坏，也无论是道德还是不道德，因为合乎伦理与一个单个的存在对自身所做的事无关，而是要做的每一件事情都与人们相互所做之事有关。然而，一个"单个的存在"也不能称为一个**人的存在**。正如亚里士多德已经指出的那样，只有一个野兽或者一个天使才可以称为孤独的存在。

　　一个**存在**（就像马丁·海德格尔指出的那样③）**最初**如果不是**共在**，那是不相称的。因为正是**共在**组建了存在，而且因为没有不是已经共在的存在，我们可以说这一切都是潜在合乎道德的：人在世存在的伦理上的必要条件是在创造善与恶的概念和写下一个道德法则之前（以及是否）——是——已经相遇。**共在真正是道德的必要条件——但不是其**

---

① 本文译自 Zygmunt Bauman, Ethics of Individuals, *The Canadian Journal of Sociology*, 2000, vol, No. 1(Winter, 2000), pp. 83-96。——译者注

② See Ludwig Wittgenstein, Philosophische Untersuchungen, in Ludwig Wittgenstein, *Werkausgabe Band* 1, Frankfurt a. Main: Suhrkamp, 1995.

③ See Martin Heidegger, *Sein und Zeit*, Tübingen: Max Niemeyer, 1993.

充分条件。共在，正如伊曼努尔·列维纳斯（Emmanuel Levinas）讥讽地说道，很可能意味着只是**一起行军**。"我们都在同一条船上"，共享时空，面对面相遇以及彼此听说的事实本身并不使我们成为**道德的存在**。

列维纳斯坚持认为，**伦理学**在本体论之前，不过，这种优先权并不适用于**道德自我**。我们可以说，与"道德塑造"不一样，伦理性作为一种存在的条件（an existential condition），或者，更确切地说，作为存在条件（the condition of existence）"总是已经在那里了"，因为它需要的仅仅是他人的交往，而道德自我并没有"被给予"，它们还需要被造就。我们共享这个世界，所以我们不管愿意不愿意，都彼此影响相互的生活；我们做什么或不做什么都并非与他人的生活无关。这种状态已经让我们为彼此互相负责，而且同样它已经使我们成为伦理的存在。但是，我们可以**承担**责任，或者可以**不承担**责任，因为那份责任是我们的，不管我们是否知道它们，也不管我们是否愿意让它们成为我们的责任。仅当承担责任时，自我才转向道德；仅仅在那时，道德自我才开始苏醒；毫无疑问，这是不确定的生活。当**共在**被提升到为他人而存在（Fürsein，"pour-être"，"being-for"）的水平，道德自我才产生。

为他人承担责任（从而欣然接受现存的、存在的责任）是道德准则的产生行为。尽管这并非一个一次性事件。在道德自我的生命中，这种道德准则的产生被重复地进行（或者不能被再次颁布，根据具体情况而定）。道德准则，以具有道德人的行为为其唯一的实质，必须在接连不断的人类相遇的过程中一次次得以重生——作为它们的完成。而一旦产生以后，其幸存从不会得到保证。但是，不断再生的机会，即道德准则的幸存可能采取的唯一形式，则会不同。相遇的可能性和其形塑的方式依赖于**共在**本性；因为那种本性转而取决于人类生存于其中的社会的特性（我们根据**共在**特有的形式区分出彼此不同的社会的一个类型）——我们可以说，道德准则和道德自我不断再生的机会取决于社会的组织方式和其塑造个体生活的方式而变化。任何社会都是潜在道德存在的集合。但是一个社会可能是道德准则的温室，或者可能是一块贫瘠的土地，在其中仅有少许的强大的道德自我可以生根。

现代资本主义社会长期以来一直被质疑对道德现象无动于衷。令人怀疑的两个原因（在资本主义与道德败坏之间的两种**选择性亲和力**）常常被具有忧患意识的道德思想家引证。其中之一也是最频繁被引证的是，与**资本主义的**，或者现代社会"资产阶级追求名利的世俗"特性有关，即通过获取和占有商品而达到个人富裕和幸福的思想体系。而另一个：则是工具理性的思想状态，则与世俗社会的资本主义形式的**现代**特征有关。这种思想因促进了专注于自我利益的活动而被指控，而将其他自我视为主要是在追求幸福的过程中那种利益上和潜在的竞争对手如此众多的威胁；已经让幸福与有限量商品的分享联系起来，这种思想体系将幸福的追求看作一种零和博弈。另一方面，这种心态被指责没有为无私的自我奉献精神留下任何余地和时间，而这种无私的自我奉献精神才是**为他人而存在**的基石，而且这种心态也没有为自发的非算计的道德行为留下空间。因其显而易见的非工具性和不可预测性，以道德为指向的行为才看起来似乎与理性行动的先决条件不一致。

正是因为这两个原因，几乎没有道德哲学家相信现代社会凭自身，实事求是地，而不必以更高级的和在道德上有意识的（和认真负责的）力量去进行积极的故意的干预，就能够产生道德准则。当人类共同居住的常规的、下意识的规则和"旧制度"与"社会秩序"一起崩溃的时候，他们的不信任每天都得到了证实，从没有问题的状态，变成了一项不得不有意识地承担和认清的任务。然而，凭借一种不寻常的视角的转换，对现代资本主义社会道德潜力的这种缺乏信任让人推想到"人的本性"，这也是大多数道德哲学家开始厌恶或者以怀疑态度认为的问题——在最好的情况下是非道德的（amoral），而在最坏的情况下是不道德的（im-moral）：人类并非生来就倾向于采取道德态度和进行道德行动。除非有人做了什么事规劝或强迫他们采取道德行为，否则他们很可能会互相掐对方的脖子，并为彼此的不幸而欣喜若狂。人类天生就有不道德的行为，而道德行为只有在漫长而艰苦的斗争结束时才能到来，并且很可能如果没有持续的威胁就不会获得安全。同情，可怜和关心都是根据故事编造出来的，并且成为后天获得的品德，它们不得不是"从外

部嵌入"的——首先教会或强加给人们，以至它们以后可以指导人们的
互动。

从霍布斯起，人类个体天生自私的假设就作为要求人们服从和遵守
的国家特权而合法化。声称其起源于社会契约，这种社会契约是过着
"肮脏、粗野和短缺"的生活而绝望的、孤独的和害怕的人们作为一个
安全的避难所而渴望和追求的——社会及其强大力量，拥有强制工具的
国家，被看作能够保护其成员和对象的唯一防御物，这种防护能够避免
他们自己的自私的和反社会的本能与偏爱所带来的极其严重的后果。
"自然的"人类条件所不能做到的，将**必须**由立法者深思熟虑的行为加
以补偿，将**必须**由道德哲学家提出忠告，并且得到传教士和教师的帮
助：凭借各种制裁，这些制裁将使不道德的行为付出高昂的代价，而不
得不让人仔细盘算，和/或者凭令人信服的证明，道德行为是划算的，
因而是值得一试的。自相矛盾的是，在两种情况下，所做的控诉针对的
都是同样的私利，这种私利被指责为具有原始的、未加工的和未开化的
"自然状态"个体的不道德倾向。人们开始相信，自然的道德倾向的缺
乏需要伦理准则来加以修复，人们设计并且将伦理准则通过立法，使之
成为一套强制性的规定和禁令，然后通过宣扬法治的力量和道德教育者
的合作加以监督。因为缺乏天生的道德冲动，所以，通过惩罚那些不遵
守规定者，让那些不遵守规定者不得不关注人类和睦相处的道德标准这
些制裁措施，遵守规则得以加强。

这基本上就是现代社会在其历史的头两个世纪的"伦理问题域"
（ethical problematics）。提升人类互动道德标准的责任，作为对个体行为
进行适当的社会控制的问题得以明确表达，尽管道德标准的出发点因道
德规范的缺陷或者其提升和加强的机构的松懈而受到责备。在当今大多
数的道德哲学中，顺应这种长期建立起来的习惯，而忽略了由现代社会
同时所经历的彻底变革，这使得道德退步及其治疗方案不断地问题百
出。然而，这种被忽视和对出发点的缺乏反思从根本上来说也不一定是
造成道德缺失新的原因，毫无疑问它们所做的是要揭露和强调道德哲学
正统的问题域中所看不见的那些因素。

瓦尔特·本雅明（Walter Benjamin）是 20 世纪之初的思想家之一，他在这之前凭直觉推断出了这些被人忽略的危险。正如苏珊·巴克-莫斯（Susan Buck-Morss）作为本雅明著作的一个最敏锐的翻译者，已经写下了本雅明与那些超现实主义艺术家**争论**的来龙去脉（他们努力表现出现代现实梦幻般的品质，其主要是，也许唯一是，一个主观的，完全个体的，经验的问题），处于长久等待人们去发现的原子主义社会的奥秘并不在于一个正在做梦的个人，而在于一个正在做梦的**集体**。这个"集体"在做梦是因为"它自身是无意识的，由原子化的个体组成，那些把他们的商品梦想象为唯一私事的消费者（尽管所有客观证据与此相反），和那些在集体中仅以一种孤独的疏远的感受作为人群中一个匿名的部分来体会其成员资格的消费者"①。

简而言之——这个集体在"做梦"是因为它让那些组成这一集体的个体没有意识到他们个体的品质和经验的集体起源，也没有意识到他们遭到麻烦的集体性质，因而也不知道这些麻烦可想象的解决方案。正如本雅明所见，现代社会产生了人们生活的一致性，"而不是社会的坚固性，关于其共同特征并没有新的标准的集体意识，因而并没有将他们从紧封的迷梦中唤醒的办法"②。有人可能会说，社会施加了一种催眠的影响：它阻止了人们被唤醒，意识到他们要"相互依赖"，进而意识到他们相互的责任——因而意识到他们的伦理道德规则。唤醒（列维纳斯写为"清醒"）而进入自我的伦理核心的机会正在不断被削弱，被一个"隐秘的共睦态"（"communitas abscondita"）③，被一个将其成员团结在

① Susan Buck-Morss, Dream World of Mass Culture: Walter Benjamn's Theory of Modernity and the Dialectics of Seeing, in David Michael Levin (ed.), *Modernity and the Hegemony of Vision*, Berkeley: University Press, 1993, pp. 318-319.

② Susan Buck-Morss, Dream World of Mass Culture: Walter Benjamn's Theory of Modernity and the Dialectics of Seeing, in David Michael Levin (ed.), *Modernity and the Hegemony of Vision*, Berkeley: University Press, 1993, pp. 318-319.

③ "communitas abscondita" 可以译作"隐秘的共睦态"。共睦态（communitas）源自人类学所揭示的一种旅游体验。在其中，所有参与者都被"夷平"了身份，因此，他们相互间可以抛开世俗的等级、财富等因素和各种偏见，进入一种平等的、单纯的、甚至是忘我的交流状态，从而产生美和愉悦，甚至产生一种息息相通的神圣感，这种被称为共睦态的特殊共同体具有反结构、反体制的特征。——译者注

一起的集体通过使其自身隐去或变得不重要而逐渐削弱。个体对自我的关心和专注的这种退却正是那个"失踪之谜"（"vanishing act"）的结果。然而，必须指出的是，集体的消逝被社会学家们（在 W. I. 托马斯［W. I. Thomas］之后）描述为具有在"自我实现的预言"的名义下的效果：如果个体们的行为表现得好像其经验和命运几乎没有受到任何集体的影响，那么这种假设在其结果中可能经常是真的。首先，集体从视野中消失，而其次，随着相互支持逐渐变淡，团结也从生活现实中消失。

换句话说，并非因为"不充分社会化"个体天生的私利而让团结的生活陷入困境。情况正相反：正因为休戚与共的集体正在缓慢而无情地走向消失，个体们才倾向于以自我为中心，专心致志于自我（而因此在道德上麻木，并且在伦理方面不介入或者无能）。因为团结一致的理由微不足道，所以"他人"变成了陌生人——而且，对于陌生人，正像每一个母亲不停地叮嘱她的孩子应当当心那样；最好保持距离，而千万不要和他们说话。

这是乔纳森·拉班（Jonathan Raban），《柔软的城市》（*Soft City*）的作者，对我们的同时代人设计和遵从的在陌生人当中的生活方式和途径所做的卓越研究，这里不得不说到比克斯比大厅（Bixby Hall），位于洛杉矶郊区的一个小型住宅区：

> 在那里，有教养的人在他们八英尺高坚固的栅栏内建起来价值15万美元的房子，由全副武装的保安人员进行巡逻，并且每一个房子都安装了电子通信设备。而在一个电视节目中报道了这个由装甲钢板覆盖的贫民区，一个被硬件设备和报警按钮包围、声音刺耳的家庭妇女说道："在这里，我们在努力维护外面正在走向衰落的道德价值观。"而且她的丈夫，一个令人舒服的巴比蒂（Babbity）形象，告诉记者："当我深夜路过警卫时，我很安全，我在家，这真是一种极好的感觉，真的。"①

---

① Jonathan Raban, *Soft City*, London: Collins, 1988, p. 15.

比克斯比大厅正是"由装甲钢板覆盖的贫民区"之一，它们最近大约 20 年在美国所有城市雨后春笋般地产生，近来在彼此远离的乡村以一种加速的步伐建起来，正像南非和法国那样。像其他媒介一样，这种新的生活媒介是一种信息——而且这种媒介所传递的特殊信息，是仅供家庭使用的"价值观和道德观"，而将其保存和实践的唯一方式就是分开、脱离、排斥和退出。道德奉献的世界正在变得迅速萎缩，而人们关注其幸福的那份责任则相比变得更快地萎缩。

在仔细检查了个体化在当代民主制国家已经获得的形式上的伦理影响时，祖尔·罗曼（Joel Roman）建议说，阿历克西·德·托克维尔（Alexis de Tocqueville）灰暗的预言最后已经实现：现在，个人真正变成了"公民最大的敌人"。"当代个体倾向于从集体活动中，从社会和政治责任中退缩"①——从定义一个公民、一个政体成员的所有那些态度和行为来看。个体们被告知要管好他们自己的事情，要独自面对困难，而且要用他们自己的智慧和勤奋来对付它们，还要以他们的孤独为荣：政府承诺不干涉，让个体们作为交换不要有所期望，更不用说要求了，从公共机构中他们既不能得到所想要的东西，又不能得到没有能力所实现的东西。"依靠"正在迅速成为一个遭人公开谴责和让人摈弃的词汇，而"需要更多的空间"和"从某人的系统之外得到它"（负罪感的顾虑，承诺、义务和忠诚的那个错综复杂的网络）正成为个体有主见的代名词。但是依靠现在是，将来也仍然永远是道德责任的另一面，而道德自我仅仅在与他人紧密近邻的时候才可能生长和繁盛——而不是悬浮在真空中的一个封闭的系统里。

正如乌尔里希·贝克（Ulrich Beck）所指出的："个体化是集体的命运，而不是一个个体的命运。"② 个性化被看作具有无限的选择，但是作为个体正在被抛弃——孤独地工作，而且要孤独地忍受据说是由他自己的工作所带来的后果——并非一个选择的问题。个体化作为命运降临

---

① Joel Roman, *La democratie des individus*, Paris: Calmann-Levy. 1998. p. 171.

② Ulrich Beck, *Democracy Without Enemies*, Cambridge: Polity Press, 1998, p. 34.

在男男女女头上，神秘莫测，而且很难对付：就像那些"并非个人选择的条件"，根据马克思的观点，人们正是在那些条件下，在创造历史的同时发现了自己。正如贝克所述：

> 启蒙结束于发达工业社会的宿命论，这一方面，将每一件事都变成可以做的事情，而另一方面，神圣化和祈福行为的能力几乎完全丧失。（……）抗议，无论怎样强烈要求和孤注一掷，都只是确证了其根本主题的不可抗拒和无法挽回。①

"个体化"的本质与其说是在于个体们不受限制并且扩展了其生活选择的范围这样的社会环境，还不如说是在于从作为整体系统的工作中对个体选择和行动的领域的这种隔断；制造"体系"，行动的条件，总体上不受日常生活过程中个体所做决定的影响。随着个体自我建构的系统性环境被排除到个人选择的安全距离之外，并且超越了个体决定可以处于的不受影响和未受伤害的可及范围，它落在个体们的身上，以及落在其个性化地命令和设法应付（或者不是，视情况而定）系统性矛盾的后果的那些资源上。它们可能只是试图要减轻那些矛盾对其个人幸福的影响，而不能弱化其对生活条件的控制，更不用说解决它们了。克劳斯·奥菲（Claus Offe）深刻而令人心酸地总结了各种自相矛盾的结果：

> "复杂的"社会已经僵化到如此程度，以致对在其中发生的那些过程的合作的本性规范地反思或者更新其"规则"的恰当尝试由于其在实践操作上的徒劳而几乎被阻止了，因而其在本质上是不充分的。②

系统性条件对个体行为影响的这种新的免疫力被人们有悖常情地感知到，而且，随着个体自由的不断提升，这种免疫力更加经常地被加以

---

① Ulrich Beck, *Ecological Enlightenment*, New Hampshire: Humanities Press, 1995, p. 83.

② Claus Offe, *Modernity and the State: East, West*, Cambridge: Polity Press. 1996, p. 12.

理论化；看起来似乎是"社会的、经济的和政治的生活的几乎所有因素都是偶然的，可选择的和由变化所控制的。"——但是另一方面，突发事件运行的那些制度性和结构性前提正"被从政治的，也是真正理性的选择的视域中移除"。这是因为个体的非脆弱性——单独或者各自承担——"系统"可能提供其高度"容忍"的行为：冷淡，沉默，误认为没有限制。

例如，格哈德·舒尔茨（Gerhard Schulze）[1] 似乎把系统的那种浮华的冷漠当作一种新的自主性，一种在个体自信力上的彻底突破，把解放了的个体的痛苦归咎于缺乏明确的指南，这些指南应该由但并没有由制度化的传统所提供。格兰·达尔（Göran Dahl）表述了舒尔茨的观点："个体们如果不能使用可能导致一种显而易见的身份的社会规范，那么就不得不建构自己的个人传记。从社会和历史的文本中'给定的'或者传达出来的东西越来越少了（……）。个体化不仅意味着自由，而且意味着并非不证自明的生活的重担。"[2] 根据这种观点，自由及痛苦有两种不同的原因，而且一个并不影响另一个的性质，脱离系统可能使解放了的个体信息不灵通，因而常常会感到失落和迷茫，然而并不减损其自由；至多，它会使其无能和失误付出更大的代价。奥菲的解释不同：系统的撤离与不干预，其自身之中表现出来的放松管制、产生出的灵活性，以及随之而来的人类状况的偶然性使个体自由成为一种假象，因为这种个体自由与无能相伴而生。这种自由所留下的最具决定性的达不到的东西是谈判的机会，而更加需要改变的是，个体们努力构建其生活的系统框架。

帕斯卡尔（Pascal）曾经推测出了"上帝的隐退"，以及与**隐匿的上帝**（Deus absconditus）、"隐藏的上帝"（God in hiding）一起生活的这种悲剧性后果。我们可以说，贝克讲清楚了与一个"隐藏起来了的系统"一起生活的这种后果，这是一种**隐藏的**系统（system absconditus），

---

[1]　See Gerhard Schulze, *Die Erlebnisgesellschaft*, Frankfurt: Campus, 1992.

[2]　Göran Dahl, The Anti-reflexivist Revolution: On the Affirmationism of the New Right, in Mike Featherstone and Scott Lash (eds.), *Spaces of Culture: City-Nation-World*, London: Sage. 1999, p. 180.

"一个人如何生活成为解决系统性矛盾的个人传记式的方案"。——"专家们站在个体的脚下倾诉其矛盾和冲突,而且让他或她根据他或她自己的标准带着善意的邀请去批判性地评价所有这一切(……)而当他或她沉入无意义的同一时刻,他或她就被提升到一个世界塑造者的明显的王位之上。"①

这是贝克作品的一个持续不断的主题:完全而绝对的"为你自己负责"奇特的自相矛盾的困境,而同时又"取决于完全逃避你的理解的条件"——在理智上,更切中要害的是,要务实。如此充满矛盾的个体化魔术般地呈现了一个明显不同于启蒙运动所构想的和现代性所承诺建构的生活世界。

> 在一个个体同伴松散的人群中,这里要跟随的那些人迹罕至的小路引向了启蒙运动迄今为止所指方向正好相反的方向。这不再是以下问题:理解自然规律,开发技术,提高产量,增加物质财富,改变经济、社会和政治环境,而仅在这一切之后,男人和女人才最后终于从苦役中解放出来。相反,此排列的最后一项被粗暴地推在了前面,发展你自己的个性,而且这将会对你的婚姻、家庭、同事、职业生涯、官场,以及我们所有人对待资源和我们的世界的方式产生持久影响。②

让我们注意到这样本末倒置的做法并非最近才发生的事件吧。从一开始,由"终身规划"所指导的"内向型发展"就成为"现代人"的典型特征以及现代生活策略的枢纽。在近代,开始取代世袭财产的阶级给自己定位,然而与事实相反,作为**终极目标**,并非人生旅程的原因:正是由一个个"走过一生的朝圣者"来负责在每一个连续的交叉路口选择正确方向的任务,而且因通过道路的轨迹及其追溯性解释的内在逻辑

---

① Ulrich Beck, *Risk Society: Towards a New Modernity*, London: Sage, 1992, p. 137.

② Ulrich Beck and Elisabeth Beck-Gersheim, *The Normal Chaos of Love*, Cambridge: Polity Press, 1995, pp. 43-44.

和累积逻辑而受到责备或表扬。

> 当现代性的伦理文化，以其个人责任准则和人生目标，被带进一个没有收容所的社会，在那里看起来似乎没有自尊心，然而有一种在成长过程当中失败的辩证法。在这种新经济之中的成长依靠的是削减公司规模，终结官僚体制担保，以及从经济网络的流动和扩展中获利。如此的混乱让人们开始意识到其自身缺乏方向。①

"制度性资助的紧缩"让个体们"独自承担着责任"。然而，这种感受并没有使他们大胆和果断，更别提警惕那些他们共同生活的由社会所形塑的条件了；它只会导致强烈的自我关注以及强迫性的自责和自暴自弃。

凭借着社会传递而匿名通过的法令，我们现在都陷入了"明希豪森男爵"困境（"Baron Münchhausen" quandary）②。但是，我们被告诫和期望，剪短我们用以把自己从困境中抽出来的头发，这些头发已经按照最新的头型设计和借助时下广告中总是"新的和改进了的"护发剂的帮助而定型了。个体的责任（正如我们，这些个体，被一再告知的）就在于要确定正确的商店，找到正确的货架以及在令人眼花缭乱和眩晕的陈列上够到合适的盒子或管槽。"这由你决定"——因而我们每天都被提醒；然而塑造我们自己和他人生活的至关重要的事物却明显不是"由我们决定的"。这些事物并不出售，而且一个人要想在商店的货物架上寻找它们很可能是白费力气。也就是说，一个人可以去寻找——假如他知道要找什么的话。

终点线的难以捉摸只会使奔跑者更加伸展和跑得更快，尤其是，几

---

① Richard Sennett, Growth and Failure: The New Political Economy and its Culture, in Mike Featherstone and Scott Lash (eds.), *Spaces of Culture: City-Nation-World*, London: Sage. 1999, pp. 21-22.

② 明希豪森（Baron Münchhausen，1720—1797）是18世纪德国汉诺威的一名乡绅，他早年曾在俄罗斯、土耳其参加过战争，退役后回乡写作出版了一部故事集《明希豪森男爵的奇遇》，其中讲了一些他经历过的困境，例如，他有一次行游时不幸掉进一个泥潭，四周无人也无任何东西可依，他用力抓住自己的头发把自己从泥潭中拉了出来。——译者注

乎不允许他们把目光从自己身体的灵动上移开，去关注其筋骨肌肉的健康。正如约翰·卡罗尔（John Carroll）所指出的："现代忠告的陈词滥调是你必须相信你自己，自我感觉良好，不要让自己失望。"① 当你为了令人满意的生活的追求正岌岌可危时，而且当一谈到将你的生活追求赋予一种意义时，你必须相信你自己，因为几乎没有别的任何事情可以相信。那种给予你"相信你自己"这一最后可以诉诸的希望的同一个必然性，即便能够给你一点"感觉良好"的机会，也是非常稀少的，这种情形并不重要。重要的是在咨询方案中只有"你自己"这个字。"你自己"的无所不能提升了自我——但是，再次引用卡罗尔的话："全神贯注于自我将有扼杀灵魂的危险。"② 可以肯定的是，"扼杀灵魂"又一次提升了自我。"如果我们不能获得我们真正渴望的食粮，精神食粮，那么我们将大规模地囤积这个世界的商品。"我们被卡在一个没有明显出口的恶性循环当中。

"灵魂"在社会科学领域并非一个家喻户晓的词；很可能是，它在现代哲学的领域也很少经常听到。当谈到它时，它仅仅是以它自己没有明显指称的含义而存在的一个词。一个贫乏而空虚的比喻词语——对于缺失的东西，可见的只能通过它的不存在而定义（为了表述对这个难以捉摸的实体不断接近的方法，卡罗尔必须求助于否定词："没有""不要""不在那里"。在这种叙述中，灵魂是自我所不是的东西，是自我试图拼命要变成的东西，但是无法做到——因为唯有灵魂可能使自我成为它声称而且它也必须要达到的它所追求的完美生活的那样强有力的东西）。在个体化存在的伦理后果这样的背景之下，卡罗尔指出，"灵魂"的死亡或忽视正是当代莫名不安的根源，这可以被当作参与到世界中的活动的缺乏；自我逃避责任的倾向，或者它拒绝进入除了它自身幸福之外的任何东西的奉献活动。正在谈论的是**伦理性**（ethicality）的缺失。换句话说，"灵魂"的扼杀在这里代表的是对责任的忽视、放弃或者拒

① John Carroll, *Ego and Soul: The Modern West in Search of Meaning*, Sydney: Harper Collins, 1998, p. 9.

② John Carroll, *Ego and Soul: The Modern West in Search of Meaning*, Sydney: Harper Collins, 1998, p. 95.

绝接受，简言之，**冷漠**。

波兰哲学家雅德维加·米津斯卡（Jadwiga Mizinska）从查明这个很少被人注意到的事实开始其关于冷漠的研究论文[①]："冷漠"的哲学困境本身就是缺席的另一个案例，它在价值论的话语中基本上是缺失的。可以说，哲学对冷漠的可怕力量却格外冷漠。有人解释说，"冷漠"的思想常常被错误地认为只是无所事事的同义词：不偏袒任何一方，为了礼貌的缘故而避免（总是潜在强制性地）干预。不过，这并非冷漠的意思。冷漠意味着一种彻底积极的立场：它是在**排除**某些生活领域的决定之后才产生的，尤其是用一套合法的理由来关注和偏袒在这样的领域中居住的生物。"冷漠"代表一种主动的拒绝从事，代表了**道德上的不关心**。冷漠是朝向那些对象所采取的态度，也（首先）比如碰巧是人的主题，它首先从**道德义务的世界**中被驱逐出去。

米津斯卡从《约翰启示录》引述道："你不热也不冷。我多么希望你或者热，或者冷！但是因为你是温和的，既不热也不冷，因而我将把你从我的口中吐出来"（3，15-17）。作为最高道德立法者的上帝的愤怒和蔑视直接指向的就是温和，这个"不冷不热"——米津斯卡评论道。上帝并不**惩罚**温和，就像他对待那些罪人那样——他"吐出他们"，意味着"厌恶、憎恨和恶心"的一个姿势。温和不会出错，正如只有"热的"或"冷的"可能出错那样——他们已经从人类同伴中选择退出，而其中好与坏之间、善与恶之间的差异有了它自己的意义，而且是从中获得了它的意义。由于对那些摆脱了约定限制的他人的冷漠，他们并没有犯道德的罪：事实上，他们所做的就是将自己置身于道德的王国之外。用平常的或世俗的话说，冷漠的人对错误并没有自责感，而唯有道德人，一旦承担起他们的道德责任，才可能犯罪。他们错误的地方在于他们的非道德性：不为其责任而承担责任。

米津斯卡说道，使冷漠变得"残忍"或者"邪恶"的是跟随其后他人所遭受的身体上、心理上和精神上迟钝的痛苦。因此，冷漠可以被正

[①] Jadwiga Mizinska, Obojetnosc, in Tadeusz Szkolut (ed.), *Wartošci i antywartošci w kontekšcie przeobratzen kultury wspólczesnej*, Lublin: Maria Curie-Sklodowska University Press, 1999, pp. 135-146.

当地冠以"**无灵魂**"的标签。无灵魂的冷漠将人际的空间转化为**图腾**；这里没有为包容或敌对，为爱正如为斗争一样，为善良意志或邪恶意志留下任何空间。无灵魂冷漠统治的地方，人类的纽带在枯萎和褪色。

使用中世纪教会会议发明的词汇，我称之为"价值中立化"（adiaphorization①），即修剪和削减服从道德判断行为的种类，模糊或否认某些行为种类的道德关联，以及反驳某些行为目标道德过激的倾向。"价值中立化"可以采取公开**排斥道德义务世界**行为的形式，而更多的时候它归结为默许，甚至是隐秘的和前反思的，而非潜意识的"抹去面孔"，避开作为道德上有意义的行为目标而出现的某种类别的他人的可能性。纵观现代史，这种倾向已经非常明显，尽管其根基和媒介随着时间的推移而改变。

由于（在经济上和社会上，以及在空间上）把生意与家庭分离开来，（以及为了将公民大会从私人领域中分离出来而奠定一个全新的基础），现代性摆脱了传统的束缚而开辟了广阔的天地：由"习惯性的法则"（Rechtsgewohnheiten），由古老的常规和惯例强加的限制，在伦理道德上饱含了人类互动的各种方式。而新的空间是"道德上空虚的"，一块处女地，等待安排、规划、绘图和设置路标，而且要由新规则的立法者和他们意愿的执行者将其变成一个精心设计的花园。这种设计最重要的特征就是将这个新区域与由各色的"外来人"的动机和意图所渗透了的持续不断的威胁隔断，这很可能会削弱行政管理的意志和意图的垄断——在"不受欢迎者当中"估计最突出的就是道德上的考虑。其官员们要求接近手头工作的一贯的方法是不怒不苦（sine ira et studio），对法典完全忠诚，将个人感情加以悬置，在行政大楼内度过时光或者因公出差全心投入，现代理性官僚体制已经被证明是价值中立化的前身。团队精神（Esprit de corps）是官僚体制必需的全部道德规范——而且官僚体制不可能容忍其他任何的伦理道德。

---

① 人们对 adiaphorization 一词在不同语境中通常有不同翻译，例如，在道德教化的意义上将之译为"广教化""不置可否的中立化""善恶中立化"等，我们在这里倾向于将之译为"价值中立化"。——译者注

官僚体制最初是现代性的一个典范——在"厚重的""固态的"和"硬件"时期，着迷于正在设计的命令和指挥部，着迷于使人际关系的一些方式强制化，而禁止其余的方式。在这个阶段，全景监狱风格的监视和线性的垂直管理成为社会控制和命令维持的主要工具。而别的地方（在即将出版的《流动的现代性》［Liquid Modernity］中）我试图追踪全景监狱的控制机制的加速解体，而以不稳定的诱惑和胁迫来替代规范管制，以作为控制和命令维持的主要技术工具。庞大、笨重而昂贵的手工必需品的生产将让位于具有波动性、灵活性和不安全性，不那么复杂的并且正不断地过时的游戏。

詹姆斯·伯纳姆（James Burnham）注意到，在他那个时代，资本所有者倾向于将日常管理事务的负担转交给雇佣经理；看起来似乎是，行政性的日常事务从来没有被那些有权有势的人所渴求，他们完全可以避开这些活动。正如伯纳姆因将"真正的权力"转让给职业经理人而远近闻名，这场"管理革命"在半个世纪之前可能已经发生，或者可能还没有发生，但是几乎没有疑问的是，我们自己的时代正以带着令人惊奇的热情表面上扬扬得意的经理人挥洒其胜利果实为标志（或者至少会尽最大努力来限制他们所能看到的损失）。管理的工作正在日益从做决策的优先权中分离出来，并且被授权面对市场竞争的弥散力量所带来的无声而棘手的压力。这种新的管理策略的核心是解脱，让那些下属自由形成他们自己关注其利益的方式，而依靠他们自己的双手承担其命运的全部责任，这正在成为追求管理目标的最令人喜欢的方式，而且正在让所有那些必需的合作步调一致。这种新的管理智慧是要避免安排和监督例行工作所有昂贵费用的需要，而且迫使员工们消除一切阻力而盲目跟从。根据市场条件而进行的服务招标即将取代长期并且相互约束的雇佣合同。这种变化被誉为对人类的天赋、主动性和独创性未开发资源解放的途径——但是这种新策略越来越受欢迎的秘密是隔断权力的机会，是将那些公开的价值从过去常常被看作不想要的但却是不可避免代价的那些义务和责任中分离出来；而经理们认为没有更多的理由要付出这种代价，如果有了新的和改进了的首先是成本低得多的达到其目标的方法。

共同的长期义务的纽带处于一个永远无法完全解决的利益冲突和持续不断的斗争的背景状态；但是也处于谈判和妥协状态，尤其是处于激烈的竞争状态，而因为这个原因，道德准则被严肃地争论不休。一方行为的那些后果对另一方所造成的困境太明显了，因而那些责任随之应运而生。短期的脆弱性和容易终止的合同（首先，也是最重要的是，一旦它感觉到太复杂，就具有完全从合约中退出的便利条件）使义务和责任的拼写变得多余。卡莱尔（Carlyle）的"现金关系"（cash nexus），以前从未像今天这样如此彻底，扫除了关于成本——效益考虑的最后一点残余。"价格合适""物有所值"（当然，"无任何附带条件"）就像用粉笔画出一条正确的与不正确的行为的分界线一样，将会做得非常精彩，而成为商场中可得到的唯一画线工具就更是如此了。

正像皮埃尔·布迪厄（Pierre Bourdieu）注意到的那样，如果不能理解当下，那么进行未来规划的机会几乎没有。然而当不稳定成为人的状况难以摆脱的特征，而且不稳定标明了当前占据社会依赖和责任网络的位置的每一个方面的时候，一个人对现在的理解却最痛苦地迷失了——它事实上沦为第一个伤亡者。如果每一个纬纱和纬线质量都不可靠，一拉就容易撕裂，那么费力编织人的责任的复杂画布就没有太大的意义（没有什么诱因）。近来，"我需要更多空间"这个短语所成就的辉煌职业生涯忠实地反映了我们时代的主导心态：逃避以前行为的后果，从以前具有的义务中抽身正成为面对数量日益增长的人际关系的保险单。

以"新的开始""再出发""再一次得到重生"的名义解除合同和重新尝试最令人喜爱，即使是对生活的不适经常做出令人沮丧的反应。"法律上的个体化"（对此事实上的个体化只能徒劳地尝试追赶）是一种自我繁殖和自我提升的状态：它孕育出的反应只会强化它的效果，并且引发更多同类反应的需要。而一旦启动，社会纽带的分崩离析（或支离破碎）（关于"我需要更多空间"的要求凭借实事求是的表达而合法化）正成为自我推动的，并且获得了一种完全是自身的推动力。

我的"需要更多空间"对他者来说是坏消息。它预示着他或她正从我的道德义务的世界中被驱逐。而且并没有什么明显的理由应该继续执行这种决定，更不用说宣布撤销这种决定了。因为当我的自身利益受到威胁时，我特别自私，而不会因他人的幸福而受到打扰；倒不如说，我和他人是同样的个人——我们都是自我维持的实体，或者至少作为理想的生活方式而保持着自给自足，同时也是其目的和条件——而且如此相互依赖对他人来说很可能降低身份和失去自尊，正如对我来说也是如此。我关心他人并为他人负责的需要曾经在道德哲学中引起争论，并依据获利的对等原则进行道德化说教；由于互惠——同时也是由于损失的考量，保持距离的需要同样也引发争论。凭借我的帮助，他人有可能会从适合个体的道路上得以转变，从依靠他自己的资源、智慧以及他们自己的需要上转变；而且通过使他人依靠我的帮助，我也有可能会转而依赖于另一个生灵的公开或者暗示的要求；而其结果我自己的自由选择和自我主张会被剪去。关系的两边都可能失去，故事就是这样。拒绝对他人的责任是一件要做的明智而高贵的事，而且我应该对以同样方式回应的所有他人心存感激。

这就是第二个，特别是现代晚期价值中立化的变体。这种现代晚期（或者"流动的现代性"——见我以同一标题的书）的"价值中立化2.0版"通过解除合同和自我疏离而起作用，明显不同于过去的官僚形式，这种官僚形式将牢固的雇佣合同假定为几乎无处不在的监视、定期监控、标准化管理和常规化强制的条件。而其结果是相当一致：人类互动不断生长的大部分"在道德上被消解"——免除了道德评价和摆脱了潜在监控，而且矫正了道德良知的强大作用。这通常被称为通往自由的进步过程中的又一巨大飞跃。而其代价是，向人类纽带瓦解迈出的又一大步。如果在其原来版本中，价值中立化用于使纽带变得更加紧密，而且（尽管以一种固执的方式）其目的是促进融合，那么，"价值中立化2.0版"导致互动网络的消散而同时（或者，更确切地说是，同样地）使那些依赖的网络处于远离人类涉入的范围。这两个过程相互缠绕而不可分离；它们只能一起加以解决。

不确定性时代的道德前景如何？[①]

[波兰] 齐格蒙特·鲍曼

郑　莉、尹振宇 译

波兰作家亚历山大·瓦特（Aleksander Wat）[②] 在音乐、诗歌、绘画等领域都曾享有盛名，但无论他在这些领域发表了什么具有深刻洞见的评论，却始终未触及那些最重要的价值。我认为，这样的评价同样适用于道德，如道德的起源以及成为一个有道德的人的根源或理由的问题。为什么行为、思想和感觉对于我们来说**似乎**是非善即恶的？为什么我们会**在意**它们的善恶趋向？为什么我们觉得我们**应该**考虑善与恶？为什么当它出现时我们没能察觉到会**焦虑不安**，即使已经努力说服自己没什么好担心的？

所有的神秘现象，尤其是那些难以解释的神秘现象，都与人类的理性相违背；这种神秘现象也是人类的好奇心所无法抗拒的一种挑战。难怪最强大的人类思想家都会不惜时间和精力去破解它；他们没有获得成功，既不是他们技艺不精，也不是他们浅尝辄止。无数的研究解释了"为什么"或者"为了什么"，其中一些观点已经是老生常谈，千篇一律的解释方式导致所有的批判能力都退化了，以至于似乎不再需要新的解释了。尽管这些解释富有激情和独创性，但几乎没有任何解释能超过"病因学神话"（etiological myth）——一个隐藏在时间或灵魂深处却不能被人眼见证的关于起源的寓言。

---

① 本文译自 Zygmunt Bauman, What Prospects Morality in Times of Uncertainty?, *Theory, Culture & Society* 1998（SAGE, London, Thousand Oaks and New Delhi）, vol. 15(1), 11-12。——译者注

② Aleksander Wat（1900—1967）是 Aleksander Chwat 的笔名，波兰诗人，作家，艺术理论家，回忆录作者，20 世纪 20 年代早期波兰未来主义运动的先驱之一，20 世纪中叶比较重要的波兰作家之一。1959 年移民到法国，1963 年移民美国，在加利福尼亚大学伯克利分校斯拉夫和东欧研究中心工作。——译者注

插叙一：关于"病因学神话"的意义

　　表面上，病因学神话是关于"一切起源"的故事，关于从事物开始算起的一次性事件；乍看起来，这些故事试图通过追溯万物的起源解释其存在。但正如克洛德·列维斯特劳斯（Claude Levi-Strauss）与罗兰·巴特（Roland Barthes）所言，病因学神话不仅仅是远古蒙昧时代曾经发生的单一事件；这个故事被定位在一种"现在的不完美"以及注定永远处于不完美的状态。在寓意的转换中，病因学神话展现了"解释"的对象如何一再出现的故事，它们还阐明了必须满足的条件，以确保争论的现象会反复发生而**不仅仅是一个一次性事件**。

　　更重要的是，提出"新的和改进的"解释没有推进人们的理解：无论乍一看多么复杂，也无论以何种新的和"更新"的语言来表达，它们不过是两个原初的病因学神话的变体——此即《圣经》中讲述的故事，它们成为所有关于未来的思考框架（至少在犹太教-基督教文明中是如此）。

　　第一则圣经故事的主题是亚当被逐出伊甸园。亚当被逐出伊甸园时被告知"你必终身劳苦才能从地里得吃的""你必汗流满面才得糊口"。他未得到诸如生存的细节、追寻的方向、选择的器物等方面的任何指示，唯一的神谕只是从现在起必须凡事亲力亲为：努力生活、做决定和选择（因为亚当吃了智慧树上可以分辨善恶的果实，所以他知道他即将做出的选择多少会更合意些，更好的或更坏的：**好的或坏的**）。除此之外，似乎为了禁止亚当返回伊甸园祈求神谕，上帝在伊甸园的东边安设了"智天使和一把可以转动喷火的剑⋯⋯"

　　被放逐之前，亚当、夏娃并不知道事物或行为有善恶之分。当上帝自言自语想要赋予其造物以批判之眼光时，"好"与"不好"的字眼也只是存在于上帝的意识里。而现在这些已成了亚当、夏娃语言的一部分。自从亚当、夏娃品尝了智慧树上分辨善恶的果实，他们就变得"像上帝一样"了；他们所获得的知识也是神圣的。尽管如此，他们不是全知全能的上帝（他们没有吃生命之树的果实！）。与上帝不同，他们可能无法应付这些任务——他们会误入歧途，会犯错，会做出错误的决定，会分不清善恶。与上帝不同，他们注定在为善与为恶之间做出各种抉择。我们从故事中得到的是亚当、夏娃如何成为道德的人——事物良莠参半，人们自由选择。从此凡事都与伊甸园里大相径庭了，他们没有权力与机会在善恶之间进行选择——在伊甸园里，没听说过矛盾、歧路和自由。

第二则圣经故事是西奈山上帝赐法。"在山上有雷轰、闪电，和密云，并且角声甚大，营中的百姓尽都发颤。""众百姓见雷轰、闪电、角声、山上冒烟，就都发颤，远远地站立。"他们颤颤发抖，因为畏惧"如果神和我们说话，我们就要死亡"。摩西告诫他们要遵守上帝通过他立的律法，但他们却回以一张空头支票："耶和华所吩咐的，我们都必遵行。"接着上帝不厌其烦地告诉他们何者当行何者当止。他告诉人们当人若打坏了他奴仆或是奴婢的一只眼时应该如何；当牛死在了借牛的邻居手里时应该如何；当别人引诱了女儿并借此向父亲下聘而父亲拒绝聘礼时应该如何——诸如此类，不一而足。耶和华说出的每一件事从那时起都将成为法律，耶和华告诫他的子民：

> ……要遵守耶和华你们的神的戒律，因它是写在律法书上面的……我今日所吩咐的戒律，对你们来说不难奉行，也并非遥不可及……［但如果］你不遵我的法，又去跪拜其他的神，你将遭遇灭顶之灾。

遵上帝旨意行事者为善人，不遵从主的旨意行事者为恶人。遵守的人会获得嘉奖，违背的人会受到惩罚。借由遵守上帝的诫命，人们做善事，成为有道德的人。然而，上帝赐法，其威势之巨，乃至天听不能直接为民所听，天颜不能直接为民所视。

除了解释道德"从何处来""向何处去""为何"等恼人的问题外，

这两则圣经故事还回答了道德是什么与意味着什么两个问题。第一则圣经故事认为道德是面对善与恶做出的选择，并且知道有这样一种可以运用所学知识做出的选择。第二则圣经故事则暗示了道德就是无论在行为上还是思想上都严格无条件地遵循指令，并且永不脱离正确轨道。第一则故事提出道德是一种残酷的困境，永恒的不确定性和永久的痛苦。第二则故事则提出道德具有服从律法与无忧生活的一致性。

现在简单回顾一下上述观点：以科学、神学、哲学或社会学名义宣布的所有伦理学派和所有的道德理论，都没有超脱上述两则圣经故事的模式，尽管它们已经尽力在叙述中使用大量本专业的专门术语，但却剥夺了原始模式诗意的想象力与启发性。多数理论——实际上是全部伦理哲学的流派——遵循的都是第二种模式。在这种模式下，他们保持对社会实践的忠诚，假定人们需要被恐吓与被**胁迫**才会变得有道德，他们宁愿被强迫生活在一种充满着无数不确定性的痛苦之中，正是这种生活使人们变得有道德并且如释重负。为达此目的，人们应该先写下律法，再将这种规训灌输到他们的精神和文字中。如果说根据第一则圣经故事，道德观是**选择的戏剧**，那么伦理立法的社会实践则尽其所能地限制、最好是**完全摒弃**那种选择。遵循第二则故事模式的实践则将自身视为补救第一则故事之后留下的苦难，但是它也声明反对第一则故事施加在人类生活的道德困境以及这种生活所要求的道德的人。

社会实践和歌唱其荣耀的理论承诺以明晰性、舒适的确定性作为对尊奉律法的交换。他们视完美的道德生活为没有道德冲突的生活，而且恰恰有一条律法且只有一条律法可以保证所预示的道德没有冲突。在一个上帝、一个真正的信仰，或者一个主权国家，一个掌握真理的党，一个理由和一种真正的哲学的旗帜下为这种律法的垄断而斗争被认为是道德生活所必需的；在每一种情况下，斗争都针对任何质疑律法垄断地位的人或思想——无神论、异国法律、异教徒、外国人或者精神上软弱的人。为了所有实践的目的和意图，在唯一性、普遍约束性以及免于竞争性的道德规范的基础上，以道德生活的名义发动的斗争，总是有意无意地打着尊奉律法反对异议的旗号。

的确，如果道德意味着无条件地服从律法，那么道德的人所面临的可以想象的唯一冲突，以及这些人在决心为善时所可能遇到的唯一困难，就是两个或多个律法共同施以它们的要求，每一个律法都受到同样强大和令人尊重的权威的支持，但每一个律法所要求的行为都与另一个律法所要求的行为不一致。索福克勒斯（Sophocles）在《安提戈涅》（Antigone）的故事①中为我们描摹了这种被两个律法、两种权威撕裂的道德戏剧原型。两千五百年后，我们依然将道德冲突视为**遵守规则**的障碍——它们毫无疑问是正义的保障——视为这种权威碰撞所带来的困境，这些权威被赋予同样的道德合法性，但其行动的目的却完全相反。假如人们只听从上帝的诫命，"除我之外，你不可有别的神……"假如没有其他神祇坚决反对上帝的诫命……世间将再无道德冲突，虔信与正义之人亦不会在区分善与恶时遇到困难——因为那独一无二的律法也是全面的律法，一个没有矛盾也没有含混性的律法，一个使精神上的痛苦折磨与道德踌躇再无立锥之地的律法。

但确信的是，这并不是关于道德起源的第一则圣经故事所展示给我们的那种道德困境。那种道德困境充满了痛苦、折磨与犹疑。人类在这种困境中是道德的，因为他们所经历的是缺少显而易见的和清楚无误的善的选择的情境，并且因为他们的行为与其后果的联系已经逃脱他们的掌控（正如我们从《约伯记》中所知）；他们可能永远不能确定他们的选择是无可指责的；他们必须依靠自己的智慧和勤勉去寻求善良，而这绝非易事；他们不能也不敢奢望他们所做的善事除了理性的怀疑之外还能够被证明或被认可，以便确定性能够接管狷獗的不确定性所控制的

---

① 古希腊悲剧作家索福克勒斯于公元前 442 年创作的悲剧，被认为是戏剧史上最伟大的作品之一。《安提戈涅》的故事发生在底比斯，安提戈涅是剧中女主人公。克瑞翁在俄狄浦斯王垮台后取得王位，俄狄浦斯的一个儿子厄忒俄克勒斯为保护城邦而献身，另一个儿子波吕涅克斯则因勾结外敌进攻底比斯而战死。战后，克瑞翁给厄忒俄克勒斯举行了盛大的葬礼，而将波吕涅克斯弃尸荒野，并禁止别人给波吕涅克斯收尸，否则便将之处以死刑。波吕涅克斯的妹妹安提戈涅毅然以遵循"天道"为由埋葬了波吕涅克斯，而她也因此被克瑞翁处死。与此同时，一个占卜者警告克瑞翁冒犯了诸神，克瑞翁后悔之下想去救安提戈涅，但为时已晚。克瑞翁的儿子，即安提戈涅的未婚夫站出来攻击克瑞翁后自杀，克瑞翁的妻子闻听儿子的死讯之后也自杀。克瑞翁这才意识到自己一手酿成了悲剧。——译者注

局势。

克努兹·罗斯特鲁普（Knud Løstrup）与伊曼努尔·列维纳斯（Emmanuel Levinas）道德观念的独特性——这些特征使得它们仿佛是为当今矛盾重重、混乱不堪、莫衷一是的不确定时代"量身定做"的一般——反对大多数哲学与神学的解释，它们从第一则而非第二则圣经故事中汲取灵感……与强权者、圣贤及立法者联合力量寻求一种解决人类道德困境的终极的、不可逆转的办法不同，罗斯特鲁普与列维纳斯的道德观念将我们带回到人性的居所，它不能驻留在别处：**由后现代变革暴露出来的人类境况不可救药的不确定性和矛盾性**——道德的必要性和不可能性已经根植于与他者原初的相遇中。

罗斯特鲁普谈到**无言的要求**，列维纳斯则谈到了**无条件的责任**。在他们各自的解释中，责任与要求均不源于社会的和超自然所建立的律法，更重要的是，它们没有被承诺的奖赏和恐吓的惩罚所制裁，最重要的是，二者均没有做出一种名为**"比率"**（ratio）的逻辑解释。罗斯特鲁普确实尝试着以一种不寻常的姿态或是一瞬间的脆弱来解释为什么这种需求应该存在，并指出了我们应给予别人关心是因为我们自己的生命本身就是一个免费的或者说是无须偿还的礼物。列维纳斯却完全未被解释所困扰。他的无条件责任就是一个**简单粗暴的事实**，是与他者**面对面**交往过程中必然产生的人类终极"赐物"。然而，尽管多数评论家倾向于关注他们的言论方面，可是两者对待道德方式的真正意义不在于摒弃"逻辑原因"问题，或者也不在于在社会所确定和形成风俗习惯之前制定道德命令。

插叙二：关于伦理学优先于本体论

有许多评论者，其中甚至有像德里达（Derrida）这样具有敏锐洞察力和同情心的人，指责列维纳斯从后门引进了伦理哲学的全部难题，又从前门将其全部驱逐出去。德里达多次强调列维纳斯"伦理学优先于本体论"本身就是一个本体论表述，因此是自相矛盾的；列维纳斯偷偷地将本体论引进形而上学的表述中，尽管是一种有别于那些常用的本体论，但像那些他不赞成的人一样，他寻求（或仅仅利用）绝对真理和始基。我不否认存在一种解读列维纳斯的方式（并且是一个"最显而易见"的方式，因为其与固有的伦理哲学以及围绕哲学的核心问题展开的讨论有共鸣），可以证明这种怀疑。但我认为这绝非解读列维纳斯的唯一方式，何况它还忽视了他的方法中最具原创性的一面，建构非正统的伦理学概念。我认为，"伦理学优先于本体论"命题更应从下述方面来理解：我们知道若无理性怀疑，道德（及与之相伴的所有其他价值）均无法从存在中推断出来；当谈论社会界定的法律原则或规范约制下的选择和行动时，我们谈论的不是道德行为；当我们试图证明某些行为的适当性，并指出行动者或他们行动的对象固有的或可获得的优长时，我们依然可以说这是属于道德责任以外的范畴（例如，我们谈论的可能是被强迫的责任或义务，或者可能是行动者"心领神会的利益"所强加的行动）。因此，我们发现自身陷入了进退维谷的境地。我们要么以流行的独立于社会组成、暗示或强制的行为规范的方式谈论道德，且不涉及任何从存在中获致的信息——要么我们注定无法掌握道德的独特本质。换句话说，我认为所讨论的论题应该被诠释为一种胡塞尔式的"现象学姿态"，作为**先验还原**的一次实践，这一次悬搁（εποχε）的操作却被用于"经验世界"——整个本体论领域都是"加括号的"（bracketed away）；无须否认和质疑，但是我们在探索道德感的时候需要将其"悬置"起来。

迄今为止，真正的和最重要的创新存在于需求的**不可言说性**和责任的**无条件性**。对于罗斯特鲁普和列维纳斯来说，道德的主要场景没有被很好地定义，模糊、不清楚、不透明、贯穿着矛盾。确实有这么一个要求，但却不知要求的是什么；人们无法知道，并且永远都不能确定这一要求是否已经实现以及是否它所要求的只不过是已经实现的……也确实有这么一个责任，但却是无条件的；没有人知道他们的责任是否适用于眼下的情况——没有人有办法弄清楚它，且没有人知道责任来于何方归往何处。

更重要的是，恰恰在人们试图找到通往**明晰性**（*Eindeutigkeit*）道路的时刻——驱散迷雾，用确定性代替不确定性，讲清楚没说出的话语，并且为责任设定条件——人们提出了道德领域。准则和规范并非道德关系的**起点**，而是**终点**，多半也是道德本身。但恰如罗斯特鲁普所言，道德要求一旦保持缄默状态，则无任何权威可言，或者也无真正实现之可能（如果连某种事物的本质都是模糊不清的，又怎么能确定其已被完成了呢?）。但他警告将这对矛盾"远离理论化"，以免道德自身的婴孩与其矛盾性条件的洗澡水一同被泼出去。亦如列维纳斯所言，他者以其弱势而非强权对我们施以要求，但他同时告诫我们，一旦我们意在寻找切实的、有信誉的权威来使流动的、无定形的脸的形象变得坚固时，我们将再次离开道德义务的领域。

因此，你只能通过他对他或她所做的一切一直都**不满意**，通过他或她一直伤感于他们还**不够**道德，来识别一个有道德的人。正如斯特劳森（P. F. Strawson）所言，自我失望与自我愤怒是对道德态度最确定的标志。我们也许会怀疑，想要说清楚要求的内容与责任的条件的企图并非源于想要变得更道德，而是源于想要逃离那种一直伴随着道德的人的令人痛苦的不确定性，以及想要摆脱自我愤慨带来的不适，实际上，它们是所有道德的标志和核心。

无言的要求与无条件的责任就是**存在着**，一直存在，也将会继续存在——至少从人类被逐出伊甸园时起就存在……也就是说，无论我们明白与否，无论我们愿意与否，我们已经被抛入一种道德的情境中。如果人们仍旧坚持问为什么必须如此，那么人们可能记得，我们人类已经获得了喜忧参半的语言；那个语言中特有的部分是"不"，对于所有其他生物的世界来说，"不"既不存在也无法理解，和它同样奇怪的将来时态则迫使我们知道没有祈盼，事情可能会不同于他们原来的样子，我们预期的或是迈出的每一步都有一种可供替代的选择，不妨设想一下我们未曾经历过的世界，想象一下我们有机会经历它们之前的样子。未经允许，至少是默认，我们绝不能思考或谈论世界，因为世界具有不同的可能性，我们必须意识到那个世界可替代的形状具有相同的质量，一些可能比另一些更好——事情可以是好的，或更好，或更坏，或邪恶……在道德情境中发现自我不过就是这种意识。只有我们人类处于道德情境中，剩下的人们所知道的像猫、狗、蝴蝶、鲸鱼等，依然生活在根本没有替代性选择的天堂般的伊甸园中——至少人们还从没听说它们有被驱逐过。

　　然而，这说明，被抛入道德情境之中，被抛入善恶选择之中，并不意味着必然成为好人！成为一个道德的人是一件事——无论我们愿意与否；而成为一个好人则是另一回事。身处道德情境仅意味着有成为好人（恶人亦然）的**可能性**而已。根据罗斯特鲁普和列维纳斯对道德情境的描述，善良的第一步是什么？有且只有一个答案：倾听无言的要求，**承担一个人应承担的责任**；所有的邪恶都源于堵住一个人的耳朵，一个决定更容易为无法言说性和需求的沉默而做出——放弃某人的责任在后者的无条件性下更容易做出——因为它的表达和需求的非特殊性。邪恶源自该隐（亚当之子）的问题"我是我兄弟的看护者吗?"——从"为什么是我"之问开始，人们要求一个合法的、逻辑的或任何其他的证据证明在所有人中只有我是注定来承担守护者角色的那个人。而善（goodness）开始于当说出：我不会再让我的良心隐藏在正在高声宣讲着的会议的舒适的隐蔽处中沉睡，我不会再安慰自己我已做了"常人"能做的，或者我没有做"常人"不习惯做的；我会让沉默的要求入人之耳，我会主动承担应担的责任。无论别人行止与否，我都会像这要求只说与我听、这责任只交与我承担一样行动。

　　在此不要有什么误解：我们这里讨论的只是成为好人的**第一步**也是**开端**，让无声的要求发声，承担起该承担的责任只是成为好人的必要而非充分条件，更不要说万无一失的保证了。如果有什么区别的话，那就是一旦人们开始努力使需求可以听得到，以及一旦开始承担责任，道德的人的磨难便从此刻开始了。从此，人们只能在介入道德自我的危险航程的暗礁间航行。

正如罗斯特鲁普警告我们的那样，一方面是冷漠和只顾自己的斯库拉（Scylla），被打上不尊重他者自由的标记：我只做别人明确要求我做的事，并且让他或她做他们想做的人。另一方面则是等待着粗心的被压迫的道德水手卡律布狄斯（Charybdis）①：我知道什么对她好，她却不承认，她太愚笨或被误导以至于不能理解她的最佳利益，所以由我来哄骗她、引诱她或强迫她进入在我脑海中已经为她构筑好的最佳利益的模子里……没有这种两难困境，就不会有道德航程。没有危险地靠近它们中的任何一方，我们就无法让要求被听见并真正承担起该承担的责任。每当我们尽力避开一种危险时，我们很快就会靠近另一种危险。无论道德的人何时想要在善恶间抉择，在两个极端间航行，在被忽视的恐吓、麻木不仁和压迫的诱惑间航行都将成为他们的命运。因对道德水域所知极少，我们不知道航船离下沉还有多远，这为我们的恐惧和航行的错误增加了道德苦恼，而只有在船只沉没之后，道德确定性的愉悦才会到来。

总之，这就相当于因责任而承担责任，让无声的要求发声：这也意味着对承担不了我的责任和达不到要求的行为保持永恒的迟疑和焦虑。

此一焦虑使得**道德责任**与**契约义务**之间完全不同。后者被很好地定义，至少努力去定义好，确信精确定义的任务是**可行的**，而被如此定义的状态只能是一种**理想的**状态。契约义务明确地告诉我做什么，何时开始、何时结束以及我无须烦扰的事。它还告诉我在什么条件下应做什么事。在这些条件下，作为契约另一方的他者的行动尤为突出。行动者履行义务的前提是对方也履行了义务，只有当他向我履行了他的义务时才有权利要求我向他履行我的义务。我的义务是他的权利，他的义务是我的权利，我们中间是公平的交换关系，我们各自的义务可以进行比较、衡量——毕竟这是清晰性和**明确性**（*Eindeutigkeit*）的一个条件或是**必要条件**（*sine qua non*），同时预防一种模棱两可性。这与**道德责任**的区别

① 《荷马史诗》里两个海妖的形象，一个是斯库拉（Scylla），一个是卡律布狄斯（Charybdis），指处于斯库拉岩礁和卡律布狄斯大旋涡之间，腹背受敌，进退维谷。——译者注

何其巨大！我的义务既不源于他的权利，也不能因为我所认为的事实而成为他的权利，而且我所承担责任的规模与性质无论如何与他者已经、将要或打算履行的义务没有任何关系。我们的关系在任何一种可以想象得到的情况下，都不是对称的或交互的，因此不能通过衡量他者的行动或品质来获得确定性。使契约义务如此令人愉悦的清晰明了的问题——"他是谁，他做什么能有权获得我的服务"的问题，在道德领域中没有任何意义。

"为了他者"——从接受我的无条件责任中出现的那种存在——与他者有能力从我这儿获取服务毫无关系，与她有能力强制履行义务和迫使需要采取行动毫无关系——更不要说她有**合法**权利这样做了。道德责任与契约义务的行为方式完全相反，这便是"为了"的性质。简言之，我们可以说，**道德责任与契约义务此消彼长，反之亦然**……他者越虚弱无助，道德责任就越重大。相反，当义务变得越来越势不可挡（或者说"更加义不容辞"），他者的权力就越强大：于是，他可以交换的服务越多，他因我对自身责任的懈怠和忽视而实施的惩罚就越严苛和痛苦。**正是他者的软弱性才使我承担起责任，也正是他者的强大才使我被强制履行义务**。向强者履行义务，为弱者担负起责任。

换一种表达方式：道德责任在一个他者面前——由于软弱无力，所以他无法通过从其他人那里寻求自己可以强制实施的义务来为他提供福利——会飙升；他者越无力让他的需要被看见，让他的需求被听到，道德责任所达到的高度就越高。**正是他者的无力使我变得有力**：每件事都依赖**我**所承担的责任以及让无言的需求发声。准确地说，我负责这种他者的生死；我所认定的责任与我所拒绝的责任之间的区别是生与死的区别。

列维纳斯在其著作中发表了很多关于十诫的评论，但他仅指名道姓地阐释了其中的一条："不可杀人"。这个看似省略，实则更像是一个授权的行为传递了一个信息：这是一条理解其他所有诫命的诫命，一个原初的诫命，一个元诫命，没有它则没有责任，所有的责任都从这里开始。的确，尊重他者的生命权是所有道德关系的首要条件：在承认他者生命权的过程中，我给予他作为一张脸（Face）而面对我的机会，我转弯抹角地让他加入另一个主体的脸的行列里，赋予他需求和命令的能力。我通过她的对抗、她的差异、她作为另一个主体的独立性而赋予她反抗我的权利。我于是开始进行对话；我们**互相谈话**（甚至——或许尤其是——如果她依然沉默或无法发生；在那种情况下，使对话延续下去的责任，以及我们虚构和想象出来的谈话的责任都光明正大地落到了我的肩上），我们相互尊重对方；更重要的是，我逐渐知道我需要尊重对方什么，那种尊重如何可以被赋予血肉。一旦对话开启，力量就被注入他者虚弱的身体中；而且正是我，使得她的生活成为我的责任，注入力量的责任。只要我同意进行注入并准备在必要时重复，他者就保持足够强大以成为需求之源。

孩童身体太弱小不能抵抗自然力，精神上不善于表达以至于不能反对甚至不能提出一个论点或论据；动物缺乏表达诉求的语言以及通过协商或胁迫争取权利的能力。还未出生的单个存在或世代存在，不可能向我们提出报答或报复，甚至不可能作为面孔、作为需求的承载者和命令的发出者而出现；穷人和懒惰之人，被剥夺权利与无依无靠之人，被法律、风俗或习惯否定人权之人，或者太软弱无力无法行使已经正式授予他们的权利之人……这些是道德责任达到顶峰时的例子，但同时也是需求"最无言"和责任条件最不清楚确定的时候。

因为我们遇到了道德生活策略的最大悖论，正如在罗斯特鲁普与列维纳斯观点中所勾勒出来的那样：**道德的责任越大，规制的希望就越渺茫**；我们需要采取的行动越多，我们越不知道我们该做什么；需求越紧迫，要求我们去做的沉默就越深；承担的责任越大，我们越不知道承担的那些责任将由什么所组成。对于那些微不足道和无关紧要的责任，人们轻易就能讲出他们的指导原则，甚至规范。但对于巨大的、至上的和重要的责任，人们则更为困难，甚至不可能做同样的事情。我们做的事越多，我们应该做什么就越不确定。

插叙三：论列维纳斯与罗斯特鲁普道德生活策略的范围

每当我受列维纳斯作品的灵感启发而勾勒出道德生活策略

的时候，总有一个读者或倾听者问我这对解决当今困扰我们的"大问题"有什么用——例如保护我们星球的生命，减轻或阻止不可阻挡的上升的暴力问题、部落冲突和种族灭绝，防止全球杀伤性武器的饱和，制止或扭转世界或单一国家日益增长的两极化？实际上，正如列维纳斯和罗斯特鲁普共同努力所描述的，当我们从"原初的道德场景"中获得动力的时候，我们究竟还能走多远？扎根并形成于那种场景中的策略只能应用于"对立双方"面对面相遇的情况吗？人们能否建起一座桥梁将"道德双方"以及共同的、社会的、匿名的共在连接起来？人们是否无须求助于既不必要又缺席"原初道德场景"的手段和材料，仅仅使用适用于"原初道德场景"中的建筑材料就可以建起这座桥梁？我们不再需要两种不同的只是松散连接的"道德"——一个为有限的人际间的使用，另一个为那个广阔的世界——一个"微观"和一个"宏观"的伦理学？

在由类型和种类而非脸孔所构成的"道德双方"之外的领域，当有责任为他者进行唯一的指导时无疑寸步难行。我们以第三方身份进入的领域通过比较、利益联盟、谈判以及妥协被规划和管理，在这里，如果说还能从道德自我的惯常经验和专有知识中获得指导的话，也是相当少的。"道德双方"是人际关系的领域，它的边界之外则由非人际关系所支配。如果"对立双方"只能借助道德冲动来解决所有问题，那么其他更宽广的集体性需要正义的原则——正义首先和最重要的是**政治**问题而非道德问题（在道德冲动的专有怪癖中，人们不能确立社会正义的基础，它需要普遍和定期观察的原则）。如果说我们都是被"抛入"道德的情境中，那么我们决不能认为我们也是被"抛入"正义的情境中……与道德冲动不同，正义感并非我们生存条件的产物；它不是我们与他者交往的开始，而是我们与他者交往的**结果**。正义的愿景是理性辛劳的产物。不管愿意与否，我们都是道德存在，我们可能或不可能因为授权或忽视而成为公正的人。更重要的是，在集体性内部的正义原则与它的个体成员的正义感之间如果存在某种连接的话，也不是立刻显现的。在"道德对立双方"之外的领域中，整体确实大于部分之和……因此，如果有的话，"原初的道德场景"给社会生活带来了什么呢？

因此，对道德冲动的"携带力量"的怀疑不是微不足道的，也很难被冲破或被驱逐。用"到处都一样"（即"适用于单独的人类个体，亦适用于人类群体"，或"适用于脸，亦适用于类别"）之类的说辞无法让它们蒙混过关。具有讽刺意味的是，很久以前维特根斯坦（Wittgenstein）就揭露了"太阳上也是下午五点"这一看似合理的句子的荒诞性。很容易得出如下结论，在公共领域，人们不会将相距甚远的表达工具一同放在"道德双方"的讨论中——公共生活要求一开始就从别处建构原则，它需要某种"宏观的"或"巨型的"的伦理学，它从道德态度的德性中解放出来，它在公共生活中可能证明是与资产相反的——更多的障碍或责任。

在缺少逻辑论证和经验证明的情况下，人们回应此类批评的最好方法就是诉诸寓言。作为一个人，我的腿是用于走路的，因此，我是一个移动的生物——我可以从一处移动到另一处。从潜在满足于我的日常实践中，创造了**移动性**的一般概念——这使得我将所有的距离都看作一个相对的东西，仅仅是临时性的障碍——在原则上，我可以征服它。多亏了那个移动性概念，我可以生活在英国的利兹，也可以去芬兰的坦佩雷看看。我的"天然装备"——我的腿——对于这个计划的顺利实现不会有更多帮助；我也不会只靠我的双腿走那么远。但人们可以坐火车、乘轮船、搭飞机过去……的确有火车、轮船和飞机，但它们没有一个是由一个不动的物种发明出来——没有已经根深蒂固的移动性想法，人们也不会将世界看成可以经历和征服的空间。当留给他自己的"天然"的资源来安排时，有能力使征服成为可能，并可能假设（有时是完成）超出个人能力所及的任务。诗人喜欢不畏浮云遮望眼、勉力登顶最高峰的调调，但假如没有眼睛的话，那么达到你的视力所不及的地方的想法，即便在最富有诗意的想象力那里也是无法想象的……

在"道德双方"内部孕育的道德生活策略不会走很远——不会超出他者的范围。但它一旦形成便不会停息，它不会满足于无需工具和手段的帮助就能达到的范围。

结论：道德自我的困境没有希望通过其内在的矛盾性来克服。理性和逻辑所提供的克服手段若无害则无效，若有效则有害。进一步讲，矛盾性是道德的自然栖息地与健康征兆，而非外在障碍或疾病的情况。矛盾性是孕育道德的唯一土壤，也是道德自我承担责任与倾听无言需求的唯一领域。在对无言需求与无条件责任永无止境的追寻中，道德自我永远不会达到它所指向的确定性，而只有在寻求确定性的过程中，道德自我才能进入并保持道德状态。

后现代的智慧与无力①

[波兰] 齐格蒙特·鲍曼

张笑夷 译

后现代视角提供的智慧越多；后现代境况使人按照这种智慧去行动的困难就越大。这大概就是为什么后现代时期会被体验为在危机之中生活的原因。

后现代思想家（the postmodern mind）意识到的是，人类和社会生活中存在着没有办法很好解决的问题，存在着无法拉直的扭曲的轨道，存在着比语言上的错误更需要去纠正的矛盾心理，存在着不能通过立法而消除的疑虑，存在着任何理性命令的处方都无法抚平的道德痛楚，更别说治愈了。后现代思想家不再期望找到没有不确定性、风险、危险和错误，包罗万象的、总体的和最终的生活公式，并对任何许诺与之不同的声音深表怀疑。后现代思想家意识到，每一种局部的、专门的和有针对性的治疗，无论是否有效，若以其明确表达的目标来衡量的话，造成的破坏即便不大于也是和其所修复的一样多。后现代思想家认同人类处境的混乱状况将会存在下去的观点。从最宽泛的意义上来看，这就是所谓的后现代智慧。

后现代栖息地没有提供多少按照后现代智慧行动的机会。全球的和集体的福利所要求的采取集体与全球行动的方式几乎已被破坏、拆除或丧失。所有汇集在一起、联结在一起的力量进入零和博弈；它们成功与否是以作为结果而发生的分裂的紧密性来衡量的。问题的解决只能头痛医头脚痛医脚、各自为政；只有这样的问题才会被清晰地表述为问题，

---

① 本文原文题目为 "Postmodern wisdom, Postmodern impotence"，译自 Zygmunt Bauman, *Postmodern Ethics*, Blackwell Publishers, 1993, pp. 245–250。——译者注

以这种方式加以处理。所有问题的处理都意味着以牺牲其他地方秩序为代价建立一个微–秩序（mini-order），并以不断增长的全球混乱以及消耗不断减少的使秩序——任何秩序——成为可能的资源供给为代价。

断言当代社会伦理问题的解决——如果有解决办法的话——只能通过政治手段，这已成为共识。长久以来，道德与政治之间的关系问题几乎一直是哲学的和公共辩论的议题。然而，被公开审查和讨论最激烈的是政治家的道德，而不是政治的道德。在公众看来，这些政治家如何做，而不是他们正在做什么——他们个人的道德，而不是他们促进或未能促进的道德——个人的腐败，而不是社会性的毁灭、政治权利的影响——这些政治家的道德操守，而不是他们促进的或想使之永恒的世界的道德——似乎占满或几乎占满了道德与政治的议程表。公众对公职人员的道德纯洁性感兴趣并没有什么错；被公众赋予信任的人需要值得信任，并证明这一点。错的是，由于所有注意力都集中在政治家的道德操守上，他们所管理的世界的道德沦丧却可能未受扰动。道德上无可指责的政治家可能而且确实要为道德责任的消解负责，他们润滑破坏、边缘化和排除法庭道德关切的机制。道德上纯洁的政治家可能而且确实对道德义务的政策进行了净化。

政治家的道德与其政治的道德影响完全是两码事（我们这个时代大多数令人毛骨悚然的、充满血腥暴力的统治者都是无私的禁欲主义者）。而且，进一步说，政治不再是政治家的所作所为；人们可以大胆地说，真正重要的政治是在远离政治家办公室的地方进行的。正如帕特里克·雅罗（Patrick Jarreau）[①] 对最近的《政治官僚》（*Les politocrates*）一书的评论中指出的那样：

> 政治无处不在，它贯穿于都市化趋势中，在学校课程、电影制作里，使血友病患者感染艾滋病病毒，安置无家可归者。然而，另一方面，政治给人的印象又无影无踪，无论如何都不在其该在的地方，以公民选举为例：不在议会大厦进行，那里

---

① 帕特里克·雅罗（Patrick Jarreau, 1951— ），法国《世界报》前主编。——译者注

是议员甚至参议员忙着自己事情的地方，在一种几乎普遍的冷漠中，有了问题他们从不与公众见面，只是由发言人或媒体选择的专家通过媒体发声；也不在地方议会的会议上进行……；也不在各种政党中进行，这些政党失去了它们的激进分子，它们恢复各种思想论争的努力仍然是徒劳的。①

但是后现代栖息地的道德危机首先要求政治——无论是政治家的政治，还是由于难以捉摸和无法控制而更加重要的分散的政治——成为道德责任的延伸和制度化。高科技世界的真正的道德问题总的来说超出了个人之所能及（个人充其量能单独或各自获得不担心这些道德问题的权利，或者从因忽视这些道德问题而遭受的影响中暂时得到缓解）。科技的影响是长远的，因而预防和补救的行为也必须是长期的。汉斯·约纳斯（Hans Jonas）② 的"远期伦理学"（long-range ethics）如果有意义也只是作为一种**政治**方案才有意义——尽管考虑到后现代栖息地的性质，任何争夺国家权力的政党都不可能愿意自杀式地认可这一真理并照此行动。

埃德加·爱伦·坡（Edgar Allan Poe）③ 曾讲过的三个渔民被困于挪威西海岸大旋涡的故事，这三个渔民中有两个人害怕得呆若木鸡，什么也没做，最后死了，而第三个人却活了下来，他注意到圆形物体被吸进深渊的速度要慢一些，于是迅速地跳进一只桶里——诺伯特·埃利亚斯（Norbert Elias）④ 的评论勾勒出了从一种不可能生存的境况中幸存的方式。这个幸存者，埃利亚斯说道：

开始冷静地思考；他往后退，控制自己的恐惧，旁观自己

---

① Patrick Jarreau, Le Politique mis à nu, in Le Monde, 12 February 1993, p. 27.

② 汉斯·约纳斯（Hans Jonas, 1903—1993），德国哲学家，著有《责任的命令》《生命现象》等。——译者注

③ 埃德加·爱伦·坡（Edgar Allan Poe, 1809—1849），19 世纪美国诗人、小说家和文学评论家。著有小说《莫格街凶杀案》《黑猫》，诗歌《乌鸦》等。——译者注

④ 诺伯特·埃利亚斯（Norbert Elias, 1897—1990），20 世纪德国社会学家，著有《文明的进程》《宫廷社会》《什么是社会学》《符号理论》等。——译者注

好似置身事外，就像一个正在布局的棋手，他成功地把思想从他自己身上转向他的处境……在头脑中描绘出事情发展的结构和方向，他找到了一种逃脱方式。在那种境况之下，自我控制程度和过程控制程度相互依赖、互为补充。①

让我们注意，坡笔下那个冷静又聪明的渔民独自逃生了。我们不知道船上还剩下多少只木桶。而木桶毕竟从第欧根尼以来就被认为是个人的最终退路。问题是——对于这个问题，个人的狡黠提供不了答案——个人幸存的技术（顺便说一下，由热衷于义务和盈利的商人与律师为所有现在的和未来的、真正的和假定的面对大旋涡的人提供充足的技术）在多大程度上能被延伸以保证集体的幸存。我们所处的那种大旋涡——我们所有人全部置身其中，而我们大多数人又是各自为政——之所以如此可怕，是因为它倾向于把共同生存的问题打破为一个个的个人生存的问题，然后把如此支离破碎的问题从政治议程上剔除。这个过程可以折返吗？被打碎的东西能再次成为一个整体吗？又到哪里去找一种足以使其成为一个整体的黏合剂？

如果本书的这些连续的章节中还提出了什么的话，那就是道德问题不能通过理性的推理和理性的立法努力来"解决"，合乎人性的道德生活也不能通过其来得到保证。道德在理性的控制下是不安全的，尽管理性的代言人恰恰许诺它在理性控制下才是安全的。理性不剥夺使自我成为道德的那个自我，它就无法帮助道德自我：那个道德自我无根基地、非理性地、无争议地、没有任何借口地和无须推理地想向他者伸展，去抚慰、为其而生、为其而活，不管发生什么。理性关乎做出正确的决定，而道德责任先于所有考虑中的决定，因为它不考虑，也不会关心任何能够认定某种行为是正确的逻辑。因此，道德只有以自我否定和自我消耗为代价才能"合理化"。由于自我否定是以理性辅助的，自我就在道德方面缴了械，无法（也不愿）面对众多的道德挑战和杂乱无章的伦

---

① Norbert Elias, The Fishermen in the Maelstrom, in *Involvement and Detachment*, Oxford: Basil Blackwell, 1987, p. 46.

理规则。在理性征途的遥远尽头，等待着的是道德虚无主义：这种道德虚无主义在其最深层的本质上并不意味着对具有约束力的伦理准则的否定，也不意味着相对主义理论的失误——而意味着道德能力的丧失。

就质疑理性是否能为与人共在的道德立法而言，不能把责任推给消解正统哲学规划的后现代旨趣。在一些思想家的著作中，可以发现——有计划的或默许的——道德相对主义最明显的表现，这些思想家拒斥和反感后现代的裁决与声音，这种质疑本身就是一种后现代视角的存在方式，更不用说所谓的居高临下对其断言有效性的质疑了。只要有足够的空间和充足的时间，除了附加的价值符号（往往是事后才想到的），在表面上的"反后现代"、科学记录"内嵌式自我"的方式方法，以及宣布"什么都行"的傲慢的"后现代"之间没有多少选择余地。以下两种假设之间几乎没什么分歧，一种是由现代长期管理的努力和这些努力设法产生的社会环境的现实所证实的假设——为了道德地行动人必须首先丧失自主性，无论是通过强制还是可购买到的专家意见；另一种假设（也反映了当代生活模式的现实），即行为的根源可能被评定为道德的，而评价行为道德性的标准必须是来自行动者**外部的**。两种表面上对立的立场，在它们拒绝承认和忽视道德特权征用的可能性及由外在于道德自我的代理机构（多种代理机构，尽管相互竞争争论，但同样声嘶力竭地宣称道德一贯正确）对道德能力的篡夺的可能性方面，几乎没什么区别，道德自我躲藏在顽固不化的道德相对主义和道德虚无主义的背后。

几乎没有理由相信那些征用/篡夺的道德代理机构所谓有它们在，道德的命运就是安全的保证；到目前为止没有什么证据表明情况已然如此，甚至从对它们目前所作所为的审查中，也没有什么指望将来道德的命运会因它们而更安全。寻求普遍的道德确定性、立人类自我的法和为人类自我立法、用社会承保的伦理准则取代不稳定和不可靠的道德冲动，在这雄心勃勃的现代规划的尽头——不知所措、迷失方向的自我发现，自己独自面对道德困境而没有好的（更别说是显而易见的）选择，自己独自面对有待解决的道德冲突，为如何成为道德的这一难题而苦恼不已。

尽管所有专家都努力得适得其反，但幸运的是对人性（尽管不总是对道德自我）来说，道德良知——道德冲动的最终动力和道德责任的根源——只是被麻醉了，没有被切除。它仍在那里，也许处于休眠状态，常常不知所措，有时因羞愧而沉默——但能被唤醒，列维纳斯的成就就在于使道德良知从醉醺醺的麻木中清醒过来。道德良知命令你服从，而无须证明命令应该被服从；良知既不能说服别人，也不能强迫别人。良知不使用任何被现代世界作为权威标志的武器。按照支撑现代世界的标准来看，良知是软弱无力的。道德自我的良知是人道的唯一保证和希望。这种主张可能会使现代思想家（the modern mind）感到荒谬；如果不是荒谬，也会感觉是夜郎自大：使道德拥有良知（已经被怀有权威意识的思想家嗤之以鼻为变化无常的，"仅仅是主观的"，是一种奇想）并且良知是其唯一的基础，这种机会有多大？可是……

汉娜·阿伦特在总结大屠杀的道德教训时指出：

> 当人们用来引导他们的一切是他们自己的判断，而该判断又恰巧完全同那些他们必须当做是周围人之一致观念的想法相抵牾的时候，他们仍然能够辨别是非……那些极少数仍然能够辨别是非的人就真的仅仅依凭他们自己的判断行事了，而且他们是如此的自如；没有应该遵守的规则……因为没有先例的事是不存在规则的。①

我们可以肯定的是，治愈了道德良知表面上的软弱性，通常就会剩下被解除了武装的道德自我去直面"周围所有人的一致意见"，以及他们选出的或自封的代言人；然而，这种一致意见所拥有的权力绝不能成

---

① Hannah Arendt, *Eichmann in Jerusalem: A Report on the Banality of Evil*, New York: Viking Press, 1964, pp. 294-295. （参见齐格蒙·鲍曼：《现代性与大屠杀》，杨渝东、史建华译，译林出版社2011年版，第231-232页。）在《现代性与大屠杀》中我认为，阿伦特的陈述阐明了反抗社会化和在伦理上进行正当判断的个体之外的其他冒牌者的道德责任问题。作为现代精神和实践之极端表现的大屠杀所导致的就是在"通常"情况下真理变得模糊和被削弱：道德可以而且往往应该"以对社会所支持的原则的反抗，以向社会的一致性和共识的公开挑战的行动"来表达自身。（*Modernity and the Holocaust*, Cambridge：Polity Press，1989，pp. 177-178.）

为其伦理价值的保证。知道了这一点，我们就别无选择，只能把赌注押在这良知上，尽管软弱无力，但它却能独自逐步培养起责任以违抗作恶的命令。与最不加批判地接受的哲学原理相反，拒斥（或怀疑）社会习俗化了的和理性"建构"的规范的伦理学，与坚持我们做什么以及我们杜绝做什么确实重要，而且**在道德上举足轻重**，二者之间并不矛盾。它们不但不相互排斥，而且只能同时被接受或被拒斥。如果有疑问——请咨询你的良知。

道德责任是人类最私人的和不可分割的财富，是最宝贵的人权。它不能为了安全起见而被剥夺、共享、割让、抵押或存放起来。道德责任是无条件的、无限的，它在没能充分表达自己的持续不断的痛苦中表达自身。道德责任不为自己的权利寻求保证，也不为自己的权利不存在寻找借口。它存在于任何保证或证明之前，存在于任何借口或赦免之后。

这至少是我们回顾漫长的现代斗争所能认识到的，现代斗争结果证明了——实现了——自己的反面。

莱泽克·科拉科夫斯基

为什么我们需要康德？[①]

［波兰］莱泽克·科拉科夫斯基

李志江 译

我的题目也可以称作："为什么我们在与奴役制度的斗争中需要康德？"甚或叫作："反对关于'具体的人'的术语"。我不是一个康德专家，不是康德主义者，但应该说，我是一个康德的同情者——特别是在关系到康德主义与所谓的历史主义观念的冲突的地方，无论这一冲突是在认识论还是伦理学中。

我并不声称要提供对康德的任何一个方面的特殊的和新的解释。我的问题是：康德的哲学人类学对于我们时代的主要问题和忧虑来说是重要的吗？当我们着手研究我们的文明的矛盾的时候，必须从康德出发继续下去吗？这不是一个关于康德的政治和社会观点的问题。康德是一个激进民主主义者；他也许——像福尔伦德（Vorländer）和其他社会民主主义的康德主义者所辩称的那样——在某些方面预料到了社会主义思想；他对于法国革命有什么反应；他是否是一个真正的哲学上的罗伯斯庇尔（沿用亨利希·海涅的著名比喻）——所有这些都与我们目前的语境没有实质性关系。自然，康德的政治态度是历史学家很感兴趣的一个问题；但是显然我们不能期望从中得到对目前的特殊问题的回答。毋宁说，我们应该始终关注康德的知识论和伦理学中那些基本的东西，以及什么东西使得他的批判成为欧洲文化史上一项根本性变革。我们应该问，是否存在一些初步的迹象和路标，虽然我们确实不应期盼从中直接得出结论性的答案，但适合于作为我们的文化生存下去的一个必要条

---

① 本文原文题目为"Why Do We Need Kant?"，译自 Leszek Kolakowski, *Modernity on Endless Trial*, The University of Chicago Press, Chicago, 1990, pp. 44-54。——译者注

件。我的回答是肯定的，我愿意捍卫这一观点。

康德关于理论和实践知识条件的学说是真正超验的，而不是人类学的。这就是说，我们用以观察——因此也塑造——对象的一切形式和范畴不是被定义为人类心理学的特性或我们在动物学物种上的偶然特性，而是一切可能的经验的必要条件。因此它们对于一切有理性的存在都是有效的，因为它们据其本身确定理性，而不是在一个特殊的物种中确认它。在实践理性领域也是同样：道德原则，即使——被抽象地构造出来——它们仅仅确定了一切规范的必然的形式的要求，但适用于一切具有自由意志的存在。这意味着人类不是一个由自然生出或给出的客体，成为人不是一个动物学概念，而是一个道德的概念；伦理社会主义的拥护者，还有其他人，反复强调这一点。成为人不是由我们区别于其他动物的物种的特性决定的，而是由既参与到在认识论上被表述为先验综合判断的理性的必然性领域，又参与到不能从经验推论出来的道德命令的领域而决定的。

自此得出以下结论：一个人一定不能从人们实际上在做什么得出他们应该做什么的标准。如果这一信条以如此概括的形式制定出来，康德自然与实证主义和激进经验主义的传统共享这一观点；但是这一信条的证明以及它的意义和结果在两种情况下都有着巨大区别。康德的重点不是一个人不能从描述性判断中得出价值判断，因此价值和道德规范的整个领域留给每个人做出任意的决定，因为——像经验主义者辩称的那样——在目的和义务的王国，没有"客观的"有效性。相反，问题在于，对人类行为的观察如果不能导致善恶之分别，也不能从中导出任何道德义务的规则，那么，这些区别和规则——作为必须无条件地服从并且独立于经验的规范——是如何在自律的实践理性领域被察觉并找到的呢？康德在发现这一道德责任领域中是成功的吗？声称这样一个发现根本不依赖宗教资源实际上是可能的吗？

这里我必须撇开最后一个问题，尽管它很重要。我关心的是一个逻辑上独立的问题：没有这样一种信念，即善与恶、被禁止的事情与必做的事情之间的区别不依赖于我们各自的决定，并因此它与有利和不利之间的区别并不相符，我们的文明能够存在下去吗？因为一些可能对某个人或群体有利的事情可能对其他人或群体显然不利（同样，一些在某个时候对一个人或群体有利的事情从长远的观点看对同一个人或群体可能显得不利）；简言之，由于毕竟没有关于什么是有利的或什么是不利的简单（*tout court*）概念，所以，与功利主义的标准相符合的道德准则观念显然只不过等同于道德准则根本不存在的信条。确实，康德了解这一点，因此通过转而批评启蒙运动中流行的功利主义，他也非常清楚，处于危险中的并不是任何特殊的道德戒律，而毋宁说是善与恶的区别存在与否的问题，因此是一个人类命运的问题。

康德经常被斥责为一个不懂现实生活，希望人们完全出于责任感，而不是出于任何其他动机去做善事的天真的说教者。没有什么比这离康德的想法更远。相反，对人类真实动机和行为的判断的天真发生于启蒙运动的乐观的功利主义这边，他们相信——当然并非毫无例外——在虚假的政治制度和宗教迷信被消除后，人类团结和友爱的自然本能将会回归，人类将幸运地享有持续和谐与没有冲突的生活。康德不相信这一点。一个乏味、偏狭小城的教授比巴黎的知识大亨有着对人类本性更好的理解。他不期望人类的实际行为能够符合他的道德理论所确立的命令。其明确指向乌托邦思想的关于根本恶的理论，不是其人类学的一个偶然的附加品；它与其自由意志理论联系在一起。自由注定不但包括为恶的能力；它还意味着恶是不能根除的。因此，在《道德形而上学基础》中他写道：

> 即使从来没有出自这样的纯粹源泉的行为，我们关心的不是是否这种或那种行为被做出，而是理性自身并独立于所有经验指令应该做的行为。我们关心的是这样的行为，即也许这个世界从来没有一个实例，其可行性可能受到那些置一切于经验之上的人的严重怀疑，但被理性无情地命令去做的行为。①

---

① 这一段引文由贝克（L. W. Beck）译为英文。

从经验的观点看，价值判断的有效性问题和善恶的标准自然是毫无意义的；经验不知道善恶，除非我们用心理学和社会事实来代替这样的术语。但是，如果我们争辩说，这种区别和道德义务的规范，的确都可以基于研究我们的生理机制或历史过程所能确定的东西而被确定为有效和无效的，那会更加糟糕。更明白地说，在第一种情况下，这一争辩意味着，我们不是简单地遵从我们的自然倾向，而是我们通过遵从它们来为我们辩护；在第二种情况下，它意味着，每一件被历史地证明为成功的事情自动地成为道德上合理的。新康德主义的追随者反复提醒注意后一种观念的荒谬性，这一观念在马克思主义者中特别流行。

这与其说是一个其逻辑缺陷总是被经验主义哲学家强调的所谓的自然主义谬误的问题，不如说是一个文化意义的问题。如果一个人采纳这一伪黑格尔主义的观点，那么很明显，对于我们的行动只有一种路标可用：我们将参加到成功的或那些有希望成功的活动中。我称其为**伪黑格尔主义**，因为黑格尔的回溯取向禁止他把由历史决定的价值判断延伸到未来，并因此将也许在未来有希望成功的某种事情神圣化。伴随着其未来主义的态度，青年黑格尔派——其中包括马克思——抛弃了这种保证条款，并因而让我们去追随历史过程中极有希望获得胜利的趋势，并为此理由参加到他们的事业中。

这一点对于文明是至关重要的。如果我们确实放弃了一种既成的、独立于我们自己的决定的善恶之区别（不论这种区别起源于宗教传统，还是被作为康德的实践理性的假定接受下来）的观念，那么就没有道德界限防止我们做这样的事情，即其理由不过是，它会推动一种趋势的成功，而根据定义，如果它成功了，这种趋势将会成为正当的。说人们没能从历史上提供出许多令人印象深刻的符合十诫的行为的例子，这种反应恰好承认了康德指出的谬误。这不仅是一个逻辑上的谬误，也是人类学意义上的谬误；从人类学的角度看，在一个传统的善恶标准仍然有效，不管它们多么经常地被违反的社会，与一个这些标准被取消和被遗忘的社会之间存在着巨大的区别。康德的主张，即道德责任的规则不能从我们实际行为中引申出来，且极端重要的是明白，这些规则即使我们经常违反它们，也仍然是任何社会不会注定走向毁灭的先决条件。善恶不是由历史偶然事件的背景决定的，而是先于一切偶然事实的，这一信念是一切有生命力的文化的先决条件。康德哲学遗产的这一点十分重要，既是因为他知道如何十分清楚、有说服力地解释它，也是因为他证明了，只有通过把它与他和休谟共享的一个原则联系起来，即道德责任永远不能从经验事实中合理地引申出来，它才能保持有效。

去寻找那些产生并仍然隐藏在实际的历史过程中的道德责任的标准，永远不能成为确认这样的不够格的标准的方式。但是，因为不能允许人们从历史经验中搜集这类标准，并因此置善恶于未决定状态而批评经验主义，不仅是批评经验主义中最好的和最不可抗拒的东西，它也是一个道德上有害的批评。因为我们不可能在历史的、条件性的东西中发现什么是无条件的义务，所以，任何在对历史的哲学思辨中确定善与正当的企图不仅在逻辑上行不通，而且道德上也是伪善的：这是道德机会主义合法化的企图。它们是马克思主义者中共同存在的一个固定不变的特点：目的是为在某个特定时间在政治上有利的任何事情辩护，同时主张，其为道德的，在于其本身，而不是简单地凭借一种武断的决定。它等同于把机会主义重铸为铁的道德法则。

总之，如果没有这样一种信仰，即善恶之间的区别既不依赖于个人的任意的决定，也不依赖于当时的政治条件，并且这种区别不能追溯到有益和有害的区别，我们的文明就会迷失。康德做出了最重要和最有说服力的尝试去证明这种区别作为一个理性的问题，而不是启示的问题的不可还原性。

但是，所有这些仅仅适用于康德的道德哲学的一般框架：在"是"与"应当"之间和善恶之间区别的简单事实。但是因为这一区别扎根于经验上无法证实的理性存在的自由意志中，并因此对于所有人都是强制性的，康德自然地得出结论，所有人——作为道德行动的个体和道德判断的对象（因此，作为自由的存在）——都对一切更具体的规则持有相同的立场。这意味着，由于他们是人，因而他们的相互义务和权利是完全相同的。

411·

我触及了康德遗产在今天的意义这一关键问题：所谓的抽象人的问题，与之相对立的是历史主义——保守的和革命的——常常设置的**具体的人**的术语。我的目标正是捍卫康德的遗产，反对具体的人的术语。

康德确实相信，作为被赋予理性的自由存在的人在他们的尊严方面本质上是平等的。在这一点上，他确实延续了 17 世纪自然法的理论——他是普芬道夫（Puffendorf）和格劳秀斯（Grotius）的继承者——尽管他将自己的理论奠基在不同的人类学假设上。因此，他相信，所有规范，只要它们是道德的，必须被无条件地应用到每个人身上，并且存在着一些每一个人都可以主张的权利，因为所有人都应该把自己视为目的，而不是视为他人的工具。

正是康德学说的这一点——还有自然权利的整个学说——自 19 世纪以来一直受到攻击。通常的说法是"这样的人不存在"；"只存在具体的人"，但是**具体的人**是什么意思？德·梅斯特（De Maistre）被认为做出了这样著名的评论，即他见过法国人、德国人、俄国人，但从没见过人。我们可以问：他确实见到过法国人、德国人、俄国人吗？没有，他只可能见到过杜邦先生、穆勒先生和伊万诺夫先生，从来没有见到过任何只是一个法国人、德国人或俄国人的人。尽管如此，他的评论显示了问题的要点：所谓的具体的人不是一个具体的人；即，他不是一个个体。与"人本身"相对照，即与在尊严方面与所有其他人平等的人相对照，他是一个被他的国籍决定了的存在。

基于通常的人性，自然权利学说，包括康德的自然权利学说，声称每一个人都被赋予基本权利。康德坚持把人本身看作目的，因此坚持将每一个人分开加以考虑，假定没有人可以成为他人的财产，并且奴役制度与做人的概念是矛盾的。但是如果我们以具体的人的名义否认共同人性的存在，那么我们由此也否认了人权原则的唯一基础。这一原则只有在存在着每一个个体仅仅由于他是人就可以主张的权利的前提下才是有效的，只有在每个人平等地分享人性，或者换言之，在"抽象的人"的基础上，才是有效的。另一方面，具体的人——就像这个词通常被应用的那样——只有在这一意义上是具体的，即他不是被其人性决定的，而是被更具体的范畴决定的。从这一观点看，我们如何选择更具体的范畴无关紧要——它可能是种族、阶级或民族。无论如何，具体的人这一术语所基于的意识形态的内涵，将会削弱甚至取消一般的人权原则，并且允许人类的一部分把他人看作自然物体。这意味着在事实上使奴役制合法化，尽管在意识形态的公开声明中未必如此。

在这方面，所谓的法国新右派运动提供了一个有趣的例子。我相信这一运动应该得到严肃对待。其显著特征是某种程度的言论的开放性、果断力和直言不讳的意愿。这些人经常被斥责为种族主义者，甚至纳粹。他们的回答是："我们从来没有为论及高级或低级种族、反犹太主义或种族仇恨的理论辩护。"确实他们没有散布这样的学说。他们看起来没有从纳粹那里获得激励；毋宁说，他们呈现了一种久远的反启蒙传统的延续，这一运动起源于德·伯纳德（de Bonald）、德·梅斯特、萨维尼（Savigny），并且后来在尼采那里，最后在索雷尔（Sorel）那里被看到了。他们的观念表达了一种以历史地决定的人的名义反对抽象人的反应。他们的刊物《原理》（Eléments）1981 年 1 月/3 月的一卷完全致力于与人权理论做斗争；他们命名为 "Droits de l'homme：le piege"（人权：一个陷阱）。他们并不声称存在着优越的种族、主人国家等。首先，他们说人权理论，不管在现代哲学中如何被定义，起源于犹太-基督教和圣经——这是对的。然后他们声称，这一理论不能从历史材料中引申出来，并且人性只有作为生物学的概念才代表一种实在；除此之外，在文化的意义上，人性实际上不存在。各种文化的"有机的"结晶过程产生了它们自己的规范和价值体系；与此相对照，人权理论表现了文化上的帝国主义，它努力把特殊的犹太-基督教学说强加给其他文明，并且试图毁灭任何多样性。新右派的意识形态家是异教徒，并且如此描绘他们自己。他们希望回到圣经之前的，也许是希腊的人性概念，并采取实际的、历史地生长出来的文化（而不是哲学上蒸馏出来的人的抽象概念）作为任何可能的人类学的基础。

这的确是真的——康德和新康德主义者都完全清楚这一点——文化意义上的人的概念不是基于任何经验的描述；它既不能从人类学也不能

从历史研究中合法地引申出来。它必须是道德上被证实了的。我重复一遍，这样的证实是否通过制定实践理性的绝对的自主原则，从而不依赖于宗教传统而成为可信的，这是另一个问题。不过，在两种情况下，人们必须承认，文化意义上的人性概念——一个在所有对人权的确认中都被假设的概念——可以在道德上建构起来，但不能凭经验和根据历史建构起来。

抛弃这样的概念并由此抛弃普遍的人权原则（就像在上述例子中那样）为奴役制度和种族灭绝的合法化创造了前提——当然未必总是鼓励它们。它足以使生活在一种特殊文明中的人们认为其他文明的成员是自然物体。例如，为了吃掉小虾或苹果，我们并不需要一种特殊的理论使我们相信它们比人类低等；它们是自然物体，而这对于我们就够了。不管我们人类的其他部分是以生物学上的种族范畴来定义，还是通过与一个国家或文化的联系历史地来定义——只要可恶的抽象的人被忘记，在人类身上就可以产生同样的结果。

对于用阶级范畴描述的具体性，这也是同样正确的；具体的人的术语常常出现在一些其他种类的马克思主义意识形态中。在这一点上，正如人们所熟知，马克思的遗产是含糊的，就像在其他许多问题上一样。一方面，马克思相信，一旦从作为劳动力出卖自己的必然性中解放出来，共产主义的人将恢复真正的个体性，这是被资本主义商品经济剥夺了的东西。另一方面，他期望未来的这一个体完全和自发地与社会打成一片，并且社会技术为建立这种认同而存在，那就是，消灭私有财产和使生产过程集中到国家手中。从这一观点看，所谓的消极自由，像已经被法国革命宣布的那样，看起来对于他毫无意义，因为它引起了个人之间利益冲突，因此明确地展现了资产阶级社会的状态。与之相对照，在马克思所想象的未来社会中，个人的利益和志向绝不是被他人的需要所限制，而是由此得到其支持的。

从一开始，而不是在稍微改变了的作为警察国家的官方意识形态的马克思主义获得政治胜利之后，这一观念就作为对国家奴役制度的期待而受到斥责，特别是受到无政府主义者的斥责——我相信，这是它应得

的。彻底的国家化意味着人民的国家化。马克思主义的学说中没有包含
以对个人不可剥夺的权利的承认为形式，反对把人民变为国家所有的安
全屏障——因为资产阶级社会被分裂为敌对的阶级。承认普遍权利，好
像会违反阶级斗争原则，而在一个完善的共同体中个人将能够自由而不
受任何强制地认同"整体"。

　　社会民主主义的新康德主义者，像柯亨（Cohen）和福尔伦德已经
认识到这一点。他们问道，按照康德的原则，人应该被认为本身是目
的，并且永远不能作为手段——即每一个人作为个体，不是作为一个民
族、阶级、种族、国家或文明的成员，难道没有出现在社会主义核心理
想中，是因为这一观念旨在把人从他们作为物和商品，而不是作为道德
的个人的状态下解放出来？因此，社会主义的观念由于采取了康德的信
条才成为有活力的。马克思的历史哲学确实本身不提供给我们这一原
则，但是，如果它放弃毫无指望并且在道德上十分危险的断言，即消除
了事实和价值、历史实在和规范理想的二分，那么它可以与康德的道德
哲学无矛盾地兼容并存。这样的努力变成了正统派的笑柄，他们相信社
会主义观念不需要伦理基础——或者因为它仅仅代表了（在许多德国马
克思主义者看来）对历史发展的一个价值中立的分析，或者（像列宁和
托洛茨基后来主张的）因为除了阶级斗争的技艺，不存在或不可能存在
伦理标准。

　　这种对立的意义今天比以往表现得更加明显。康德的遭到取笑的抽
象的人，即应该被认为本身是目的的人，就是我们这些自由、生命、民
权和自决权遭到极权主义的扩张威胁的每一个人。的确可以说，人们不
应当以如此乌托邦和意义深远的方式解释康德的原则，好像我们可以用
纯粹人的关系替换人与人之间的所谓的似物性相互关系。无疑，在一些
存在领域，人们是作为机构的代表而不是作为人互相影响。官僚制度和
技术层面的交往在生活中确实存在，而且相信它们能够被根除是幼稚
的。我们也不能从康德意义上的原则中获得清晰的指导，明确是否或在
何种程度上能够把它运用到斗争、冲突和战争中。但是，即使我们把这
一原则降至其最低限度的含义，它仍然意味着，没有人可以成为另一个

人的财产；因此它禁止任何形式的奴役制度。

在过去的奴隶制中，一些人就像其他商品一样被买卖。新康德主义的社会主义者论证说，在市场经济中，人仍然作为商品出现；即使他们在人格上是自由的，他们也被迫在市场上出卖自己的劳动、他们的个人体力和才能。但是人们必须补充说，要用人们变成了国家的财产的状态替换这些状态——这是共产主义的原则观念——意味着用某种无限坏的东西代替很不完善的东西。一旦个人不可交换的价值缴械投降，国家奴役制，作为完全国家化的不可避免的结果，在理论上就失去了界限。没有这一界限，社会主义观念就会不可避免地退化到奴役性的社会主义，退化到一个个人被降低为生产过程的一种基本粒子的社会。

我重复一遍，个人以何种方式失去其自主存在地位并变成一个物，这是重要的，但在当前的语境中是次要的：无论是我们声称有权利把其他种族、民族或文化的人看成自然物体；还是我们可以视国家为最高价值，个人好像仅仅是更大有机体的组成部分；或者最后，将视人如工具一样的权利转移给一个全能的国家。因此，不论是否相应的原则被以生物、历史或者文化的范畴解释，在所有情况下，具体人的术语都在充当奴役的基础。从这一观点看，很明确，种族主义学说以及鼓吹文化的不可交流性，从而不可能采取共同的人性的观念的哲学，与极权主义的意识形态一样是人性的敌人。它们的消极的共同基础确切地存在于否认作为一个普遍范畴，适用于每一个个体的人，被人的不可侵犯性、不可替代性和不可交换性所确证的人（being human）的概念中。他们都是反康德主义者，也是反基督教和反人类的。

一些共产主义国家由于政治上迫不得已，不情愿地并且（自然地）仅仅在语词上承认人权原则，与种族主义者和激进的民族主义者运动否认这一原则的勉强性同样，改变不了这一事实。共产主义国家的统治者非常清楚（而他们是对的），这与他们的意识形态是对立的——尽管今天没有几个人敢于这么说。毛泽东是一个少有的和可钦佩的例外，敢于明确谴责人权理论是资产阶级的虚构。

总之，尽管赋予每一个人同样平等的人的尊严的观念比康德还古老，并且实际上起源于《圣经》，但是我们归功于康德的不仅是他试图独立于启示宗教而确立它，而且还有这一观念与人类学、历史学和心理学研究中可能发现的一切之间清楚的区别。由于他，我们知道了，无论是我们的历史和伦理理解，还是我们的生理学知识，都不能使我们认识这一观念的有效性，而认识不到它，则是最危险的。如果一个人试图从人类学或历史资料中推论出人权，结果将总不过是某个群体、种族、阶级或民族的独享的权利，这些权利将允许他们征服、消灭或奴役他人。人性是一个道德的概念。除非我们承认这一点，否则我们没有任何好的理由去挑战奴役制度的意识形态。

论　美　德①

[波兰]　莱泽克·科拉科夫斯基
唐少杰　译

　　当我们谈论美德（virtue）时，我们所指的是什么呢？我们谈论与特定的活动相关的不同类型的美德：公民美德、知识分子美德，等等。我们可以说，在这种意义上美德是具有道德内容的技艺（skills）：美德从道德上来讲是有价值的。我们还可以一般地谈论美德，这意味着那一套套从道德上讲有价值的技艺不仅使我们成为更好的人，而且也能改善我们同其他人的关系：这些美德使我们为善并且使我们的生活为善。

　　现今，几乎很少听到论及"处女的贞操""失去贞操""不贞的女人"②，等等，在我们的脑海中这些短语是与维多利亚时代③的贞洁理想相关联的，在我们的时代这些说法是很可笑的。也许正是因为与过去的理想的这种关联，"美德"一词才具有了某种多少失去了光泽的外观。这有些遗憾，因为"美德"一词具有许多美德，而这正是我们需要认识它们的时候了。我们毕竟没有别的什么词来表述道德技艺的聚集体。我们不需要一个像希腊语 arete（卓越）这样一个既可以用于物又可以用于人们的肯定性质的广义的界定：例如，刀子的美德在于能够切割，土地的美德在于带来丰收。我们也不需要一个像拉丁语 virtus（美德）那样主要指男子汉气概的狭义的界定。但是，英语 virtue（美德）一词是我们用来指善的词。

---

　　①　本文原文题目为"On Virtue"，译自 Leszek Kolakowsiki, *Freedom, Fame, Lying and Betrayal*, Colorado: Westview Press, 1999, pp. 47–52。——译者注

　　②　在这里"处女的贞操""失去贞操""不贞的女人"分别为"maidenly virtues""lose one's virtue""women of easy virtue"。在传统文化中，女性的美德的很重要内涵体现在保持贞操，因此，在这里把 virtue 译为"贞操"。——译者注

　　③　约指英国女王维多利亚在位的 19 世纪 30 年代至 20 世纪初。——译者注

　　有多少不同的美德，怎样给它们分类，这不是我们这里所要关注的问题。然而，值得注意的是，如我在这里已指出的那样，美德作为对于人类共同体生活具有本质意义的道德技艺，在一个重要的方面则与其他的、非道德的技艺相类似。

　　我们是通过一个践行美德的共同体的培养而学习美德的，正如我们学会游泳或学会使用刀叉那样。我们不可能不下水就学会游泳，同样一个孩子也不可能通过阅读一系列关于他的手指握住刀叉的准确角度的复杂指南来学会使用刀叉。同样，如果在一个共同体中美德不被践行，那么关于美德的指南则毫无用处。当美德衰竭殆尽之时，人类社会也会随之衰亡，任何数量的指南都无济于事。一位牧师可以在布道坛上引用福音书，但是他若滔滔不绝地讲的是恐吓和诅咒，并且被认为是充满了仇恨，那他不可能向他属下的众教徒教诲基督教的美德；相反，由于他本人的所作所为，他会削弱和毁灭他所布道的美德。与之相似，富有的金融家除非把他的财产用于接济其他人，否则他就不能抑制住人的贪婪。

　　因而，美德不是从教科书中学到的，而是通过生活在那些身体力行美德的人之中学到的。但是，所有的美德都能在某一个人身上体现出来吗？斯多葛学派认为，这是可以的。他们相信，美德就是美德对其自身的回报：如同对正直之人的回报就在于此人正直这一事实。对斯多葛学派来说，美德只有在为了其自身目的而身体力行时才是真正的美德；如果有人是在对其他人奖励的期望之下而奉行正直，那么他不可能是真正的正直。所以，可以得出下面这点结论：如果我们失去了某一美德，我们就会失去所有的美德；反之，我们拥有了某种美德，我们也就会拥有所有其他美德。拥有某些美德而失去其他美德就会意味着我们不是为了美德本身的目的而履行美德，而是为了与我们自己的利益或方便相关的其他理由而履行美德，因而这些美德就不会是真正的美德。相反，恰恰由于它们是善的，而为了善自身的目的去践行美德，意味着我们对它们完全是身体力行的，因为我们没有理由只是践行一些美德而不践行其他的美德。

　　这样一种关于美德的全有或全无（all-or-nothing）的观点是非常有

局限的，也是难以坚持的。要说如果我们完全拥有某一美德就必然拥有所有美德，这意味着我们要么是完美无缺，要么是毫无所值、败坏透顶，在这二者之间一切皆非。正是那种不明智的教育策略才会向人们提出在完美化身与腐烂透顶之间进行选择，因而，这就很容易使人们对他们自己说：好的，如果我不能成为完美的化身，那么我做什么都无所谓；并且我必定不能成为完美的化身，那么我也正好可以为所欲为。

因而，斯多葛学派关于美德的观点是有局限的和危险的。这一观点也是虚假的，因为假设人们具有某种美德——真实意义上的美德，即不是出于深思熟虑，而是出于美德本身的缘故去践行的美德——而不具备其他美德，这没有什么矛盾的。某个人可能正直和谨慎，但不勇敢；某个人可能对其他人真诚和亲切，但不勤奋；诸如此类，不一而足。我们从这一斯多葛学派理论可以挽救的唯一的真理果实在于，诸美德看来是彼此相得益彰的：如果我们已经具有某些美德，那么我们的确更容易获得其他美德。例如，如果我们开始寻求正直，我们很快会发现我们还必须成为坚定不移的和英勇无畏的人。所以，诸美德完全不是像它们看起来那样彼此互不相关。

对于美德所持有的全有或全无的僵化态度从教育上来讲不仅是贫乏枯寂的，而且也很容易滑向狂热盲信。在美德实践上的绝对主义会是很有害的：如果某个人无论何时何地都身体力行美德和倡导美德，而置环境于不顾，那么他就会使生活无论对于自己还是对于他人都变得不可忍受。具备英勇这样一种美德可能会退化成纯粹的鲁莽；如果严苛地运用而对任何种类的减罪情节（mitigating circumstances）① 都视而不见，公正审判（justice）就会成为十足的残忍，而这就不是由真正的公正所予以的，而是由骄傲自满所予以的；真实（truthfulness）变成凶残蛮横和对别人的苦难与不幸的无动于衷；对于别人的痛苦和悲哀加以同情的、值得称赞的原则会导致对于邪恶的包庇纵容。甚至聪明也可以不过是一个逃避生活中不可避免的冲突和兴衰变迁的托词。在穷兵黩武的部落中

---

① mitigating circumstances 常用作一个法律术语，译为"减罪情节"，即可使罪行减轻的情节（行为），也可以意译为"情有可原"。——译者注

长大的人们学会了英勇无畏和坚忍不拔，但是他们也常常是残忍不仁的；在学术追求上不断跋涉并完全具有知识分子美德的人们有时对其周围正在发生的事情熟视无睹，这部分地是由于相信他们的工作更为重要，部分地是由于不愿意使他们自己卷入人们从事社会事务所必然发生的冲突之中。但是，他们所缺少的公民道德也会导致过度：那种促使人们投身公共生活的社会责任感会蜕化成以某个人自己的观点的正当性来寻衅放肆地坚持排斥其他所有人，从而轻重不分，本末倒置。

还应注意的是，虽然所有美德都很容易蜕变为反美德的，但是有些美德比其他美德更易于产生这种蜕变。因此，例如，尊重真理，特别是当某个人相信自己真理在握，就似乎比和气好意地对别人说话更容易蜕变为盲从轻信；而勇气胆识会比宽恕大度具有更大的危险。

当然，正如拉罗什福科（La Rochefoucauld）① 所宣称的，并非我们所有的美德都只是我们自高自大的遮掩；不过，的确，假如我们不去关注什么事情会出错，那么，善总会转变为恶。尽管这并不是什么颇为新颖或引人瞩目的观点，但它是对一种提醒的重申：我们应该不断地警惕自欺欺人和自满自足，我们应该不断地在检查我们行为的真正动机时审慎多虑。我们不可能期望人人皆完美，或者不可能期望人人皆等同，但是我们应该意识到对于美德的身体力行需要灵活性，需要有对于人类事务无限复杂性的理解。这样一种理解只能来自体验。这一点听起来并不难懂：当用教科书的方式来分析美德时，美德就开始变得似乎比它真实存在更加复杂。实际生活中所需要的美德是一个简单的事情，因为真正的美德是天然的（natural）技艺，是从我们自己的生活体验及其冲突需求中所学来的，是从善良和沉思的人民的社会中学来的。

---

① 拉罗什福科（La Rochefoucauld, 1613—1680）：法国思想家，代表作《道德箴言录》。——译者注

责任和历史①

[波兰] 莱泽克·科拉科夫斯基

姜海波 译

造物主的鸦片

当希特勒的军队得意扬扬地穿过欧洲时，可能不止一方认为他们的胜利是暂时的，将注定在彻底的失败中很快结束。一些人从他们的信仰角度来描绘这种确定性。他们坚信上帝会奇迹般地击溃敌人，不会允许信徒众多的国度灭亡。另一些人从他们的信仰中得出结论：正义最终必将获胜。其他一些人根据的是他们对温斯顿·丘吉尔的天赋的信心。还有一些人依赖的是对约瑟夫·斯大林的信任。没有一个人为这种观点提出可靠的理性基础，但通过一种形势可以很容易地对它进行解释。在这种形势下，日常生活中的残暴和恐怖已达到了某种程度，没有人能够想象它们会成为持续的现实并可以无限期存在。在一些国家，希特勒主义者的占领似乎不是那么野蛮，或者群众恐怖没有达到波兰那样的程度。在这样的国家，对希特勒垮台不可动摇的信念就不是那么普遍。

在西方有一些人，他们为"新欧洲"这种形势设计了一种新的历史哲学，他们认为希特勒主义国家确实是野蛮和恐怖的，但在事实上世界注定要成为文明的野蛮人的祭品，所以一个新的、人道主义的、民主的文明可能稍后会在当前文化的废墟上崛起。因此，历史的圆圈已经闭合，和历史上已不断发生的事情一样，伟大成熟的文明失去了它们的活力，在野蛮人的撞击中崩溃，现在轮到这些野蛮人在地球的这个部分重

---

① 本文原文题目为"Responsibility and History"，译自 Leszek Kołakowski, *Toward a Marxist Humanism: Essays on the Left Today*, New York: Grove Press, Inc. , 1968, pp. 111–157。——译者注

新创造历史了。雅利安人对印第安人的征服、迈锡尼的文化、希腊、罗马……在古代历史中，历史反思发现了许多发人深思的东西。但是事实上人们在那时能做什么呢？实际上，以历史必然性的名义，人们被认为应该支持希特勒主义，或至少使它能自由地开展工作。

如果这种态度使我们感到厌恶，那么让我们思考一下，我们这种厌恶针对的是什么。是针对某人怀疑击败希特勒的可能性的事实吗？毕竟，在1942年初，很难通过理性论证来证明第三帝国注定失败。即便我们相信，普遍的历史法则支配社会模式的变化，对这些法则的认识是模糊的，以至于我们无法预测，在什么时候以什么样的条件——动乱、战争、革命、失败和胜利的变迁——某一社会模式才会被另一种取代。在过去的事件上表现历史哲学的智慧是很容易的，但历史通常都会嘲笑对未来的预测。无论如何，希特勒主义国家的推翻在那时都无法从任何历史哲学的图式中推导出来，也无法在战争前景暗淡的时候通过军事行动的进程切实地讨论出来。希特勒主义国家的失败不是预料中必然的结果，各个国家通过努力和牺牲为获得这种结果而奋斗。是否存在排除法西斯军队首先拥有核武器这种可能性的某些历史法则？法西斯军队是否会在使用这种核武器上犹豫不决。我提出此类问题，不是试图嘲弄或指责那些不管是出于历史哲学考虑还是出于非理性考虑而坚信法西斯主义垮台必然性的人——这不是因为他们的信念最终被证实了，而主要是因为这种信念本身构成了胜利的基本组成部分。

即使在常识与希望不一致的特定情况下，对于参战势力来说希望远比常识重要，这是可以理解的；理性思考有时会认可军队中的失败主义，但我们必须承认并接受失败主义是不可容忍的这一事实。我们也必须使我们自己与以下思想相一致：对于有效的战斗来说，过多的常识可能是有害的，即便是为了正义而进行的战斗。**那些没有看见就信的人是有福的**。让那些从理性前提出发预见到自己一方会在战斗中失利的人闭嘴肯定是合理的。因为，认为努力没有作用的想法会使这种努力的作用加倍缩小。这是人类存在的一种不幸的矛盾，没有什么能将其消除。

但是，你不能因为这个就禁止思考。你不能因此阻止人们在最暴力的战争中因为他们自己的原因而对前景持怀疑观点。有时，怀疑论被证明是合理的；无论如何，对于交战双方中一方是合理的。毕竟，在九月战役中，确信波兰军队能够战胜侵略者的"纸糊坦克"是允许的。

因此，我们回到之前提出的问题上。我们可以理直气壮地要求怀疑主义者不要在其他人中间散布他们的怀疑，但我们不能因为他允许怀疑在其头脑中出现就在道德上谴责这个人。人们可以在最后战争的黑暗时刻相信胜利属于希特勒主义者。这种推测本身不受道德的评判，但是，由此得出的实际结论及人们对这种世界观所采取的态度要受到道德的评判。没有人可以因为他在理智上确信其不可避免的胜利而支持犯罪就被免除道德责任。没有人可以通过辩白他认为这在历史上是必然的而逃避反对他认为卑鄙和不人道的政府体系、学说或社会秩序体系的这种道德义务。我们反对道德相对主义的这种形式：对**世界精神**的秘密的认识可以推导出人类行为的道德评判标准。

这不是反对人类道德信仰实际依赖于他们的社会情况这一论点，而只是反对历史哲学规范解释的尝试、反对责任源于需要的理论、反对在历史法则的认识中要求道德评判标准，反对不满足于根据对现在产生的作用而在道德上评判过去、通过在未来的结果而评判现在、幻想对这些结果进行完全和绝无错误的认识这一学说。这是在反对以下观点：在历史冲突中，即便是从**世界精神**的角度出发，胜利也将不可避免地属于正义，正义恰恰是胜利的原因。因此，"未来属于正义者"这种说法沦为一种同义反复，因为未来到底属于谁取决于谁被认为是正义的。

让我们更深入地讨论一下这个问题。当一个气象学家预见到一场冰雹时，他不会说："将有一场冰雹。我们可以预报这场冰雹，但预先组织它就是我们力所不能及的了。冰雹是不可避免的，所以为它感到欣喜吧！为这场冰雹而鼓起热情、唱诵赞美诗并说服农民不去保护他们的庄稼免受冰雹袭击反而渴望它的到来。"

历史预言家站在不同的立场上。首先，他事先知道人类历史趋向进步——这个词的含义是从来没有被真正阐明的，这是事实，但大约说来，是在社会意识中作为每种形势都比之前要好的一系列形势的指示而应该被感知的。在大的范围内，历史是一个进步的过程。这就是说，实际上人一般而言在这个世界上是越来越幸福的。

当然，"人"不太容易相信这一论点的情况也可能出现。如果是那样，某些可能性会出现。一般来说，人们必须注意，在对抗它的过程中，"人"表现出了一种肤浅的经验主义，他不去理解发展良好的事物的本质，而忙于其经验主义存在的没有表现出改善迹象的琐事。在这个例子中，"人"只是在哲学上没有受到良好的训练。我们正在谈论的人的"经验主义自我"与社会意识的"绝对自我"在客观上发生冲突的情况是有可能发生的——在集体生活中，人表现出退化的成分。最后，"人"在该情况下认为退化的东西可能只是通往根本改善的短暂阶段。我们在面对一种辩证的说法，"倒退是为了下一次向前飞跃"。无论如何，必须使"人"相信世界正在向着某种更美好的东西前进，特别是当我们在较长的时间段内对其发展进行估量的时候。

一旦他认识到这一点，最大的困难就不存在了。这足以说明按照历史的伟大造物主的命令而发生的特别现象——进步——并因此将这种进步表现为人类向着更美好世界前进过程中的一步。同样，对这种事件或情况的支持在道德上约束所有在心中拥有人类美德的人。

除了与历史进步隐藏的运行方式合作之外，我们还能找出更好的标准用于道德裁判吗？相信进步的必然性就是相信所有事物的进步性质也是不可避免的。相信天命就是赞美落在你头上的砖头。当历史精神承担着神圣天意的困难任务时，它必须像其典范一样，对打在脸上的每一个耳光都报以谦虚的态度，这有助于它所监护的东西。

创造进步的造物主照管着这个世界，命令他创造的所有生物和意象都颂扬他。尽管他像猿猴一样的外表可能会吓到人，有什么比证明哪个国家领导人、哪种政府体系、哪种社会模式才是造物主派下来的救世主更容易的吗？毕竟，天主教历史学家承认，上帝为了测试忠诚度，有时会将圣彼得的教区交到不敬神者的手中。如果他们向神圣声音低下头颅，那么忠诚的价值还真是大，即便那种神圣声音是从巴兰母驴的喉咙中发出来的。如果创造进步的造物主想要通过成吉思汗来发出声音，那么历史哲学家越有洞察力，他就会越快地为成吉思汗提供服务。当动物学家得出结论：人类的时代在地球上已经结束，而蚂蚁的时代即将来临，历史哲学家将没有其他选择，只能建议每个人自愿坐在蚂蚁堆上将他们的骸骨留在那里。一旦确定进步是历史的发展，这确实会对进步有所帮助。

但是，这实际上不是什么可笑的事情，我们在寻找摆脱困境的方法，这种困境有时似乎比三位一体的神秘更加难以在理性上进行理解。为了更加清楚起见，让我们将辩论时的普遍假设和两张意识形态上的极端视为理所当然，从这一假设出发，这种极端在实践中表现出两种对立的立场。

这种普遍假设是：作为一种想象的而不是真实的社会关系模式，社会主义代表了价值的某种复合体，就其执行本身代表着道德**责任**而言，它具有道德性质这一点是公认的。换句话说，社会主义为人类行为的评价提供了一种或普遍或部分的标准。

两种极端态度就是从这种假设中发展出来的：一种是所谓伦理社会主义，我们在历史中对它有所了解；另一种是斯大林主义，我们可以在最有利的、纯粹意识形态的版本中对其进行系统描述。在忽略可能产生其中一种或另外一种态度的社会来源和历史形势，我们应该在纯粹思想领域考虑这两种极端态度。

从与我们相关的观点来看，伦理社会主义可以被总结为：社会主义是社会价值的总和，作为道德责任，其执行要依赖于个人。它是某一个人或群体自己确立的、关于人类关系的大量命令。这些价值实际上**能够**被执行到什么程度的问题与人们**应该**为其实现进行努力的问题完全不同。根据康德的观点，责任应该被履行，因为它是责任，而不是因为我们行为的实际结果在不完全依赖我们的世界中将会或者能够真正满足我们的愿望。如果我们认为社会主义是不可能的，那么我们为其奋斗的责任也不会缩小或减少；正相反，只有那时我们的努力才会获得英雄主义的光环，这种光环充分强调了它们的道德价值。因为，依据道德开展行动意味着出于纯粹责任意识、出于纯粹需要而开展行动，而无论现实是否服从于我们的愿望。只有明知不可为而为之的人才会不受别有用心的怀疑的影响。相信社会主义胜利的确定性并为之奋斗的人仅仅是在历史的轮盘上为其认为必定胜出的数字下了赌注。他的行动在道德上毫无价值，因为行动的目的是使他成为斗争中胜利一方，或者至少在动机上与绝对的机会主义难以区分。在这种情况下，在一家从历史角度来看将会产生高额利润的企业投入努力和为了道德上被认为正义的理由而战斗之间的区别就很难划分了。

真正的社会主义者冒着失败的危险开展行动，有时失败几乎是确定的，失败的可能性越大，其行为的道德价值就越高。除了它是一种责任之外，为社会主义而奋斗的责任没有任何其他动机，这意味着社会主义是作为个人道德努力而实现的。那些认为社会主义就像明天会出现的日食一样在未来不可避免的人不会发现任何东西能够将道德价值赋予必然成功的行为。另外，这种成功的必然性并不能使人们行动起来，因为在那种情况下，无论某个人如何行动，目标总是会实现的。鉴于这种推论，为社会主义奋斗并认为其必然到来的政治党派是日食的党派。

那就是在所能想出来的、最有利的版本中斯大林主义学说对社会主义者道德情况的解释：社会主义在历史意义上是不可避免的。这意味着那些阻止其到来的人必将被为了新秩序而奋斗的人所击败。但是，这并不意味着人民群众的行动以外的任何方式都可以赢得胜利。既然历史的趋势必将终结阶级社会的存在，那么历史规律将是群众参与其中。个人行动的道德价值由其在这一必然过程中的参与所评定。进步是必然的——我们在一开始就下了赌注。如果是这样的话，使这种必然性实现的所有行动也是进步的，"历史意义上的进步"和"道德意义上的善良"之间实际上没有什么区别。更确切地说，只有在特定历史时期人们面对代表进步的有产阶级时，差异才会存在；尽管人们没有谈到这一点。在垄断阶级履行其消灭阶级社会的历史使命时，差异就会完全消失。

一旦无产阶级执政，绝对的和谐将存在于人类行为的道德价值和社会的历史性发展之间。也就是说，这种条件下根据自身法则有利于社会主义社会进化的就是道德的。因此，生产资料的生产优先于消费品生产、农业生产集体化、经济规划工作的原则、按劳分配等都是道德的。

教条的斯大林主义者处于尴尬的位置，在面临某些问题时不得不进行一些羞羞答答的改变。他承认"道德意义上的正确"和"历史意义上的进步"是同样的。如果我们向他询问——这个他不太可能遇到的问题——在英国原始土地积累的经济进步过程中，是否使用了暴力和剥削才得以完成，因为正在做**"世界精神"**的工作，每个驱逐农民的地主是否都应受到表扬，教条的斯大林主义者会有两种回答。第一种是：这是一个理论问题；第二种是：在这存在一种对抗。事实上，"对抗"这个词解决了一些麻烦的问题，因为内在的矛盾理论通过宣称现实包含内部矛盾完美地保护了自己。因此，世界的内在矛盾原则应该保护这种学说免受不一致性的质疑。"一方面"，阶级社会的经济进步是以牺牲被剥削阶级的利益为代价而实现的。但这也是进步，所以**世界精神**站在它那一边。"另一方面"，那些被剥削阶级恰恰处于他们的对立面；所以**世界精神**的另一方面支持他们。矛盾？这个学说中的每一个矛盾都是它的胜利，因为世界是以这种矛盾为基础的。当**世界精神**反抗自身时，教条主义者在其破裂的灵魂上升起了他的旗帜，这种反抗只是证明了他存在的理由。教条主义者夸耀其体系的一致性。但是在必要的时候，他也会为其内在矛盾而骄傲。

无论如何他会马上补充说，这些矛盾属于阶级社会，一旦新的社会主义社会进入建设阶段这些矛盾就会烟消云散。现在，这种世界精神一劳永逸地修补它破裂的灵魂，在什么是道德意义上的正确和什么是经济上的进步之间主要是一种简单的同一性关系。现在，斯大林主义理论家在夸耀一致性的胜利。他认为，"没有绝对和普遍有效的道德标准，如果它们被证明是存在的，当它们与进步的要求冲突时就会马上失去这种普遍性"。确认行动的特定界线有利于社会进步与证明它是一种道德责任是一回事。这样，我们通过将它们与进步联系起来而对价值进行定义。

但是，我们不能通过重新提及道德的价值而反过来将进步的概念相对化。如果我们希望避免这种明显绕圈子式的推理陷阱，我们必须在——社会进步或道德价值——两种概念中选择一种，使其在逻辑上优先于另一种。如果我们试图根据价值来定义社会进步，我们首先可能会赋予进步概念以纯粹的道德内容的风险，这违反了历史唯物主义的假设。（教条的斯大林主义者拒绝承认以下想法是墨守成规的和形式主义的，这种想法认为现象之间本源的、历史性的相互依赖与理论中哪个是**决定因素/定义者**、哪个是**被决定因素/被定义者**毫无关系。）第二，我们将会确认不管在何种历史事件中某些道德价值都是有绝对约束力的，这违反了辩证法。除了颠倒顺序之外，我们没有任何方法可以摆脱这种窘况——我们只能通过将道德价值与历史进步联系起来而对其进行定义。因此，进步的概念必须具有评价的特征，并假定是一种纯粹"客观"的物质。这意味着，进步必须反过来被定义为实现**世界精神**或历史法则的东西，"**最终**"依赖于生产工具发展的东西。因此，为了证明事物的道德有效性，人们必须确认它"**最终**"对技术的发展有用。这种有用性对于评价来说必不可少，且足以胜任评价的任务。作为历史的原动力，生产工具的发展也是人类行动的**最终**目的。神学家在几个世纪以前就发现了世界观的这些要素。

以这种方式，社会理论方面不足的马克思主义被道德学说方面不足的黑格尔主义所补充。对社会道德的这种解释在一些——道德敏感的——共产主义者中有一些追随者，他们将其视为一种尝试，试图解决良心与他们在其中发现自我的社会现实之间的冲突。别林斯基相信，人们不应该因为愚蠢的个人原因就对抗历史，而应该放弃个人良心方面的焦虑和抵触、接受其基本进程。个人的道德问题不应该表现在将个人尺度应用在评判历史事件的正义性上，而只是表现在个人正义感对历史必然性的适应上。一旦个人仅仅将自己视为历史的一般本质的工具，他的责任就包括在理智上和道德上与当前形势进行同化。这就是说，对将其自身表现为历史必然性的东西的道德反感必须贴上工具推动力的标签——努力成为一种自主的本质。这种推动力从形而上学的角度来说是不可思议的。正如个人在历史中的作用这一理论所证明的，这种脱离历史必然性的尝试不仅在事先就是注定的，而且还是应该受到谴责的，因为它与进步相抵触。

在这种历史哲学的帮助下，那些接受它的人努力使社会主义的实际现实和他们关于共产主义的想法相一致。**世界精神**有助于缩小共产主义意识形态的实质和以其名义犯下的错之间的差距。这种对现实的看法不仅仅是某些思索人类命运的历史学家的特权，而且已经在很多范围内成为一种社会现象。这种**世界精神**的鸦片以多少有点庸俗的形式得到应用，有效地使良心在面对日常生活中道德上令人厌恶的刺激而变得麻木。历史的实质将其专横的首要性强加在百依百顺的"工具"上。这些"工具"确信，他们潜藏的反感和秘密的厌恶反应不过是在拉动历史战车这种伟大工作中正常发挥罢了。但是，在世界精神这种理论帮助下，接受它的"工具"粉饰了当前现实中的所有污点和他们自己的机会主义，他们绝不是虚假历史哲学的无辜受害者。他们最初的错误不在于接受历史命运本身，历史命运从道德责任中解放了出来，而他们自己的解放则成了历史命运的工具。最基本的是，共产主义者相信历史的绝对道德无涉性，同时相信能够将其自身从历史需要中解放出来的每种道德的多余，他们对历史必然性的本质不感兴趣，他们将自己的一致性放在了这种历史必然性的门槛上。他们从来不会试图独立查明或确定什么构成了这种必然性的内容，他们将探究历史造物主的构思的重担转移到其上级的肩上。他们欣然同意让其他人去探查**世界精神**的狡计，并宣布他们和它进行交流的结果。

他们被某种东西所说服，并好心地执行其所谓的或真实的命令，他们将这种东西视为历史必然性。在**世界精神**的领域内，他们只是维护者，向历史支付税金，却不要求就其决定进行投票，甚至不要求完全了解这些决定是什么。他们心甘情愿地接受这一角色。真实世界和公认价值世界之间的冲突只是在潜在的愤世嫉俗中证明了自己，成为永久一致性苦涩滋味的解药。因为愤世嫉俗只是对人类行动和特定社会普遍公认价值之间矛盾的清晰认识，愤世嫉俗者策略性地接受了这种矛盾。这就是真正的罪犯不是愤世嫉俗者的原因。只有在这里，我们才找到这一问题的关键——这一点在这些反映开始时被提及了。

　　有人确信历史必然性是存在的而且必须通过残忍和令人恐怖的手段来执行——有人相信在任何情况下，某些行为都是被规定的，而某些行为则是被禁止的，如何使这种确信与这种绝对价值的认可相一致呢？道德责任就是坚信某些行动是目的本身而不仅仅是达到目的的手段，另外一些行动本身或就其本身而言是和目的相反的，也就是被禁止的，这种坚信在特定社会环境中长期存在。如果历史必然性被视为一种无限制的、没有确定最终阶段的过程，如果赋予它的最终目标还没有实现而只是一种对未来的许诺，如果道德判断同时从属于历史必然性的实现——那么在日常生活中根本没有什么东西是目的本身。换句话说，最严格意义上的道德价值就不存在了。存在意义上对世界的看法是否能和价值意义上对世界的看法相一致呢？

　　这是极端政治现实主义和极端乌托邦主义之间争议的一种形式。我们将极端现实主义称为个人对历史进程中根本必然性——及其所有细节——的一种信仰，在这种历史进程中，个人的命运就是生存，极端现实主义相信针对当前现实设定**道德**前提的所有尝试都是无效的。历史造物主不会容忍道德家的存在。这种现实主义以历史造物主的名义把所有从道德角度出发对这个世界的考虑都打上了枯燥和乌托邦的标记。另一方面，就我们正在采用的观点而言，乌托邦主义就在于对现实不断批判的态度，在于完全以衡量善恶的武断标准来衡量现实。乌托邦主义者对社会现实提出的唯一抗议就是断言社会现实在道德上是错误的，他用来影响社会现实的唯一方式是告诉人们这个世界**应该**是什么样的才能符合那些绝对标准。

　　我们假定在两种立场之间的争论中存在共同的假设（为了避免关于我们不加说明地将它们作为理想表达出来这一事实的徒劳争论）。现实主义者不会也不需要质疑乌托邦主义者所追寻的、用于反对当前历史的道德价值。他要质疑的是这种反对的有用性。而乌托邦主义者也不会质疑历史决定论，他要质疑的是人们根据历史必然性评估在**道德**上评判某些事件的权利。他相信这种道德判断不依赖于某种认识，这种认识关于被评价事实是适合作为特定历史哲学所概括的历史链条中的一环。另外，争论各方因各种态度糟糕的实际效果而互相指责。根据其对手的意见，在实际情况下，通过支持历史理论机会主义，现实主义者同时也是政治机会主义者。他能够用来代替变革计划的就是使自己适应所面临的模式。他接受这个事物的世界，因为它是唯一存在的世界，而可能与之相反的唯一世界是价值的世界，是梦想家无偿设计虚构之物，在本质上缺少根基。另一方面，乌托邦主义者在其对手看来就是虚构世界的建造者，在现实中注定没有结果，因为他为自己设定了无法实现的、源于自己完美观念的目标，进而使自己不能达到可行的目的，这种可行的目的是建立在关于这个由不可塑的和有抗力的事物组成的世界的可能性的分析基础之上的。

　　乌托邦改革梦想家和宿命现实主义者用这种方式相互争论，自从人们有意识地改善他们的社会存在——意味着几乎从一开始——他们就一直这样争论。这种讨论就像来自向河对面的呼喊一样，而且这条河还是无法游过的。服从于所面临的世界和服从于道德律令之间存在着无底的深渊，在其边缘正在上演着历史的大悲剧：注定失败的阴谋和起义的悲剧，而穿过深渊，则是因为相信其不可避免性而与罪恶合作的人们。最近这些年，革命运动的道德喜剧一直在双方的边缘上演。

　　马克思试图在两边的悬崖之间修建一座桥梁，在这座桥上，乌托邦社会主义在本质上是需要克服的。他用这些话来总结他的观点：我们"应当对这些僵化了的关系唱一唱它们自己的曲调，迫使它们跳起舞来!"① 这就是说，人们自己创造自己的历史，但是他们并不是随心所欲地创造历史，而是在直接的、既定的、从过去继承下来的条件下创造。马克思用他一生大部分时间发现历史的自然旋律，那些继续其理论工作的人必须不断地重新思考这一问题，按照《资本论》的未完成手稿一遍遍地谱写死后发表的歌剧，根据新的经验回答同一个问题："应该做什么?"车尔尼雪夫斯基和列宁是以此为标题写书的两个人，他们代表着这种不懈努力的两个发展阶段：当前经验与纯粹想象的理想之间无休止对抗、现实本身和人们所期望的现实之间的持续对话。

------

① 《马克思恩格斯文集》第1卷，人民出版社2009年版，第7页。——译者注

这一工作的困难不在于讨论还没有找到具有充分根据的答案的理论问题，而在于讨论有一天可以一劳永逸地解决的问题。这里，我们面临一个问题，这个问题永远不可能以适用于所有历史偶然事件的方式最终解决，而必须根据每一出现的历史形势重新处理——因为每一个都是新的，每一个都不是经常发生的，没有一个仅仅通过援引过去的类比就能进行分析。

这是由于历史决定论天生就是模糊的。"决定论"是指描述社会变革规律的学说，这种理论将未来有效性赋予这些规律。马克思的预测提到了经济模式的变革，马克思在简单陈述这种预测时考虑到了这种变革；他的自然科学批评不允许出现那种进一步的详细说明，这种详细说明曾为傅立叶和多数乌托邦主义者所喜爱。列宁在十月革命之前规划的计划在细节上更进一步，但是，我们不能确定这些计划的哪些部分是基于俄罗斯的条件，哪些在从资本主义到社会主义的过渡阶段中是或至少可能是普遍有效的。我们当然同意，资本主义技术进步产生集体拥有生产资料的趋势这一马克思的假设已在大体上被历史证实了。

但是要通过多少失败和胜利的革命、经过多少战争和危机、在多少年以后、以什么样的时间顺序和地区配置、经过什么样的倒退和高潮、以何种形式，社会主义社会才会出现——这恰恰是不能从"历史法则"的普遍认识中令人信服地推断出来的东西。日常生活的经验回答了这些问题，就像熟练的魔术师每天用新奇的东西使我们感到惊奇一样。总的来说，这些情况不会困扰历史哲学家，对于他们花费数年时间根据"科学预测"按他们的观点为资本主义社会所辛苦撰写的墓志铭，他们还是满意的。对于那些战争、革命、危机、几十年的奋斗和困难，他们落入了"偶然事件"的哲学范畴，也因此获得自由，不受敏锐的哲学历史分析制约。关于历史精神的奥秘，历史哲学家了解历史进程将会在哪个点最终停止，但是通往目标艰难崎岖的道路就不在他们预测性的目光内了。一旦完成，每一个经历的阶段都可以任意解释，能够以足够多的不同方式为历史哲学家提供可以商议讨论多年的主题，但是，几乎没有哪个阶段能够被预见到——"阶段"这个词可以恰当地用在这里，和测量沙皇驿站马车行程的长度单位具有相同的含义。这就是它们被称为"偶然事件"的原因——这个词在几个世纪中导致人们对某一理论的地位漠不关心，在我们的时代，这个词的效果不比斯宾诺莎构建的"无知的避难所"差。然而，根据对世界命运的此类认识，历史哲学家从来都勇于设计对个体具有约束力的、并在道德上迫使他配合历史进程的实际规定。

没有什么东西可以使历史哲学丧失信心。在揭示其无效性的每一历史时刻，它吹起了胜利的号角；它甚至和着小号和军号演奏的军队曲调进行了自我批评。它面对残酷失败时令人钦佩的勇气显然不是源于固有的完备性，而是源于它本身是"精明智慧的"历史的工具这一事实，这种历史用轻率的机会主义欺骗了它，并命令它相信在摆脱所有幻觉后将现实视为一本翻开的书，进而使历史哲学欺骗了社会意识。神话色彩的去除使它本身成了神话，因此，尽管历史事件可能在每一步都与历史哲学不符，它仍然能够将挫折表现为胜利，就像德尔斐神谕被证明是正确的一样。历史哲学不是从自身汲取力量，而是从人们对它的信仰中汲取力量，这种信仰是政治实践不可缺少的部分，其特性是半宗教性的。如果穿在被人们顶礼膜拜的牧师身上，那么最破烂的外衣也会呈现出皇家礼服的样子。那些根据梦想来预言的人从来不会仅仅因为梦想已被证明不一定会变成现实这一事实而动摇他们的信念，因为他们总能举出一两个例子说明相反的情况并维系他们的信仰。信仰不需要理由，只需要例证和支持。

然而我们不需要嘲笑历史哲学。无论它的可能性多么不足，它确实具有以下不容置疑的价值，即便有些人或整个社会体系应该将它作为道德受虐狂的工具。我们不能随便轻蔑地对待它，因为这些反映在本质上属于它的领域，是为了使它的波特金村庄（Potemkin Villages）① 变得富足。相应地，我们也可以看到，历史哲学意义上的思考已经传播到如此

---

① "波特金村庄"的说法来源于一个真实的历史故事。叶卡捷琳娜二世于 1787 年出巡因为俄土战争获胜而得到的克里米亚，在途中，格里戈里·波特金指使人在第聂伯河两岸布置了可移动的村庄来欺瞒女皇及随行的大使们。后人们用"波特金村庄"指"用来骗人的村庄"，而在现代政治和经济中，则指专门用来给人以虚假繁荣印象的建设和举措。——译者注

的程度，并占据了如此的比例，以至于在视野被限制在黎明和黄昏范围内的、不加掩饰的经验主义支持下，即便付出再大的努力，要想将它从社会生活中驱逐出去也是不可能的了。这种黎明和黄昏不是属于每一天的，而是属于伟大时代和历史模式的，这种黎明和黄昏已经成为人类思想的日常食品，试图剥夺无数人从历史的高度将世界视为一种得不偿失的游戏的特权，这种形势本身就足以引诱不能剥夺他人历史哲学愉悦感的人自己来分享它的好处。那么，这就是目前讨论的一个借口，我们现在希望将这一讨论带到一个决定性的阶段。

良心和社会进步

在现实主义和乌托邦主义的争论中，经常出现针对后者的意见和我不必重复的细节。但是，我应该提出一些"反现实主义"的命题，由于某些原因，这些命题似乎特别有意义。

这些前提如下：

第一个假设：伦理个人主义。只有人类和他们的行为受道德判断的支配。如果没有对行动者意图的考虑，就不存在任何道德评价；这种意图只属于人类。由此看来，人们必须做出如下推论：在道德上评价某一历史进程的好坏是不可能的。在严格意义上，如果某一社会阶级——社会阶级这一定义对我们来说是适合的——不仅意味着个体的集合，而且意味着"社会实体"，那么对该社会阶级群体进行道德评价也同样是不可能的，构成社会实体的人文因素应受到阶级整体支配，但反过来就不是这样。

这并不意味着特定阶级或群体的成员资格在决定其道德观念和他行为中受道德判断支配的、几个世纪以来受到不同限制的部分时就是非决定性的，对这一点进行强调是很重要的，一般而言，上述成员资格是一种依赖性，在这种依赖性中，每一个体在面对他所生存的社会时可以发现自我。正相反，尽管我们缺乏足够的证据，但我们还是假设他的决定是绝对的。（我的意思是社会决定，而不是源于阶级成员资格的决定。）

435 ·

我们将其规定为我们的：

第二个假设：决定论。关于善恶和人类行为道德性的观念由个体在社会中的参与方式所决定。我们把教育、传统的影响及在所有社会群体中的成员资格包括在"参与"的意义中，以上各项的总和产生了被称为人格的独特事物。（当然，传统也是一种社会群体，也就是在其时代之前就已经形成的某种意识的影响范围之内的人的整体。）

我们不会纠缠于以下问题：在形成道德观的过程中社会生活的不同形式起到什么作用；有多少是源于社会生活的普遍方面并表现出普遍有效性的"基本"性质；有多少是源于阶级社会独有的条件，并因不管如何会获得的长期性；最后，哪些是由特定阶级和职业中的成员资格造成的。（这些问题总结了社会学和道德的主要难题，同样，也在本文框架之外。）

尽管许多道德哲学家认为这两种假设是矛盾的，但我们坚持认为它们不是矛盾的。社会决定论本身比在我们对这一术语的使用中表现得更有说服力。社会决定论和对道德责任的接受之间不存在任何逻辑矛盾。这源于以下前提：

第三个假设：价值的人文主义解释。尽管某个特定的人可能接受其道德价值和行为是被规定的这一事实，但是他不能依据他对决定其行为的条件的认识就推断出任何结论。这种结论是关于他所接受的价值判断。换句话说，这个人知道，根据使他这么做的特定环境而判断某事物的好坏并不意味着该事物就是好的或坏的。每个人都有道德观念，但是他不能通过宣称它们源于某一确定的外部原因就可以证明它们。另外，说个体可以在道德上被评价意味着对其**评价的权利**被赋予了别人。这是一种标准的陈述，那么其否定也是标准的。因此，当我们确认作为理论公式的决定论原则可以证明道德责任是不可能的时候，我们策略性地假设道德价值可以从纯粹理论命题推断出来。如果我们拒绝接受这种推断的可能性，我们将被迫承认人类活动决定论或非决定论的问题与人类道德责任的确认或否认没有任何逻辑联系，因为无论是确认还是否认都不是理论命题。这样，我们的第三种假设消除了前两个假设的假定矛盾。

因此，第三个前提将使我们让道德责任概念完全独立于我们关于人类行为的社会或其他决定的认识，或者说是假设，尽管认识在过去比在现在要重要得多。实际上，就个案而言它是不足的，尽管在广泛意义上它是可证实的。

说个人在道德上要对他的行动负责意味着他所在的社会环境有权对他的行为进行道德评价，有权批准或不批准他的行为。这进一步说明环境意识到了这种权利。这些反应和应用它们的行为一样是确定的。否认社会的这种权利是在道德上评判它的反应，也就是按照我们行动的内容所剥夺的形式而开展行动，换句话说，是陷入了实际矛盾中。我们会发现自己面临一个卡尔特修道院院长（Carthusian prior）曾经的处境，这个院长因他的兄弟违背了沉默的誓言，或者因为某人提出将那些要求保留死刑的人处以死刑，而对他们进行斥责。

拒绝赋予社会批准或谴责的权利有点像判决地震不会发生或不会下雨一样。在这方面，我们遵循斯宾诺莎的思想。我们必须接受自然法则，同样，我们必须接受依据道德行为对个人进行评判这一社会事实的存在。从表面上看，这似乎与我们之前所说的相抵触。因为我们要求个人的道德责任应该被认可，所以我们应该赋予社会进行道德判断的权利。在某种程度上，我们不同意质疑雨水具有落下来的权利，那么我们就应该接着确认它具有这种权利。这将我们置于困境之中。这种困境不是源于评价的内容，而是源于评价是明确的这一事实。在现实中，这两种情况不是类似的，因为人考虑到自己属于社会才赋予社会某种特定的权利。通过成人社会的这种权利，他也将这种权利赋予自己，在某种程度上，他成了社会的声音。

道德判断明显不是纯粹"认知"的行为——如果真的存在的话——也不是被动地承认关于事物的某种观点；它用简洁语言陈述了对于受到道德评价制约的某种形势的实际的最初态度。事物本身既不是善良的也不是邪恶的，而只是被体验成这样，从埃奈西德穆和诡辩家、霍布斯和斯宾诺莎到石里克和卡尔纳普，这一真理在几个世纪中已被多次重申，所以可以省略讨论过程而直接支持这一论点。但是，对它的接受并不代表着我们必须放弃道德判断，这其实是重新捡起我们之前讨论过的实际矛盾的行为。正相反，无论接受或拒绝，我们假定这种决定论理论在任何情况下都不能从逻辑角度支持或干预这类命题，因为一种属于认识的世界，而另一种属于责任的世界。当我们肯定道德责任的存在时，关于非模棱两可、自然或支配人类行为的决定论存在的问题就是完全无关的。

我们的第一种假设意味着，当我们做出诸如"这一历史进程是进步的"或"这个社会阶级代表历史进步，而那个社会阶级阻碍了历史进步"这类陈述时，我们不是通过以某种方式评价观察对象而说出**道德**判断。这是另外一种评价，明显假设了关于改良、人类利益、发展等的某种评判标准。的确，如果我们**只在**特定历史现象的结果中寻找社会进步的标准——例如在我们希望宣传的道德观念在社会中的增长和传播领域中（当然我是不推荐这种做法的）——那么"历史进步性"的判断就不是一种道德判断，尽管它包括对某些道德价值的特定范围的先天接受。说某种行为在道德上令人厌恶是一回事；因为它会使社会上这种受谴责的行为减少而确定某种历史进程为进步是另外一回事。谴责盗窃公共财产的行为与因消除了盗窃的需要而宣称繁荣是社会意义上的进步不一样。在第一个例子中，我们系统阐述了一种明确的一般道德概念；在第二个例子中，我们实际上是假设了一个数据，但是，我们没有把它应用于一般社会过程，因为盗窃是由个人进行的，而不是生活标准、技术发展或法律导致的。个人是道德判断的客体，其他是历史判断的客体。

这意味着，这三个假设承认以下情况是非矛盾的（尽管在逻辑上不需要），在这种情况中，特定的具体人类行为在道德上必须进行否定的判断，但根据在历史进程中的作用又必须进行肯定的判断，反之亦然。让我们暂时忽略这种情况是否会在现实中出现这一问题，而只说它们是可能的，因为这两种判断相互独立。它们是可能的，即便我们假定了关于进步的纯粹道德标准。在我的观点中，这是错误的。确实，成体系的盗窃有利于能够让作为社会现象的盗窃消失的社会变革，这种情况可能出现。

因此，我们回到黑格尔的问题，或者更准确地说，这一问题源于所有受黑格尔历史观影响的人对黑格尔的解读。拥有关于进步的理论是否可以取代或否定一种对于与历史进步标准不同的道德行为标准的同时的、非矛盾的使用？我们现在对黑格尔的解释是否正确不感兴趣，而对后黑格尔哲学所确立的问题的内容感兴趣。

"单纯志向的桂冠就等于从不发绿的枯叶"① ——这句话总结了《法哲学原理》的第124节，嘲弄了因为历史人物鄙夷的动机就试图否认他们的伟大和尊严的人。事实上，他们的伟大和尊严是根据他们在时代精神发展中所起到的作用来判断的，这种发展可以将一些人对名誉和尊重的渴望以及另一些人对财富和征服的渴望作为有力的武器。在用来评价行动时，动机是非物质的，因为被评判的不是动机的高贵或鄙夷，而只是在进化史中行动的结果。

这种观点不存在任何否定上述假设的东西。马克思完全同意以下意见：历史进程或个人行动的"进步性"或"落后性"可以脱离它们可能产生的任何道德厌恶或认可来评价。让我们冒昧地引用他对于英属印度殖民地的评论，他在该评论中详细说明了以下观点："从人的感情上来说，亲眼看到这无数辛勤经营的宗法制的祥和无害的社会组织一个个土崩瓦解，被投入苦海，亲眼看到它们的每个成员既丧失自己的古老形式的文明又丧失祖传的谋生手段，是会感到难过的；但是我们不应该忘记，这些田园风味的农村公社不管看起来怎样祥和无害，却始终是东方专制制度的牢固基础，它们使人的头脑局限在极小的范围内，成为迷信的驯服工具，成为传统规则的奴隶，表现不出任何伟大的作为和历史首创精神。……我们不应该忘记，这些小小的公社带着种姓划分和奴隶制度的污痕；它们使人屈服于外界环境，而不是把人提高为环境的主宰"，等等。接下来的问题是："如果亚洲的社会状态没有一个根本的革命，人类能不能实现自己的使命？如果不能，那么，英国不管犯下多少罪行，它造成这个革命毕竟是充当了历史的不自觉的工具。"②

"只有在伟大的社会革命支配了资产阶级时代的成果，支配了世界

---

① 参见黑格尔：《法哲学原理》，商务印书馆1961年版，第128页。——译者注
② 《马克思恩格斯文集》第2卷，人民出版社2009年版，第682-683页。——译者注

市场和现代生产力，并且使这一切都服从于最先进的民族的共同监督的时候，人类的进步才会不再像可怕的异教神怪那样，只有用被杀害者的头颅做酒杯才能喝下甜美的酒浆。"①

更简洁地表达涉及我们的想法是困难的。尽管历史进步的价值通过犯罪来实现，但价值仍然是价值，犯罪仍然是犯罪。同样，艺术杰作也不会因为艺术家鄙夷的动机而失去它们的伟大。柏拉图的美学可能深植于同性恋。陀思妥耶夫斯基的天赋可能源于他的癫痫。人们在凡·高的画布上发现精神分裂的迹象，梅毒刺激了维斯潘斯基的艺术激情…… 这都是可能的。艺术生理学理论的心理分析家和信徒们公开了许多类似的事实，勇敢地破坏神圣的东西，好像在说：看看你们这些伟大的人！事实上，因为柏拉图的美学吸引异性恋的人，因为陀思妥耶夫斯基著作吸引非癫痫患者，因为非梅毒患者喜欢阅读维斯潘斯基的作品，那么当它对艺术进行判断的时候，有什么更好的证据可以证明这些被揭发出来的事实是不相干的呢？如果完美的奶酪在粪便中生产，无论它们之间的因果关系如何，奶酪和粪便都保持了它们的性质。

这整件事似乎老生常谈，但它在我们感兴趣的领域提出了大难题。马克思对英国殖民的革命作用的评价并没有表明他在**道德**上尊敬在印度的英国士兵。即便许多国家的工业革命以奴工的大规模使用为基础，但这并不意味着奴隶主就应该得到道德上的称赞。

换句话说，在实现一般历史进步的过程中不得不寻找善恶的道德评判标准，从这个意义来说，没有理由将道德视为历史的工具。但是，作为**世界精神**工具的犯罪还是犯罪。当然，对我们来说，接受关于过去的这种观点是很容易的。由于时间久远，过去不会唤起强烈的道德反应，我们能够像陈述事实一样容易地做出道德判断，如果涉及现在或最近的过去，那就比较困难了，这不仅仅因为我们的道德反应比较直接。道德判断可能包括将公正的抽象尺度用于某一特定事实（就像看温度计一样）。如果它们是直接感觉，那么当人们认识到某些事实在道德上是令人厌恶的、历史上是进步的时候，自然的冲突就会出现。

---

① 《马克思恩格斯文集》第 2 卷，人民出版社 2009 年版，第 691 页。——译者注

但这纯粹是心理学上的问题。在评价当前历史事件的过程中出现了更多的麻烦，就是那些判断起来和它们的"历史进步性"一样最困难的东西；当历史事件被淹没在过去的深井里，当人们从远距离的视角、根据其实际结果来思考历史事件时，这种特征明显地、绝不是含糊不清地表现了出来。在这一方面，现在总是含糊不清和模糊的。当我们试图将历史判断和道德判断分开时，或者当我们为了前者而放弃后者时，这种含糊不清产生了特别的危害。相对于现在来说，我们更了解过去，因为我们总是用有组织的形式来观察它，但现在却是混乱的。

这一问题与黑格尔同时出现，也就是相信人类拥有预见历史的万能钥匙，这是大卫的钥匙，可以打开未来所有的秘密（除了我们曾提到的、困扰几代人的"偶然事件"）。在著名的《历史哲学》中和别的地方，黑格尔实际上第一个概括了存在于**一般历史分析**中的疏漏的可能性，概括了构成人类世界发展进程的人类个体行为；更确切地说，他开始确信人类无法只在描述人类行为、感情、努力、幻想的概念范畴的帮助下书写历史。因为人们"获得了他们想要的，但更多的东西在这一过程中被创造出来了，它们实际上天生就存在于人们想要的东西中，但是不存在于人们的思想或意图中"。

这就是两种认识无止境地相互干涉所引起的问题，这两种认识从"历史进步"的概念成为普遍用语那一刻开始就存在着。我们像体验日常生活一样体验历史；我们将历史视为时代精神的前进。这两种途径的持续冲突导致了痛苦面容和糟糕的视力，就像被拍摄的物体突然移动时镜头没有对准焦点。

作为马克思理论工作的结果，至少历史解读的一些特征作为整体已经成了共同的认识。几乎没有人再相信历史唯一的任务是像跛足魔鬼一样行动：撕裂人类住所的屋顶，注视着在他们的保险柜里穿着拖鞋、躺在床上的人们；打开他们的头骨，寻找隐藏的动机、情感和计划。普通公众有一种共识，这种共识不是关于历史法则的，而是关于历史的，这种历史是不同于人类行为所构成的反映的独立客体。后者不是历史研究的原材料，不是用于形成概念和范畴的重要材料，而是要求在人类群体的趋向意义上进行因果关系解释的某种东西。

由于这一点，我们感兴趣的问题不仅没有得到解决，反而复合了更多的东西。如果人们确实不得不通过历史进程解释个体的行为，而不是相反，那么事实是，使自己适应这一真理的人仍然仅仅是个体，必须在每一步做出基本选择，在一般认识中找不到任何有效的工具帮助他进行选择。道德选择并没有变得更容易，因为人们意识到，它在世界的常识意义上是确定的，选项的每一组成部分都是历史展望的一部分。更确切地说，在想象我们能够拥有对历史发展法则永远正确和最终的认识之前，或者在想象我们能够使世界的未来像铁路时刻表一样可靠之前，这种选择不会变得更容易。只有当我们成为这种疯狂幻想的牺牲品时，我们才能轻松自如地进行选择。但是，这需要多大的代价啊！这种代价是，每种现象都被虚假地提高到一般历史范畴的高度，成为某种构成我们**宇宙观**的一般概念的表述。日常生活在本质上是一种痛苦，因为在不同的事件之间不存在任何联系。它是个人情况的积累，这类情况中的一些普遍与另一些在某些方面相似。因此，我们能够详细阐述以表面有秩序但实际上欠考虑和习惯性的方式选择我们反应的自动性和习惯。然而，日常生活中的每一个微粒事实上都耗尽了自身并很快地消失，速度比我们记录它的速度还快，然后与其他微粒一起构成可怕的虚无。在这种虚无中，没有什么是真实的，没有什么可以被实际体验，每样东西都分解为由细节组成的一团混沌。日常生活包括无实质联系的独立现象，它在被偶然接受的、被标记为"生命目的"的神话中寻找联结。任何单独的"生命目的"都会创造一种物质，这种物质使任何对立的事实看起来是一种"方式"，进而将真实性的表象赋予那些日常发生的事情，在它们能够在意识中固定下来之前，这些事情实际上就已经过去了，留下了一种荒谬的感觉。这种将某种实质性的外貌、某种一致性的外部光泽、单一目标组成的一致性赋予自己生命的尝试有时可能减轻自身无意识噩梦所带来的生活痛苦。

这些个体的生命目标，这些不费吹灰之力就可以被粉碎的短暂神话，可以被历史哲学的坚固堡垒所取代。充满历史哲学认识的意识正确地判断关于一般"法则"和所有事实，不懈地看透未来，以美好的方式将日常生活组织起来，就好像它是一座华丽的大厦，在这座大厦中，每一块石头都具有完美定义的功能，每一块都被归入一般和高尚的范畴。日常生活中的每一事实只是用于说明理论范畴。预先构成我们存在的混乱印象的堆积突然转变成清晰的一般概念的天堂。我们从散乱的历史事件所构成的地狱进入匀称的宇宙。在这里，只有符号和思想存在。在这个世界里没有任何个体，只有思想的表现形式，额头上加盖这种类的徽记。在这个世界上，我们不再吃面包和奶油，而是致力于重组我们的力量有意识地向着建设社会主义的目标努力。我们不睡觉，而是重新产生灰色的"格子"以便在贯彻**世界精神**的过程中创造性地使用它们。我们不和人交谈，只和思想的使者交谈，他们是庞大的历史进程内某些冲突中的社会力量的代表，而我们的话只是思想的回音。每一步都有确定的方向，这种方向是历史的进步，这种进步的方案是我们发现的，而计划的目标对每个人都是清晰的。

按这种方式，我们从日常存在的沼泽中进入抽象生活的疯狂中，就像从妓院到修道院一样。道德的社会意识在这两种极端中摇摆，这两种极端迟早会和幻觉的白痴生活一样被撕去面罩。可以理解，在同化生活的手段中，某一种手段的失败会马上促进另一种的接受，这种现象可以很容易地在最乏味的案例中进行观察。

但是，因为我们现在不打算处理生活中出现的所有形式的谬论，那么让我们把注意力转向其中一个：我们怎样才能把日常生活的道德从历史哲学的噩梦中解放出来？我们怎样才能把它从伪辩证法中解放出来？这种伪辩证法使道德成为历史的工具，并使历史成为邪恶的借口。我们可以有所保留：我们对攻击历史哲学概念的那些无关紧要的批评没有兴趣。历史哲学概念通过在理论上将日常生活的事件进行分类而使世界"非人化"。在这种虚幻的思想天堂中，受历史哲学教育的意识繁荣兴旺，不管怎样，比起典型的日常生活，这种虚幻的思想天堂是更人性的而不是像白痴一样的，朱利安·杜维姆（Julian Tuwim）是这样说的，"工作日是痛苦的，星期天是无聊的"。

因为在历史哲学视野中构建道德并使其只在该框架中才有意义的危险不存在于试图将某个人的生活解释为历史的片段以便随心所欲地赋予它本身所没有的意义。危险存在于用历史造物主从我们的行动中获得的利益标准完全取代道德标准；这种威胁使我们可以更确定地了解其意图和计划。宗派主义精神是怀疑论的天敌，怀疑论尽管难以区分，但它是针对空想主义者疯狂盲从的最有可能的解毒剂。每当使其格外明显的历史经历重复自身的时候，这一古老的真理就应该被重新提起。

当某个人不可动摇地绝对确定天堂就在眼前，约阿希姆的"第三王国"接近胜利，历史新时代（将"真正地"带来幸福、"真正地"不同、压碎蛇头并终结人类的苦难）的最后巩固即将来临，当我们被我们就在天堂边缘的坚定信念所困扰，那么救世主的希望成为生活唯一的主宰、道德戒律的唯一来源和美德的唯一尺度就不是什么奇怪的事了。始终如一的救世主信仰者应该毫不犹豫地执行可以加速新时代出现的任何任务。然后，道德用启示录的声音发言，它"看到了新的天堂和大地"，它知道，在到达彼岸之前四个天使将毁灭三分之一的人类，燃烧的星辰将会坠落，深渊将会开启，上帝之谴的七只杯子将洒在大地上，荣耀将被加在征服者身上。费雷的约阿希姆和托马斯·名泽尔形象说明了这种关于历史的启示录哲学。它以确定的形式找到了进入共产主义运动的道路。尽管在后者中，它被可靠和丰富的科学分析所支持，但实际上它是作为一种救世主的观念而作用于群众运动。它当然不可能是其他方面的，但是这种承认不能安慰我们，因为我们想要展示的恰恰是我们无法从对历史必需品的相对可靠的认识中演绎出指导我们行为的规则这一事实。

作为一种实际规则，我们至少应该注意，我们需要一定数量的、针对历史预知哲学的怀疑论。历史预知哲学以过于确信的态度来预见历史。经验告诉我们，独立于人类的历史进程对人类的奴役——马克思所描述的奴役——还没有减少。

另一方面，历史不仅仅是一种像伊壁鸠鲁的诸神一样遥远的、无关紧要的力量，而是我们具体参与的但独立于我们意志之外的一系列境况。如果这一参与是个体的一种自愿行为，那么它也是一种道德行为，至少在其他情况下接受的某些价值作为决定性因素在这里生效了。

因此，我们的问题可以做如下表述：

既然日常生活中的道德不能从人们对真实或所谓的历史必然性的认识中推导出来，即便按照我们的观点，历史是反对某些武断确认或从传统中吸收的道德价值，我们也必须维护它们吗？如果放弃完全基于历史的道德，那么是否应该颁布反历史的道德呢？

我们可以这样回答：

真正的社会参与就是道德参与。尽管企图按其想象塑造世界的大规模政治运动因为世界的需要而出现了，尽管它的基本方向是由社会关系的发展决定的，但是个人对任何特定形式的政治生活的参与都是个人应完全负责的道德行为。

没有人可以免除积极的或消极的责任，因为他的行动只是特定历史进程的一个片段。士兵对他依照上级命令而犯下的罪行在道德意义上负责，个人更应该或事实上对他依照匿名历史的命令而做出的行为负责。如果一千个人站在河岸上，这时一个落水的人喊救命，几乎可以肯定某一个旁观者会跳入水中救他。这种准统计学的确定性涉及这一千个人，但是它并不意味着不需要对那个特定的人进行道德评价，就是一千个人当中跳入河里救人的那个人。经验可以使我们确信，这样的人在人群中是可以找到的，这类似于那些偶尔成为现实的罕见历史预测。一千个潜在救援者中特定的那个人进行了以大数字为基础的预测。要成为这个人，就必须自己开展行动。这是受道德判断支配的行动。同样，如果存在为了某些任务而需要罪犯的某种社会体系，那么人们可以肯定，这种社会体系总是可以找到他们。但这并不说明每一个罪犯都被免除了责任，因为要将这种系统工具的职能分配给自己，人们必须"自己"成为无赖，必须自愿进行某种受道德判断支配的特定行为。

因此，我们承认个人为其行为负全部责任的道德学说和历史进程的超道德理论。在后者中我们利用了黑格尔的观点，在前者中我们利用了笛卡儿的观点。他明确表述了以下著名的原则，这种原则的影响不是一眼就能看出来的。"没有任何灵魂会虚弱到即使在良好的指导下也不能绝对掌握自己的情感。"这意味着，我们无法为因情绪、情感或道德无效而进行的行动提供解释，我们无权将我们有意识的行动应该承担的责任转嫁到决定我们行为的任何因素上，因为在每一个场合，我们都有自由选择的能力。

这种假设——正如我所提到的，可以在不与关于世界的决定论解释发生冲突的情况下被接受——必须扩展到我们在历史必然和历史决定论中为自己找到的所有理由。不是我们个人不可征服的情绪（"我不能抵抗这种欲望"），不是任何人的命令（"我是一名士兵"），不是与某人所处环境中的习惯保持一致（"每个人都这么做"），也不是在理论上推断历史造物主的紧急状态（"我认为我是为了进步才那么做的"）——这四种最典型、最流行的解释没有哪一个是有效的。这并不是说这四种类型的决定在生活中就不会实际出现，而是说不论其中哪一种都不能使我们免除责任，因为它们中的任何一种都没有破坏个人选择的自由。个人的行动仍然处于个人绝对权力的掌握之中。我们走在自己的生命大道上：

> 不是我，也不是任何其他人可以在你的道路上行走，
> 你必须自己在这条道路上行走……
>
> ——惠特曼

我强调，我们与**道德**责任相关。执行上级错误命令的——在军事策略意义上无效率的命令——士兵对战斗的失败不承担责任。按照命令参与大规模屠杀平民的士兵要对杀人负责。他的道德责任是不去执行这一命令。只有以此为基础，我们才能够对党卫军士兵进行审判。

因此，无论我们愿意接受什么样的历史哲学，我们以历史哲学的名义所做的每一件事都将受到公正的道德评价。

历史哲学并不能决定人生中的主要选择，它们由我们的道德感决定。我们是共产主义者，不是因为我们承认共产主义是历史必然。我们

是共产主义者，是因为我们站在被压迫者一边反对压迫者，站在可怜人一边反对他们的主人，站在被迫害者一边反对迫害者。尽管我们知道理论上正确的社会划分不是"富裕"和"贫穷"之间的划分，也不是"迫害"和"被迫害"之间的划分，但当我们不得不用**实际**选择的行动配合我们的理论时（这意味着一种誓言），我们其实是出于道德动机在开展行动，而不是出于理论考虑。它不可能是其他方面的，因为最有说服力的理论也不能让我们抬起我们的小指头。实际选择是一种价值的选择，是一种道德行为，这意味着其是一种每个人都承担自己个人责任的行为。

历史和希望

世上实际的选择是根据"责任"，而不是"存在"界定的。"责任"和"存在"这两个范畴描绘了两种倾向和两种对现实的视域，我们断断续续地试图在二者之间建立联系。同样的问题在不同的视域中反复出现：我们如何才能防止在"责任"和"存在"二者之中进行选择，而不至于发生乌托邦和机会主义、浪漫主义和保守主义的对立，无意义的疯狂和伪装着的清醒的犯罪之间的对立？我们如何能避免在大声疾呼责任的武断口号和对现存世界的顺从之间，在"斯库拉"和"卡律布狄斯"的进退两难之间做致命的选择呢？① 我们认为有一个很重要的假定，即我们永远无法真实地和准确地衡量我们称之为"历史必然性"的极限，如何才能避免这种选择呢？因此，我们也永远无法可靠地确定哪一个社会生活的具体事实是历史命运的要素以及在现存实际中隐藏着什么样的可能性。

---

① 斯库拉（Scylla）是希腊神话中吞吃水手的女海妖，有六个头、十二只手，腰间缠绕着一条由许多恶狗围成的腰环，守护着墨西拿海峡的一侧。斯库拉原先是个美丽的山林女神，女巫喀尔克（Circe）嫉妒她的美貌，于是乘斯库拉洗澡的时候把可怕的魔蛇放入海水之中，使之成为她身体的一部分。现实中的斯库拉是位于墨西拿海峡一侧的一块危险的巨岩，它的对面是著名的卡律布狄斯（Charybdis）大旋涡，英语的习惯用语中有"Between Scylla and Charybdis"的说法，前有斯库拉巨岩，后有卡律布狄斯旋涡，意思是"进退两难"。——译者注。

为了更详细地回答这个问题，我们接受以下前提：

第四假设：关于价值的历史解释。责任是存在的一种形式。这意味着根据假定的社会特性，一种道德感变成历史进程的一部分以及影响历史进程的一个因素。此外，对确定的责任的信念也成为一项社会的客观需要。一些社会观点，比如什么是正确的，都反映在社会意识中，不是作为理论知识，而是价值判断：这个或那个在道德上是"善良的"还是"邪恶的"、这个或那个"应该"做还是"不应该"做。与实证主义者不同，如果我们对表达道德主张的特定语言感到不满，并且，如果我们不希望把规范的陈述无法从逻辑法则中推导出来这个事实看作我们知识的终点——如果我们对宇宙中没有什么理论足以构建一个有效的价值论这一琐碎认识感到不够满足——那么，我们必须把关于社会现象和价值世界的知识看作集体生活的体现，而它又以不同方式反映其法律、趋势和需求。采用了这个方法，我们就不太关心道德评价的特定的陈述是否与其他的判断一样受到真实与虚假之间的二分法的制约，虽然我们同意实证主义者的观点，它们确实是受该二分法的制约。相反，我们对同一社会进程的两种形式之间存在的联系、价值意识和理论意识更感兴趣。在实际上，尽管不好意思明说，但社会现象的理论几乎全都是戴着假面具的意识形态。这就意味着它们经常是（尽管不总是）强加给社会的价值集合，而这个社会是伪装成公平和科学的知识。但是，价值的一个含义，按它在社会所占比重的程度——以及按照虽经建立但到目前为止难以固定下来的标准——却是对社会生活的某些事实和什么是正确的这一概念的扭曲的认识，就像是在特殊利益的曲面镜中反映的镜像一样。如果给定一个规范，虽然从未完全遵守，但却被广泛认可，其存在这一事实本身就证明了它是社会的需要或社会需求的一个组成部分，并且需要我们对违反行为设定界限。**"责任"不是别的，就是社会需求**。在这个意义上，价值世界不仅仅是现存世界上面的一片想象的天空，而且也是现存世界的一部分，不仅是在社会意识中存在，而且是在社会生活的物质条件中扎根的一部分。从中，我们推论如下：

第五假设：对道德主义乌托邦伪现实批判的否定。一个支持道德正义程序的社会运动，不会仅仅因为其道德假设难以在**可预见的将来**得到确立而承认失败。每个人每天都经历的真实情况是很平凡的，而在吸引人的、装饰着道德光环的口号下奋斗的社会体系只是轻描淡写地模拟这些标语的内容。换句话说，我们应该拥有足够的智慧，不要被天国王朝的迅速到来的前景所欺骗。但是看来，我们似乎缺乏这种智慧——尽管表面看来这并不需要多余的精神努力——以至我们的母亲，即历史，有时会教训我们，这种教训是双重痛苦，因为我们用嘲弄来平息这种教训，同时也了解了我们自己的天真。

但是事实是，以往长期的挫折经历的效果难以被下一代人觉察；只有他们自己的亲身经历才能穿透他们的意识。这个事实初看似乎暴露了人性的弱点，但如果仔细审视，却是大自然的智慧和设计完美的防御机制。在社会条件下，即使要取得最简单的进步，也需要动员大量的集体力量，如果公众得知花费的努力与得到的成果完全不相称，结果就会令人沮丧、会打消人的勇气和奋斗精神，从而使任何社会进步都成为不可能。如果想要大家都看得到的成果，所做的努力必须十分大，甚至有些浪费。对世界上每一种生物而言，种子的总数量必须达到繁殖和生存所需量的一百万倍以上。没有什么理由说明这个类似的比例对社会生活不起支配作用，尤其现在的问题不仅仅是简单的繁殖，而是进化和完善。为了取得人际关系的变化而聚集力量，相比付出努力的总和，人们必须通过人工方法或空想手段将预料的成果放大来减轻人们心中的巨大不平衡，这就没什么奇怪的了，所付出的全部努力是无法隐瞒的，因为人们可以直接感受到。这样的畸变，看上去接近幻想，实际上却是意识形态的产物。意识形态在这里成为社会进步不可或缺的因素。意识形态在遥远的大地上创造海市蜃楼，为处于困境的商队聚集必要的努力，以求到达最近的绿洲。如果这种诱人的朦胧**海市蜃楼**未能显现，这支疲惫不堪的商队由于受到绝望的压抑，就会让自己葬身于沙漠之中。

如果我们目前的形势和我们欲取得的成果之间差距不大，而要取得该成果却需要极大的努力，那么采用自然手段来伪造一个比例就很有用处。假定，不管其他任何事情，只要为了缩小这个差距去努力是"值得"的，它也有用处。这些差距构成社会进步，而付出努力是否"值得"呢，答案是预先确定的。不存在其他别的可能性。此外，这些事情都是无法度量的，它们绝对不能像投资回报那样可以计数。说得更准确一些，取得社会进步是否"值得"，并没有什么清晰的意义。因为成果是无法度量的，同时也因为每一代人都从先前几代人的努力中受益，并且他们也在为后代的利益工作，因此"付出到底是为了谁?"这个问题也就无法回答。

这就是我们如何希望解释社会生活中总体倾向和目标与结果之间存在不相称的事实，这样才能取得相称的所需力量的全部。所有社会重建的规划都共同承担这样的命运，尤其是道德内容方面。尽管，如我们在第一假设中所指出的那样没有什么社会体系或机构是受道德评价制约的，因为它是匿名和客观的，但个人对它的态度仍然可以并且经常是具有关键道德作用的，也就是说，在一般意义上它还是受到道德评判的约束。这样说并没有什么矛盾。正如我们在前面的一个例子中指出的，一个人跳到河里去救一个快要淹死的人会受到道德评价的约束，但河流并不会。因此，从道德观点来看，社会体系本身并无差别，当我们决定反对还是支持一个社会体系时，我们就在道德层面上负起了责任，把我们自己暴露在道德评判中，并经常根据道德动机而行事。（我们必须注意我们可以使用比喻，这在广义上被托马斯主义者称为类比理论，举例来说，我们把一定的性质传给一个目标，那个目标本身并不具备那样的性质，但却可以在其他事物中产生该性质，正如当我们说威士忌是不健康的时候，我们的意思是说喝威士忌的人是不健康的。同样，一个社会体系可以诱发人们的某种行为，而我们发现这种行为是应该被谴责的，在类比的意义上，我们说它是"不道德的"。）

我们把这个思路总结为我们的：

第六假设：政治选择伦理判断的可能性。我们做出的基本的政治选择受道德判断的约束。

在世界上，每个因素都具有政治倾向性，世界上的各政党之间开展着全面战争，这就使得人们的生活发生深刻的变化。事实上，我们的假设反驳了群体一致受道德评判约束的观点，反之，自由选择某一团体，而不是另一个团体，却是不受道德判断约束的。由于社会生活变得比过去更加政治化，我们过去实行的许多曾被认为是不道德的行动，如今却披上了道德的彩色外衣。这就是为什么即使在最轻微的情形下在我们的日常生活中也总是跟随着一个焦虑的黑影，因为这些行动都与基本的政治冲突或多或少有关联。这个各种社会行动互相关联的普遍体系已经成为一个不可否认的事实，无论一个人认为其起源如何，也无论一个人是否同意。一个人当然会被看成一位"正派人"。但要知道，成为一位"正派人"，有许多途径！许多人是随风倒，他们放弃了自己的意志！

在希特勒时期的德国，作为优等民族的一员，一位"正派人"意味着什么呢？作为一位"正派人"和社会民主党党员，执行着殖民恐怖主义政策，这又意味着什么呢？在战争时期，谁是"正派人"呢？在大选中，谁又是"正派人"呢？在各种场合下，确实都有"正派人"存在，我们没有必要取消这个类别。确实，这个名称定义模糊、不准确，但在一定的限度内，还是有用的。

看起来，政治选择假设了全面的个性。我们只能说情况确实如此，而不是说这让我们高兴。在这些完全的划分机制中，我们了解了日常生活与历史大事件之间的联系。从政治选择不再将"直率"强加给生活而使生活变得简单的时候起，这种感觉是伤感的。人们可以将这样的情况称作疯狂，但是按照帕斯卡尔所说："人们都免不了会疯狂，以至于不疯狂就意味着一种不同形式的疯狂。"当一个人了解到他已经参与到大冲突中，面对一个不确定的结局时，那种折磨就会自始至终陪伴在他的身边。这种不确定不是由怀疑胜利组成的——在道德方面并不是很过分——这种不确定是指不知道我们参与的大事业的结果以及我们担负部分责任的结果将来在道德上多大程度能够被接受，或者现在能否对其承担责任。在"正派人"这个词的某种意义上说，做一个"正派人"就足够了吗？这是错误的，这要么是为了逃避责任，要么是仅仅为了无过错地履行责任而已，尽管目前有时还是用这个标准来解决社会体系的犯罪问题。

　　阐述这个原则仅仅是为了宣布一个人不相信做出理性政治选择的可能性。这种不相信已被经验所证实，但事实是，我们在许多小的行动中进行选择，回避它们也许比有意识地做出选择要困难得多。马基雅维利在他的著名论文《李维的最初十年》中观察到"在任务的一般结果上犯错的人，不太会在某一特定事实上再犯错"。如果我们实际上必须单独处理有形的和可以容易地进行评价的单个事实，这个观念对我们是有用的。相反，上帝的声音在我们的房间四壁之间追逐着我们，而我们呼吸的空气也是被奥林匹斯掀起的战争烟尘所污染。如果在这样的情况下，某人相信他可以通过"其余事情可以自行照顾"的个人正派性来挽救自己的灵魂而获得安慰，那么当他到达地狱冥河的彼岸时，他注定要吃苦头。在那里，他就会收到一份罪行清单，而实际上他对这些犯罪却一无所知。这整个悲剧之所以能够发生就在于我们被迫做出受道德约束的决定，而对它们的后果却一无所知。

　　实际上，也是很重要的一点，无知并不能解除一个人的责任，因为在许多场合，我们有道德上的责任去**了解**情况。第二次世界大战时有些德国人不知道集中营，这是真的。如果他们对自己的无知不承担责任，那么该由谁来负责呢？如果他们利用了属于一个统治了半个欧洲的国家的公民——如果仅仅基于他们的公民身份——他们怎样作为"正派人"呢？我们可以说他们的无知是有罪的，因为要纠正这种无知本来并不是很困难的；从一般意义上讲，他们由于不愿意了解形势，因而也是有罪的。这还不够。在有些场合，我们缺乏实际措施去获取做决定所必需的信息。而一旦做出决定，又会引起无法预料的后果，我们觉得应对结果承担责任。

　　人们也许会说道德评判是与我们行动的意图相关，而不是与其效果相关。"客观犯罪"——政治斯大林主义时代人们喜欢的一个范畴——它本身就是一个自相矛盾的概念。我们不同意这种态度，因为它缺乏对人的责任进行实际控制的工具。在全世界发生的铁路事故中，有多少是由于"意图"引起的呢？还有，在几乎全部的事故中，总是有人承担责任。但是说他只对疏忽职责负责，而不对撞车和事故后果负责。这是不对的。大家都承认玩忽职守是工作的一部分，每天都在发生，各地都在发生。它们只有很小的差别，更重要的是，它们不能依意图来进行测定和区分。它们只能按后果进行比较，后果的严重程度决定犯罪的程度。如果任何人觉得这个社会责任体系不合理，那么他应知道到目前为止还没有另外的具体适用系统被设计出来。他所能做的只是乞求宙斯给他一个更好的世界。（显然，我们的意思不是说在进行评价时，意图不是一个相关和必要的因素；我们只是说它不是确定责任的唯一依据。）如果我们承担责任的事情都是由意图而引起，如果我们的意图由我们自己就可以查明，那么生活就会变得像世界语的语法一样简单。但是，这样的简单性只能从没有人讲的语言里面才能取得。

从以上这些假设中得出的结论可以总结如下：

如果根据道德先决条件制订的计划来对抗现存的社会关系，这本身在社会学来说并非无用，且害处较小，即使这个计划的具体实现很成问题，如果一个人能够客观地衡量社会关系集合体固有的潜力，这也是对的。如果在"责任"和"存在"之间的冲突揭示二者之间混乱与激烈的对抗及二者之间巨大的距离，那么社会生活就会自动地将这些纯道德主义的计划宣判为无效，防止它们成为既定的人类社会的一支真正力量。因此，按照换位的法则，只要这种计划在社会意识中以重要因素出现，只要它们被认为是能够明显影响公众舆论的因素，就能证明并非表达传统意义上的乌托邦，并能部分有效地示范它们可以满足某些实际社会需求。

很显然，这并不意味它们可以变成"真实的"，也就是说不意味它们能够以纯粹的形式快速实现。如果塑造集体意识的口号求助于道德情感，而道德情感在一段给定的时间内是很普遍的，如我们前面所说，它们必须达到远超出现存世界能力的程度——但不应退化为一个奇异空想。在整个现代史中，有关自由的抽象的道德口号在无数的社会运动中起着战斗口号的作用。当然，它从来也未能以抽象和道德主义的形式实现。不过，局部和片段性的实现在很多阶段都确实发生了。如果仅仅因为它的实行是不完整的，而且未能满足最高需求，就忽视这个口号，是愚蠢的。我排除了这样一个事实、一个口号，就像其他口号一样，具有本身的欺骗和落后性；但它们是很容易识别的。让我们再一次强调局部的实现只有在假设超越了现实的"潜力"时才能发生。因为只有在那时它们才能动员和积累足够的能量来取得真正的进步。意图和可能性之间存在的不均衡具有某种几乎是难以确定的度，超出这个度，乌托邦主义的指责就有效。如果致力于改变的计划可能性太小，就会被指责为无能。而不均衡是必要的，正因为如此，不均衡就成为左翼社会运动一切事业的特征。**为了强迫现实产生它的全部潜力，汲取它埋藏的全部资源，超出可能性的超额希望和需求是必要的。**

过度乐观容易招致失望的风险，确实如此。失望会阻止人们进一步努力并阻止社会力量的组织，以便利用实际可能性，这样说也是对的。反过来，这又会引起集体活动强度的降低，降低到其潜力之下的水平。这就是为什么集体意识在持续振荡——一会儿上升，一会儿下降——振荡的区间位于真实潜力两侧相对的两个点之间。这两个点描述了社会变化的每个阶段的永久后果的两个相位。为了实现非幻觉的可能性，幻觉是不可或缺的。当幻觉与结果发生冲突，幻灭就不可避免。幻灭又会降低探索进一步的非幻觉潜力的步伐。在幻觉出现和幻灭降临之间有一段时间，在这段时间内发生着缓慢的、痛苦的和负担沉重的社会进步。和幻觉一样，幻灭也不是永远的。幻灭最终会向下一个幻觉屈服，当然其需求也会前进，而且预示一个更美好的开始。人们无法预见在不同条件下这些周期会持续多久。如果其后半个周期，从下降到上升，持续的时间是一代人，那么那一代人就会觉得他们浪费了他们的生命。从历史哲学的观点看，这种感觉毫无疑问是不正确的，但是却无法克服。

从我们的假设中引申的下一个结论是：

我们不要低估虚伪的正面作用。建立在无法制、约束性和苦难之上的社会体系从长期看，即使隐藏在人道的辞藻后面也不会变得更有效，尽管给人的表面印象正好相反。在特定时刻，其外表与社会体系对立，因为它总是外来者，并且是通过武力或历史变动强加的。**一般来说，虚伪的形成是道德进步的证明**，因为它表明，在过去曾经公开地、不怕指责地做的事，现在即使没有风险也不能再做了。也就是说，先前对刺激没什么反应，而现在社会的道德意识对刺激变得更加敏感。在 20 世纪，刑讯逼供和在 15 世纪一样被广泛使用，但却不会发生在公开场合。没有一个政府愿意承认使用刑讯逼供，这个事实就说明了社会的道德感不再允许这种程序作为一个体系存在。军事侵略在继续发生，但是每个人都举着标语谴责侵略。没有一个人希望被称为侵略者，这个事实就说明反对侵略这个概念已经在公众生活中扎下了根。墨索里尼不在乎承认他的政策就是征服。但今天所有的政治家都声称自己是自卫，而不会承认别的什么。在第一次世界大战之前，当列宁和布尔什维克党首先提倡国家自决的原则时，这是很新颖的。在第二次世界大战之后，这个原则得到了联合国的承认，接着也得到了参与最臭名昭著的殖民压迫政府的承认。纳粹宣布征服其他国家是它这个"优秀"国家的特权。而今天，我们只能赋予国家解放、自由、文明和进步。

我们重复指出，人道主义辞藻的虚伪表面，即便掩盖着犯罪体系，也不单单是社会意识进步的产物和证据，其本身就是一个促进进步的正面因素。这个表面有时以独立生活开始，但当它与一个体系发生矛盾时就会产生和培育将这个体系摧毁的种子。当对传统的过多依附阻碍这个体系扔掉其欺骗的外衣时，它就变成了得伊阿尼拉（Deianira）的毒衬衣①。当体系的表面与内容偏离时，双方的对立就会转换为体系本身的内部矛盾，这是人类事件的自然转变。马拉诺人在受压迫的时候接受了对异教上帝的崇拜，但是他们收藏起犹太法典，在地下室偷偷地崇拜耶和华，他们冒的风险是他们的子女会成为真正的基督徒并把他们的父母告发到宗教法庭。这就是为什么每个戴着假面具的社会体系都不得不与恶魔达成契约，而恶魔总有一天会索取报答。

因此，我们讨论的普遍观点是道德行为的法则无法从任何历史进步的理论中推导出来，没有什么理论可以当作正当借口来违反我们信任的

---

① 在希腊神话中，得伊阿尼拉（Deianira）是卡吕冬国王俄纽斯之女，大力神赫拉克勒斯之妻。人头马腿怪涅索斯爱慕得伊阿尼拉，企图占有她，结果被赫拉克勒斯用毒箭射死。涅索斯临死前骗得伊阿尼拉，让她将他的血涂在她丈夫的衣服上，以便保持丈夫对她的爱。后赫拉克勒斯穿上染有毒血的衣服，被火焚而死。——译者注

某些法则的有效性。除上述理由外，还有两种可以容易地观察到的情况来支持我们的结论：进步这个概念具有价值评判的性质；不存在前后一致的进步理论。它在具体应用中不会导致不同价值之间的冲突，这些价值中的每一个都是为了达到一定标准，而它们之间是互相排斥的。道德法则的来源不是关于道德进步的理论，因为这个概念，除了背负着进步这个一般概念的一切缺点和困难外，还具有另外的缺陷和自身问题，这就使得给进步做一个有条理的合理解释成为一个没有希望完成的任务。实际上，使用价值标准对社会道德进化进行评价的一项调查清楚地显示，调查并没有使研究对象过多改变或扭曲。但除了我们自己的，受到当代舆论、思想和偏见影响的标准之外，并没有其他评价过去的方法。因此，是否存在道德进步就永远成为一个疑问，历史承载了我们在道德领域中的个人喜好，我们对这些事物的观点是否在社会逐渐传播也成了疑问。如果一个人要整理这些问题，他必须指望一个肯定的答案。因为我和我的观点都是历史的产物，如果只是因为我考虑到它的普及性而明确地接受了它，我将会看到自己采用的一套价值比过去更加广泛地被承认。这个问题毫无意义。

然而，我们对某些黑格尔哲学，甚至是伪黑格尔哲学的道德观点的反对并未导致我们承认道德观点可以独立于我们的社会知识——即便是仅仅在我们的心中。（这不是一个因果依赖关系的事情，而是一个普遍的事情，无论我们对它了解到什么程度。我们的价值永远是历史和社会的产物。问题的实质是要了解我们必须考虑历史进程的某些需求，我们正是在考虑我们被迫做出的道德决定时被卷入历史进程中。）

在这件事情上，只能用最含混的观察来表述。根据我们的第三假设，在严格的词汇意义上说，我们所接受的主要价值都是无法真正证明的。这就意味着，在两个评价发生冲突时，如果不存在求助于一些更普遍的价值的可能性，就无法进行讨论。这不是一种令人恐慌的形势。如我们的第二假设所说，因为价值是历史的产物，在实际上总是存在一些非常普遍和广泛接受的价值，我们可以向它们求助。真正的困难在于那些无异议的，但在具体应用中就处于永久冲突之中的价值；我们往往无法解决这些问题。因为按照我们的第六假设，我们的基本政治选择具有道德方面，它们必须在个人意识中以风险性的形式出现，因为我们假定我们认可的价值在很大可能性上体现为现有社会活动的特有的和有限的形式。

这一风险与事实的评判有关，与价值的评判无关。这相当于一个人对价值实现的可能性下赌注的风险。这个赌注总是很大，并且总是受道德的约束，因为它给这个不可预见的赌局带来了责任问题。另外，由于风险与事实的评判或与历史过程的评判有关，而历史过程是必然要实际发生的，我们至少有一个永久的责任：通过对有关的全部事实进行调查来重新审视我们的选择，还要提高警惕，持续了解我们的选择，总是关注可能性，而不是关注确定性，因此总能对它们提出疑问或用事实推翻它们。我们拥护的价值永远不会说明，对我们采取的社会行动的实际结果缺乏了解是有正当理由的。在不断证实我们的选择的要求下，我们不能免除疏忽、懒惰、困乏怠工的责任。如果我们的无知导致我们偏袒了犯罪，我们的无知就不可宽恕。我们无法在无辜的无知和故意的盲目之间画一条界线。最终，我们对这两种情况都得承担责任。我们所做的每一项选择都是从我们确定的价值组合和在特定情况下它们实现的概率出发的，我们依附的价值组合需要由社会来监视，尽管这种确定行为本身并不依赖我们，也不依赖特殊条件下被意识到的关于可能性的**知识**。既然如此，我们的知识一定是长期的、最挑剔的和最严格的监控目标。能够证明其为错误的一切手段都允许被采用。我们有责任了解一切反驳我们的观点。我们的每一项选择都包含着风险。不能以一个选择正处于实现的过程中为借口将这个选择看作最终的和不可撤销的选择。

即使最大的错误也不能排除。另外，在我们依附的价值之间，即使最危险的冲突也不能排除。没有什么道德原则能够消除这些冲突，在它们的应用中，也充满了矛盾。因此，我们在不可避免的形势出现时，就显得无能为力。从纯粹的意图的角度看，没有人是有罪的，但是人们在道德上都是负有责任的。也可以说，悲剧是我们所居住的世界的永恒的可能性。当我们用怀疑主义来反对戴着忠诚面具的固执时，当我们用责任原则来反对伪装成理论相对主义的因循守旧思想时，当我们用个体选择的责任来反对化装成现实主义的历史机会主义哲学时，当我们用理性主义来反对未经证实的"历史法律"迷信异教时，当我们用积极参与来反对谦让和顺服原则时，在我们罗列这些句子时，我们在应用我们接受的道德行为普遍法则时，我们并非试图把它们作为解决我们卷入的实际冲突的好办法。如果这些形势源自社会现实的矛盾性，那么解决它们的风险在于每个人都要承担的道德方面，而不是理论方面。

我认识到这些问题的社会重要性是有限的，至少在目前提出的形式下是如此。在这个有限的范围内，它们还是反映了一些非常普遍的冲突，这些冲突以伪装的形式持续保持活跃，并且在历史的重要关头会像炸药一样具有爆炸性：表现为社会公正感和社会必要感之间的冲突；政治危机和实际可能性之间的冲突；各种形式的"责任"和"存在"之间的冲突。

现存事物的不可避免性体现为过去的不可避免性，因为实际存在的一切都反映过去。过去的不可避免性的概念只是一种重复的说法，对此，不存在任何争论。尚不存在的事物的不可避免性是有疑问的；建立起它的结构就像轮盘赌一样难以预料，在任何情况下我们的决定所起的作用都是难以确定的。因为预言性的历史编纂已被证明日渐没落，我们在承担道德义务做出决定时，就不能依赖对预言的信任。一种值得尊敬的历史哲学只描述已经以某种形式发生的事情，也就是说，不涉及历史进程中将来会发生什么。因此，那些试图通过历史征兆来证明他们投身到所预言的进程中是正当的，就像那些在废弃的城墙上刻上自己名字的游客。对每个人来说，如果他希望从历史的观点来解释自己并发掘那些使他成为他自己的决定因素——也就是他的过去——他是能做到的。但是，要想解释尚未实现的自己，他却做不到。他不可以仅仅相信历史编纂的裁定就从他的过去来推断他自己将来的转变。如果能实现这个奇迹，就意味着回到过去本身，换言之，就是渡过死亡之河，而这正如一位诗人所说：对于死亡之河任何人都不会再次看到。

政治中的不合理性①

［波兰］莱泽克·科拉科夫斯基

李志江 译

合理性与**理性主义**没有什么关系，我认为这没有什么争论。后者被定义为**非理性主义**或**经验主义**的反面，是一种认识论学说，一种规范性定义，说明什么有或没有认知价值，而**合理性**和**不合理性**是人类行为的特征。我们可以通过"理性人的本性"衡量行为的合理性；眼下我撇开这一问题，而将注意力集中于其当代的意义上。在这一意义上，合理性相关于，而不是完全契合于效率。当把一个行动描述为不合理的时候，我们通常要说的是，可以预见到这一行动是起反作用的；重要的是在可以利用的知识的范围内目标和手段之间的关系。这最后一个限制显然是必要的，因为，如果结果依赖于行为者不能够知道的条件，那么无效或起反作用的行为不是不合理的；由于追击逃跑的犹太人而毁灭了他的军队的法老，没有预测到红海上的奇迹，所以他的行为不是不合理的。

指导我们行动的目标和价值层级不能按照合理性标准予以证明；因此我们关于人类行为的合理性的观点不涉及道德判断。出于同样的理由，我们不能根据我们行动的自我破坏或自我损害的结果来描述不合理性，考虑到自我破坏可能是故意的。例如，说自杀就本身而言是不合理的，这是愚蠢的。因此，公正地说，即使两对词汇使用了同一个词根，**理性**（ratio），当谈到合理与不合理的时候，我们心目中的**理性**（ratio）接近于其原始意义"计算"，而不像各种理性主义学说所说的**理性**（ratio）。一种行为，如果行为人能够推测出其结果但没有推测出来，那

---

① 本文译自 Leszek Kolakowski, Irrationality in Politics, *Dialectica*, 1985, vol. 39, No. 4 (1985), pp. 279-290。——译者注

么它是不合理的（并不是事实上其结果是灾难性的、自我破坏的、道德上不可承认的，等等）。

至此，这一描述看起来相当清楚，并且不太可能产生很多争议。再一看，它就变得比较可疑了，至少就它在实际生活中（与伦理学和行为理论讨论班上人为设计的情形相比较）和在政治问题上的用处与适用范围来说是如此。

有许多理由说明为什么用如此定义的合理性对人类行为进行的评估，常常是可疑、无用或不可能的。最明显的理由实际上是这样一个简单的事实，即我们所有人，不管在政治中还是在私人生活中，追求各种独立的目标，这些目标不能相互还原，不能用同质的单位表达，也不能一起实现；我们为达到一种目标所使用的手段通常限制了，有时甚至是破坏了达到另一个目标的希望。由于我们不能根据合理性来估价这些目标或偏好层级，所以如果它们意味着在不相容的或相互限制的目的之间进行选择，那么我们在估价行为的合理性时经常很无助。

如果我不断地抽烟，尽管有0.3的概率我将因肺癌死亡，那么我的行为是不合理的吗？我的行为确实是不合理的，如果我起初确定，延长我的寿命是最高价值，其他一切事情都无条件服从于它，并且我将不采取任何可能——以某种概率——减少我的寿命的行动；这些行为将包括，例如，开飞机、驾驶汽车、爬山、在大街上散步、把自己暴露在压力下、陷入冲突中、有或没有一个家庭（两者都是危险的）、访问纽约，以及参加政治活动、战争或实业。基于这样的假设的生活策略可能不是可以合理地建构的：我应该遵守，例如所有的饮食规则，它们一年一年都在变化。没有一个星期我不阅读关于这样那样的食品的警告——糖、奶油、鸡蛋、肉、咖啡或不管什么（实际上，我最近几年看到过的唯一说有点好处的食品是白酒），如果我想在我的行为中保持始终如一，我将最有可能由于担忧或饥饿而合理地死去。毕竟，作为一个吸烟者，我有0.3的概率死于肺癌，这一知识仅仅是重复这一事实，没有任何些微的附加，即30%的吸烟者死于肺癌。在我的身体中我没有带有任何概率，如果我死于肺癌，我不是以0.3的概率死亡，我就是死了。但是，即使一个基于所有已知概率的积分之上的完美策略是可以建构起来的，那么也只有根据我先前关于一元论的价值层级的决定，它才是"合理的"，在这一决定中没有任何东西是合理或不合理的。

关于政治选择也可以这样说。例如，人们反复地指出，纳粹在战争的最后阶段对犹太人的灭绝，从"技术的"角度看对第三帝国是有害的，即从作战的角度说，是"不合理的"。只有当种族灭绝对于纳粹是一种赢得战争的手段，这一假设才是真的。但是显然事情并非如此，消灭犹太人本身就是一个目标，它可能与其他目标冲突，就像通常的情况那样。

对所有重要的政治决定都可能问到类似的无法回答的问题。南特敕令的取消，对法国经济有着极为恶劣的影响，它是一个合理的行动吗？或者 5 世纪上半叶拜占庭的外交政策是合理的吗？答案依赖于路易十四和查士丁尼各自的目标是什么。

还有另一个理由说明了为什么评估我们的政治的或其他行动的合理性经常是一项无望完成的任务：我们面对的选择常常是一揽子交易。民主国家的许多选民喜欢投票赞同一个特定候选人，或一个特定政党纲领的部分的目标，且很少有这样的机会。他们不可避免地发现与自己不喜欢的人为伍，有时是非常不喜欢的人。1980 年投票给里根的许多自由主义者（在欧洲的意义上）和开明的美国知识分子，与那些也投票给里根的"道德的大多数"或南方"乡巴佬"在观念上没有什么共同点。投票给卡特的许多自由主义者（在美国的意义上）被迫与因没有更好的选择而投票给卡特的左派极端主义者结成了不受欢迎的联盟。除了乌托邦的空想家，所有人都知道，我们经常会预料到并不得不忍受最佳选择的令人不快的结果：我们不可能消除色情作品而没有预防性的书报检查制度和国家控制的印刷业，我们不能有一个福利国家而没有一个庞大和笨拙的官僚机构；我们不能达到完全的就业而没有处于警察制度下的强制性的劳动；等等。的确，这是一个常识性的陈词滥调；在一般的形式上，《传道书》（Koheleth）和《塔木德》（Talmud）的作者深知这一点，而值得一提的是，它对于解释我们在试图评估政治决定的合理性时经常体验到的无奈感可能是有用的，在这意义上，它值得一提。

这一冲突的一个特殊例子是长期和短期目标之间不可避免的紧张。这似乎是人类事务中一个根深蒂固的方面，不管是政治、经济，还是私人的事务，且常常地，鉴于原因和结果的无限的复杂性，所做决定的合理性永远不能被明明白白地确立起来。被选举上台的政治家在一个有限的任期内自然倾向于支持在短期内会得到回报的决定，但从一个更长远的视角看，这些决定经常是有害的：这是必然的和总是不合理的吗？由于有知识的人经常对某些决定的总体效果持不同意见，因此，从来不缺少貌似有理但对立的争论。时间的流逝经常会改变我们对先前一些行动的"最终"结果的看法。很可能，没有任何关于最后输赢的结论性的证据能够大体上令人满意地被提供出来。

欲求或目标的冲突能够在它们的牺牲品没有清楚地意识到它们存在的时候就在进行。总是投票赞成一个特殊政党的许多人一直投票支持它，尽管他们自己、该政党、或二者发生了如此大的变化，以至于从他们表达出来的价值观的角度看，其持续的忠诚似乎是荒唐的。但是他们的不合理行为还有另一个方面：政治忠诚的一贯性部分地包含着自我连续的身份感，而长期忠诚的猛然中断在这方面具有高度破坏性。从道德的自卫本能的角度看，这类行为因而比其表面所见具有更大的合理性。通常，这样的人试图——多少有点笨拙地——将他们的不一致性解释掉或进行合理化。根据利昂·费斯廷格（Leon Festinger）的分析，许多认知上不一致的事例具有相似的特征。持续生活在这种矛盾中的人们，试图对自己掩盖这些矛盾或者只是半意识到它，他们可能由于道德的原因（坏的信仰）受到指责，但未必由于不合理的行为受到指责。诚命"你要一致"在理性主义哲学信条内可能是可辩护的，但它不是——至少不是作为一个普遍的规则——经过严格推敲的合理性的一个方面。洛克式的最高原则也不是，它要求我们，使我们信仰的程度与一个给定信仰的证明的程度一致起来。相反，如果我们尽了最大努力严格地坚持这两个规则，我们可能变得麻木，不能行动，无论是在政治上还是其他方面都是如此。

不能由此推论，这一马基雅维利或霍布斯主义意义上的不合理性是无所谓的问题，或在其各种程度之间做出区别是没有意义的。但是，在这样的事情中，我们的判断的相对性不是仅仅来源于估计某些重要决定的全面影响中的不确定性，以及在所有人类事物中起作用的相互依赖的力量的多变性。当我们说：当人们能够但没有推测出他们的行动的结果时，人们的行为是不合理的，我们应该问一问这个**能够**是什么意思。我们已经看到很多由暴君们做出的可能预见到的灾难性的决定的事例，他们或许"能够"预见到，但是因为他们的尚古主义，他们没有心理上的准备去预见其结果，独裁者们发起的荒唐的"改革"，比如说乌干达和扎伊尔的，可以作为例子。只需要基本的知识就可以预测到暴君将给其国家带来毁灭和浩劫，但是他们缺乏这种基本知识。在何种意义上说他们原本能够受到更好的教育呢？在另外一些情况下，灾难性的结果虽然可以预测，但因为其他考虑胜过了它们而被接受。例如，毫无疑问，社会化或集体化的农业就生产能力来说必定是非常没有效率的。很容易看出为何如此，且有丰富的例证支持这种预测。但是，如果集体化的目的是主张极权主义的权力，不准许任何一部分人独立于全能的国家，生产的无效率和随之而来的人们的痛苦就是要付出的代价。

当我们谈及那些确实在心理上做好准备去察觉互相对立的目标和手段中的明显错误的人的时候，不合理性的指控似乎更加貌似有理了。为了自由和正义而认同骇人听闻的暴政的知识分子提供给我们无数贫乏得惊人的判断和自我强加的盲目性的例子；他们不仅可能因为道德上的失败，而且可能因为知识上的失败遭到指责。这两种指责不容易被分开；判断方面的巨大错误经常是由道德责任感、不能透过激情的面纱看到事实而引起的。最终，当不合理性被作为一个人因之受到公正指责的失败来论及的时候，那是道德而不是知识上的失败。

由于互相冲突的目标通常不可还原为可比较的单元，由于重要决定的全部后果很少能够被预言（即使有些预言事实上得到了证实，它们的牢靠性也能够很容易被破除，结果被归结于其他原因，正像政治争吵中每天都在发生的那样），所以我们没有什么理由期盼政治的艺术实际上可能在这里讨论的意义上被合理化。看起来也不大可能，如果现有的政治家熟悉博弈论，从其目标的角度看，他们会表现得更有效率。这样的进步是否值得向往的确依赖于我们对这些目标的态度。没有理由对于这样的合理化，即拷打或种族灭绝效率的提高，感到高兴，我们中的大多数人不会喜欢实行那些措施的政权变得更有效率。

推动人类行动的激情（我在笛卡儿和斯宾诺莎主义的意义上使用这个词，它不意味着任何特殊强烈的感情）既不是合理的，也不是不合理的。当然激情和理性之间的斗争数世纪以来一直是哲学家和道德学家一个持久和特别喜欢的话题，至少从塞涅卡和西塞罗就开始了。但是这种冲突通常一直根据"理性人的本性"，根据不仅能够运用适当的手段达到理想的结果，而且能够建立目标的理性进行讨论。一旦理性被降低为计算的能力，像我这里假设的那样，当被激情推动的时候，人类的行为并未变成不合理的。我们可以继续谈论这一冲突，心中想到这样一些事例，在这些事例中激情或感情的力量与行动本身之间距离被急剧缩小或消除，使得我们无法思考我们的行为的其他后果——例如，当我们在恐慌中行动或者被仇恨、爱、愤怒等弄得盲目的时候。问在这样的情况下我们是否"能够"更合理等于在问心理决定论的有效性，我不准备冒险进入这一领域。但是看起来，在掌权的人们做出的个人的政治行动和决定中，这种盲目性不是很经常的，最大的可能是因为那些完全不能推测其行为结果的人不大可能获得重要的政治地位。我们记着很多统治者的僵化的形象，他们的行为出自病态的仇恨、嫉妒、抱负和对权力的贪婪，而且这样的心理疾病患者通常不能够合理地估计他们的行为，这一点绝不是明显的。

这一点不适用于自发的群众运动和革命，在它们之中，计算理性的能力通常是被废弃的。当然我们很熟悉革命和内战的持久的心理模式，从修昔底德（Thucydides）对科孚内战的描述开始。在这样的条件下呼吁理性是没有用的，并且很自然地转而反对它们的作者。如果一场革命成功了，那不是不顾参加者行为的不合理性，而正是由于参加者行为的不合理性；如果一场革命想获胜，没有虚幻、欺骗性的希望和不切实际的要求提供的动力就无法动员起所需要的力量。因此，一场革命的成功必定是伪善和含糊的；一场革命运动在它将自己的意志强加给社会这一意义上能够成功，但是在它不能信守诺言并完成期望的意义上，它总是失败，这些期望是其活力的必要的组成部分。没有任何一次革命不在几乎胜利的那一刻就带来痛苦的失望。

在政治过程中起作用的激情——部族或民族的感情，嫉妒或对权力的贪婪，对正义、自由与和平的渴望，对被压迫的认同或对成为压迫者的希望——能在某些条件下产生一种不可救药的个体或集体的盲目性，从而无法合理地行动。当一个重大的危机影响社会的时候，它引起了广泛的恐慌、恐惧和绝望，并且没有时间推测或反思（在一个不可逆转的灾难面前，合理的行为经常需要比我们感到自己所拥有的更多的时间，这毕竟是我们这个讨论的一个重要的方面），合理性事实上变成了一个无所谓的问题。如果在这样的条件下，一个幸运的人，一个"具有超凡魅力的"（charismatic）领导人（我讨厌这个大多被滥用的形容词，但我没有找到替换词）能够灌输安全和希望的感觉，那么推测的问题变得无关紧要。这种具有超凡魅力的人物经常把社会带进深渊，但他们有时在动员社会力量中是有帮助的，这种社会力量能够找到危机的无害的解决方案。在面对这样的处境中，如果被纯粹道德的考虑所指导而不是被计算"理性"的不确定的运用所指导，我们的反应会比较可靠。

因此，看起来甚至最谦逊和最明显无价值的忠告——"如果我们对我们行为的有关条件知道得更多，而不是更少，那么我们会更合理地行动，即行动更有效"——也绝不会毫无保留地被接受。鉴于在如此多的人类事务中，包括政治的和个人的，成功的强烈期望是成功的重要条件，强烈的自我幻想可能经常是合理的，即使它们确实不能有意识地得到规划或决定。换句话说，在一切人类努力中，表面上最合理的策略可能会起反作用。这一最合理的策略可以概括为一个简单规则：为了获得成功，我们应该假定，与我们的行动相关的情况的不确定或未知的方面，对于我们的成功是最坏的可能性。为应对可能的逆境而建立一切防护措施显然是合理的，就这一点来说，这一规则看起来是合理的，但是就其会导致气馁并软化意志来说，它与合理性的原则相违背。如果——用卢卡奇式的有些夸张的话说——在我们有关社会事务的知识中，认知的主体和客体部分是契合的，无知可能是一种财富，并且在此意义上是合理的，虽然其合理性不是我们的；而毋宁说是人性的一种狡猾的设计。自我实现的预言——无论是正面的还是反面的——是一种众所周知的现象；这就是为什么失败主义者会如此经常地在战争中被击毙的原因，这不是没有理由的。确实，当过分自信孕育着粗心的时候，自我挫败的预言也会发生：如果一个政党在选举中的胜利是如此确定，以至于许多投票者都不去投票，那么他们的缺席可能确保了对手的成功。我们不大可能创造一种理论去大体上确定这样的条件，在这些条件下更多的无知和乐观主义，或者说更多的知识和失败主义预期的更大空间将会在策略上是"合理的"。即使我们能够思索出这样一种理论，那它也可能没有大的实际使用价值，因为，在合理的基础上有意识地产生一种自我欺骗是相当困难的。

我们也不能确定，以及在什么情况下，一个人在动机和目标上的自我欺骗从策略上说是"更好的"。通过研究这一问题，我们进入了一个不稳定的领域，在此领域中心理分析学和存在主义哲学进行着搏斗。对于前者的维护者，人的意识是内在地自我遮蔽的，我们一定常常不知道我们的真正动机。对于存在主义现象学，特别是其萨特版本的支持者，"无意识心理"是一个自相矛盾的东西；我们的意识是自我透明的，而无意识动机是那些我们故意不诚实地对自己隐瞒起来的动机——我们总是能够，虽然经常不愿意，意识到我们"真正"追求的东西。无论哪一种方法更接近于真理，初看起来似乎对自己的目标有一个清楚的观念并且不对自己撒谎，是更为合理的。但未必如此。用更高尚的观念替代比较不高尚的观念，在策略上可能不只是对别人的使用，也是对自己的使用更有益的。一个好的形象是力量的一个要素；完全的厌世主义和对自己目标的自我意识，因此在政治家中是不常见的。

我们能用合理性来评价政治"制度"吗？可能这一概念不适用，只要它意味着手段和目的之间的关系，并且只有人，而不是制度，才有目的。但是稍微扩展一下其意义并不存在什么错误或逻辑上的疑点；那些认同某一制度应该体现的价值的人认为他们自己是行为者或那些价值的承担者。因此我们可以合理地问一问，哪一种制度在更有效地支持和强化它们根据人民的意见所代表的价值的意义上"更合理"。不用说，制度只能根据他们自己的预设来评估，而不能用善和恶来评估。

根据这一假设，我们可能总想着去相信，体现自由的制度比专制制度更合理，因为它们会为基于合理性而做出的决定提供更多的机会。它们给公开的冲突和讨论以空间，因此迫使决策制定者对各种争论更负责，它们让大量的信息更加自由地流动，而这是合理计划的显而易见的条件。同时，极权主义政体，带有很多的内在的信息屏障，并且带有在公开讨论政治问题上的先天的无能，必定会严格限制它们合理行动的机会。

更切近地观察，这一论证并不具有很强的说服力。两种制度，从其自我持存的效率方面来说，无疑都有一些缺陷和优点。极权主义国家的统治者有时候会成为他们自己谎言的牺牲品，因为信息的流动通常是由那些负责相应活动领域管理的人提供的，带来坏消息的人在更高的权威面前常常是在斥责他们自己，并且会冒着遭受惩罚的危险。另一方面，信息自由和公开辩论从效率方面来说有自身的缺陷；通过做出依赖于各种冲突的观点和推测的决策，其体制容易产生不确定性、犹豫不决以及缺少决心。另外，处理作为两种政治统治中的决策基础的巨大数量的信息，是如此困难，以至于在任何一种体制中出错的风险也许都大得无以复加。因此，根据总体的结果判断，没有任何有力的证据认为，这些制度中的某一个在行为的合理性上具有明显的优势。

还有，在民主国家，自由被视为一种价值本身，就像极权主义政权下国家权力的无限扩张被视为一种价值一样；它们不仅仅是获得其他好处的工具。因此，认为一个高度专制的极权主义政权可能通过减少压迫性而改善其效率——根据其价值观——是不切实际的。这将损害国家权力发挥能力的机会，而其增长是主要的和本身为目的的善。当然，在不同的场合，在两种政权的压力下都做出过与现实的和解，例如，当民主国家在战争期间引入各种新闻检查制度，或者当极权主义政权允许一定限度的经济自由以便部分地纠正集中化造成的破坏作用的时候。在两种情况下，这种让步都与该制度各自建基的基本价值背道而驰，但是在两种情况下要点都在于牺牲一部分以便拯救整体。在任何一种情况下基本价值都没有被抛弃。

上述评论的结果并不令人鼓舞。似乎政治中的不合理性——如果我们坚持前述这个词所确定的意义——不是一个很有意义的话题。适用于政治生活的合理性的一般标准——除了极端的例子——不大可能被可靠地制定出来。即使它们能被制定出来，它们的存在也不大可能对政治生活有真实的影响。而如果这样的影响是可能的，那它也不一定会是值得向往的。

如果从"技术的"角度定义合理性和不合理性，我看不出来我们如何能逃避这三个贫乏的、哲学上并不令人鼓舞的结论，而这可能是经验主义哲学准备要合法化的唯一的框架。

的确，当我们所用的"理性"被以柏拉图、康德、黑格尔或胡塞尔的方式定义为一个超验的范畴的时候，讨论的术语发生了根本的改变。就像对于大多数哲学问题一样，我们最终追溯到经验主义和超验主义方法的冲突，它们每一方都自我支持，且没有循环论证就不能够证明自己的有效性。除了做一些简单的评论外，我不想讨论这一问题，它自然涉及现代哲学的基础。根据经验主义的假设，人性或人的"常态"必须参考出现的频次加以描述：合理性是通过效率来衡量的，因此，最坏的人为的丑行在特定条件下也可能证明是合理的；不存在自然法，不存在善恶的有效区别，也不存在多多少少本身合理的目标。超验主义者相信理性的本性，理性提供给我们一些标准，通过这些标准我们的行动和目标以及政治制度得到评价。我们所做和没有做的都能被判断为"人的"和"非人的"，即符合或相悖于一个存在着的本性的模型，不管在何种程度上，甚或我们是否能够拿出经验的例子证明它完全实现在实际的人类行为或制度中。在经验主义者的眼中，这一能够对我们的行为和价值发出规范判决的理性本性，在最坏的情况下，具有和精灵一样的地位，而在最好的情况下，这是一个武断的信仰的问题，或者是全然不能得到合理证明的信念。由于这一问题现在不能进一步探究，因此我将以一个非常简短的信仰告白的形式结束之。

经验主义的规则，正如已经被反复指出的那样，不能建立在经验的基础上，且其任意性一点也不比超验主义者的"理性"（"Ratio"）更少。假定——这看起来是一个貌似合理的假设——二值逻辑的规则属于文化的不变因素，即它们一直支配着一切人类文明中的人的思维，那么它们并不会在超验的意义上变得有效，并且仍然可以被看作一个物种的行为的偶然的特征。如果是这样，现代意义上的真理概念看起来不仅是多余的，而且是不可建构的。我倾向于相信，始终如一的经验主义必定要消除实用主义和功利主义意义之外的任何真理概念。超验主义者，虽然承认只有在与他人的交往中并且通过运用必为偶然的语言，我们才能够意识到文化的不变因素，但是他们相信那些不变的因素起源于我们对"理性"领域的参与，而"理性"先于任何实际的文明。经常地，虽然不是固定不变地，他们乐于把善恶区别包括在那些不变的东西中，即承认了自然法的理论。他们会说，善恶的经验就像逻辑规则一样普遍，尽管这区别的确并不在各种文明中沿着同样的线索推进。

我看不出这两种心理的基本对立如何能够通过求诸两者共同的基础而解决。显然，并没有这样的基础，因此两个不可互相还原的合理性概念将可能继续共存于持续不断的敌对中。

在这些讨论中经常被援引的实际方面的考虑不太可能成为结论性的。经验主义一直不断地被指责为道德虚无主义铺就了道路，或者至少孕育了道德和政治问题中的无可奈何状态（伯特兰·罗素评论说——我很遗憾不能引证原文——在纳粹的暴行之后，对"趣味（De gustibus）……"的说法很难再感到满意）。另一方面，我们意识到隐藏在黑格尔超验主义中的极权主义潜力，并且我对法兰克福学派的**理性**（Vernunft）很怀疑，它在某些解释中，比如在马尔库塞的解释中，可以很容易地被重新铸造成暴政的证明。我对康德的方法很同情，它包括这样一种信念，即通过成为自由的人以及参加到合理性的超验领域，所有人，都分别被赋予相同的权利，并被相同的义务所约束。这直接导致康德关于人类个体（human person）的观念，即人是不可交换、自我奠基的，人是最高价值。这一假设可能不足以解决任何特殊的政治问题，但是它对于将政治自由和奴役之间的区别看成一个合理性的问题，而不是趣味或突发奇想的问题，是足够好的了。

第四部分 捷克斯洛伐克新马克思主义

　　捷克斯洛伐克新马克思主义是 20 世纪 60 年代初在捷克斯洛伐克逐步兴起的以人道主义为基本定向的马克思主义理论流派。这场以人道主义为基本定向的理论创新，不仅推动捷克斯洛伐克理论界摆脱教条主义马克思主义，回到真正的马克思思想，而且为捷克斯洛伐克的社会主义改革运动提供了思想准备和理论指导。捷克斯洛伐克新马克思主义的主要代表人物有卡莱尔・科西克（Karel Kosík）和伊凡・斯维塔克（Ivan Sviták）。此外还有米兰・马赫韦茨（Milan Mahovec）、米兰・普鲁哈（Milan Prùcha）等坚持人道主义马克思主义的理论家。科西克主要著作有：《激进的捷克民主主义》（1958）、《具体的辩证法》（1963）、《现代性的危机》（1995）等。斯维塔克的主要著作有：《人和他的世界——一种马克思主义的观点》（1970）、《捷克斯洛伐克的实验 1968—1969》（1971）、《不堪忍受的历史重负：捷克斯洛伐克的苏维埃化》（1990）等。

　　捷克斯洛伐克新马克思主义的整体发展经历了三个阶段。20 世纪 60 年代之前，是捷克斯洛伐克新马克思主义的理论准备和初创阶段。此时，捷克斯洛伐克新马克思主义理论家通过对马克思早期著作的研究来寻找摆脱庸俗唯物主义的理论路径。20 世纪 60 年代中期到 70 年代中期，是捷克斯洛伐克新马克思主义自觉建构人道主义马克思主义的阶段。特别是"布拉格之春"，构成了捷克斯洛伐克新马克思主义发展的重要契机。20 世纪 70 年代中后期以来，是捷克斯洛伐克新马克思主义部分地融入国际学术界并产生广泛影响的阶段。捷克斯洛伐克新马克思主义一方面对科学主义、还原主义、历史宿命论、历史终结论等封闭的系统及其背后的官僚主义、意识形态、技术理性等封闭性机制进行了深刻的分析和批判，另一方面对人的巨大潜能以及人与世界的开放性进行了深入的论证，对一个更好、更美、更真的社会主义世界进行了艰苦的理论和实践探索。

　　本文选收录了科西克的《道德辩证法与辩证法的道德性》《理性与良心》两篇文章。

　　科西克把哲学的出发点重新定位于"存在于世界总体之中的人"。他用源于马克思并经过改造的"具体总体的辩证法"深刻分析和揭示了伪具体世界的异化状态，并指出在革命的和批判的实践活动的基础上摧毁伪具体世界和建构具体总体的途径。《道德辩证法与辩证法的道德性》基于"革命性的实践"将辩证法与道德联系起来。在他看来，一种类型的道德总是与一种特定的辩证法相一致，而真正的辩证法是革命的、批判的、实践的、具体总体的辩证法，因此，道德问题可以被转化为物化的操控与合乎人性的实践之间的关系问题。《理性与良心》指出，构成人类生存基础的理性与良心是统一的，只有在统一性中理性与良心才成为自身，并作为自身而存在。但是，这种统一性现在已经被打破，理性与良心相互独立。这使人们失去了人性的基础，并成为一个真正的虚无主义者。

以科西克为代表的捷克斯洛伐克新马克思主义的主要贡献在于"反思历史唯物主义甚至重建历史唯物主义的尝试"，以及这种尝试对马克思主义与哲学人类学的影响。科西克伦理思想既是革命的，又是哲学的。第一，恢复马克思主义辩证法的革命内核，将道德问题变成了一个基于人的实践活动的辩证法问题，因而在一定程度上恢复了道德的辩证维度或革命维度；第二，将马克思主义辩证法建立在个体而非结构之上，由此将道德问题变成一个不可能不带有主观色彩的人道主义的哲学问题。

延伸阅读文献：

Karel Kosík, *Dialectics of the Concrete*, Dordrecht and Boston：D. Reidel Publishing Company, 1976.

Karel Kosík, *The Crisis of Modernity*：*Essays and Observations from the* 1968 *Era*, Maryland：Rowman & Littlefield Publishers, Inc., 1995.

Ivan Sviták, *Man and His World*：*A Marxian View*, New York：Dell Publishing Co., Inc., 1970.

卡莱尔·科西克：《具体的辩证法——关于人与世界问题的研究》，刘玉贤译，黑龙江大学出版社 2015 年版。

卡莱尔·科西克:《现代性的危机——来自 1968 时代的评论与观察》,管
　小其译,黑龙江大学出版社 2014 年版。

伊凡·斯维塔克:《人和他的世界——一种马克思主义观》,员俊雅译,黑
　龙江大学出版社 2015 年版。

卡莱尔·科西克

道德辩证法与辩证法的道德性①②

［捷克斯洛伐克］卡莱尔·科西克
管小其 译

一

对在原则上能够解决人与世界所有基本问题的哲学思潮做出区分是必不可少的，但是由于时间紧缺，这些哲学思潮只专注于其中的一些问题——而将逐渐填补空白的机会留给了后代——而对于其他一些问题，时间的匮乏仅仅是承认或掩盖对于解决某些问题能力不足的一种文雅的方式。例如，众所周知，普列汉诺夫③的艺术理论从来没有达到一种真正的艺术分析或界定一些艺术作品的恰切本质的深度；相反，它本身消散在对其社会条件的一般描述中，给人的印象是，将为解决实际的美学问题创造条件。实际上，它从来没有超出准备阶段的范围，因为它的哲学出发点不允许它深入探讨真正的艺术问题。普列汉诺夫对于社会条件和艺术的经济等价物的雄心勃勃的研究并没有真正标志着实现进一步的和更深层次的发展的必不可少的起点，而是这种分析无法超越的内在限

---

① 本文原文题目为"The Dialectics of Morality and the Morality of Dialectics"，译自 Karel Kosik, *The Crisis of Modernity: Essays and Observations from the* 1968 *Era*, translated by James H. Satterwhite, Lanham, Md: Rowman Littlefield Publishers Inc. , 1995, pp. 63-76。——译者注

② 这篇文章作为一个整体以意大利文发表在意大利共产党的期刊《马克思主义评论》(*Critica Marxista*) 1964 年第 3 期上。被用作目前这个版本基础的塞尔维亚 - 克罗地亚语的翻译主要是根据这个意大利版完成的，虽然还参考了另一个版本。另外，文章的一部分也在捷克的《烈火》(*Plamen*) 1964 年第 9 期中出现；这一版本也被用来作为塞尔维亚 - 克罗地亚语的部分译文的基础。捷克文版本的最初出处已由一个编者注予以标明。——编者注

③ 格奥尔基·普列汉诺夫 (Georgi Plekhanov, 1856—1918) 是俄国社会民主党的创立者，列宁之前的主要理论家，他的著述对列宁有着一种巨大的影响。普列汉诺夫以试图探索一种马克思主义美学，特别是在对艺术的形式的起源及其与历史发展阶段的关系问题上的研究而著称。——编者注

制。我们马克思主义者在讨论道德问题时，也许会遇到类似的情况吗？我们对道德、对道德主义的社会主义的评价，以及引起我们对与道德有关的一切的特殊怀疑，是否只是我们在理论上无力面对人类实在的一个特定的领域的直接承认呢？

这个问题不能因简单地提及发生在 19 世纪末和 20 世纪初社会主义运动中那场著名的关于马克思主义和道德的讨论而被打发掉，因为那场讨论的性质和水平提出了一个更加开放的问题，而不仅仅是针对所提出的问题。实际上这一讨论首先揭示出，如果一种社会运动到了将自己降格到纯粹地利用人民群众去实现权力的这个或那个目标的地步的话，政治变成了一种以经济力量机制的科学为基础的社会技术，为了在超越了那场运动的另一领域——道德领域——建构自身，那么人类的意义就会放弃这种纯粹的运动本身。

从历史现实开始被视为一个人类实践的产物以经济因素的形式控制人本身的严格因果关系和单一维度的（unidimensional）决定论的领域之时起，从那些具有"致命的不可避免性"和"铁的规律"的因素将历史推向某个目标的那一刻起，我们就立即与这个问题发生冲突：如何将这种不可抗拒性与人类的努力以及一般的人类活动的意义相协调。历史规律与人类历史之间的这种矛盾尚未得到令人满意的解决。[①] 长期以来，种种答案都在某种机械的思维方式的框架中摇摆，这种机械思维方式将人类活动归因于那种加速了必然的历史进程的因素的作用，或者是某种有效的历史机制必不可少的要素（类似于齿轮或传动杆）的作用。从而开始了理论与实践的恶性循环。历史进程从一开始就是非人化的——也

[①] 20 世纪后半叶的社会主义者追随受 19 世纪非常流行的达尔文主义影响的恩格斯对马克思的阐释，倾向于强调以一种非常决定论的方式被理解的"历史的规律""历史唯物主义"，其中历史经济条件几乎绝对地决定了人类的行为。这里所提及的"二律背反"存在于对于历史的这种决定论的理解与那种强调人类在塑造历史、因而也就是他们的社会现实上的创造性作用理解之间。（参见第 4 章注⑧以下。）"经济因素"指"人类的客观的实践或精神的实践的一个个孤立的产品变成社会发展的'动因'（agents），尽管，事实上社会运动的唯一作用者是生产和再生产着其社会生活的人本身"（Kosík, *Dialectics of the Concrete*, p. 63. ［参见卡莱尔·科西克：《具体的辩证法——关于人与世界问题的研究》，刘玉贤译，黑龙江大学出版社 2015 年版，第 83 页。——译者注］）。

就是说，人的意义被剥夺——被自然化和物化的，它可能成为物质化的科学审查的对象，就好像某人正在与一种被称为社会学或经济唯物主义的社会物理学打交道，或是将政治活动解释为社会技术一样。

不过，很快就发现这是种种错误的历史的贫困化，很多声音都曾发出人已经被遗忘的警告。但是，因为对这个错误的批判是不够彻底的并且从未包括问题的根源——也就是说，历史的物质化（materialization）和历史的物化（reification）①——我们已经不仅仅是注意到错误。历史进程和社会实践中的人的意义的问题已被转移到个人活动的领域。以这种方式，使历史的拜物教得到了伦理学的补充。如果在道德与马克思主义的关系中出现这种情况——作为构成马克思主义理论的哲学唯物主义的一个非常重要问题的外来因素并且实际上赋予了该理论以截然不同的哲学基础（例如，将康德与马克思结合的努力），或者作为外部的补充，其表面的理论特征仍然更加有力地强调了人在自然主义的概念化和科学的概念化中的次要的与从属的地位，我们不应该感到惊讶。

在恰切的哲学的层面解决这些道德问题和艺术问题的能力或无力总是与某种特定的辩证法、实践、真理理论和人的理论，以及哲学本身的一般意义的阐释（或变形）相联系的。某种类型的道德，某种思维方式和道德程序的方式，与某种特定的历史观、实践观，与某种特定的辩证法、真理理论和人的理论相一致。例如，能证明在机械地解释的辩证法、实用主义的真理观和道德功利主义之间存在着某种相关性。但更重要的是，特定的哲学基础为阐述实际问题提供了某种更大的或更小的可能性，因此，在一些概念化的哲学基础与理论的界限和实践的界限之间存在着关联，而源自这种概念化的推理的理论的界限和实践的界限是无法克服的。

在我看来，关于马克思主义中无数次尝试分析道德问题都没有成功的原因，人们一定不能从道德被低估，或为了紧迫的现实问题道德被忽视，以及这种分析是偶然的而不是系统性的事实中去探求。人们必须在这样的事实中找寻它们，正是在其哲学基础上，它们体现在这个或那个

---

① 站在反对人类行为的立场上，使历史成为某种"东西"。

核心的哲学概念中。任何一种建立了一定的限制并将某些扭曲的根源包括在内的审视——无论多么深刻和严谨，如果不能同时超越这种哲学基础本身的有限的性质的话——就不能实现超越。对现实的每个不同领域的评估立即验证了对于分析本身必不可少的基本原理。如果没有调查的假设和结果之间的辩证的回环往复，如果对于现象和不同领域的分析是建立在非批判性假设基础之上的，并且，如果各个领域的问题都不能促进总体基础的某种深化或修正，则已知的理论分歧争论将持续下去。这一分歧假定科学的不同领域在审视经济现象、分析艺术、揭示历史规律和谈论道德方面是更有效的，而与那一提出令人不安的意识问题——人是谁？——的领域则相距较远。

人的理论是阐述道德问题的必不可少的条件。人的理论只有在人与世界的关系中才有可能，这需要辩证法的相应模式的系统阐述、时间和真理问题的解决等。我相信不只是我在此强调这一任务的重要性：相反，我首先要表达的思想是，特定的道德问题的解决与当前形势、与马克思主义的核心哲学命题的研究和确证紧密相连到了这样的程度，以至于我们不希望堕入平庸或科学主义和道德主义的折中的混合之中。一以贯之地采用马克思主义自己发现的原理的能力是哲学思想的基本美德。只有通过这种方式，原理才能被证明是正确的，因为只有通过这种方式理论才能合乎不可或缺的普遍性，这种普遍性不会允许任何退却，从而使必要的具体的性质的发展成为可能，因为它还涉及研究和行动的主体。这种美德同时大有用处，因为它为理论阐述提供了许多新观点，同时也是验证其结论准确性的主要标准。

如果马克思主义放弃了这些原理，它便会放弃其最大的一个优势。马克思主义揭示了资本主义社会中言与行、苦与乐、理性与现实、外表与实质、真理和实用性、私利（expediency）与良心、个人利益与社会迫切要求之间的矛盾。与此同时，系统地延续了发人深省的批判，遵循了欧洲思想的基本趋势。马克思将资本主义社会描述为一个动态的矛盾体系，其核心、结果和基础建立在对雇佣劳动的剥削、阶级与资本的对立之上。马克思主义揭示出这种矛盾的疯狂——不过，关于如何解决这些矛盾的问题仍然悬而未决，解决资本主义世界矛盾是否意味着同时解决人类生存的根本矛盾的疑问仍然存在。在马克思主义将唯物辩证法应用到自己的理论和实践中之前，这种忽视至少产生了两个严重的后果。

首先：这种疏忽创造了一种沃土，在其上，那种坚信革命解决了人类生存的所有矛盾的革命热情，可以转变为革命的或者革命后的怀疑主义，后者认为革命对于这些矛盾甚至一个也没有解决。

其次，马克思主义错过了对辩证法的一个基本问题进行再加工的一次良机，这是黑格尔偶然发现的，对道德行为具有关键意义的一个问题。我这里思考的是历史的目标，或者用其他术语来说，即历史的意义。

对于马克思来说，唯物辩证法是揭示和描述资本主义社会矛盾的工具，但是当马克思主义者开始审视他们自己的理论和实践的时候，他们轻视唯物主义赞同唯心主义，轻视辩证法赞同形而上学，轻视批判赞同辩解。从这个意义上讲，我们必须理解忠实于马克思是对一以贯之的判断的回归和唯物辩证法在包括马克思主义与社会主义在内的当代社会的所有现象中的应用。同时，有必要提出并回答以下问题：为什么实际上会出现上述种种护教学（apologetics）、形而上学和唯心主义的倾向。

如此运用马克思主义辩证法的第一个结果是肯定了言与行、理性与现实、良心与私利、道德行为与历史行为、意图与后果、主观之物与客观之物之间的矛盾，在那里工人阶级与资本之间的对立已被废除。此外，这是否意味着资本主义只是这些矛盾的一种单独的历史形式，处于并属于其中的这些矛盾超越历史，并且本身就存在于所有社会形态中？还是作为一种运动和一种社会的社会主义只存在了这么短暂的时间，因此，我们无法从所述矛盾的存在或不存在的角度来辨别这种新形式的人类交往和社会管理产生的所有后果。

这个问题的回答需要众多的中介因素，它们的存在和相互关系都将导致进一步的阐述。因此，我本人将对这样的矛盾的存在感到满意：这些矛盾及其发现进一步揭示了在属于阶级的那些东西与属于全人类的那些东西之间，在那些在历史上可以改变的事物与全人类所固有的那些东西之间，在那些暂时性的东西和永恒的东西之间的客观联系。总之，它们对什么是人以及什么是社会实在和人类实在的问题提供了新的见解。

同样地，由于道德问题与这些问题密不可分，因此，我们对理论的出发点进行了定义，以便我们对马克思主义的道德准则进行反思。因此，我们将继续从以下方面的矛盾开始解释所提到的问题：（a）人与系统，以及（b）内在性与外在性。

二

正是两个人之间的关系创造了某种系统。或者更准确地说，不同的制度会在人与人之间建立不同类型的关系，这种关系以其自身的基本形式表达，并且可以通过一对标准的人与人的联系得以描述。在狄德罗那里，是宿命论者雅克和他的老师，就黑格尔而言，是主人和奴隶，就曼德维尔而言，是典雅的淑女和精明的商人，构成了人与人之间的关系的历史模式，其中一个人与另一个人之间的关系是由每个人在整个社会制度中所处的位置所限定的。

人是什么样的，他的身体结构和智力结构是什么，这种或那种制度为了自己家能够运作需要什么样的性质？如果一种制度"创造"并假定人的本能迫使人们去谋求利益，理性地或非理性地行事的人寻求最大的收益（效用和金钱），这意味着这些基本的人类特质足以满足该系统运作。将人简化为某种抽象并非理论的原创性贡献，而是历史现实本身。经济学是一种关系系统，其中，人被不断地转化为经济人。当他通过其行动进入经济关系的时候，他被卷入一定的关系——与他的意志和意识无关，在其中他起着经济人（homo economicus）① 的作用。经济学是一个试图将人变成经济人的系统。在经济学中，人只有在经济活跃的情况

---

① 参见卡莱尔·科西克《具体的辩证法——关于人与世界问题的研究》："经济人就是作为系统的一个组成部分的人，作为系统的一种运行要素的人，这样的人本身必须具有开动这个系统所必不可少的本质属性。"（Kosík, *Dialectics of the Concrete*, p. 51）——编者注（参见卡莱尔·科西克：《具体的辩证法——关于人与世界问题的研究》，刘玉贤译，黑龙江大学出版社2015年版，第65页。——译者注）

下才是能动的，也就是说，在某种程度上，它是从人身上抽象出来的。它促进并强调了人的某些属性，而忽略了其他一些对其功能不必要的属性。

社会制度——就社会经济组织、经济学、公共生活或部分交互作用而言——是构成运动的一部分，并由于个人的社会活动（即由于其行为和表现）而得以保留。而且，由于一方面该系统定义了个人进行这种活动的特征、范围和能力，因而建立了一个复杂的案例，在此基础上使该系统完全独立于个人而运行。另一方面，每个人的具体主动性和行为与系统的存在和运行无关的幻觉十分盛行。

对这一系统的作用的浪漫主义蔑视忘记了人的困境，人的自由和道德的窘境，始终包含在人与该系统之间的关系中。人始终存在于系统中，并且作为系统的一部分，人容易受到被还原为某些功能和形式的倾向的影响。然而，人又是超越系统的存在，而且，作为人，不能被还原为这样或那样的既有的活动系统。具体人的存在，处在无法还原为系统的可能性与克服系统本身的历史可能性之间的空间中，而真正的整合和实际功能则处于环境的系统和关系的系统中。

唯物主义批判是人作为这样的或那样的系统中的个人能够做的，而且必须做的，以及他实际上与这种被规定于他的或在道德符码中被阐释的行为的对抗。在这个意义上，它有利于全面准确地认识到现代社会的道德根植于经济学的思想，这当然不是以经济因素的常识而是从生产和社会财富的再生产的某种历史体系的意义上来解释的。有的道德法典宣称，人天生是善的，人与人之间的关系是建立在相互信任的基础上的。与此相反，在这种或那种经济模式下，在政治和公共生活中得以实现的人与人之间的实际关系系统，是建立在对人的不信任的基础之上的，并且只能因为它促进了人性的阴暗面而得以维持。

这就是马克思在揭示资本主义社会中人的支离破碎性和物化的原因时所想到的道德与经济学之间的矛盾："每一个领域都用不同的和相反的尺度来衡量我：道德用一种尺度，而国民经济学又用另一种尺度。这是以异化的本质为根据的，因为每一个领域都是人的一种特定的异化，每一个领域都把异化的本质活动的特殊范围固定下来，并且每一个领域都同另一种异化保持着异化的关系。"①

由于道德对人提出了某些要求，而经济学给人提出了其他要求，因为前者这些领域（道德）追求的是人善良并爱他的同伴，而另一个领域（经济学、公共生活）则迫使人将他人视为在争取经济利益的斗争中、在权力竞争中努力确保他自己的社会地位的竞争者和潜在的敌人，现实中的人类生活经历了一系列相互矛盾的情况，在每一个具体解决的时刻，人都采取不同的表象，即另一种含义。某一刻他是一个胆小鬼，另一刻他又是一个英雄；在某个场合他以伪君子的身份出现，在另一个场合又以天真的理想主义者的身份出现：首先，他是一个自我中心主义者，然后才是一位慈善家，等等。

从欧洲文化中的帕斯卡和卢梭时代起，就一直不可避免地提出一个问题：为什么现代世界中的人不快乐？这个问题是否也对马克思主义者具有某种意义，它可能与经济学和道德之间的关系没有联系吗？对于所有以这种或那种方式承认人类存在与意义的创造和定义之间的联系的哲学思潮及文化思潮来说，这一问题具有关键意义。这也完全适用于将历史解释为世界的人性化以及在自然物质之上打下人类意义印记的马克思主义。

为什么现代世界中的人不快乐？②卢梭回答道，因为他们是自私的奴隶；司汤达（Stendhal）回答说，因为他们是自负的。③马克思主义应如何回应这个问题？是否会将所有不幸的责任转移到悲惨的生活和物质匮乏上？没有掌握实践的哲学意义的常见的"社会学主义"和经济主义，徒劳地用这些范畴思考寻求经济学和道德之间的一种真正的调解。从一个简单的角度来看，贫穷、物质匮乏和剥削的事实，无论它们被多

① Karl Marx and Friedrich Engels, Collected Works, vol. 3 (New York: International Pubs. Co., 1975), p. 310. （参见《马克思恩格斯文集》第 1 卷，人民出版社 2009 年版，第 228 页。——译者注）

② 捷克文版本以"道德的二律背反"（Antinomie morálky）为题发表在《烈火》（Plamen）上，从这一段开始，直到文章的末尾。——编者注

③ R. Girard, Mensonge romantique et vérité romanesque (Paris, 1961).

么合理地加以强调，都因其与其全球性结构相分离而丧失了它们在现代世界中的真实地位。为什么现代世界中的人不快乐？这个问题并不意味着不幸会影响到人们，以及以意外情形而发生，例如疾病，失去至亲或过早死亡——因此会中断了他们的生命历程。这也不意味着浪漫主义的幻想，即现代人失去了他昔日拥有的财富。上述问题反映了真相与不幸之间的历史矛盾。知道真相并看到现实真相的人不会快乐；在现代世界中快乐的人不会认识真理，而会通过某种惯例和谎言的棱镜来看待现实。革命实践必须解决这个矛盾。

司汤达的"自负"和卢梭的"自私"触及现代人的行为和行为机制的本质，现代人由于绝对的不知足，被从一件事驱赶到另一件事，从一种放纵转向另一种放纵，这种绝对的不知足将人、物、价值、时间转变成缺乏任何整体意义的短暂的客体或转瞬即逝的状态，其唯一的意义实际上就在于，要么是在它们之后要么超越它们。

一切仅仅是为了转向别的事物的刺激或借口，以至于人类变成了由永不满足的渴望所驱使的一种存在。但是，那种渴望不是本真的；它并不源于事物与人之间的自发的联系，而是源自参与的比较和对抗，它们使人将自己与他人相抗衡，拿别人跟自己相较量。

无论如何，在人类行为和表现领域中作为动机出现的事物在客观世界中以"事物的发展规律"的形式存在。作为动机出现在资本家的良心当中的对于利润的欲望是日益增加资本的过程的内在化。

为什么现代世界中的人不快乐？卢梭和司汤达以心理范畴做出回应。马克思用一种系统的描述予以回应，在这个系统之中，自负、自私、形而上学的欲望（杰拉德［Girard］）、憎恨（舍勒［Scheler］）、竞争与空虚、至善转变为一种幻象，而始于经济结构内在化的幻象被提升到至善的水平。在普遍地和绝对地追求更遥远的价值的比拼中，所有的价值都转化为消逝的时光，其结果就是生活的空虚。现代生活的日常气氛将手段转化为目的，将目的转化为手段，最终被固着在为一个简单的公式所表达的一种经济结构中：金钱——商品——更多的金钱。如果说现代世界——其中"为什么人不快乐"的问题发生了——是用"齐平而不是真正的共同体"（马克思，《政治经济学批判大纲》[*Grundrisse*]）一词明确定义的，那么历史实践就必须改变世界的结构，以便将其定义为"真正的共同体而非齐平（leveling）"。

在日常生活中，真理与谎言肩并存，善与恶肩并存。为了使道德在这个世界上得以持久，就有必要分辨善与恶。有必要使善处于反对恶的位置，使恶处于反对善的位置。人通过他自己的行为确立这种区分，只要他的行为与这种区别有关，人就处于道德生活的水平上。只要人类的生活展现在善与恶的光明与黑暗之中——也就是说，没有一个明显的区分，那善与恶混合在一个虚假的整体之中——那么生活就会在道德之外展开，而仅仅是存在。

人在从事工作，承担公共任务和私人任务而不区分恶与善的生活维度可以适当地用以下表述来加以概括：组织、服从、工作勤奋，等等。只有当我们忽视了这一事实，我们才可以惊奇地发现，一旦超越这个范围，当他们越轨活动时，在他们自己的家庭圈子里的、职业团体和社区中的体面的和值得尊敬的人们，都可能成为罪犯。

道德行为包含了区分善恶。这种行为是以善与恶的先验知识（prior knowledge）为先决条件，还是通过行动和参与获得善恶及其区分的认识？也许道德不是从良好的意愿、清白的良心、道德的灵魂开始的，还是它完全是由行为的结果、其成果和后果所构成？

"美丽心灵"体现了这种二律背反的一极。由于"美丽心灵"担心她自己的潜在行为的后果并希望避免它们，也就是说，因为她拒绝对他人和对自己作恶，她撤回到她自己的内心，而她的行为仅仅是她的内在自我的活动，她的良心的活动。这一良心知道自己是道德的，因为它从来没有对任何人作恶。从中得出她有权根据自己的标准判断自己之外的一切；也就是说，从一个问心无愧的角度评估世界。"美丽心灵"没有犯罪，因为她没有行动。但是由于她没有采取行动，并且正是因为她没有采取行动，她遭受了邪恶并目睹了邪恶，所以她问心无愧的位置恰是对恶的痛苦的尊奉。

"政治委员"是"美丽心灵"的对立面。政治委员批评"美丽心

灵"的虚伪良知，因为他清楚地知道每一个动作都要服从将必然的东西
转化为偶然之物的法则，反之亦然，因此从手上掉下来的每块石头都会
变成恶魔般的石头。

政治委员的规则之一是消灭邪恶的活动。政治委员认为，世界上有
机会施加自己的改革努力。因为他希望对人们进行再教育，但在那一改
造中他并不对自己进行再教育，因此在进行活动时，他再次确认了这一
偏见，即这种改造和再教育的目标越被动，他的行动主义就越成功。因
此，政治委员的活动引发了人们的消极情绪，而最终构成的消极情绪成
了政治委员的行动主义意义进一步存在和合理化的条件。因此，革命意
图变成了畸形的操作。

政治委员的一些特点令人联想到一场革命，但这只是一种虚幻的相
似性。从某种程度上实际存在的相似之处来看，它更早地属于这种活动
的起源，而从这个角度来看，政治委员代表了从革命者到官僚主义的过
程中的一个阶段。

定义这种道德活动的类型很重要，因为它阐明了辩证的统一退化为
僵化的对立的过程机制。这个过程将在我们的讨论中受到我们的进一步
关注，但是现在我注意到它的存在就足够了。取代人们在其中改变环境
和使教育者受教育的革命性的实践①的，是出现了旧的人与人之间的对
立关系，根据这种关系，人被严格地分为两个铁定的，截然不同的群
体。正如马克思在他的《关于费尔巴哈的提纲》第三条中所言，其中一
部分"凌驾于社会之上"，体现了社会的理智和良知。

"美丽心灵"与政治委员的对立表达了"道德主义"和功利主义的
矛盾。为了区分善与恶，对于道德主义而言，决定性的权威是良心的声
音，而对于功利主义的现实主义来说，历史的审判就被赋予了这种作

---

① 参见《具体的辩证法——关于人与世界问题的研究》"实践是人之神秘感的曝光……
人作为一种建构了这种（社会的-人类的）现实并因此也把握和阐释了它的存在。"（Kosík,
Dialectics of the Concrete, p. 137）"革命性的实践"意味着人能以一种革命性的方式改变社会的-
人类的现实……因为他建构了这样的现实本身。（p. 7）实践对于科西克乃至所有真正的马克
思主义的人道主义者而言，都是一个核心概念。——编者注（参见卡莱尔·科西克：《具体的
辩证法——关于人与世界问题的研究》，刘玉贤译，黑龙江大学出版社 2015 年版，第 170、10
页。——译者注）

用。在这种矛盾和相互孤立的情况下，措辞的选择就是特别成问题的。我怎么知道良心的声音不会撒谎，在我自己的良心范围内，如何确认其真实性？我是否有能力根据自己的良知来评估该声音实际上是否属于我的声音，或者相反，是否是一个以我的名义讲话并以我的良心为工具的外来声音？还是这种更高的权威是由历史的判断所构成的？这一审判的判决难道不是与良心的声音同样地成问题吗？历史的审判总是迟到，常常处于事后（post festum）的。它可以审判和做出裁决，但是不能纠正错误。在历史的法庭之前，既成事实（faits accomplis）可以作为犯罪和无法无天而受到惩罚，但法院不能使受害者死而复生或减轻受害者在他们的死亡之前所遭受的苦难。历史的法庭不是终审法官。历史的每个阶段都有其判决，它们的偏见都留给了历史的后续阶段以进行修正。

某些历史审判的绝对判决可以在历史过程中相继进行。历史的判决缺乏基督教神学的"最后审判"的权威，而且，最重要的是，它没有不可更改和不可撤销的特征。"最后的审判"是赋予基督教道德绝对性并使其免于相对主义的要素之一。上帝是其绝对性的第二要素。一旦"最后的审判"的神学概念被转化为历史终结的世俗概念，对它的批评后来便会显示为在面对神学之时直接向哲学投降，一旦"上帝死了"被确认，绝对的道德良知的支柱便坍塌了，道德相对主义则胜利了。

在人们之间的相互关系，以及一个人与另一个人的关系之中，基督教的上帝扮演了绝对的调停者的角色。上帝是使得另一个人成为我的邻人的调停者。那么，上帝的消失，是否意味着人们之间的中介关系的结束和直接关系的建立？如果上帝死了，人的一切都是被允许的，那么，在人们之间的建立在某种直接性质上的关系之中，他们的真正的本质和真实的本性都得以体现与实现了吗？一旦"上帝死了"这一声明的一种唯物主义的解释不存在的话，这种死亡的故事的唯物主义的解释也就不存在了，显而易见的是，我们会继续成为庸俗的误解和唯心主义的神秘化的受害者。在人类的关系之中，上帝是形而上的调解员。这种形式的形而上学的撤回或消除仍然未能（自动地）取消中介和形而上学。形而上的中介可以被形而上学仅仅是源于其中的物理中介所取代。这也适用于无论是在我们时代的某人以其公开的和隐蔽的绝对调解的形式在处理人与人之间的关系（国家、恐怖），还是某人是否正在将社会视为一种独立于其成员的物化道德（规定他们的品位、生活方式、道德、行为等）而对待。

三

基督教关于上帝和最后审判的概念赋予每个行动明确的和毫不含糊的特征。每种行为都被明确地和毫不含糊地置入善或恶的一面，因为存在着一种关乎区分的绝对判断，因为每个行动都与永恒（即最后的审判）直接相关。随着这些概念的破坏，清晰世界消失了，模棱两可的地方出现了。由于历史没有停滞不前，也没有朝着世界末日的高潮冲去，而是，与此相反，是永远地向新的可能性开放，人们的行为失去了它们的毫不含糊的性质。

历史没有终结的事实的原因就是没有一项行动能够完全消除其直接后果。这与人类精神对清晰度和简单性的渴望相矛盾。对现实的多种解释在每次行动之前就展现出善恶的可能性，并迫使人们与人的形而上的追求相冲突，而人的形而上的热望正是基于必须确保善与真理的胜利的信念，也就是说，赋予人们某种超越个人的行为和理性的权力。

然而，由于历史上没有绝对保证善与正义的胜利，而且由于人类无法在一种现象中读到善胜于恶的正当确定性，因此形而上的愿望只能在理性和逻辑论证之外得到满足，也就是说，在信仰中。但是，由于在现代对上帝的信仰是过时的元素，因此可以用对形而上学的补偿——即未来——来调换信仰。因为这种信念，未来便呈现出一种形而上的幻想的特征，这种信念将这种未来转化成一种异化的、物化的未来。

当辩证法揭示了现代实在的矛盾并将它们表现为巨大的对立体系时，它似乎由于自己的胆识和无法解决这些矛盾的假设而感到害怕；志在不惜任何代价而不陷入一种具有讽刺意味的怀疑主义，它提出了自己的解决方案——未来。

未来是确认善战胜恶的判决，或者，换言之，善对于恶的胜利在未来的判决的帮助下会获得。而且，似乎一个时期的干部能够真正解决的问题和对立越少，它试图将它们的解决留给未来的也就越多。对未来的这种形而上的信念贬损了当下，剥夺了它——作为更有经验的个人的唯一现实——的每一种本真的；它把当下降格为仅仅是暂时的元素和还未形成的一些东西的纯粹的功能。但是，如果将总体性的意义置于一个不存在的世界中，并且如果存在的世界——对于现存的个体而言是唯一的现实世界——被剥夺了它自己的意义，而仅在其与未来的功能性联系中被接受，我们就会再次与真实世界及虚幻世界的矛盾发生冲突。

作为一种真和善的神话学的裁定，未来在悲观的怀疑主义面前寻求庇护，它本身就成为怀疑论者，因为它将人类真实的经验世界降低为一个纯粹的幻想世界，而将客观的本真的世界恰恰置于经验主义者的体验和可能性终结之处。

通过将当代现有的恶与未来不存在的绝对之善联系起来而使当代现有的恶相对化的官方乐观主义包含了一种默认的、伪善的悲观主义。

这些最大的价值无论是归因于一种经验性的个人无法体验的未来，还是挂靠在一个理想的或超越性的世界，在这两种情况下，人都被剥夺了自由并丧失了今天亲自去建构这些价值本身的可能性。在人类的经验世界中建构这些最高价值的无能为力必然导致怀疑主义的最终形式——虚无主义。

在一个最高价值已经消失的世界，或者在那儿它们仅仅是作为一种未建构起来的观念的领域而存在，在这个世界中，人的生命被剥夺了意义，人与人之间的相互关系构成了绝对的冷漠。在每个人的行为与实现善良的可能性没有实质性联系的世界中，道德准则变得虚伪，而个人在他自己的行动中以悲剧性冲突或作为悲剧的形式实现一种关于他自己的统一性和善行的统一性。

如果辩证法本身是道德的话，它就能够证明道德是正当的。辩证法的道德性包含在它的一贯性中，这种一致性在一种解构性的、无所不包的过程中，面对任何东西或任何人都不会动摇。辩证法离开这一过程之外的性质和范围便是衡量其一贯性及其"不道德性"的标准。

与我们的困境有关，我们强调的解构性的和无所不包的辩证过程的三个基本方面是必不可少的。

首先，辩证法是对伪具体性（pseudoconcrete）的摧毁，其中物质世界和精神世界的僵化的与物化的构造被置换了，从而揭示出历史的创造和人类的实践。

其次，辩证法是事物自身的矛盾的澄清，也就是说，这些活动指明并描述了这些矛盾而不是掩盖它们和将它们神秘化。

最后，辩证法是人类实践活动的表现。这种活动可用德国古典哲学术语复苏和复兴（Verjungung）——据此，这些概念表征着原子化和弱化的反题——来界定，或者以总体化的现代术语来界定。

如果它们被剥夺了使人类的实践成为一种总体化和复苏的统一性力量的话，人类现实的矛盾就会转化为僵化的矛盾。僵化的种种矛盾是客观的历史事实，或者更确切地说，是人类实践的、历史地存在的构造物。真正的辩证法始于从僵化的矛盾向一种矛盾的辩证的统一性的过渡，或辩证之物解体为僵化的矛盾的发现或完成。为了解放运动的理论，当然，也为了解放运动的实践，唯物辩证法要求适合于阶级的和适合于全人类的具有统一性。不过，实际的历史过程以这样的方式流动：要么简单地通过对立面的总体化来建立统一性，要么相反，以至于这种统一性退化成分裂和对立的两极。与阶级有关的事物同与全人类有关的事物的隔离导致宗派主义（sectarianism）和官僚统治的神秘化，并导致社会主义的扭曲，而将与全人类有关的事物与属于阶级的事物分离，则导致机会主义和改良主义的幻想。在第一种情况下，隔离会产生冷酷的非道德主义（amoralism），而在第二种情况下则会产生软弱无能的道德主义，即，在第一种情况下，它引发了现实的变形，而在第二种情况下，则是面对被扭曲的现实的投降。

当然，在属于阶级的辩证统一和属于全人类的辩证统一、它是在思想上实现还是在现实生活中实现之间还存在着区别。在第一种情况下，人们是在与一种需要智力投入的理论劳动打交道；在第二种情况下，我们是在面对用汗水和鲜血实现的一个曲折、偶然的历史过程。在这种情况下，理论和实践的统一意味着被认为是人类进步的可能性的任务与解决这些任务的可能性、能力和必然性之间的关联性。

鉴于辩证法不能用一种在面对矛盾时屈膝或将其视为个人永远被困在其中的矛盾观点来揭露人类现实中的种种矛盾，由于辩证法也不是将这些矛盾留给未来去解决的欺骗性的总体化，那么，对它而言，核心问题就是矛盾的揭橥与它们的解决的可能性之间的联系。但是，只要实践被理解为操作、人们的操控，或仅仅是与自然的纯粹的技术联系，那么这个问题就是不能解决的，因为异化的和物化的操作并不是总体化与复苏。从这个意义上说，它不是一种"美好的总体性"的创造，而是必然产生私利和道德、利益和真理、手段和目的、个人的真理和某个抽象的总体的需要之间的种种僵化的对立的原子化与弱化。

道德的问题因此变成物化的操作与人性化的实践、拜物化的操作与革命性的实践之间的关系问题。

理性与良心①

［捷克斯洛伐克］卡莱尔·科西克
管小其 译

一位伟大的捷克知识分子于 1415 年 6 月 18 日在狱中写道："一个神学家说如果能做到顺从大公会议（the Council）那我就会安然无恙并可为所欲为。他补充道：'如果大公会议断言你只有一只眼睛，尽管事实上你可能有两只眼睛，你也有义务赞同大公会议的意见。'我对他说：'即使全世界都声明如此，我，在不放弃我的良心的情况下用我所能有的任何理由，也不会承认这种事情。'"②

这一文本在世界文学上是独一无二的，属于那些揭橥人与世界基本真理的不朽思想。因此，我们必须仔细阅读它以把握其含义并极其审慎地检视它以了解其中包含的基本真理。

成为基本的东西首先意味着奠定基础，而一旦此基础得以确立，便意味着其存在及其正当性可以自身为基础。一旦上述基础被破坏、被削弱、被禁止或被扭曲，它就会丧失自身的根基；而没有根基的任何事物都是不稳定、浅薄、空洞的。但是，那个 15 世纪的知识分子所说的基本真理不是指某种事物，而是指人——缺乏基本真理的人会失去其支撑，无立锥之地，而变成一个无根的、毫无根基的人。

谁是那无根的，没有根基的人？那个 15 世纪捷克知识分子回答道，

---

① 本文原文题目为"Reason and Conscience"，译自 Karel Kosik, *The Crisis of Modernity: Essays and Observations from the* 1968 *Era*, translated by James H. Satterwhite, Lanham, Md: Rowman Littlefield Publishers Inc., 1995, pp. 13-15。——译者注

② 这篇文章指的是扬·胡斯（Jan Hus, 1371—1415）和康斯坦茨大公会议的历史审判。（胡斯是一位追随约翰·威克里夫［John Wycliffe］的波希米亚神学家，为了更多民众参与宗教生活和更多地使用当地语言而奋不顾身。他被判为异端而烧死在火刑柱上，已成为一位捷克民族英雄。）——编者注

就是那丧失了理性和良心的人。让我们好好看看：理性和良心并存，它们是一个单元，只有这样它们才构成人的生存的基础。在后来的时代，包括我们自己在内，都只是把理性和良心看作两个相互独立的、彼此冷漠地或敌对地相处的变量。在现代，人们甚至用一种怀疑的眼光去看待理性和良心之间的种种基本联系。但是当人们面对真理及其问题之时，犹豫和猜疑都无济于事。与此相反，我们必须要问，今天看来如此自然并将继续存在的理性和良心之间的鸿沟带给人类的是何种后果。

让我们回到前面提到的文本：既然我们尊重历史事实——因为我们知道大公会议与不希望失去理性和良心的人之间的争端是如何结束的——这一文本所指出的假定的潜在后果就会完全使我们望而却步。以大公会议的名义并作为其代表，那位神学家为那位知识分子提供了如下选择：即使你知道自己拥有两只眼睛，如果你同意大公会议你只有一只眼睛的断言，你的一切不仅会得到宽恕，而且你也会得到允许。第二个假设的变体也不是没有可能：它承诺，如果那个人准备放弃某些东西，他将获得一切——一切都会被允许。谁在"一切"与"某物"的冲突中不选择"一切"来换取"某物"呢？但最重要的是，实际上，那个置身于"真实"和"虚幻"的可能性之间冲突的人难道不会偏爱前者并从一个现实主义者的角度来批评选择了第二种可能性的人是一位故作姿态的激进人士、一位自负的极端分子、一位不可救药的怪人吗？因为现实的原因是这样的：如果他们要我承认我只有一只眼睛，虽然我知道我有两只，那么可以肯定的是，他们都在问什么是正当的、有益的和有用的——总之，合理的东西。与坚定不移的理性相反的良心的声音是什么呢？与要求我承认我只有一只眼睛——尽管我知道我有两只——的权威的和公共的理性相比，良心的声音似乎并不只是私人事务，而主要是某种微不足道的、毫无价值的权威；因为关键在于有意义的权威与无足轻重的权威之间的遭遇，所以我可以清楚地压制作为微不足道的良心的声音。在现实主义者那里，理性总是战胜良心。

然而，在现实主义者的理论化中的那种战胜良心的理性与真正的理性只是名称相同而已。在现实主义者的考虑下，与"他的良心的反抗"

相抵触的那不是理性，而是个人利益。现实主义者为了获得一切而压制了"良知的抵抗"，但由于源自个人利益，他实际上失去了一切——良心和理性都失去了。

与现实主义者相反，那个 15 世纪的捷克知识分子捍卫理性与良知的统一，从而捍卫了一种特定的理性概念和良心概念。一致性对于理性的品质和良心的本质是如此重要，以至于当这种一致性丧失时，理性便会失去其实质，而良心便会失去现实性。

没有良心的理性会变成精于算计、估算和计算的功利主义的理性与技术理性，而以此为基础的文明便是没有理性的文明，在这种文明中，人服从于事物及其技术逻辑。背离了理性的良心沦为某种无助的内心渴望或者善意的空虚。

在那个 15 世纪的捷克知识分子看来，理性和良心构成一个独立的单元，并且只有在这种统一性之中理性才能真正成其为理性：并非衍生意义上的理性，而是这一词语本来的意义——去理解和认识、把握和领悟某些东西，从而对事物、人与现实的意义有了解。只有在这种一致性中，良心才能成其为良心：人类的支柱、堡垒、不受伤害及不可剥夺。

那个为了赞同大公会议二乘以二等于十而压制"良心的反抗"的人未能解放他的良心，而是将其转换为被压抑的良心，而任何被压抑的良心都是坏的：它表现为恶意、不信任、根深蒂固的怨恨。正如我们所知，历史上爆发过表现为无节制的憎恨、粗暴的狂热主义和野蛮的暴力的憎恨。

那个 15 世纪的捷克知识分子捍卫理性和良心的一致性而拒绝了大公会议所提供的虚假选择，因为如果一个人当他知道自己有两只眼睛，却同意大公会议关于他只有一只眼睛的断言时，那么他什么也得不到，而是丧失一切，因为牺牲理性和良心意味着失去自己的人性的基础。

那个为了个人算计而兜售理性并因此压制了自己的良心并将其交给邪恶的人是一个没有理性和良心的人。这样的人已经失去了一切并一无所获。他已经成为一个毫无价值的人，一个向**虚无**臣服的人。如果我们知道无物意味着虚无，那么一个缺乏理性和良心的人便是真正的**虚无主**

义者。

那个 15 世纪的捷克知识分子在良心和理性这一方与另一方的虚无主义之间做出了选择。而且，由于真理与虚无之间的对立是一种根本性的，故而他的选择似乎也不得不以激进的面目出现。